JN028371

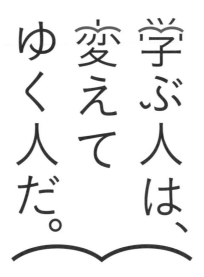

旺文社

三訂版

中学
総合的研究

理科

問題集

旺文社

はじめに

「もっと知りたくなる気持ち」を湧き立たせる参考書として、旺文社は2006年に『中学総合的研究』の初版を刊行しました。たくさんのかたに使っていただき、お役に立てていることを心からうれしく思っています。

学習意欲を高めて、みなさんの中にあるさまざまな可能性を引き出すきっかけになることが『中学総合的研究』の役割の１つですが、得た知識を定着させ、活用できるようになるには、問題を多く解いてみることが重要です。そのお手伝いをするために『中学総合的研究』に準拠した『中学総合的研究問題集』をここに刊行するものです。

この問題集は、身につけた基礎学力をきちんと使いこなせるようになるために、易しい問題から無理なく実践問題に進んでいける段階的な構成になっています。得意な単元は実践問題から、苦手な単元は易しい問題から、というように、自分の学習レベルに応じて効率的な問題演習をすることができます。

また、近年では中学校の定期テストで知識理解、思考・判断、資料読解・活用などの観点別の問題を取り上げる学校が増えています。この問題集ではそれぞれの問題がどの観点に分類されるかがわかるようになっていますので、その問題を解くことでどのような力が身につくのかを意識しながら取り組むことができます。

ただ、問題を解いているうちに、知識不足で解けない問題が出てくるかもしれません。知識が足りないときはいつでも、『中学総合的研究』を開いてみましょう。知識が足りないと気づくこと、それを調べようとする姿勢は重要な学習の基盤です。

総合的研究本冊とこの問題集をともに使っていただければ、知識を蓄積し、その知識を駆使する力がきっと身につきます。みなさんが、その力を使って、学校の勉強だけではなく、さまざまなことに挑戦をし、みなさんの中にある可能性を広げることを願っています。

株式会社　旺文社　代表取締役社長
生駒大壱

もくじ

物理編

化学編

生物編

地学編

入試予想問題

本書の特長と使い方

STEP1 単元の基礎知識を整理

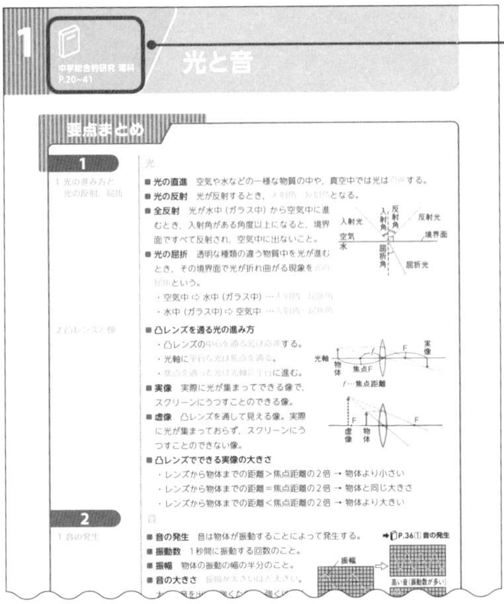

それぞれの章において重要な項目を整理します。

中学総合的研究
理科　P.○○

各章が「中学総合的研究　理科」のどの部分に該当するかを示しています。

STEP2 基本的な問題で確認

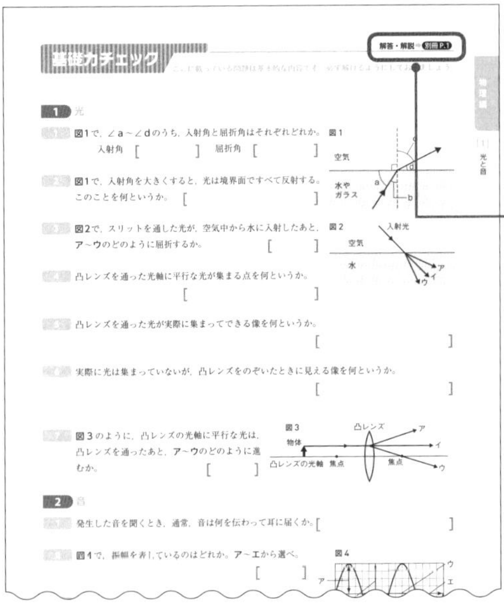

基本的な問題を集めた一問一答形式で，「要点まとめ」の内容が理解できているかを確認します。

解答は，別冊の解答解説に掲載されています。

「中学総合的研究問題集　理科　三訂版」は，中学３年間の理科の学習内容を網羅できる問題集です。問題がステップ別になっているので，自分の学習進度に応じて使用することができます。単元ごとに「中学総合的研究　理科　四訂版」の該当ページが掲載されており，あわせて学習することで，より理解を深めることができます。

STEP3 実践的な問題形式で確認

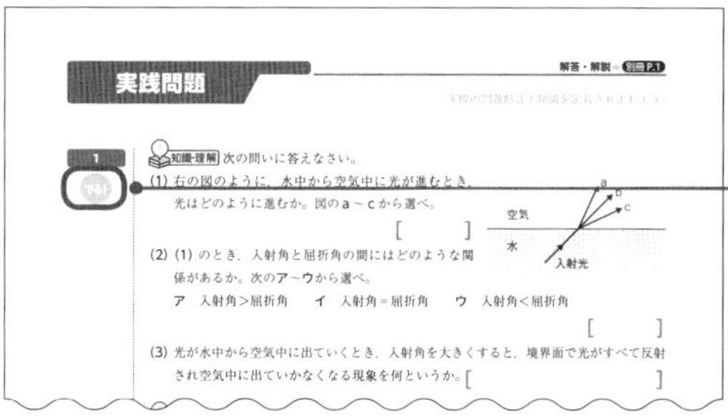

実際の定期テストや入試問題にあわせた形式の問題を掲載しています。

問題の出題頻度を示します。

でる!　定期テストレベルで問われやすい，重要問題につきます。

差がつく　難易度の高い問題につきます。

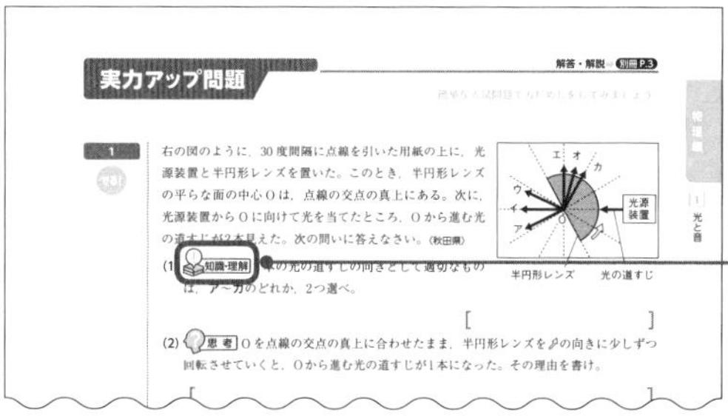

それぞれの問題で必要な力を示します。
これは，観点別評価の観点にもとづいています。

知識・理解　基本的な理科の力。

実験・観察　正しく実験・観察を行う力や，表やグラフを作成する力。

思考　科学的観点から考え，文章で記述する力。

STEP4 入試予想問題で力試し

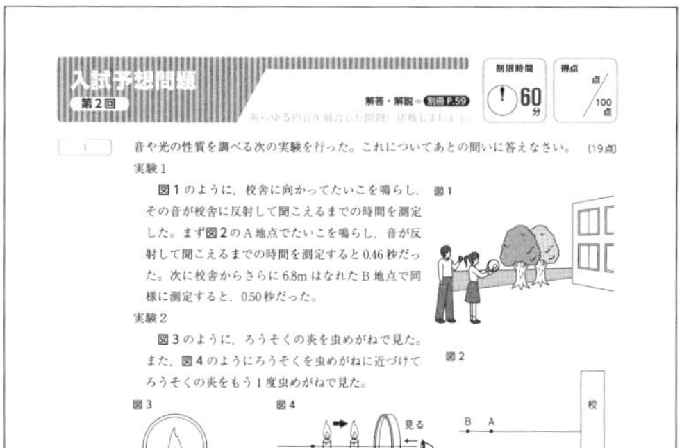

実際の入試問題を想定したオリジナル問題です。入試本番に向けて，力試しをしてみましょう。

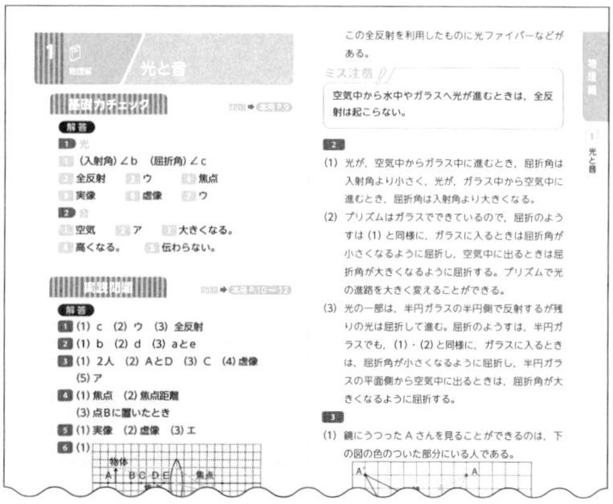

「基礎力チェック」「実践問題」「入試予想問題」の解答・解説は別冊を確認しましょう。

監修者紹介

東京学芸大学教授
宮内卓也

元桐朋中学校・桐朋高等学校教諭
中道淳一

東京学芸大学附属世田谷中学校教諭
岡田仁

開成中学校・高等学校教諭
有山智雄

スタッフ一覧

編集協力 / 有限会社マイプラン
校正 / 田中麻衣子，出口明憲，平松元子，株式会社東京出版サービスセンター
本文デザイン / 平川ひとみ（及川真咲デザイン事務所）　装丁デザイン / 内津剛（及川真咲デザイン事務所）

物理編

光と音

要点まとめ

1 光

1 光の進み方と光の反射，屈折

■ **光の直進**　空気や水などの一様な物質の中や，真空中では光は直進する。

■ **光の反射**　光が反射するとき，入射角＝反射角となる。

■ **全反射**　光が水中（ガラス中）から空気中に進むとき，入射角がある角度以上になると，境界面ですべて反射され，空気中に出ないこと。

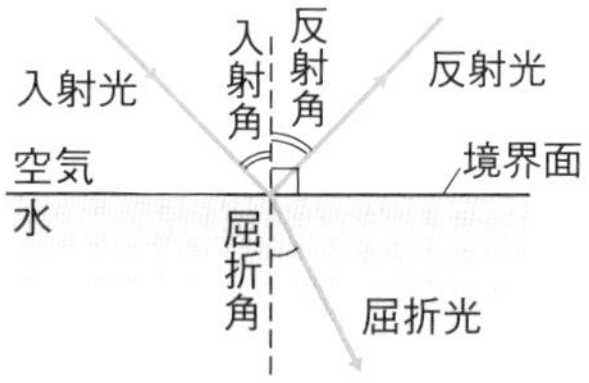

■ **光の屈折**　透明な種類の違う物質中を光が進むとき，その境界面で光が折れ曲がる現象を光の屈折という。

・空気中 ⇨ 水中（ガラス中）…入射角＞屈折角

・水中（ガラス中）⇨ 空気中 …入射角＜屈折角

2 凸レンズと像

■ **凸レンズを通る光の進み方**

・凸レンズの中心を通る光は直進する。

・光軸に平行な光は焦点を通る。

・焦点を通った光は光軸に平行に進む。

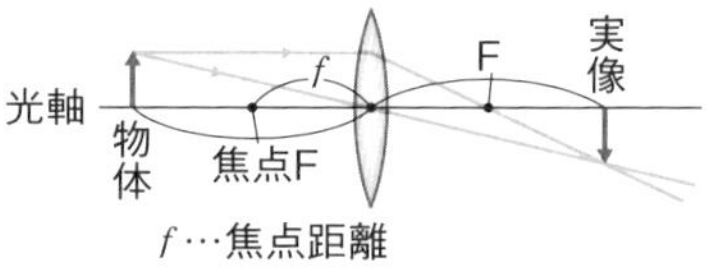

■ **実像**　実際に光が集まってできる像で，スクリーンにうつすことのできる像。

■ **虚像**　凸レンズを通して見える像。実際に光が集まっておらず，スクリーンにうつすことのできない像。

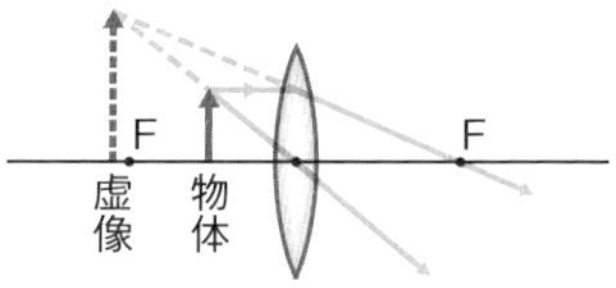

■ **凸レンズでできる実像の大きさ**

・レンズから物体までの距離＞焦点距離の２倍 → 物体より小さい

・レンズから物体までの距離＝焦点距離の２倍 → 物体と同じ大きさ

・レンズから物体までの距離＜焦点距離の２倍 → 物体より大きい

2 音

1 音の発生

■ **音の発生**　音は物体が振動することによって発生する。　➡P.36 1 音の発生

■ **振動数**　１秒間に振動する回数のこと。

■ **振幅**　物体の振動の幅の半分のこと。

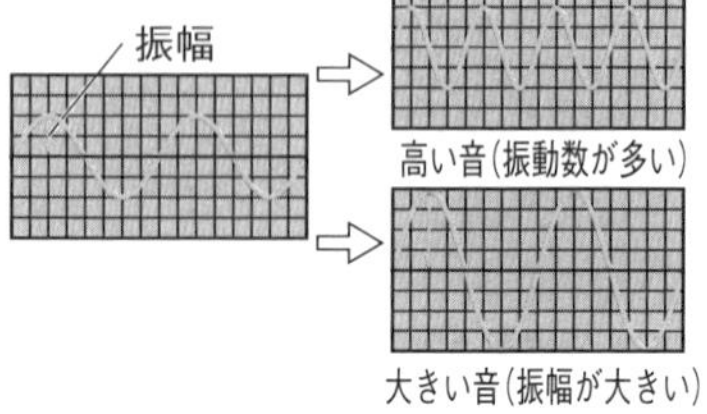

■ **音の大きさ**　振幅が大きいほど大きい。
大きい音を出す…強くたたく，強くはじく。

■ **音の高さ**　振動数が多いほど高い。
高い音を出す…弦を短くする，弦を細くする，弦を強く張る。

2 音の伝わり方

■ **音の伝わり方**　物体の振動がまわりの空気を振動させ，その空気の振動が波となって伝わっていく。

■ **音を伝える物質**　空気などの気体，水などの液体，金属などの固体も音を伝える。

■ **真空と音**　真空中では音は伝わらない。

解答・解説➡別冊P.1

基礎力チェック

ここに載っている問題は基本的な内容です。必ず解けるようにしておきましょう。

1 光

1 図1で，∠a～∠dのうち，入射角と屈折角はそれぞれどれか。
入射角 [　　　] 屈折角 [　　　]

図1

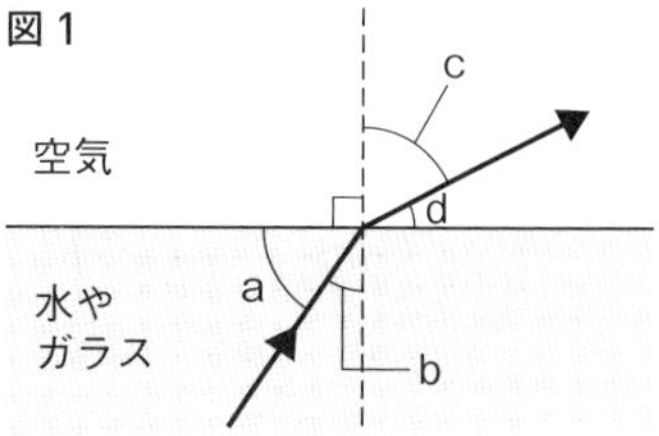

2 図1で，入射角を大きくすると，光は境界面ですべて反射する。このことを何というか。 [　　　]

3 図2で，スリットを通した光が，空気中から水に入射したあと，ア～ウのどのように屈折するか。 [　　　]

図2

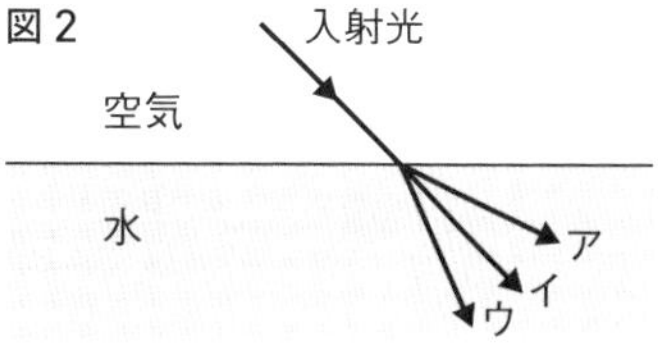

4 凸レンズを通った光軸に平行な光が集まる点を何というか。
[　　　]

5 凸レンズを通った光が実際に集まってできる像を何というか。
[　　　]

6 実際に光は集まっていないが，凸レンズをのぞいたときに見える像を何というか。
[　　　]

7 図3のように，凸レンズの光軸に平行な光は，凸レンズを通ったあと，ア～ウのどのように進むか。 [　　　]

図3

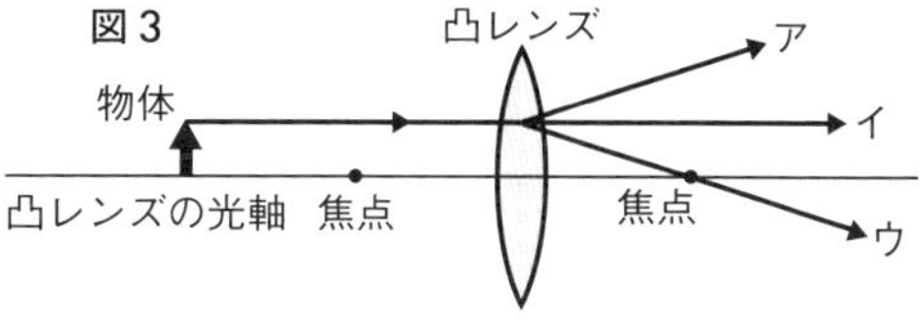

2 音

1 発生した音を聞くとき，通常，音は何を伝わって耳に届くか。 [　　　]

2 図4で，振幅を表しているのはどれか。ア～エから選べ。
[　　　]

図4

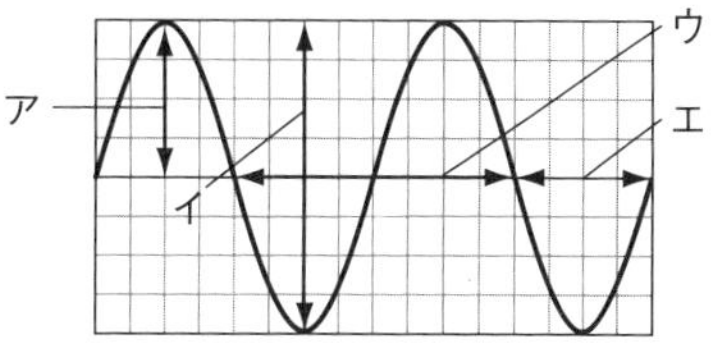

3 振幅が大きいほど，音はどうなるか。
[　　　]

4 振動数が多いほど，音はどうなるか。 [　　　]

5 空気のない真空の状態では，音は伝わるか。 [　　　]

実践問題

実際の問題形式で知識を定着させましょう。

1 でる!

知識・理解 次の問いに答えなさい。

(1) 右の図のように，水中から空気中に光が進むとき，光はどのように進むか。図の a ～ c から選べ。 [　　　]

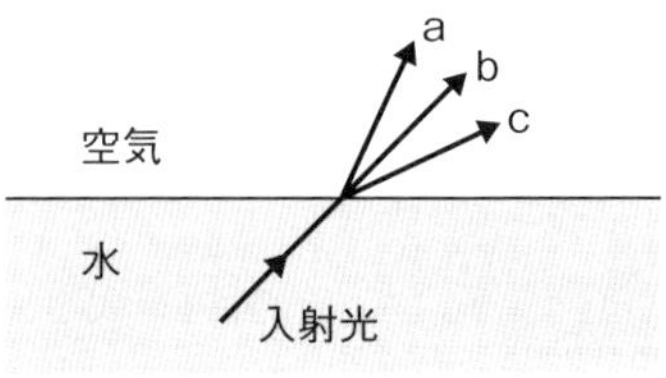

(2) (1) のとき，入射角と屈折角の間にはどのような関係があるか。次のア～ウから選べ。

ア　入射角＞屈折角　　**イ**　入射角＝屈折角　　**ウ**　入射角＜屈折角

[　　　]

(3) 光が水中から空気中に出ていくとき，入射角を大きくすると，境界面で光がすべて反射され空気中に出ていかなくなる現象を何というか。[　　　]

2

知識・理解 (1) ～ (3) のように光が当たるときの正しい光の進み方はどれか。それぞれ a ～ e からすべて選べ。

(1)

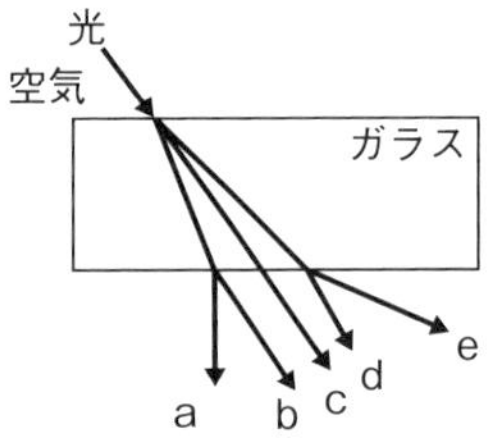

[　　　]

(2)

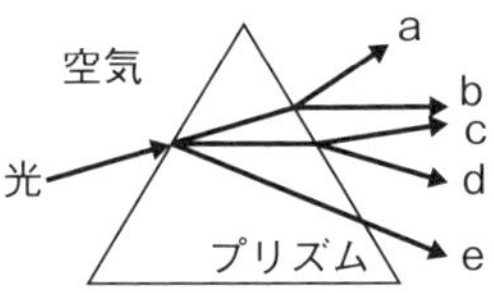

[　　　]

(3)

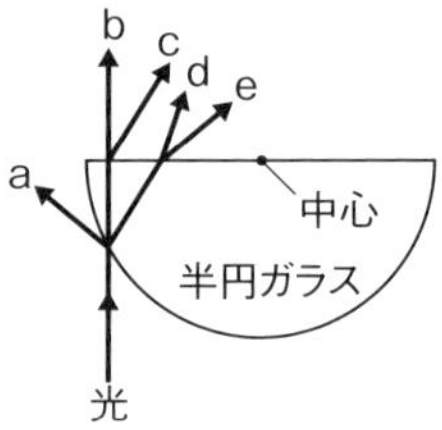

[　　　]

3 でる!

実験・観察 右下の図のように，かべに取り付けた大きな鏡の前に，A～Dの 4 人が立っている。この鏡にうつる像について，次の問いに答えなさい。

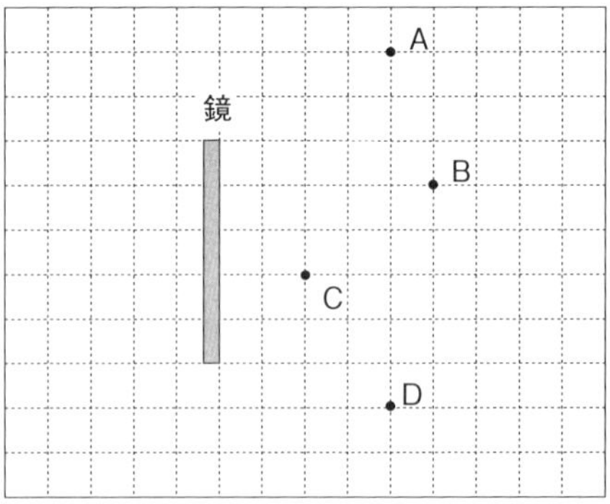

(1) 鏡にうつったAさんを見ることができる人は何人いるか。 [　　　]

(2) A～Dの 4 人の中で，鏡にうつった自分の像を見ることができないのは誰と誰か。 [　　　]

(3) A～Dの 4 人をすべて鏡の中で見ることができるのは誰か。 [　　　]

(4) 鏡にうつる像は，実像か，虚像か。 [　　　]

(5) 鏡で自分の全身を見るとき，鏡の上下の長さは最低どれぐらい必要か。ただし，身長は 150 cm とする。次のア～エから選べ。

ア　約 75cm　　**イ**　約 100cm　　**ウ**　約 150cm　　**エ**　約 300cm　　[　　　]

4 知識・理解 凸レンズの左側からスリットを通した光を当てたところ，右の図のようになった。**A**～**J**の点は凸レンズの中心から等間隔で付けているものとして，次の問いに答えなさい。

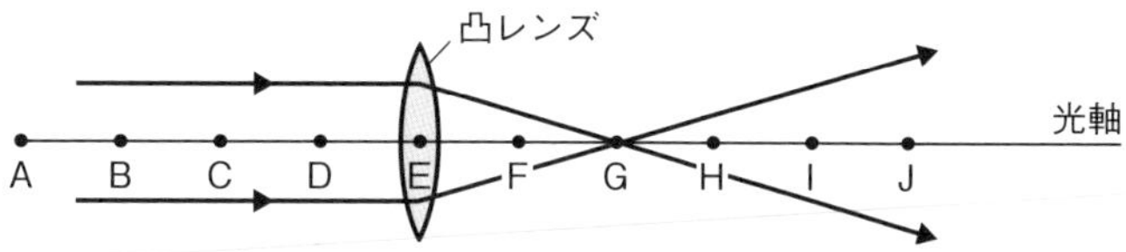

(1) 凸レンズを通った光が集まる点**G**を何というか。 [　　　　　　]

(2) 凸レンズの中心から点**G**までの距離を何というか。 [　　　　　　]

(3) 物体を点**A**に置いたときと，点**B**に置いたときでは，できる像の大きさはどちらの点に置いたときが大きいか。 [　　　　　　]

5 でる! 知識・理解 右の図のように，凸レンズの左側にろうそくを置いたとき，スクリーンには，ろうそくの像がうつった。次の問いに答えなさい。

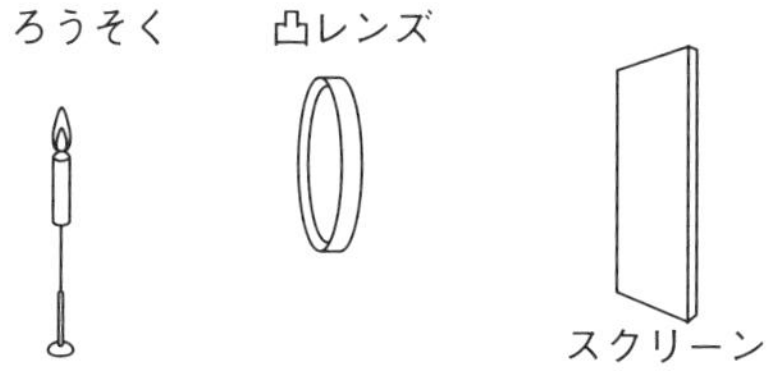

(1) 図のとき，スクリーンにうつった像を何というか。 [　　　　　　]

(2) ろうそくを少しずつ凸レンズの方に動かしていくと，スクリーンに像がうつらなくなった。このとき，凸レンズをのぞくと像は大きく見えた。このとき見えた像を何というか。

[　　　　　　]

(3) (2) の像は，(1) の像に比べてどんな像といえるか。次の**ア**～**エ**から選べ。

ア　(2) の像は実際に光が集まってできた像で，物体と上下・左右が逆向きの像である。

イ　(2) の像は実際には光が集まっていない像で，物体と上下・左右が逆向きの像である。

ウ　(2) の像は実際に光が集まってできた像で，物体と同じ向きの像である。

エ　(2) の像は実際には光が集まっていない像で，物体と同じ向きの像である。

[　　]

6 でる! 思考 右の図のように，凸レンズの左側に物体を置いて，できる像について調べた。次の問いに答えなさい。

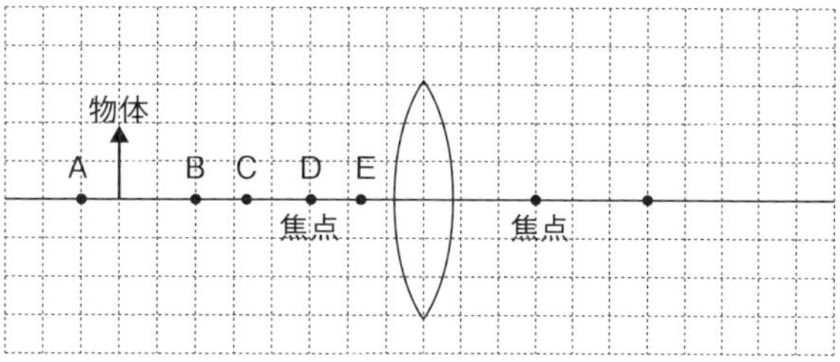

(1) できる像を作図して，図にかけ。

(2) 実際の物体の大きさより小さい像ができるのは，**A**～**E**のどの点に置いたときか。

[　　]

(3) 物体の大きさが 10cm のとき，10cm の像ができるのは，物体を**A**～**E**のどの点に置いたときか。 [　　]

(4) **A**点に物体を置き，凸レンズの上半分を紙でおおうと，できる像はどうなるか。次の**ア**～**エ**から選べ。

ア　像の大きさが小さくなる。　**イ**　同じ大きさの像だが，明るさが暗くなる。

ウ　像の上半分がなくなる。　**エ**　像の下半分がなくなる。 [　　]

7 知識・理解 右の図のように，同じおんさを並べ，Aのおんさをたたいたところ，Bのおんさも鳴り出した。次の問いに答えなさい。

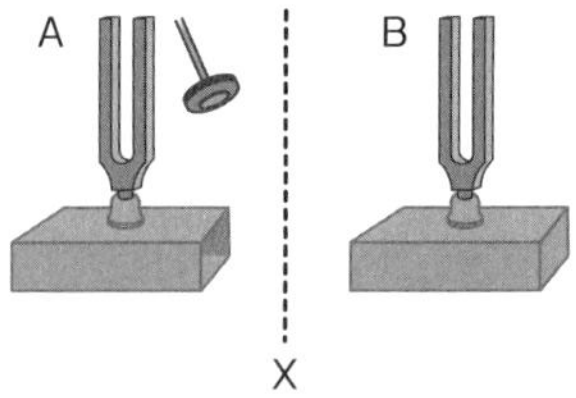

(1) Aのおんさが鳴り出したとき，Aのおんさはどうなっているか。 [ ]

(2) Bのおんさが鳴り出したのは，何が音を伝えたためか。

[ ]

(3) 図の------- Xの位置に大きい板を置いて，Aのおんさをたたくと，Bのおんさは鳴るか。

[ ]

8 でる! 知識・理解 右の図は，いろいろな音の波をコンピュータの画面に表したものである。次の問いに答えなさい。

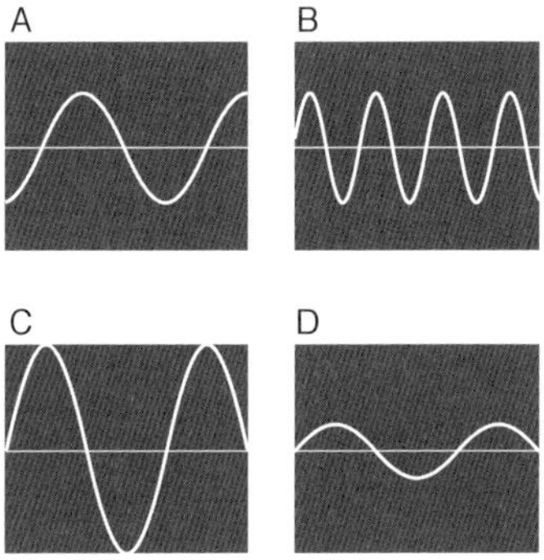

(1) A～Dで，最も高い音が出ているのはどれか。

[ ]

(2) A～Dで，最も小さい音が出ているのはどれか。

[ ]

(3) 振幅は，音の何と関係するか。次の**ア**～**ウ**から選べ。

ア 音の高低　**イ** 音の大小

ウ 音の伝わる速さ [ ]

(4) 振動数は，音の何と関係するか。(3)の**ア**～**ウ**から選べ。 [ ]

9 思考 右の図のようなモノコードを使って，音の高低や大きさを調べた。表は，この実験を行った条件をまとめたものである。次の問いに答えなさい。

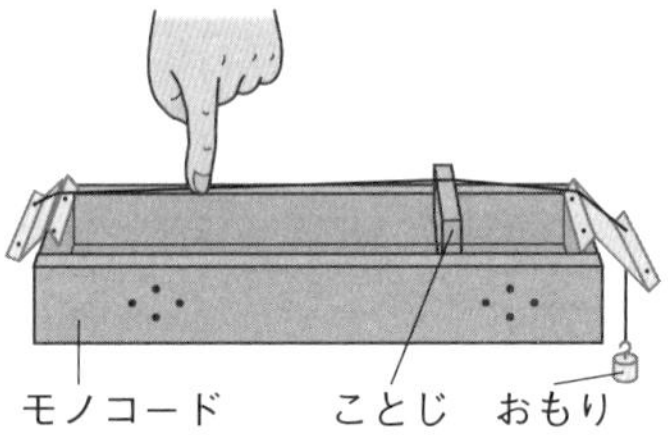

	弦の直径〔cm〕	長さ〔cm〕	おもりの数〔個〕
ア	2	30	1
イ	2	30	2
ウ	3	40	3
エ	3	30	1
オ	4	50	1
カ	4	60	1

(1) **ア**と**イ**を比べると，高い音が出ているのはどちらか。

[ ]

(2) 弦の長さと音の高低の関係を調べるには，**ア**～**カ**のどれとどれを比べるとよいか。 [ ]

(3) 弦の太さと音の高低の関係を調べるには，**ア**～**カ**のどれとどれを比べるとよいか。 [ ]

(4) **ア**～**カ**で，最も低い音が出ているのはどれか。

[ ]

(5) (4)より低い音を出すためには，(4)の弦を太い弦と細い弦のどちらに張りかえればよいか。

[ ]

実力アップ問題

簡単な入試問題で力だめしをしてみましょう。

1 でる!

右の図のように，30 度間隔に点線を引いた用紙の上に，光源装置と半円形レンズを置いた。このとき，半円形レンズの平らな面の中心Ｏは，点線の交点の真上にある。次に，光源装置からＯに向けて光を当てたところ，Ｏから進む光の道すじが2本見えた。次の問いに答えなさい。〈秋田県〉

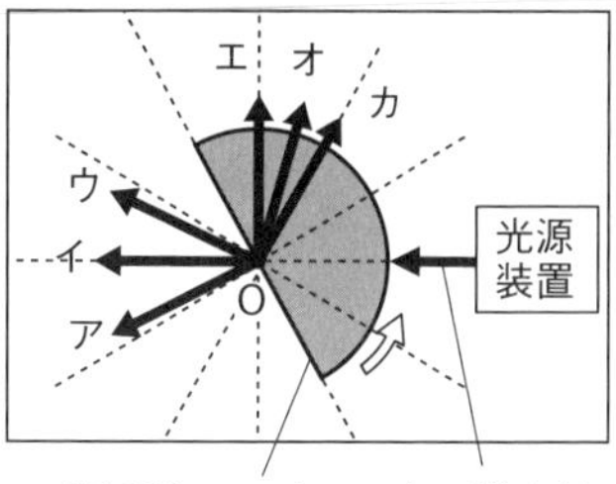

(1) 知識・理解 2本の光の道すじの向きとして適切なものは，**ア**～**カ**のどれか，2つ選べ。

[　　　　　　　　]

(2) 思考 Ｏを点線の交点の真上に合わせたまま，半円形レンズを⇗の向きに少しずつ回転させていくと，Ｏから進む光の道すじが1本になった。その理由を書け。

[　　　　　　　　]

2

思考 次の**ア**～**オ**から，光の屈折に関連が深いものを2つ選びなさい。〈鹿児島県〉

ア 光ファイバーを用いた光通信では，一度にたくさんの情報をやりとりすることができる。

イ 水中にものさしを入れると，実際の長さよりも短く見える。

ウ 夜，明るい部屋から窓ガラスごしに外を見ると，自分の顔がはっきりとうつって見える。

エ ブラインドのすき間からさしこむ日光は，すべて平行にまっすぐ進む。

オ ルーペを使うと，小さな物体を拡大して観察することができる。

[　　　　　　　　]

3

図1のように，水面に対して斜めになるようにカメラを固定して，水底に置いたガラス玉を撮影した。**図2**は，そのカメラで撮影した写真を模式的に示したものである。次の問いに答えなさい。ただし，水底のガラス玉から反射した光は，**図1**のように，水と空気の境界面で折れ曲がって進み，カメラに入るものとする。〈茨城県改〉

図1

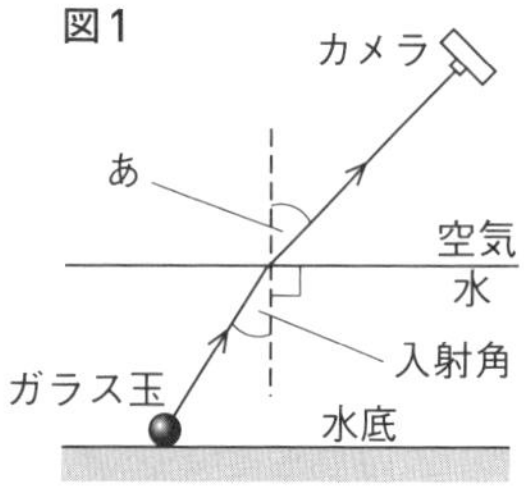

(1) 知識・理解 **図1**の角**あ**の名称を書け。

[　　　　　　　　]

(2) 思考 カメラをそのまま固定して，水がないときに撮影すると，ガラス玉のうつる位置は水があるときに比べてどの方向にずれるか。正しいものを**図2**の**ア**～**エ**から選べ。

[　　　　]

図2

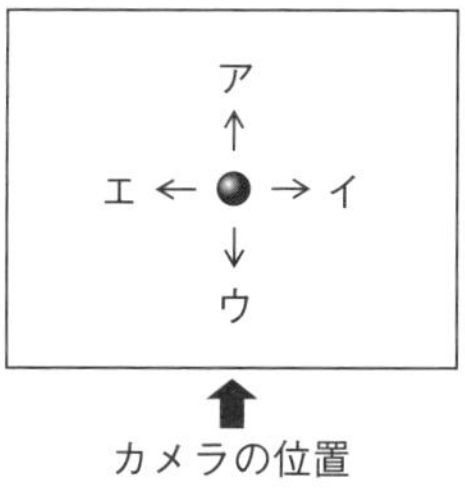

4 でる!

思考 次の図のように，焦点距離が10cmの凸レンズとスクリーンを，その間の距離が20cmになるように光学台に固定した。ろうそくをスクリーンの反対側から凸レンズに近づけていくとき，スクリーンにろうそくの像がはっきりとうつるのは，ろうそくと凸レンズの間の距離が何cmのときか。下の**ア**～**オ**から1つ選びなさい。〈福島県〉

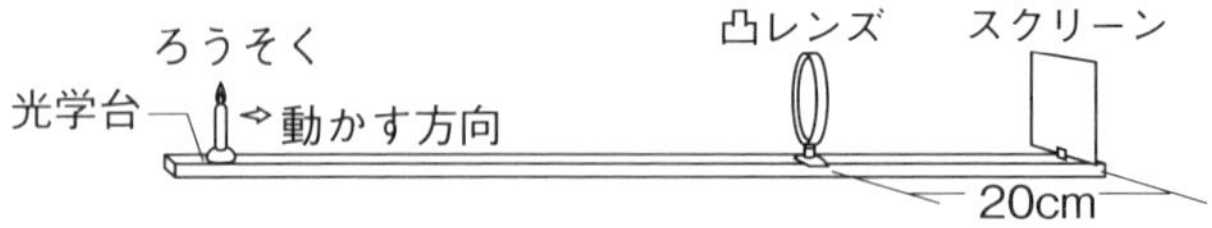

ア 40cm　**イ** 30cm　**ウ** 20cm　**エ** 10cm　**オ** 5cm　[　　　]

5 差がつく

光の進み方について，次の問いに答えなさい。〈福井県〉

図1

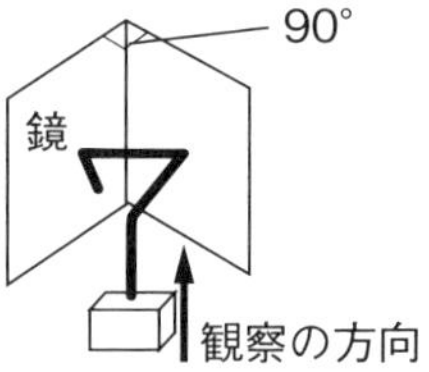

(1) 思考 **図1**のように，2枚の鏡を直角に合わせて，その正面に7を形どった針金を置いて，矢印の方向から観察した。このとき，2枚の鏡にうつった像を矢印の方向から観察するとどのように見えるか。最も適当なものを，次の**ア**～**エ**から選べ。

[　　　]

ア　**イ**　**ウ**　**エ**

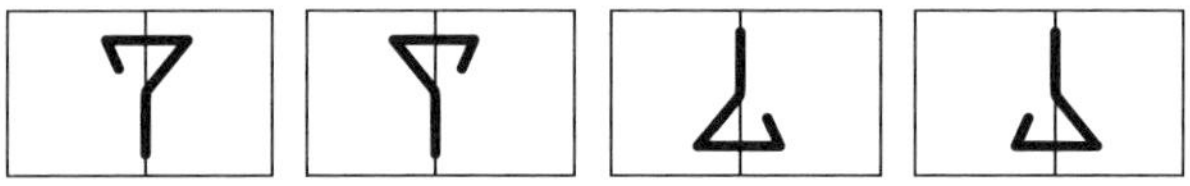

(2) **図2**のように7を形どった針金を，凸（とつ）レンズをとおして観察した。凸レンズを目に近づけ，針金を動かしたところ，ある位置で最もはっきりと像を見ることができた。①～③の問いに答えよ。

図2

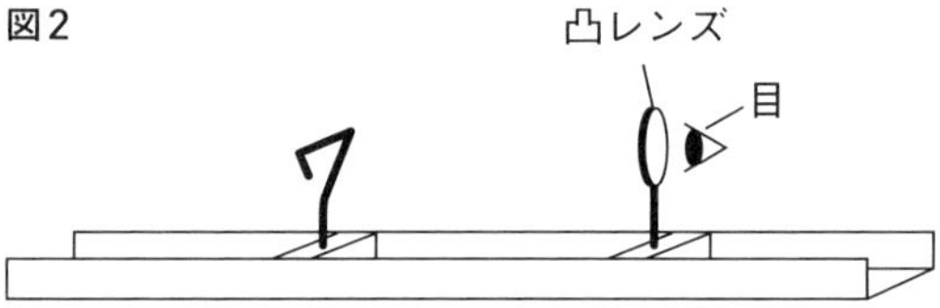

① 思考 レンズをとおして観察すると，7を形どった針金はどのように見えるか。次の**ア**～**エ**から選べ。　[　　　]

ア　**イ**　**ウ**　**エ**

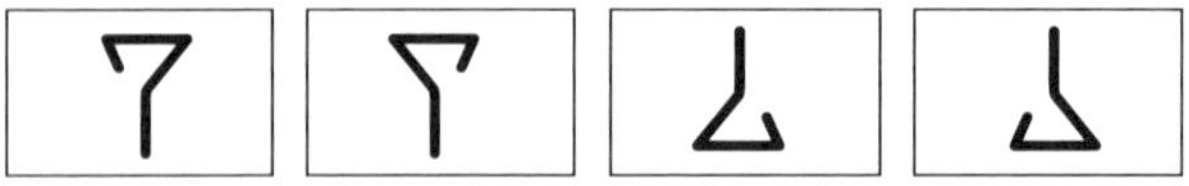

② 知識・理解 **図2**のとき見えた像を何というか。

[　　　　　　]

③ 思考 **図2**で使った凸レンズを焦点（しょうてん）距離の短いレンズに変えて，最もはっきりと見える位置で観察した。凸レンズと針金との距離および像の大きさは，**図2**のときと比べてどのようになるか書け。

[　　　　　　　　　　　　　　　　　　]

6 でる!

下の［　　］内は，生徒が「音」について調べたことを発表した内容の一部であり，図は，実験に使った自作の器具を示したものである。次の問いに答えなさい。〈福岡県〉

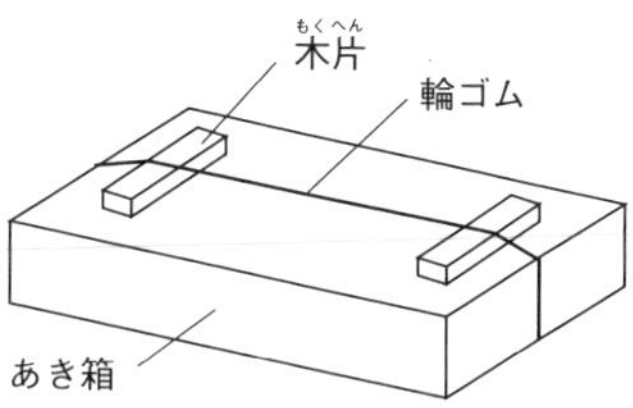

> わたしは，同じ楽器で，大きな音や小さな音，また，高い音や低い音も出せることに関心をもちました。そこで，輪ゴムを使った自作の器具を用いて，輪ゴムが出す音の大きさや音の高さが，何によって変わるかを調べる実験を行いました。
> その結果，輪ゴムを大きくはじくと，輪ゴムの（　　　）が大きくなって大きな音が出ることがわかりました。また，輪ゴムの振動する部分の長さが，長いときには低い音が出て，短いときには高い音が出ることもわかりました。

(1) 知識・理解 文中の（　）に，適切な語句を入れよ。

［　　　　　　］

(2) 実験・観察 生徒の発表後に，先生が，音の大小や高低の違いを説明するために，数種類のおんさが出す音の波形をコンピュータで表示した。図は，そのときの1つの画面を示している。この音よりも小さくて高い音を表示したときの音の波形を，図の中に記入せよ。

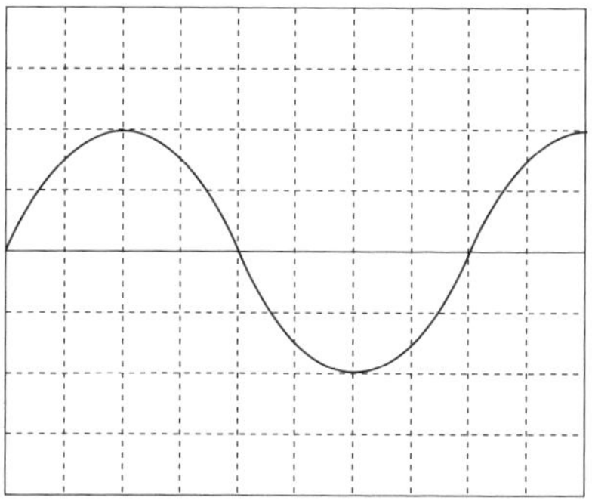

7

知識・理解 身のまわりには，気体，液体，固体の状態の物質がある。次の**ア**～**エ**のうち，物質の状態と音の伝わり方について述べたものとして，最も適当なものを選びなさい。

〈愛媛県〉

ア　音は，気体の中だけを伝わる。
イ　音は，気体と液体の中だけを伝わる。
ウ　音は，気体と固体の中だけを伝わる。
エ　音は，気体，液体，固体の中を伝わる。

［　　］

8

思考 図は，コンピュータを利用して，2つのおんさの音**ア**，**イ**のようすを画面に表示し，重ねて表したものである。**ア**の音を出すおんさと**イ**の音を出すおんさを同時にたたいたとき，**ア**の音を出すおんさが10回振動する間に，**イ**の音を出すおんさは何回振動するか，書きなさい。〈長野県〉

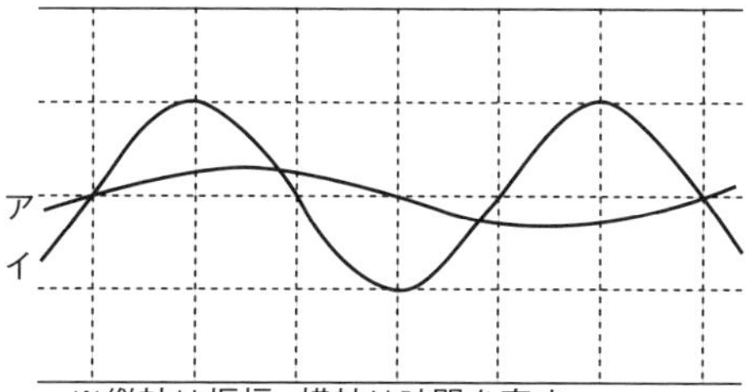

※縦軸は振幅，横軸は時間を表す。

［　　　　　　］

2 力

中学総合的研究 理科
P.44~53,62~65

要点まとめ

1 力とは

1 力

■ **力**　力のはたらきとは，物体を変形させる，物体を支える，物体の運動の状態を変えることである。

■ **いろいろな力**　力にはいろいろな力がある。
・重力：物体は地球から，地球の中心に向かう力を受ける。この力が重力。
・摩擦力：物体の表面どうしが接触しているとき，物体の運動をさまたげる力。
・磁石の力：磁石のN極，S極の間にはたらく力。

■ **電気の力**　電気には＋（正）の電気と－（負）の電気の２種類がある。＋と＋，－と－はしりぞけ合う力がはたらき，＋と－は引き合う力がはたらく。

■ **弾性力**　物体が変形したときにもとにもどろうとする力。

2 力の表し方

■ **力の単位**　力の大きさの単位にはニュートン（記号N）が使われる。100gの物体にはたらく重力の大きさを約1Nとしている。

■ **力の矢印**　力の大きさを矢印の長さ，力の向きを矢印のさす向きで表す。また，力が作用している点のことを作用点，矢印がのっている直線のことを作用線という。

3 質量と重さ

■ **質量**　物体そのものの分量を表す量。単位はgやkgである。

■ **重さ**　物体にはたらく重力の大きさ。重さは力なので単位はNである。

4 ばねの性質

■ **フックの法則**　ばねを引く力の大きさとばねののびは比例する。

〈フックの法則〉

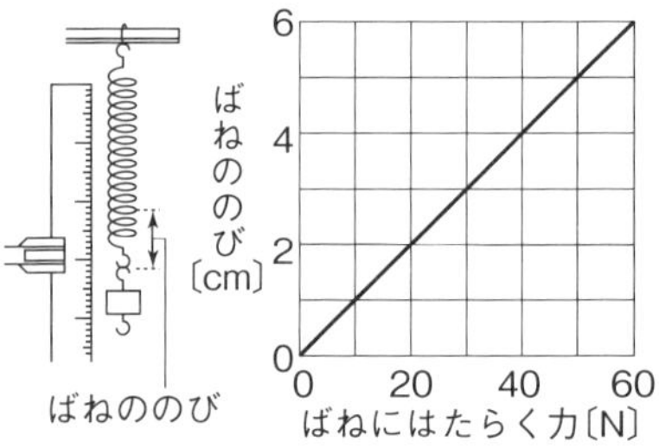

2 水圧と浮力

1 水圧

■ **水圧**　単位面積あたりに垂直にはたらく力の大きさを圧力といい，水圧は水の重さによってはたらく圧力である。水圧の大きさは，水の深さに比例し，水の深さが深いほど水圧は大きい。単位はPa（N/m^2）。

2 浮力

■ **浮力**　水中の物体にはたらく上向きの力。水中の物体の下の面にはたらく力は上の面にはたらく力より大きいので，浮力がはたらく。浮力は物体がおしのけた水の体積に比例し，物体が完全に水中にあるとき，水の深さが変わっても浮力は一定となる。
浮力の大きさ〔N〕＝空気中での重さ〔N〕－水中での重さ〔N〕

■ **水に浮く物質**　水の密度＞物体の密度を満たす物体は，水に浮くことができる。

基礎力チェック

ここに掲載されている基本問題は必ず解けるようにしておきましょう。

1 力とは

1 物体が地球から受ける力を何というか。 [ ]

2 物体の表面どうしが接触しているとき，物体の運動をさまたげる力を何というか。 [ ]

3 力の作用している点のことを何というか。 [ ]

4 重さ60Nの物体がある。この物体の重さを月面上ではかったときの重さを求めよ。ただし，月の重力は地球の重力の$\frac{1}{6}$とする。 [ ]

5 質量60gの物体がある。この物体の質量を月面上ではかったときの質量を求めよ。ただし，月の重力は地球の重力の$\frac{1}{6}$とする。 [ ]

6 質量20gのおもりをつるすと3cmのびるばねがある。このばねに質量100gのおもりをつるしたときのばねののびは何cmか。 [ ]

2 水圧と浮力

1 水中にある物体に対して，水の重さによってはたらく圧力を何というか。 [ ]

2 水の深さが深くなると，水圧の大きさはどうなるか。 [ ]

3 ゴム膜のついた円筒を水中にしずめたときはたらく水圧について，正しく表しているのはどれか。次の**ア**～**エ**から選べ。 [ ]

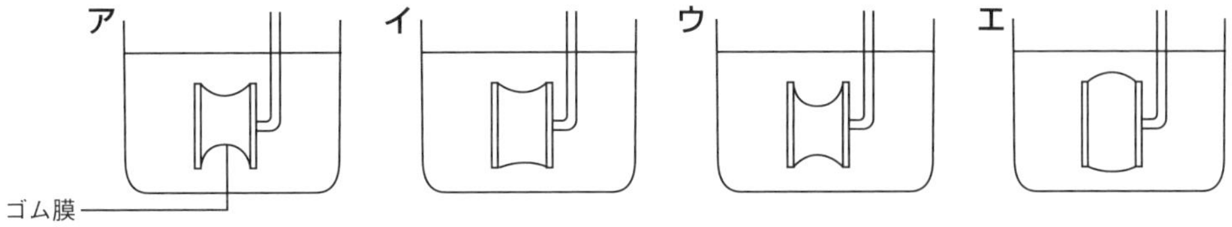

4 水中にある物体が受ける上向きの力を何というか。 [ ]

5 空気中での重さが5Nの物体の，水中での重さをはかったところ4.5Nだった。この物体にはたらく浮力を求めなさい。 [ ]

実践問題

実際の問題形式で知識を定着させましょう。

1 知識・理解 力について，次の問いに答えなさい。

(1) 右の図のように，一方の磁石のN極をもう一方の磁石に近づけたら，磁石は図の矢印の向きに動いた。このとき，図のⒶは何極か。

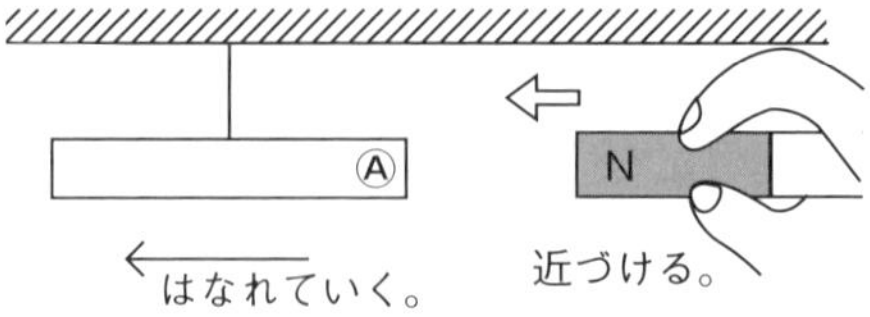

[　　　　　　　　]

(2) 質量500gの物体をばねはかりにつるし，物体を水中に入れたらばねはかりは3.8Nを示した。このとき，物体にはたらいた浮力は何Nか。ただし，100gの物体にはたらく重力の大きさを1Nとする。 [　　　　　　　　]

2 でる! 思考 長さ12cmのばねにおもりをつり下げ，おもりの質量とばねののびの関係を調べた。表はその結果を表したものである。100gの物体にはたらく重力の大きさを1Nとして，次の問いに答えなさい。

おもりの質量〔g〕	20	40	60	80	100
ばねののび〔cm〕	2	4	6	8	10

図1

図2

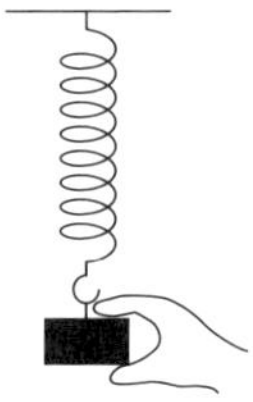

(1) ばねを引く力の大きさとばねののびの間には，どのような関係があるか。 [　　　　　　　　]

(2) 50gのおもりをつり下げると，ばね全体の長さは何cmになるか。 [　　　　　　　　]

(3) ばねにつり下げた50gのおもりを，**図1**のように下から手で支えながら静かにおし上げ，ばねの長さが15cmになったところで静止させた。このとき，手がおもりから受ける力は何Nか。 [　　　　　　　　]

(4) **図2**のように，50gのおもりを手で下に引き，ばねの長さが19cmになったところで静止させた。このとき，手がばねを引く力は何Nか。 [　　　　　　　　]

3 でる! 知識・理解 立方体の物体Xをばねばかりにつるし，値を測定したところ，1.5Nであった。次に図のようにこの物体Xをばねばかりにつるしたまま水の中に全体を入れたところ，ばねばかりの値は1.3Nとなった。次の問いに答えなさい。

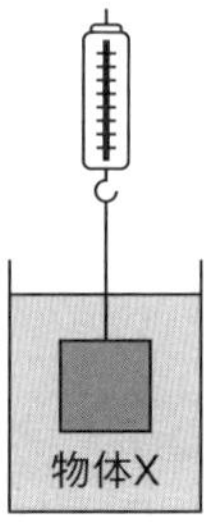

(1) 物体Xにはたらく水圧のようすを，正しく表した図を次の**ア**〜**エ**から選びなさい。ただし矢印の長さは水圧の大きさを示しているものとする。

ア　　　イ　　　ウ　　　エ

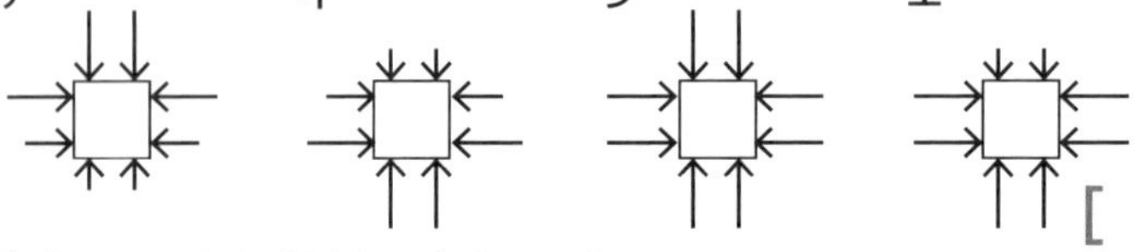

[　　　　　　　　]

(2) 物体Xにはたらく浮力の大きさは何Nか。 [　　　　　　　　]

実力アップ問題

簡単な入試問題で力だめしをしてみましょう。

1 差がつく

思考 浮力について調べるため，次のような実験を行った。これらの実験について，あとの問いに答えなさい。ただし，100g の物体にはたらく重力の大きさを1Nとする。

〈神奈川県改〉

図1

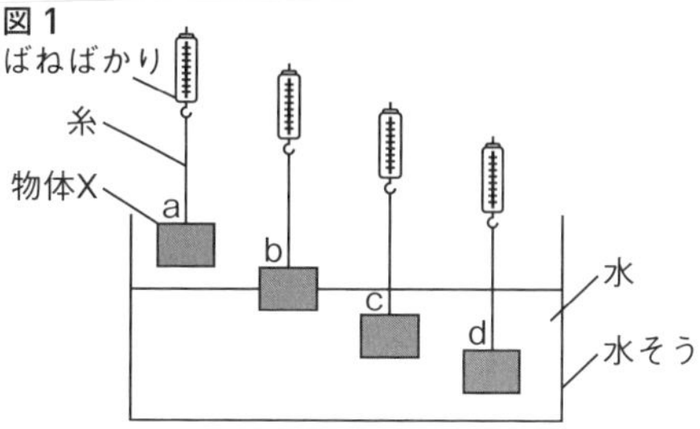

〔実験１〕図１のように，物体Xをばねばかりにつるし，a～dの位置におけるばねばかりの値を測定した。また，物体Xを材質が異なる物体Y，物体Zにかえて同様の操作を行った。表はこれらの結果をまとめたものである。

表

物体の位置	a	b	c	d
物体Xのばねばかりの値〔N〕	0.50	0.40	0.30	0.30
物体Yのばねばかりの値〔N〕	0.40	0.30	0.20	0.20
物体Zのばねばかりの値〔N〕	0.50	0.45	0.40	0.40

〔実験２〕質量150gの鉄のおもりと質量150gの鉄で作った船を用意し，これらを水そうの水に静かに入れたところ，図２のようになった。

図２

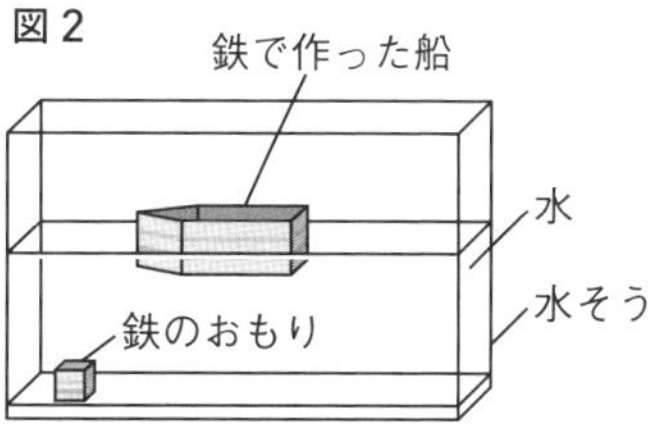

(1) 図１のbの位置における物体Xにはたらく浮力の大きさは何Nか。 [　　　　]

(2) 物体X～Zについて述べたものとして正しいものを次のア～オの中から選びなさい。

ア 物体Xと物体Yの密度は等しい。　**イ** 物体Xと物体Zの密度は等しい。

ウ 物体Xの密度が最も大きい。　**エ** 物体Yの密度が最も大きい。

オ 物体Zの密度が最も大きい。 [　　　　]

(3) 上の実験について説明した次の文中の（　）に適することばや数字を答えなさい。

〔実験２〕では，鉄で作った船を水そうの水に入れていくと，船にはたらく浮力は増加していき，やがて船は静止し，浮いた状態になる。このとき，浮力と（ **あ** ）はつり合っていると考えられる。このとき船にはたらく浮力は（ **い** ）Nである。

あ [　　　　]　い [　　　　]

2

思考 ばねにつるしたおもりの質量とばねののびの関係を調べて，その結果を図１のグラフに表した。次に，水平な机の上に１辺の長さ5cm の立方体の木片Aを置き，上面の中心にばねを取りつけ，図２のように上から引いた。ただし，100gの物体にはたらく重力の大きさを1Nとする。次の問いに答えなさい。〈福井県改〉

図１

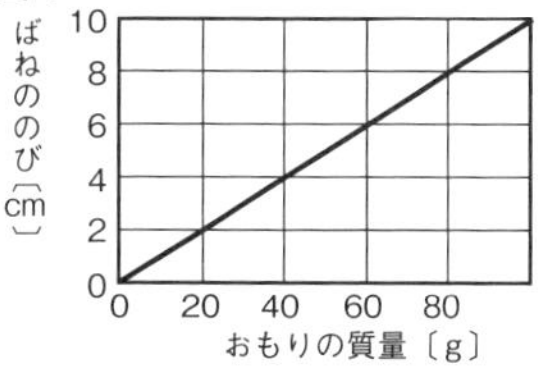

図２

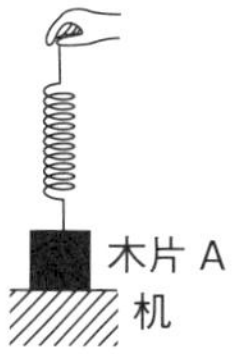

(1) ばねののびが10cmになったとき，木片Aは机からはなれた。木片Aの質量はいくらか。 [　　　　]

(2) 木片Aを同じばねでつるして水に浮かべた。ばねののびが6cmのとき，木片Aにはたらく浮力の大きさは何Nか。 [　　　　]

電気と磁気

要点まとめ

1 電流

1 回路と電流，電圧

- **回路**　電気が通る道すじを電流回路（回路）という。
- **電流**　電気の流れ。大きさの単位はA（アンペア），mA（ミリアンペア）。
- **電圧**　電流を流そうとするはたらき。大きさの単位はV（ボルト）。
- **直列回路**　抵抗などが1本の道すじでつながっている回路。流れる電流の大きさは回路のどの点でも同じで，それぞれの抵抗の両端の電圧の和は全体の電圧に等しい。

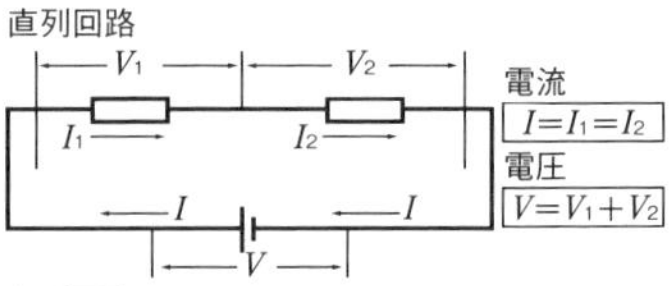

- **並列回路**　枝分かれのある回路。それぞれの抵抗の電流の和は，回路全体の電流の大きさに等しく，それぞれの抵抗の両端の電圧はどれも全体の電圧に等しい。

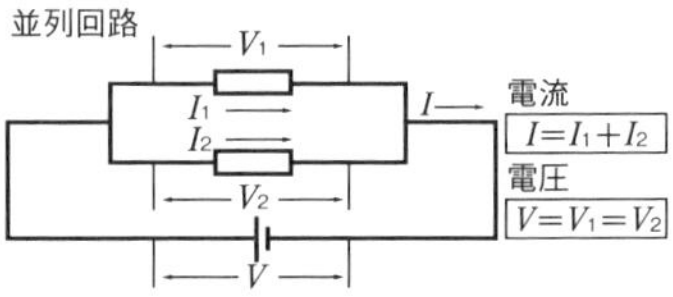

2 電圧と電流の関係と抵抗

- **抵抗**　電流の流れにくさ。単位はΩ（オーム）。
- **オームの法則**　回路を流れる電流は，電圧に比例する。⇒ V〔V〕＝ R〔Ω〕× I〔A〕

3 電子と電流

- **電子線（陰極線）**　陰極から出る電子の流れ。

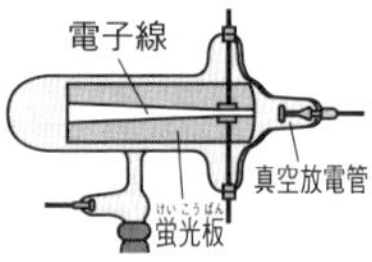

4 電力と電力量

- **電力**　単位時間当たりに電気器具が消費するエネルギー。1Vで1Aの電流が流れたときの消費電力は1W（ワット）。電力〔W〕＝電圧〔V〕×電流〔A〕。
- **電力量**　電気器具をある時間使用したときに消費するエネルギー。1Wの電力で1秒間使用したとき，電力量は1J（ジュール）。電力量〔J〕＝電力〔W〕×時間〔s〕。

2 磁界

1 磁石と磁界

- **磁界**　磁力（磁石にはたらく力）のはたらいている空間。方位磁針のN極がさす向きが磁界の向き。磁界のようすを線で表したものを磁力線という。

2 電流と磁界

- **いろいろな磁界**

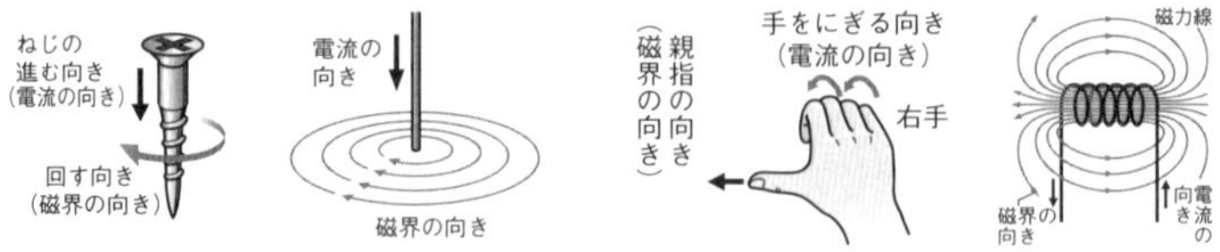

- **電流が磁界から受ける力**　電流の向きを逆にすると力の向きも逆になり，磁界の向きを逆にすると力の向きも逆になる。

3 電磁誘導

- **電磁誘導**　磁界が変化することによって回路に電流が流れる現象。このとき流れる電流を誘導電流という。コイルにN極とS極を近づけたときでは，向きが逆になり，N極（S極）を近づけたときと遠ざけたときでは向きが逆になる。

4 直流と交流

- **直流**　電流の向きが一定である電流。
- **交流**　電流の向きと強さが周期的に変化する電流。一般家庭で使用されている。

基礎力チェック

ここに掲載されている基本問題は必ず解けるようにしておきましょう。

1 電流

1 図1の回路について，電流の流れる向きは**ア**，**イ**のどちらか。 [　　　]

2 図1のような回路を何回路というか。 [　　　]

3 図1で，電圧計2は何Vを示すか。 [　　　]

4 図2で，電圧計3は何Vを示すか。 [　　　]

5 図1で，aを流れる電流は何Aか。 [　　　]

6 図2で，bを流れる電流は何Aか。 [　　　]

7 図2で，cを流れる電流は何Aか。 [　　　]

図1

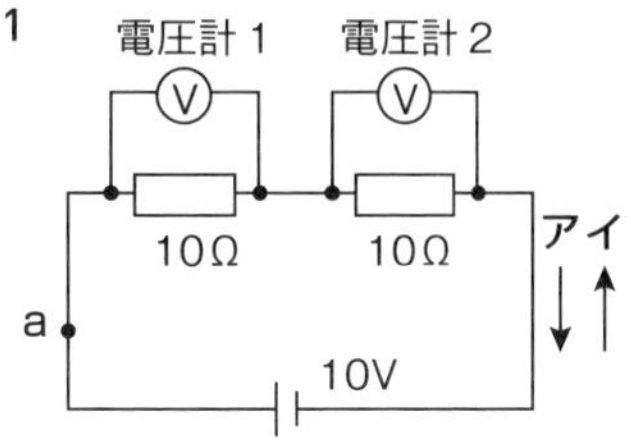

図2

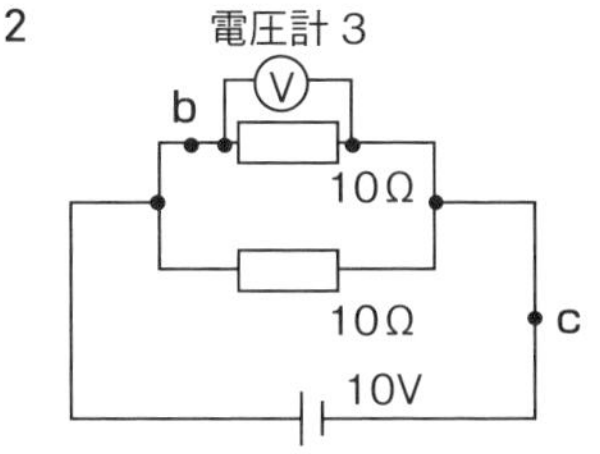

8 消費電力100Wのストーブを1分間使ったときの電力量は何Jか。 [　　　]

2 磁界

1 磁力のはたらいている空間を何というか。 [　　　]

図1

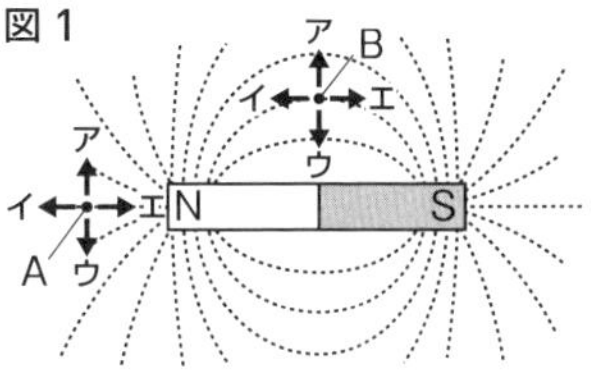

2 図1は棒磁石のまわりの磁界のようすを表したものである。磁針Aと磁針BのN極の向きは，それぞれ**ア**～**エ**のどれか。 A [　　　] B [　　　]

3 図2のように電流を流すと，コイルは**イ**の向きに動く。電流の向きは変えずに，磁石のN極とS極の向きを反対にすると，コイルは**ア**～**エ**のどの向きに動くか。 [　　　]

図2

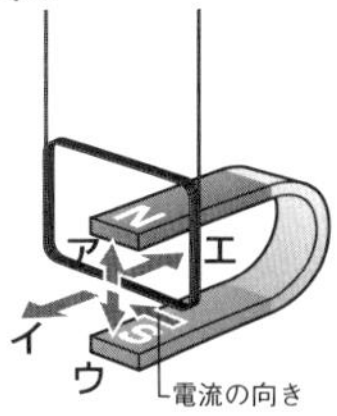

4 磁界が変化することによって，回路に電流が流れる現象を何というか。 [　　　]

5 図3のようにコイルに棒磁石のN極を急にさしこむと，検流計の針は右にふれた。棒磁石の向きを逆にして，同じようにさしこむと，検流計の針はどうなるか。次の**ア**～**ウ**から選べ。
ア　右にふれる。　**イ**　左にふれる。　**ウ**　ふれない。 [　　　]

図3

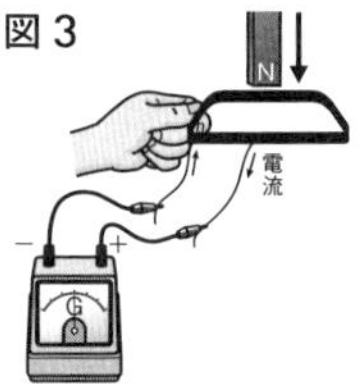

6 電流の向きと強さが周期的に変化する電流を何というか。 [　　　]

実践問題

実際の問題形式で知識を定着させましょう。

1 でる!

知識・理解 次の図1～3の回路を用いて，電圧と電流を調べる実験を行った。この実験について，あとの問いに答えなさい。

図1
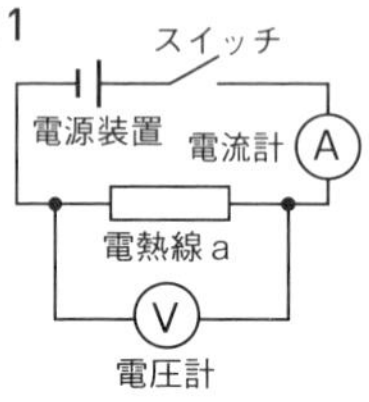

図2
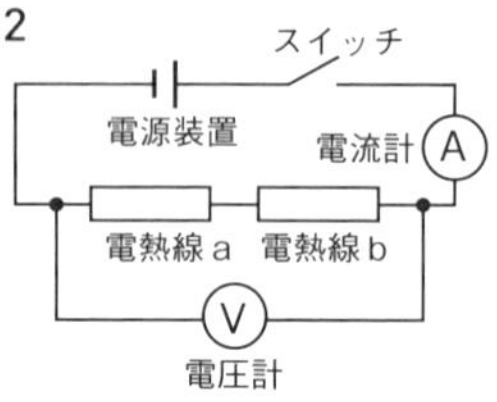

図3
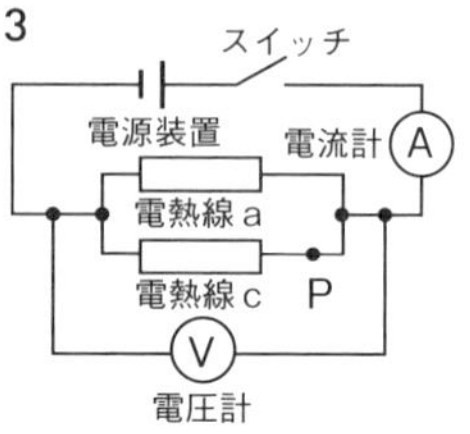

(1) 図1のように，電熱線aを用いて回路をつくり，電圧と電流を調べたところ，右の表の結果が得られた。電熱線aの電気抵抗は何Ωか。 [　　　　]

表

電圧〔V〕	0	0.8	1.2	2.0
電流〔mA〕	0	20	30	50

(2) 図2のように，電熱線aと電気抵抗30Ωの電熱線bを用いて回路をつくり，スイッチを入れたところ，電流計は30mAを示した。このとき，回路の電圧計は何Vを示すか。

[　　　　]

(3) 図3のように，電熱線aと電熱線cを用いて回路をつくり，スイッチを入れたところ，回路の電圧計は1.6Vを，電流計は60mAを示した。このとき，回路のP点を流れる電流は何mAか。 [　　　　]

2

知識・理解 右の図のように，コイルを厚紙に差し込み固定し，コイルに電流を流してコイルのまわりにできる磁界のようすを調べた。スイッチが入っていないとき，方位磁針を点Pの位置に置くと，方位磁針のN極は，図中の北をさした。次に，スイッチを入れ，コイルに電流を流すと，点Pの位置に置かれた方位磁針のN極は，図中の南をさした。さらに，方位磁針をとり除いたあと，コイルのまわりに鉄粉を一様にまき，磁界のようすを調べた。次の問いに答えなさい。

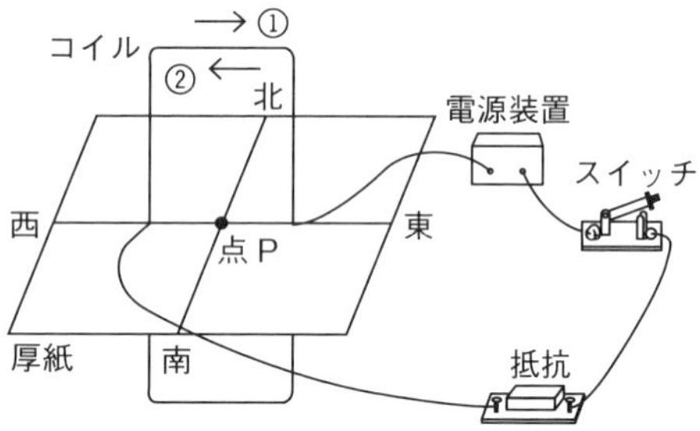

(1) スイッチを入れ，コイルに電流を流したとき，点Pの位置における磁界の向きとコイルに流れる電流の向きはどのようになるか。磁界の向きを図中の南北，電流の向きを図中の①，②から選べ。　磁界の向き [　　　] 電流の向き [　　　]

(2) コイルのまわりの磁界によって，鉄粉はどのような模様になるか。最も適切なものを，次のア～エから選べ。ただし，●は点P，○はコイルの位置を表したものである。

ア
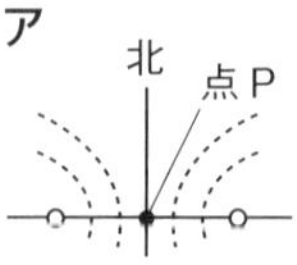

イ
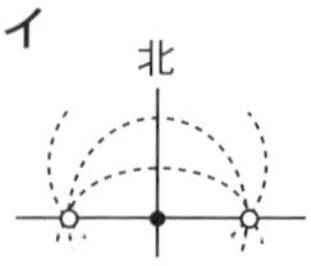

ウ
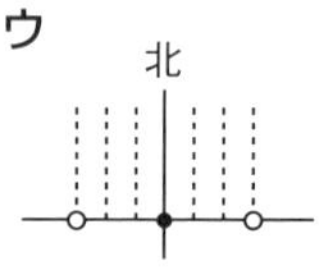

エ
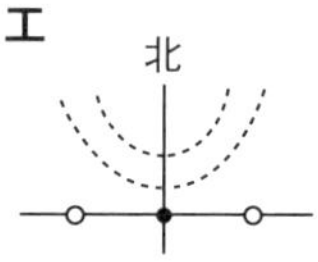

[　　　　]

3

差がつく

思考 図1，図2のような2つの回路をつくり，容器に一定量の同温の水を入れて，発熱量を比べる実験を行った。電熱線A，Cの抵抗は10 Ωで，電熱線B，Dの抵抗は20 Ωである。この2つの回路の電源の電圧を6Vにして，5分間電流を流した。次の問いに答えなさい。ただし，発生した熱はすべて水の温度上昇に使われたものとする。

図1

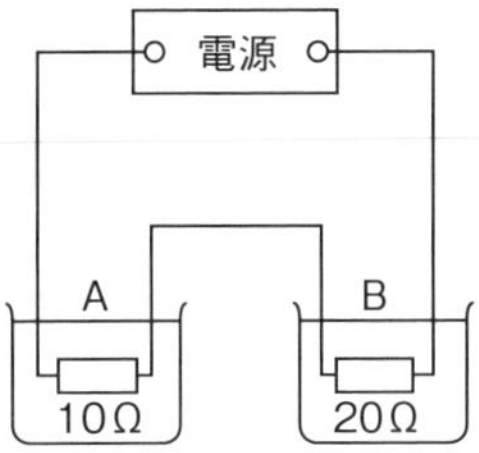

図2

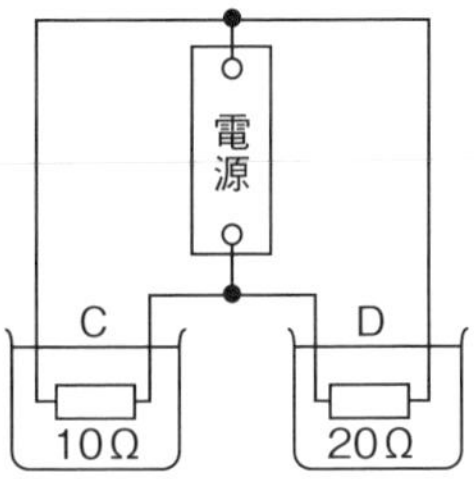

(1) 5分間に電熱線Aから発生する熱量は何Jか。 [ ]

(2) 電熱線Cから発生した熱量は，電熱線Aから発生した熱量の何倍か。

[ ]

(3) 電熱線A～Dを入れた水の温度はどうなったか。水の温度が低いもの→水の温度が高いものの順になるように記号を並べなさい。

[→ → →]

4

でる!

思考 図1のような回路をつくり，棒磁石のS極を矢印の向きに動かしたところ，検流計の針は＋側にふれた。次の問いに答えなさい。

図1

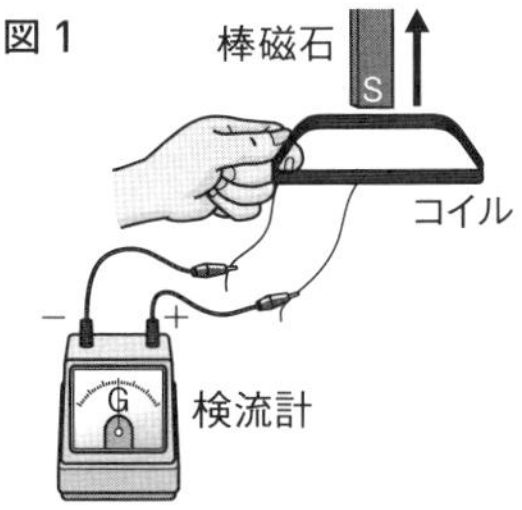

(1) 図1のときに流れた電流のように，磁界の変化により，コイルに電流を流そうとする電圧が生じることを何というか。 [ ]

(2) 図1の状態で，棒磁石を静止させたまま，コイルを棒磁石から遠ざけていくと，検流計の針は，＋側，－側のどちらにふれるか。 [ ]

(3) 図1の回路で，棒磁石のN極を下にして，棒磁石をコイルから遠ざけていくと，検流計の針は，＋側，－側のどちらにふれるか。 [ ]

(4) 図2のように，棒磁石を水平にすばやく動かした。このとき，検流計の針はどのようにふれるか。次の**ア**～**エ**から選べ。

ア ＋側にふれた。

イ －側にふれた。

ウ ＋側にふれてから－側にふれた。

エ －側にふれてから＋側にふれた。 [ ]

図2

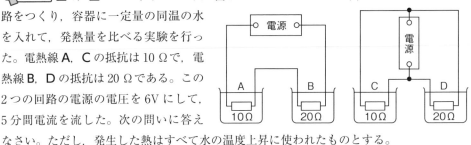

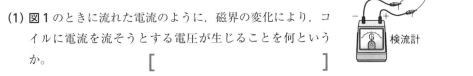

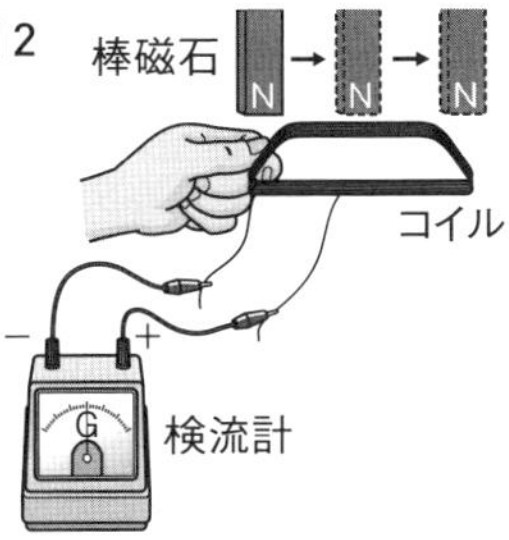

(5) 図1や図2のようにして電流を流すとき，棒磁石をより強い磁石に変えると，コイルに流れる電流はどうなるか。

[ ]

5 **実験・観察** 右の図のように，蛍光板を入れた真空放電管に誘導コイルを接続して，電極A，Bに高い電圧をかけ，また，電極C，Dにも電圧をかけたところ，電極C側に曲がった明るい線が見えた。次の問いに答えなさい。

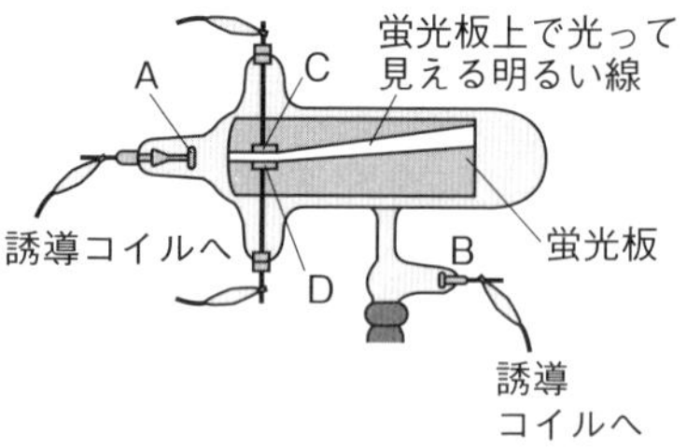

(1) 蛍光板上で光って見える明るい線を何というか。

[　　　　　　　　　　]

(2) この明るい線は，何という粒子の流れによるものか。その粒子の名前を書け。

[　　　　　　　　　　]

(3) 図のように，明るい線が電極C側に曲がって見えるとき，電極A～Dは，それぞれ＋極，－極のどちらになっているか。記号で答えよ。

A極 [　　　　] B極 [　　　　] C極 [　　　　] D極 [　　　　]

(4) 図の明るい線を電極D側に曲げるにはどうすればよいか。次の**ア**～**エ**から選べ。

ア 電極A，Bの極を反対にする。
イ 電極A，Bにかけていた電圧をやめる。
ウ 電極C，Dの極を反対にする。
エ 電極C，Dにかけていた電圧をやめる。

[　　　　]

6 **知識・理解** 右の図のように，2個の発光ダイオードの向きを逆にして並列につなぎ，交流につないでから，左右に振ってみた。次の問いに答えなさい。

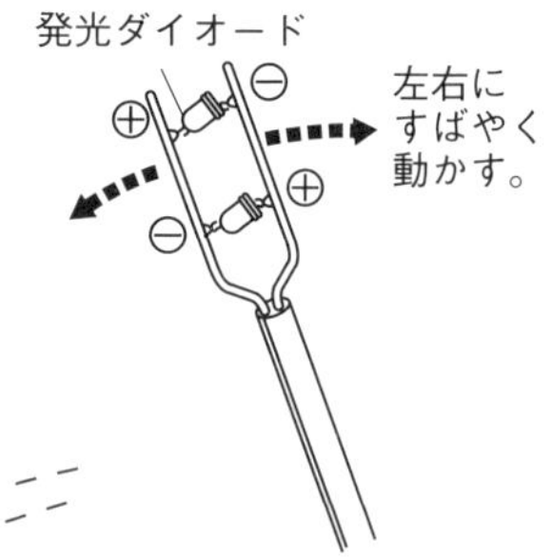

(1) 発光ダイオードはどのように点灯するか。次の**ア**～**ウ**から選べ。

[　　　　]

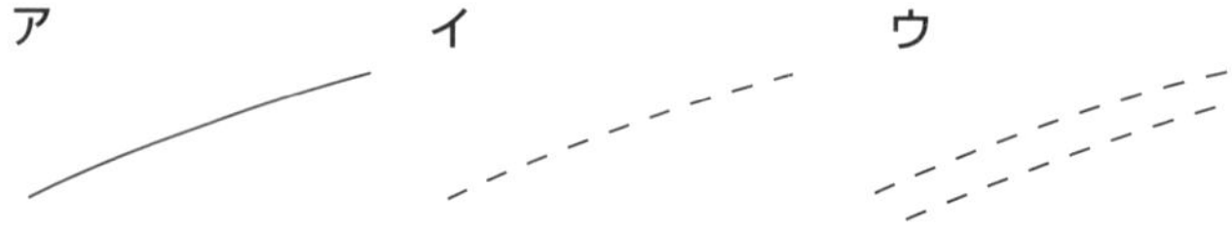

(2) 発光ダイオードを電池のような直流につなぐと，どのように点灯するか。(1) の**ア**～**ウ**から選べ。

[　　　　]

(3) 交流をオシロスコープで調べると，どのような波形が見られるか。次の**ア**～**エ**から選べ。

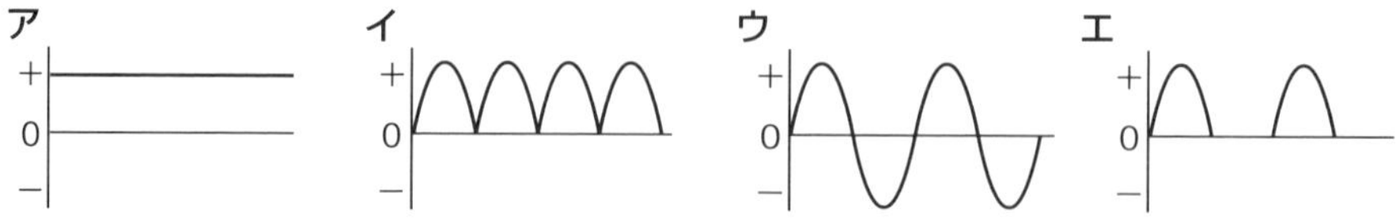

[　　　　]

(4) 次の文は，交流についてまとめたものである。①～④に適する語句や記号を答えよ。

交流は，向きや[①]がたえず変化する電流である。電流の向きが1秒間に変わる回数を[②]といい，単位は[③]（記号[④]）である。

① [　　　　　　　　] ② [　　　　　　　　]
③ [　　　　　　　　] ④ [　　　　　　　　]

解答・解説➡別冊 P.7

実力アップ問題

簡単な入試問題で力だめしをしてみましょう。

1 差がつく

知識・理解 **図1**に示す回路を組み立て，電熱線にかかる電圧を変えて電熱線に流れる電流の変化を調べる実験を行った。次の問いに答えなさい。〈福岡県〉

図1

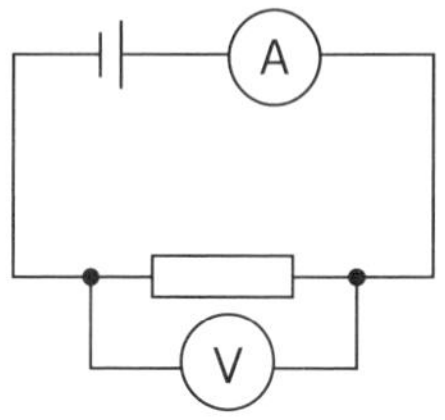

(1) 下の［　　］内は，実験を行う前に，先生が指示した内容の一部である。

> 電流計は，電熱線に並列につなぐとこわれるので，かならず直列につなぎます。また，電流計には，－端子が3個ありますが，この実験では，まず5Aの端子につなぎます。それは，電熱線を流れる（　　　）です。
> 電熱線に電流を通すと発熱するので，電流をはかるときだけ，電源装置のスイッチを入れるようにします。

①下線部の理由を，簡潔に書け。

[　　　　　　　　　　　　　　　　　　]

②文中の（　　　）に，まず5Aの端子につなぐ理由を，簡潔に書け。

[　　　　　　　　　　　　　　　　　　]

(2) 右の［　　］内は，生徒のノートの一部であり，**図2**は，【実験結果】をもとに電圧と電流の関係をグラフに表そうとしたものである。このグラフを完成させよ。また，【まとめ】の中の（　　）に，適切な語句を入れよ。

【実験結果】

電圧 E〔V〕	1	2	3	4	5
電流 I〔mA〕	40	80	120	180	200

【まとめ】

> グラフから，電熱線を流れる電流 I は，電圧 E に（　　）することがわかった。

図2　【電圧と電流の関係】

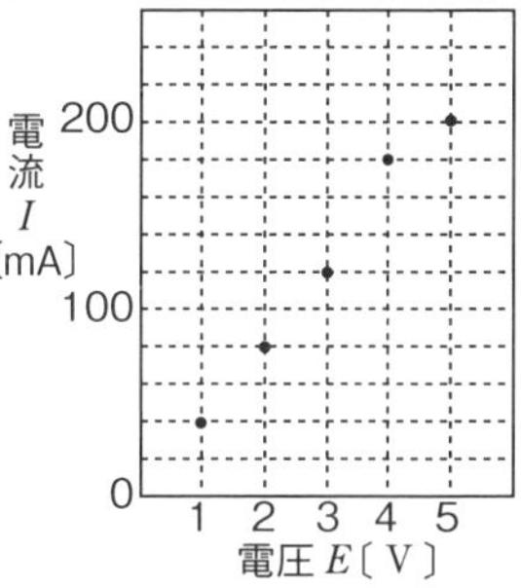

[　　　　　　　　]

(3) 家庭で使っている電気ポットに［100V　800W］の表示があった。この電気ポットに水を入れて，100Vのコンセントにつないで沸かすとき，電気ポットに流れる電流の大きさは何Aか。

[　　　　　　　　]

2 でる!

実験・観察 発電機は，電磁誘導を利用して電流を得るものである。右の図のようにコイルに棒磁石を出し入れすると，電磁誘導により電流が得られる。図のコイルと棒磁石を用いて，より強い電流を得るにはどうすればよいか，簡潔に書きなさい。〈岐阜県〉

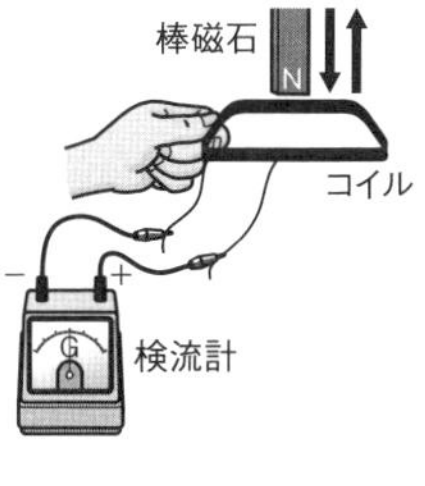

[　　　　　　　　　　　　　　　　　　]

3 でる!

知識・理解 2種類の電熱線**A**，**B**を用いて，**図1**のような回路をつくり，両端の電圧と回路を流れる電流を測定した。図のⓍとⓎは，電流計か電圧計のいずれかを表している。**図2**は，その結果をグラフにしたものである。次の問いに答えなさい。

図1

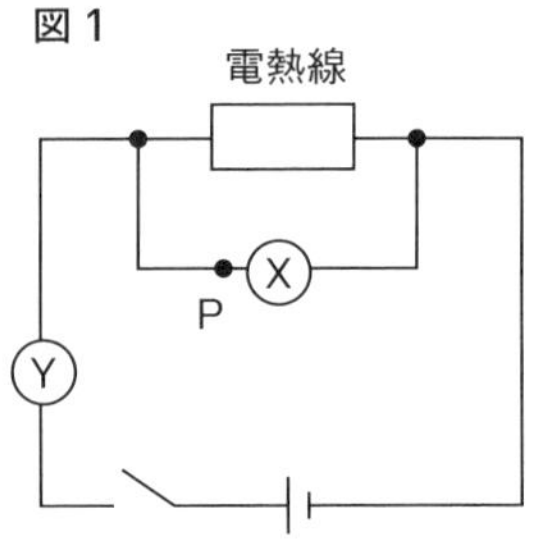

図2

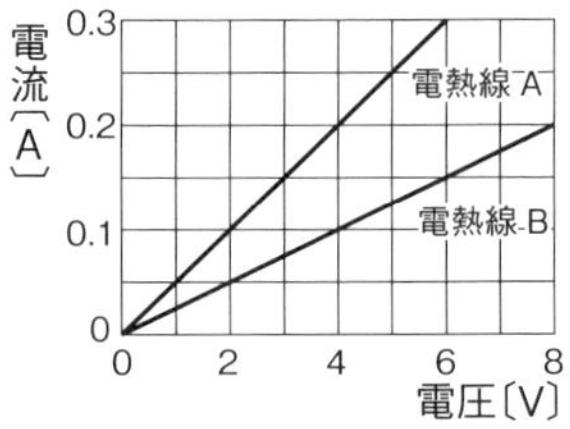

(1) **図1**の**P**は，どの端子を表すか。次の**ア**～**エ**から選べ。

ア 電流計の＋端子　　**イ** 電流計の－端子

ウ 電圧計の＋端子　　**エ** 電圧計の－端子　　[　　]

(2) 電熱線**A**，**B**の抵抗はそれぞれ何Ωか。

電熱線**A** [　　]　電熱線**B** [　　]

(3) 電熱線**A**，**B**に同じ電圧をかけた。電熱線**A**に流れる電流は，電熱線**B**に流れる電流の何倍になるか。　[　　]

(4) 電熱線**B**の両端に6Vの電圧をかけて，電流を90分間流した。このとき電熱線**B**で消費された電力量は何Whか。　[　　]

(5) 電熱線**A**，**B**を**図3**のように直列に接続した。このときの電熱線**A**に流れる電流を，電流計の500mAの端子を使って測定すると，針の振れが**図4**のようになった。

図3

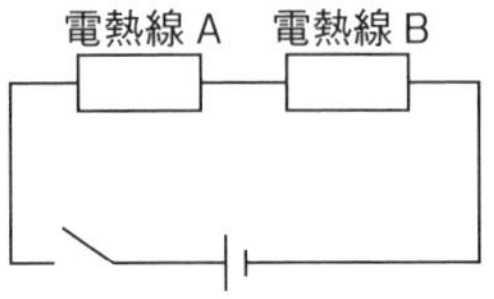

図4

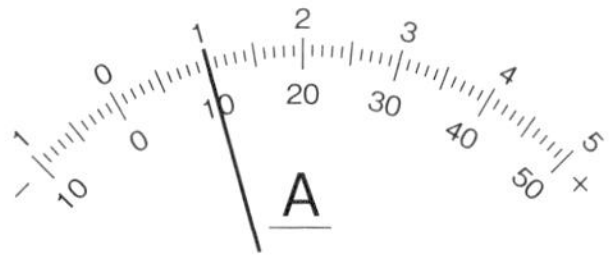

図5

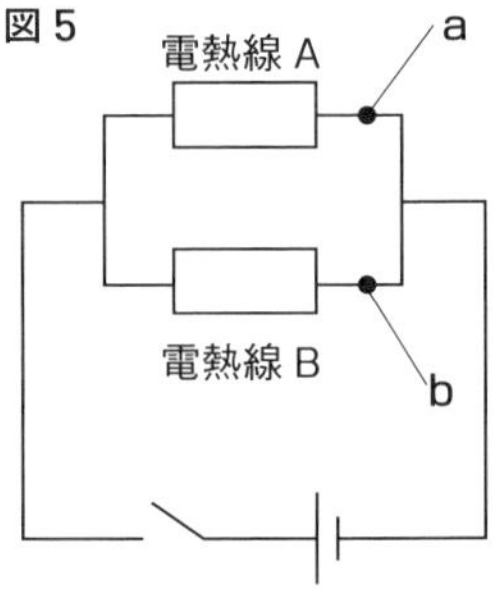

①このときに流れた電流の大きさは何Aか。

[　　]

②このときの電源の電圧の大きさは何Vか。

[　　]

③**図4**のような端子をもつ電流計では，電熱線に流れる電流の大きさがわからないときは，最初は－端子として5Aの端子を選ぶ。それはなぜか。その理由を簡潔に書け。

[　　]

(6) 電熱線**A**，**B**を**図5**のように並列に接続した。電源の電圧を**図3**と同じにしたとき，**a**点を流れる電流の大きさは，**b**点を流れる電流の大きさの何倍になるか。次の**ア**～**オ**から選べ。

ア $\frac{1}{3}$倍　　**イ** $\frac{1}{2}$倍　　**ウ** 1倍　　**エ** 2倍　　**オ** 3倍

[　　]

4 差がつく

思考 6Wと18Wのヒーターを用いて，次の実験を行った。あとの問いに答えなさい。〈宮崎県〉

〔実験〕

①**図1**のような装置をつくり，くみ置きの水100cm³をビーカーに入れた。

②加熱開始時の水温をはかった。

③ 6Wのヒーターに6Vの電圧を加え，電流を流して水を加熱し，ときどきかき混ぜながら，2分ごとに水温をはかった。

④ 6Wのヒーターを18Wのヒーターに変えて，①〜③の操作を行った。

図1

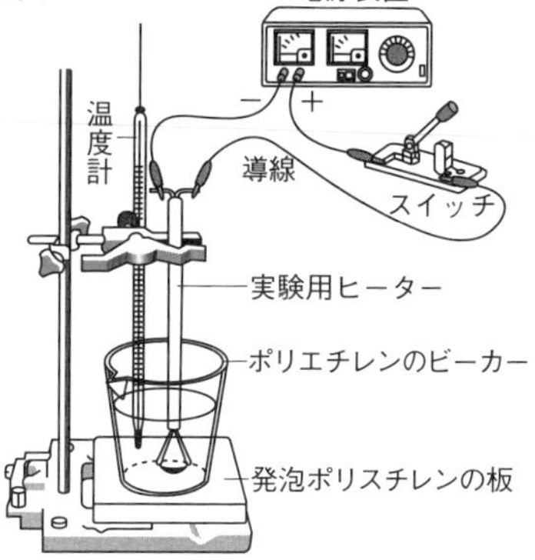

(1) **図1**の回路を，電気用図記号を使って右の□内に回路図で表せ。ただし，ヒーターは電気抵抗として表すこと。

回路図

(2) この実験で用いた導線には，銅が使われている。銅のような金属が導体とよばれている理由を，「電気抵抗」という言葉を用いて簡潔に書け。

[　　　　　　　　]

(3) 18Wのヒーターに10分間電流を流したときに発生する熱量を求めよ。ただし，単位はジュール(J)とすること。

[　　　　　　　　]

図2

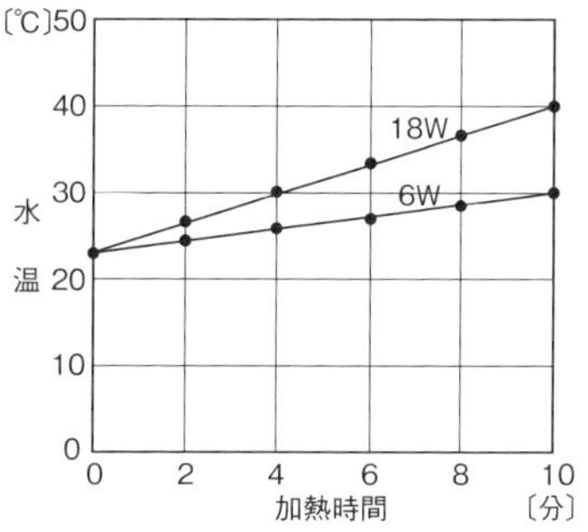

(4) **図2**は，水温の測定結果をグラフに表したものである。グラフからわかることとして，適切でないものはどれか。次の**ア**〜**エ**から選べ。

[　　　]

ア　W数の大きい方は，10分間電流を流すと10℃以上水温を上昇させることができる。

イ　W数が大きい方が，より速く水温を上昇させることができる。

ウ　W数の大きい方だけが，加熱時間が長いほど，発生する熱量は大きくなる。

エ　W数の違いによる発生する熱量の差は，加熱時間が長いほど大きくなる。

(5) 6Wのヒーターの電気抵抗は6Ω，18Wのヒーターの電気抵抗は2Ωであった。この2種類のヒーターを直列や並列につなぐと，回路全体で発生する熱量は，どちらの方が大きくなると考えられるか。次の文の［a］，［b］に適切な言葉を入れよ。また，［c］にあてはまる数値を下の**ア**〜**エ**から選べ。ただし，どちらの回路も6Vの電圧を加え，電流を同じ時間流すものとする。

2種類のヒーターを直列や並列につないだ場合，電圧の大きさと電流を流す時間は同じであっても，回路全体に流れる電流は，［a］列の方が［b］列のおよそ［c］倍になると考えられるので，［a］列の方が回路全体で発生する熱量が大きくなる。

ア　2.0　　**イ**　4.4　　**ウ**　5.3　　**エ**　6.7

a [　　　]　b [　　　]　c [　　　]

4 運動とエネルギー

中学総合的研究 理科
P.54~60,66~74,90~101

要点まとめ

1 物体の運動

1 力の合成と分解

■ **力のつり合い**　ある物体にいくつかの力がはたらいていて，それらの合力が0のとき，物体にはたらく力はつり合っているという。（図1）

■ 力の大きさ→等しい。
■ 力の向き→反対。
■ 作用線→等しい。
■ 作用点→同一物体上。

図1
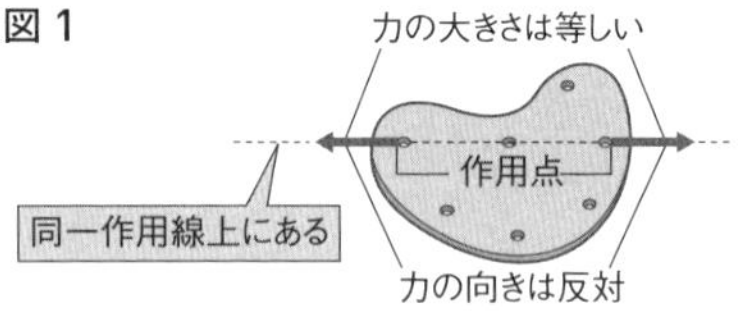

■ **力の合成**：同じ物体に２つ以上の力が同時にはたらくとき，同じはたらきをするひとつの力に置きかえること。合成して得られた力を合力と呼ぶ。

■ ２力F_1，F_2の向きが等しいとき，合力Fの大きさは２力の和となり向きは２力の向きと等しい。（図2）

図2
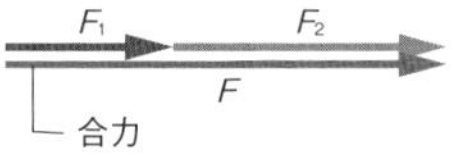

■ ２力F_1，F_2の向きが反対のとき，合力Fの大きさは２力の差となり，向きは２力のうちの大きい方と等しい。（図3）

図3
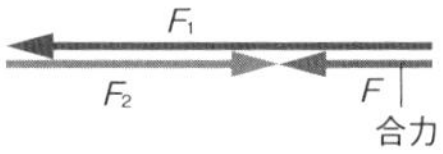

■ ２力の向きが異なるとき，合力Fは平行四辺形の法則によって求められる。（図4）

図4
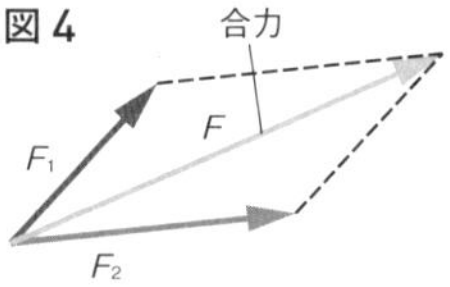

■ **力の分解**　ひとつの力を複数の力に分解すること。分解して得られる力を分力という。（図5）

■ **作用・反作用の法則**　物体Aが物体Bから力を受けているとき，物体Bも物体Aから同じ大きさ，反対向き，同一作用線上にある力を受ける。

図5
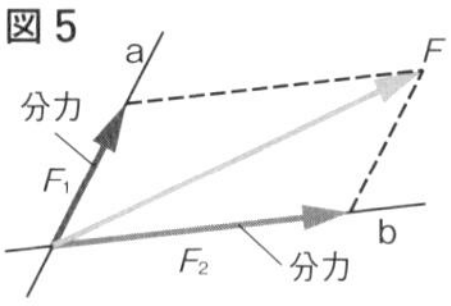

2 力と運動

■ **速さ**　単位時間あたりに進んだ距離。
速さ＝距離÷時間

■ **速さの単位**　距離をm，時間（秒）をsで表すと，m/sが速さの単位になる。

■ **平均の速さ**　ある時間内に進んだ距離を用いて求めた速さ。

■ **瞬間の速さ**　ある瞬間の物体の速さ。

■ **記録タイマー**　東日本では$\frac{1}{50}$秒ごとに打点し，西日本では$\frac{1}{60}$秒ごとに打点する。5打点あるいは6打点ごとに打点間の距離を測定すると，0.1秒間に進んだ距離が求められる。

■ $\frac{1}{50}$秒ごとに打点する記録タイマーが打点したテープを5打点ごとに切り，右の図のように並べてはっていくと，縦軸が速さ（$\frac{1}{50}$×5＝0.1秒間に進んだ距離），横軸が時間を表すグラフになる。

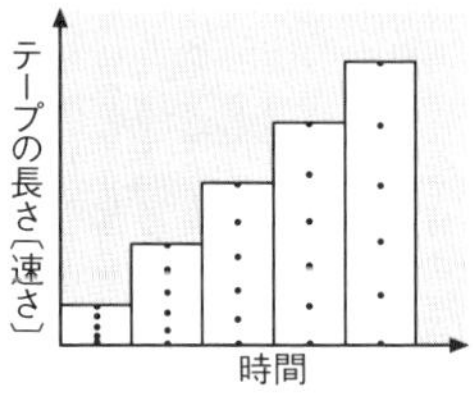

■ **斜面を下る運動**　速さは時間に比例する。また，斜面の傾きが大きいほど，物体にはたらく斜面にそった下向きの力が大きくなるため，台車の速さの変化は大きくなる。（図6）

図6〈斜面を下る運動〉

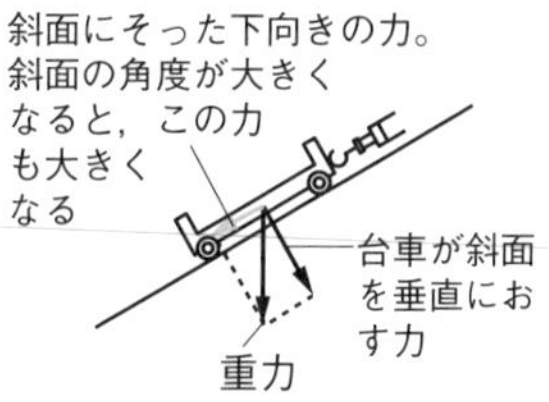

■ **斜面を上がる運動**　物体の運動の向きとは反対に，斜面にそった下向きの力がはたらくため，物体の速さはだんだん遅くなる。

■ **等速直線運動**　一定の速さで一直線上を進む運動。物体の速さと時間，移動距離と時間の関係をグラフで表すと右のようになる。右の図から，移動距離は時間に比例することがわかる。（図7，8）

〈等速直線運動〉

図7

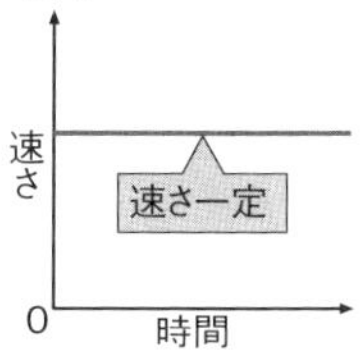

図8

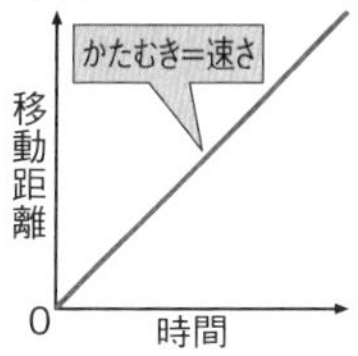

■ **慣性の法則**　物体に力がはたらいていないか，いくつかの力がはたらいていてもその合力が0のとき，静止している物体は静止し続け，運動している物体はそのままの向きに進み続ける。

2 仕事とエネルギー

1 仕事

■ **仕事**　物体に力を加え，力の向きに物体が動いたとき，その力は仕事をしたという。（図9）

仕事〔J〕＝物体に加えた力の大きさ〔N〕
×物体が力の向きに移動した距離〔m〕

図9

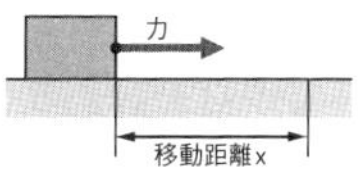

■ 物体に加える力と物体の移動方向が直交しているとき，この力が物体にする仕事は0である。（図10）

図10

■ **仕事の原理**　同じ位置に物体を移動するのであれば，手段に関係なく，仕事の大きさは等しくなる。

■ **仕事率**　単位時間あたりにする仕事の量。

仕事率〔W〕＝仕事〔J〕÷時間〔s〕

2 力学的エネルギー

■ **運動エネルギー**　物体が運動しているときにもっているエネルギー。物体の質量が大きいほど，速さが速いほど大きくなる。

■ **位置エネルギー**　高い位置にあって，運動できる状態であるとき物体がもつエネルギー。基準面からの物体の高さが高いほど，物体の質量が大きいほど大きくなる。

■ **力学的エネルギー**　運動エネルギーと位置エネルギーの和。

■ **ふりこの運動**　ふりこの運動にともなって，位置エネルギーと運動エネルギーが互いに移り変わる。

（図11）

図11

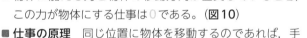

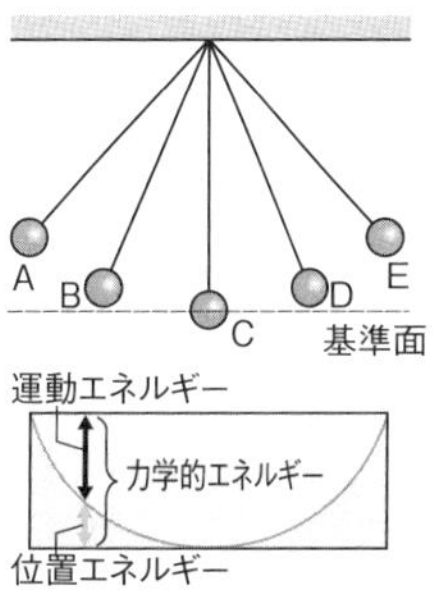

■ **力学的エネルギー保存の法則**　右の図11のように，力学的エネルギーが一定に保たれていること。

解答・解説➡別冊 P.9

基礎力チェック

ここに掲載されている基本問題は必ず解けるようにしておきましょう。

1 物体の運動

1 2力のつり合いの条件について，あてはまらないものを**ア**～**エ**から選べ。

ア 2力が一直線上にある。　**イ** 2力の向きが反対である。

ウ 2力の大きさが等しい。　**エ** 2力の向きは同じ。　[　　]

2 ある物体が10秒間に50m進んだときの速さを求めよ。　[　　]

3 1秒間に50回打点する記録タイマーで，ある物体の運動を調べたら**図1**のようになった。平均の速さを求めよ。

[　　]

図1

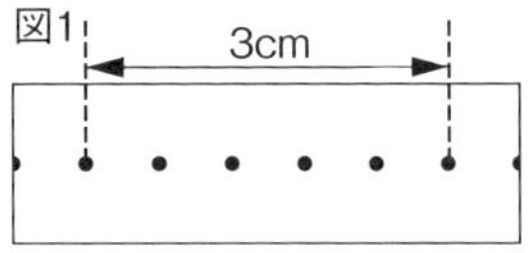

4 斜面上に台車を置いて運動のようすを調べた。斜面の傾きを大きくすると台車の速さのふえる割合はどのようになるか。　[　　]

5 物体が一定の速度で一直線上を進む運動を何というか。　[　　]

6 物体に力がはたらいていないとき（合力が0のとき），静止している物体は静止し続け，運動している物体はそのままの向きに動き続けることを何というか。　[　　]

2 仕事とエネルギー

1 重さ4Nの物体を力の向きに5m移動させたときの仕事は何Jか。

[　　]

2 重さ4Nの物体を斜面にそって高さ5mまで移動させたときの仕事は，摩擦力がはたらかないとすると，1 の場合と等しくなる。このことを何というか。[　　]

3 重さ10Nの物体を力の向きに8m移動させるのに，40秒かかった。仕事率を求めよ。

[　　]

4 物体が運動しているときにもつエネルギーを何というか。　[　　]

5 **図2**のふりこの運動について，運動エネルギーが最大になるのはA～Eのどの位置か。　[　　]

図2

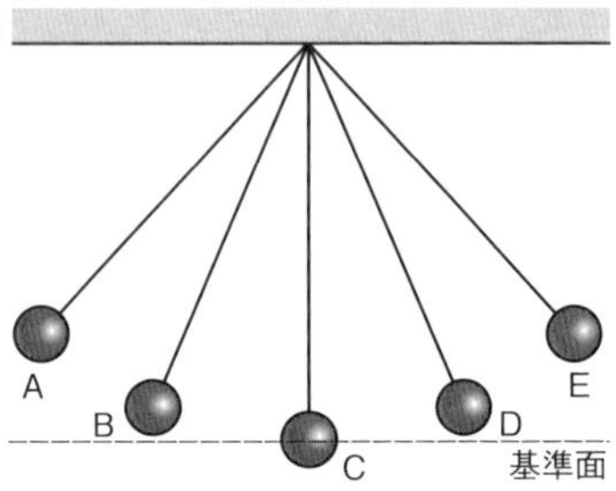

6 運動エネルギーと位置エネルギーの和を何というか。

[　　]

7 6 のエネルギーが一定に保たれていることを何というか。　[　　]

実践問題

実際の問題形式で知識を定着させましょう。

1 でる!

知識・理解 右の図のように，ばねを使って金属球を天井からつるした。矢印は，このときにはたらいている力のようすを表したものである。次の問いに答えなさい。

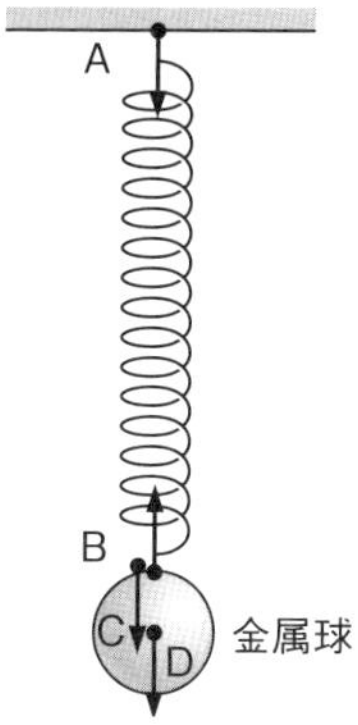

(1) 図のAの力は，どういう力を表しているか。次のア～エから選べ。

ア　天井がばねを引く力　　イ　ばねが天井を引く力

ウ　金属球がばねを引く力　　エ　金属球にはたらく重力

[　　　]

(2) A～Dの力のうち，つり合いの関係にある力はどれとどれか。

[　　　　　　]

2 でる!

知識・理解 右の図は，1秒間に50打点する記録タイマーで，等速直線運動をする台車を記録したテープの一部である。次の問いに答えなさい。

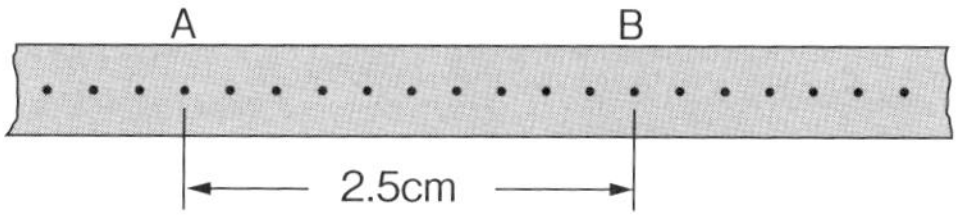

(1) この台車の運動の時間と移動距離との関係をグラフに表すとどうなるか。次のア～エから選べ。

[　　　]

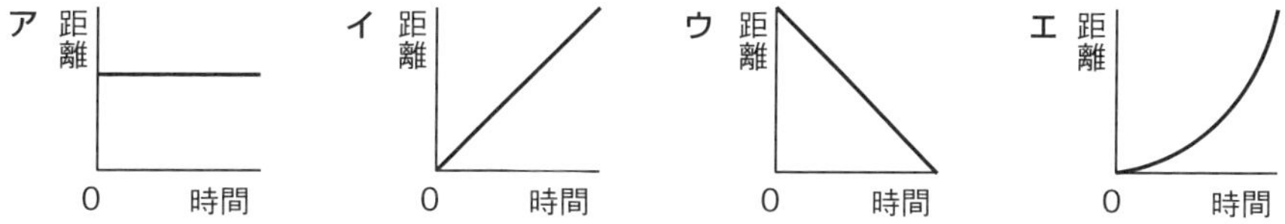

(2) テープのAB間の平均の速さは何cm/sか。

[　　　　　　]

3

知識・理解 右の図のように，床に置いてある質量150gの物体を，ばねはかりを用いて一定の力で引き，5秒かけて物体を20cm動かした。このとき，物体を引いているときのばねはかりの目もりは常に2Nであった。次の問いに答えなさい。

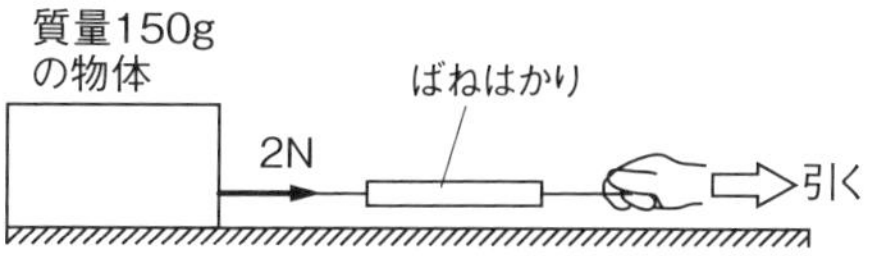

(1) このとき，物体と床の間には何という力がはたらいているか。

[　　　　　　]

(2) (1)の力の大きさは何Nか。

[　　　　　　]

(3) 手が物体にした仕事は何Jか。

[　　　　　　]

(4) このときの仕事率は何Wか。

[　　　　　　]

4 でる!

実験・観察 **図1**のように，斜面とそれに続く水平面がある。1秒間に50回打点する記録タイマー用のテープをとりつけた台車を，A点から静かにはなして走らせた。**図2**は，このテープの最初の部分を除いたあと，5打点ごとに切りとり，順に並べたものである。次の問いに答えなさい。ただし，摩擦や空気の抵抗は考えないものとする。

図1

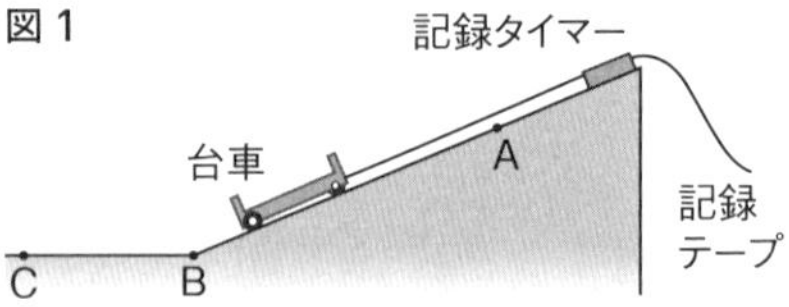

図2

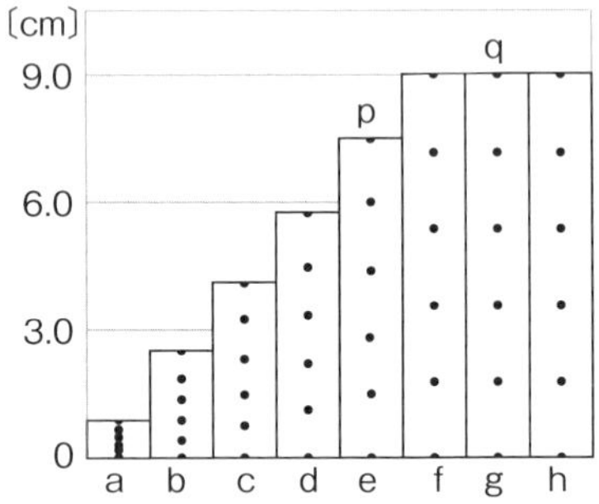

(1) **図2**の縦軸はテープ片の長さを表している。横軸は台車の何を表しているか。

[　　　　　　　　　　]

(2) それぞれの記録テープの長さは，台車が何秒間に移動した距離を表しているか。

[　　　　　　　　　　]

(3) ＢＣ間を動いているときのテープは，a～hのどれか。すべて答えよ。

[　　　　　　]

(4) 知識・理解 (3)のときの台車は，何という運動をしているか。 [　　　　　　]

(5) 知識・理解 **図2**で，点pを打点してから点qを打点するまでの台車の平均の速さは，何cm/sか。

[　　　　　　　　　　]

(6) 知識・理解 台車が斜面を下っていくにつれて，台車にはたらく斜面方向の力の大きさはどのようになるか。次の**ア**～**エ**から選べ。

ア　はたらく力の大きさは常に0である。

イ　はたらく力の大きさは常に一定である。

ウ　はたらく力の大きさは，しだいに大きくなる。

エ　はたらく力の大きさは，しだいに小さくなる。 [　　　]

(7) 思考 斜面の傾きを大きくして同じ高さから台車をはなすとき，台車が水平面上を走る速さは**図1**のときと比べてどのようになるか。次の**ア**～**ウ**から選べ。

ア　速くなる。　　**イ**　遅くなる。　　**ウ**　変わらない。 [　　　]

5

実験・観察 右の図の①で，2つの分力の合力を作図しなさい。また，②でもうひとつの分力を作図しなさい。

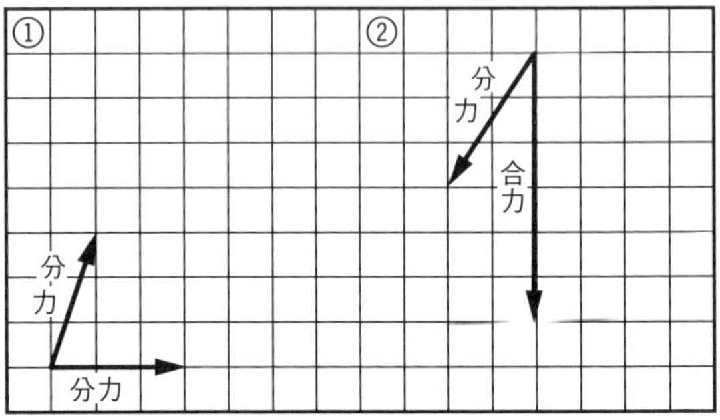

6

知識・理解 右の図のように，質量200gの台車を斜面に平行な力Fによって，ある高さで静止させている。この高さで台車をはなすと，台車は斜面にそって下った。次の問いに答えなさい。ただし，摩擦はなかったものとし，100gの物体にはたらく重力の大きさを1Nとする。

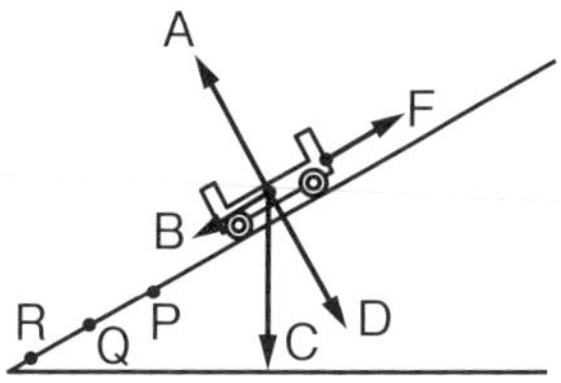

(1) 台車の重力を表している矢印はどれか。図のA～Dから1つ選べ。 [　　　]

(2) 台車をはなす前の力Fとつり合う力は，どの2つの力の合力になっているか。2つの力を，図のA～Dから2つ選べ。

[　　　と　　　]

(3) 図のP点，Q点，R点で，台車にはたらく斜面にそった力の大きさを，それぞれx，y，zとするとき，>，<，＝のうち適切な記号を用いて，xとy，yとzの大小関係を示せ。

[　　　，　　　]

(4) 台車を斜面にそって12cmの高さまで引き上げたとき，台車にした仕事は何Jか。

[　　　]

(5) (4)で台車を12cmの高さまで引き上げるのに3秒かかったとすると，このときの仕事率は何Wか。

[　　　]

7

差がつく

知識・理解 右の図のように，滑車を使って質量10kgの物体をゆっくりと2m引き上げた。次の問いに答えなさい。ただし，滑車やひもの重さや摩擦は考えないものとし，100gの物体にはたらく重力の大きさを1Nとする。

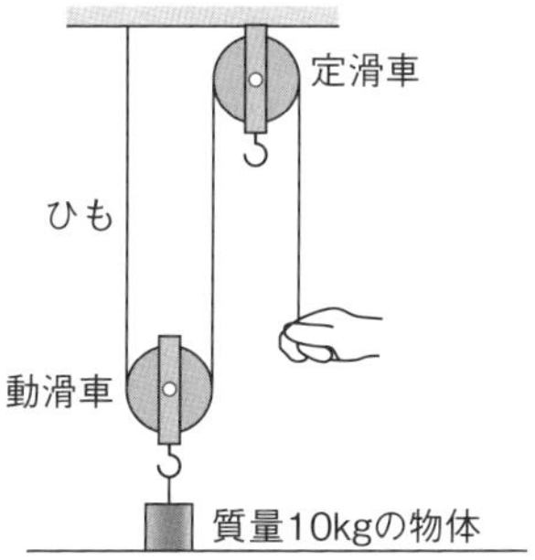

(1) 物体を2m引き上げるためには，ひもを何m引かなければならないか。

[　　　]

(2) この物体を引くときの力の大きさは何Nか。 [　　　]

(3) この物体を2m引き上げたときの仕事の大きさは何Jか。

[　　　]

(4) 一般に，道具を使って仕事をしても，道具を使わないで仕事をする場合でも仕事の大きさは変わらないことが知られている。このことを何というか。

[　　　]

8 でる!

知識・理解 **図1**は，電車の中におもりをつるしたようすを表したものである。この電車が右向きに動きだした。**図2**は，この電車の速さと時間の関係を表している。次の問いに答えなさい。

図1

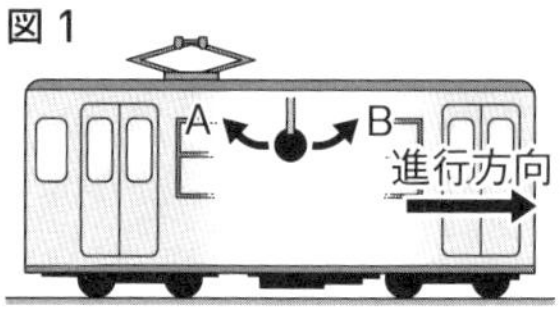

(1) 電車が動き出してから t_1 秒までの間，おもりはどうなるか。次の**ア**～**オ**から選べ。 [ ]

ア Aの方向に動いてから，もとの位置にもどる。
イ Aの方向に動いたままの状態で止まっている。
ウ Bの方向に動いてから，もとの位置にもどる。
エ Bの方向に動いたままの状態で止まっている。
オ **図1**の状態のまま変わらない。

図2

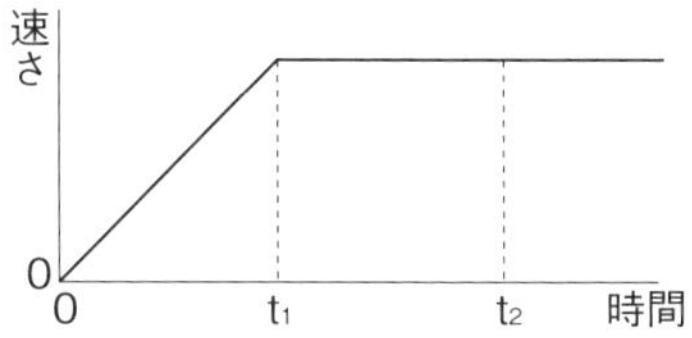

(2) 電車が動き出してから t_1 ～ t_2秒の間，おもりはどうなるか。次の**ア**～**ウ**から選べ。

ア Aの方向に動いたままの状態で止まっている。
イ Bの方向に動いたままの状態で止まっている。
ウ **図1**と同じ位置にある。 [ ]

(3) t_1 ～ t_2秒の間の電車の運動を何というか。 [ ]

(4) 走っている電車が急に止まると，おもりはどうなるか。次の**ア**～**ウ**から1つ選べ。

ア 進行方向と同じ向きに動く。 **イ** 進行方向と反対の向きに動く。
ウ 動かない。 [ ]

(5) t_1 ～ t_2秒の間に，おもりをつるしたひもの部分を切ると，おもりは電車内のどこに落ちるか。次のア～ウから選べ。 [ ]

ア 真下 **イ** 真下よりややAの方向 **ウ** 真下よりややBの方向

9

知識・理解 右の図のように，ボートAに乗った人が，オールでボートBをおした。次の問いに答えなさい。

(1) ボートAやボートBは，それぞれどのようになるか。次の**ア**～**ウ**から1つずつ選べ。ただし，同じ記号を選んでもよい。 ボートA [ ] ボートB [ ]

ア ㋐の向きに動く。 **イ** ㋑の向きに動く。 **ウ** 動かない。

(2) 次の文は，**(1)** のようになる理由を述べたものである。①,②に適する語句を書け。

物体に力を加えると，運動のようすに関係なく，物体に加えた力と向きが［①］で，大きさが［②］力を，物体から受ける。

① [ ] ② [ ]

(3) 図の結果と同じしくみで起こる現象を，次の**ア**～**エ**から選べ。 [ ]

ア 手でボールを水の中におしこもうとすると，おし返された。
イ 自転車で坂道を下るとき，ペダルをこがなくても，自転車は速く進む。
ウ だるま落としで木片をたたくと，たたいた木片より上の木片はそのまま下に落ちる。
エ ローラースケートをはいて壁をおすと，おした人は壁からはなれる。

10

差がつく

思考 図1のような斜面上を使って，台車が木片にする仕事から台車の位置エネルギーを調べる実験をした。あとの問いに答えなさい。ただし，木片に衝突するまでは，摩擦はなかったものとする。

図1

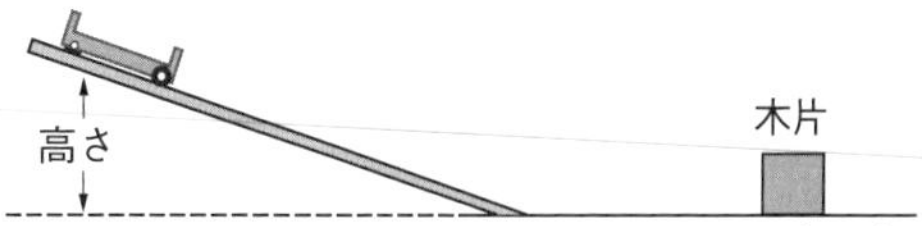

〔実験1〕質量1kgの台車を，高さ4cmのところから静かにはなし，台車と木片を水平面上で衝突させた。このとき，木片と台車は一体となって進行方向を変えずに直線上を進み，やがて止まった。木片と台車が止まるまでの距離を測定したところ2cmであった。次に，台車をはなす高さを変え，同様の実験をくり返し行った。**図2**のAは，その結果をグラフにしたものである。

図2

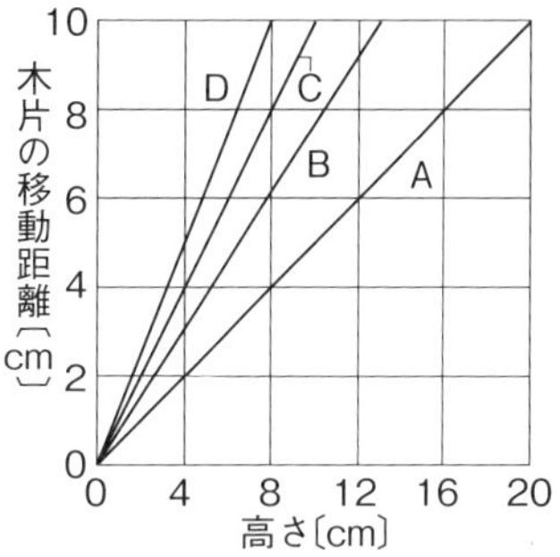

〔実験2〕実験1と同様の実験を，質量が1.5kg，2.0kg，2.5kgの台車を使ってくり返し行った。**図2**のB，C，Dは，その結果をそれぞれグラフにしたものである。

(1) 実験1で，台車をはなす高さを4cmから12cmに変えて実験を行ったとき，木片の移動距離は何倍になったか。　[　　　　　　]

(2) 台車をはなす高さが同じとき，台車の質量を1.0kgから2.5kgに変えると，木片の移動距離は何倍になるか。　[　　　　　　]

(3) 質量2.0kgの台車を使って，木片を12cm移動させるには，台車を何cmの高さからはなせばよいか。　[　　　　　　]

(4) 台車が運動を始めてから木片に衝突するまでの，台車の速さと時間との関係を表すグラフはどれか。次の**ア**～**エ**から1つ選べ。　[　　　]

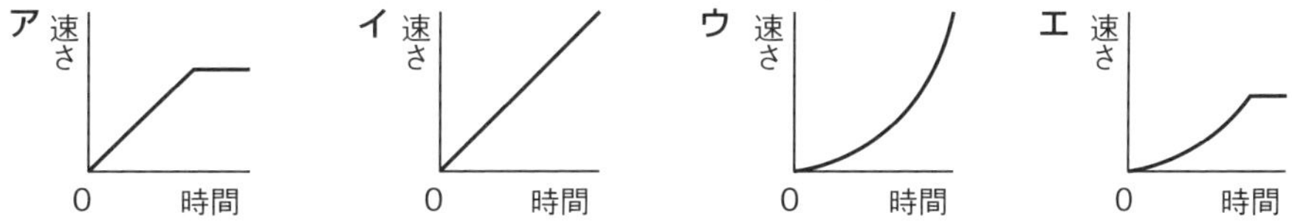

(5) 台車が水平面上を運動し始めてから木片に衝突するまで，台車にはどのような力がはたらいているか。次の**ア**～**エ**から1つ選べ。　[　　　]

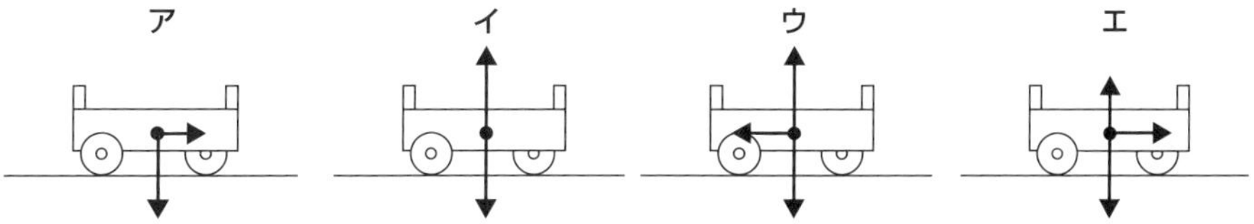

(6) 台車の位置エネルギーと，台車の質量，台車をはなす高さとの関係について，次の文に続けて簡潔に書け。

[台車の位置エネルギーは，　　　　　　　　　　]

11 差がつく

知識・理解 **図1**のようにP点から質量40gのおもりを糸でつるして，ふりこの運動を調べる実験を行った。おもりを糸でつるし，静止しているときのおもりの最下端を通る水平面を基準面として，次の問いに答えなさい。ただし，おもりや糸にはたらく空気の抵抗，糸の質量，糸のたるみ，P点の摩擦はないものとする。また，100gの物体にはたらく重力の大きさを1Nとする。

図1

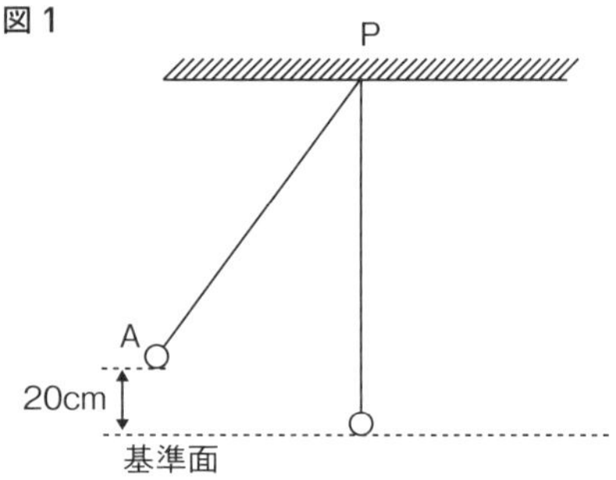

(1) **図1**で，おもりが基準面で静止しているとき，おもりにはたらく力を**図2**に矢印ですべてかけ。なお，方眼の1目もりは0.1Nとする。

図2

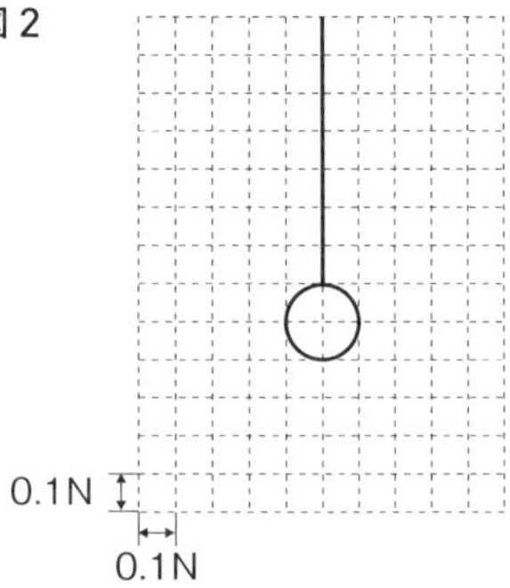

(2) **図1**のように，基準面で静止しているおもりを手で基準面から20cmの高さにあるAまで移動させたとき，手がおもりにした仕事の大きさは何Jか。

[　　　　　　　　　　]

(3) **図1**のAでおもりを静かにはなしたところ，おもりは左右に往復運動を始めた。**図3**は，このとき，おもりがAからDまで運動するようすを0.1秒ごとに記録したものである。AとDはどちらも基準面から20cmの高さにあった。また，**図4**は，おもりをはなす高さを変え，おもりがEからGまで運動するようすを0.1秒ごとに記録したものである。EとGはどちらも基準面から40cmの高さにあった。

図3

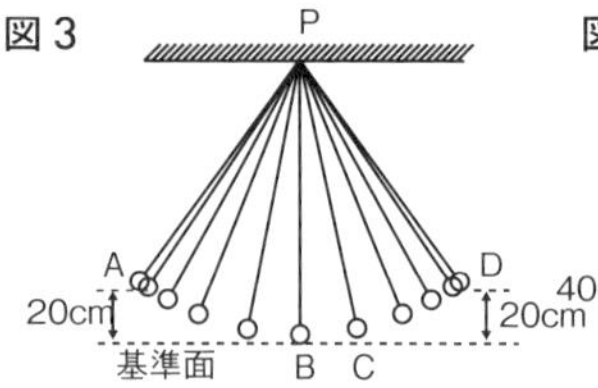

図4

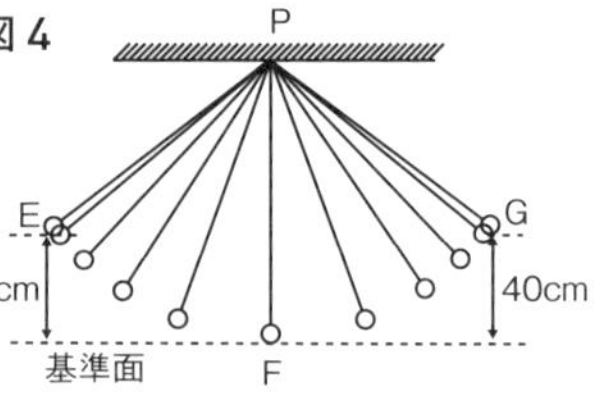

①**図3**のA～Dで，おもりの速さが最も速くなるのはどこか。1つ選んで記号を書け。

[　　　]

②**図3**と**図4**を比較したとき，おもりがAからDまで運動したときの時間と，おもりがEからGまで運動したときの時間についてわかることは何か。「おもりをはなす高さ」に続けて書け。

[おもりをはなす高さ　　　　　　　　　　]

③**図5**は，おもりが**図4**のEからGまで運動したときの位置エネルギーの大きさの変化を表している。おもりがEからGまで運動したときの運動エネルギーの大きさの変化を**図5**にかき入れよ。

図5

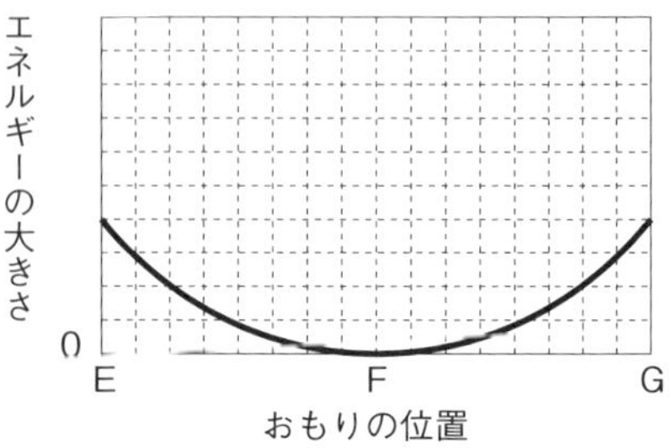

実力アップ問題

簡単な入試問題で力だめしをしてみましょう。

1 でる!

知識・理解 右図は，バスが急ブレーキをかけたときのつり革のようすを表したものである。バスの進行方向は**ア**，**イ**のどちらか，記号を書きなさい。また，図のような現象が起こるのは物体のもつ何という性質によるものか，書きなさい。〈青森県〉

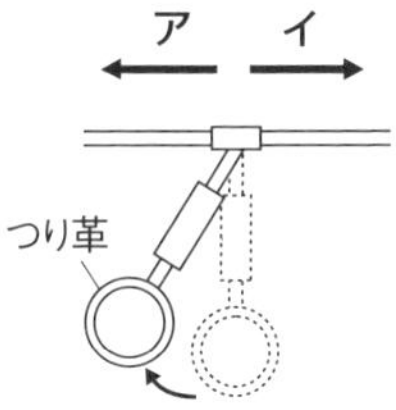

方向 [　　　] 性質 [　　　　　　　　]

2 でる!

知識・理解 右の図のように，滑車つきの摩擦のない斜面上で台車とおもりを使って次の実験を行った。ただし，分力aと分力bは，台車にはたらく重力を，斜面にそった（平行な）方向と斜面に垂直な方向に分解した力である。あとの問いに答えなさい。ただし，100gの物体にはたらく重力の大きさを1Nとする。〈沖縄県〉

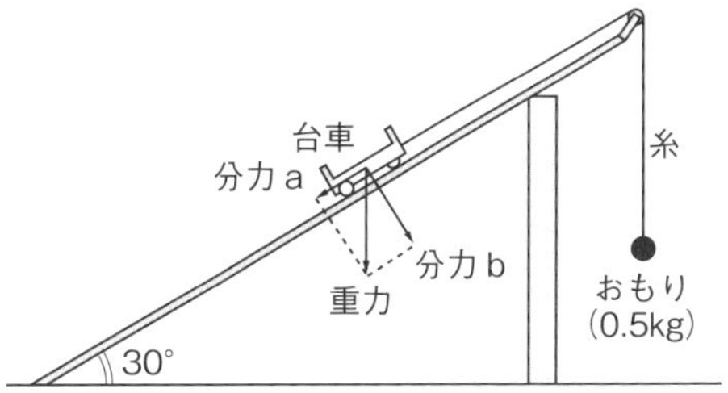

〔実験〕最初，斜面の角度を30°にし，台車を手でささえておいて滑車を通した糸に質量0.5kgのおもりをつるし，手をはなしたら，台車は斜面上で静止した。そのあと，静止している台車を斜面下方へ手で軽くおし出したら，分力aの向きに斜面を下っていった。

(1) 実験で，台車が斜面上で静止した理由として，正しいものはどれか。次の**ア**～**エ**から選べ。

ア おもりにはたらく重力の大きさと，台車にはたらく重力の大きさが等しいため。

イ おもりにはたらく重力の大きさと，台車にはたらく分力aの大きさが等しいため。

ウ おもりにはたらく重力の大きさと，台車にはたらく分力bの大きさが等しいため。

エ おもりにはたらく重力の大きさと，台車にはたらく分力aと分力bの大きさの和が等しいため。

[　　　]

(2) 実験で，分力aの大きさは何Nか。 [　　　]

(3) 実験で，台車が斜面に沿って0.2m下ったとき，この間におもりを引き上げた仕事は何Jか。 [　　　]

3

知識・理解 ある物体が，摩擦のある斜面を下っている。右の**ア**～**エ**のうち，この物体にはたらく「進む向きと同じ向きの力」と「進む向きと逆向きの力」について述べているものの組み合わせとして正しいものはどれか。ただし，空気の抵抗はないものとする。〈岩手県〉

	進む向きと同じ向きの力	進む向きと逆向きの力
ア	はたらいている	はたらいている
イ	はたらいている	はたらいていない
ウ	はたらいていない	はたらいている
エ	はたらいていない	はたらいていない

[　　　]

4 知識・理解 **図1**は斜面にのせた力学台車にはたらく斜面方向の力の大きさを調べる実験装置を，**図2**は斜面を下る力学台車の運動を調べる実験装置を，それぞれ模式的に示したものである。また，**図3**は，斜面を下る力学台車の運動を記録した記録テープを，最初の数打点を除いて6打点ごとに切りはなし，切りはなした順に方眼紙に左からはりつけて示したものである。次の問いに答えなさい。ただし，100gの物体にはたらく重力の大きさを1Nとする。〈広島県〉

図1

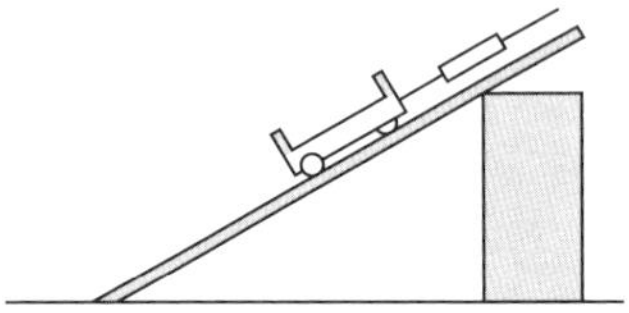

図2

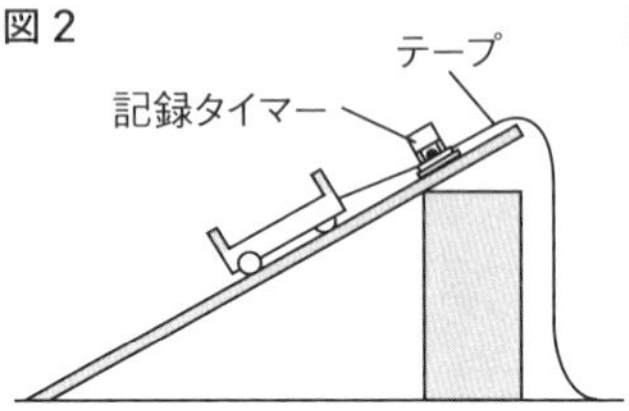

図3

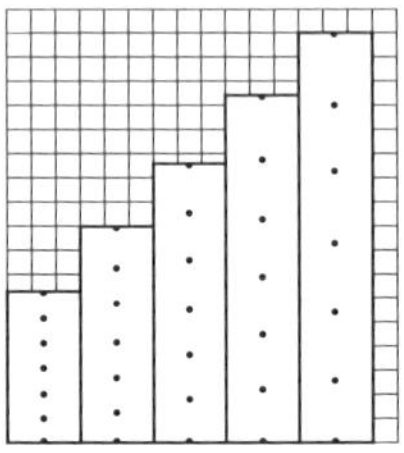

(1) **図4**は，**図1**の実験装置を用いて実験したときの，はかりの一部を示したものである。この力学台車にはたらく斜面方向の力の大きさは，何gの物体にはたらく重力の大きさとほぼ等しいか。次の**ア**～**エ**から選べ。ただし，このはかりの目もりの単位はニュートンとする。 [　　]

ア 3.8g　**イ** 4.2g　**ウ** 380g　**エ** 420g

図4

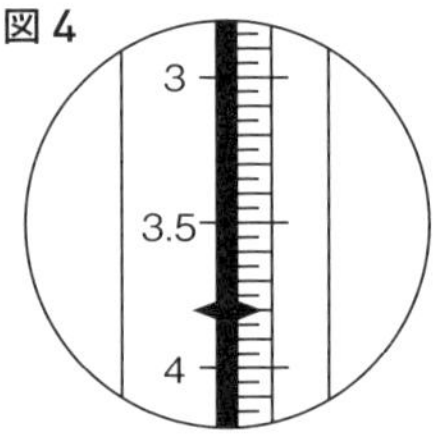

(2) **図3**で，それぞれの記録テープの長さは，斜面を下る力学台車が何秒間に移動した距離を示しているか。ただし，記録タイマーは$\frac{1}{60}$秒ごとに1つ打点したものとする。

[　　]

(3) 思考 **図2**の実験装置で，斜面の角度を変えて実験したところ，斜面の角度が大きいほど力学台車の速さのふえ方が大きくなった。それはなぜか。その理由を，「力」という語を用いて簡潔に書け。

[　　]

5 知識・理解 ダム湖でKさんとSさんはそれぞれボートに乗った。図のように両方のボートが静止しているとき，Sさんが手でKさんのボートを静かにおすと，Kさんのボートは右に動いた。Sさんにはたらく力とSさんのボートの運動について正しく表したものはどれか。次の**ア**～**エ**から選びなさい。〈鹿児島県〉

ア SさんはKさんのボートから力を受けなかったので，ボートは動かなかった。
イ SさんはKさんのボートから左向きの反作用の力を受けたが，ボートは動かなかった。
ウ SさんはKさんのボートから右向きの反作用の力を受け，ボートは右に動いた。
エ SさんはKさんのボートから左向きの反作用の力を受け，ボートは左に動いた。

[　　]

6 差がつく

知識・理解 レール上の小球の運動のようすを調べた次の実験について，あとの問いに答えなさい。〈宮城県〉

図1

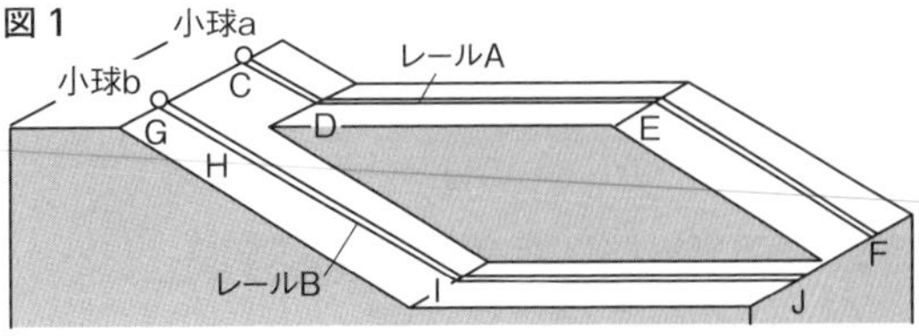

〔実験〕図1のように，水平な面と斜面に，同じ長さのレールA，Bを，角度が変わる部分をなめらかにつないでとりつけ，それぞれのレール上に左端からC点～F点，G点～J点をとった。質量の等しい小球a，小球bをそれぞれC点，G点に置き，同時に静かにはなすと，2つの小球はレールを離れることなくレールに沿って進み，小球bが先に，続いて小球aがそれぞれレールの右端J点，F点に到着した。

ただし，C点とG点，D点とE点とH点，F点とI点とJ点は，それぞれ同じ高さ，区間DEと区間IJは同じ長さ，どの斜面も同じ傾きとする。また，小球にはたらく摩擦や空気の抵抗は考えないものとする。

(1) 区間DE上を動いている小球aの運動を何というか。

[　　　　　　　　]

(2) 区間EF上を動いている小球aにはたらく斜面方向の力について，正しく述べているものを，次の**ア**～**エ**から選べ。

ア 向きは斜面方向に上向きで，大きさは一定である。
イ 向きは斜面方向に上向きで，大きさはしだいに大きくなる。
ウ 向きは斜面方向に下向きで，大きさは一定である。
エ 向きは斜面方向に下向きで，大きさはしだいに大きくなる。 [　　]

(3) 小球aと小球bの運動のようすを比べるために，運動の速さと時間の関係をグラフに表した。**図2**は，C点を出発してからF点に到着するまでの小球aの運動のようすを表したものである。このグラフに，G点を出発してからJ点に到着するまでの小球bの運動のようすを太い実線（――）でかき加えたものとして，最も適切なものを，次の**ア**～**エ**から選べ。

図2

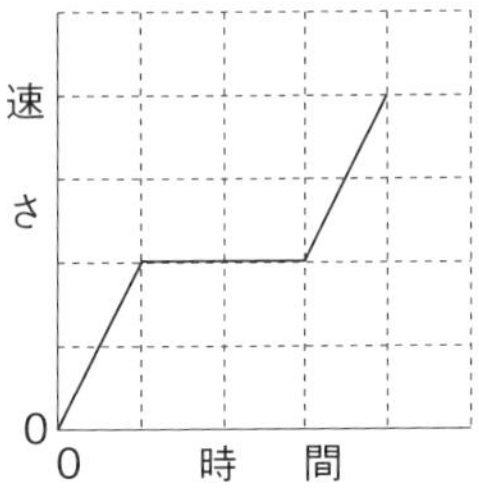

ア

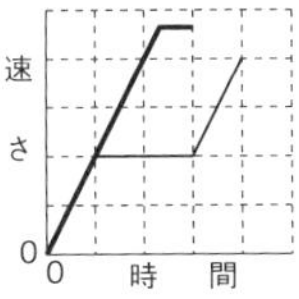

イ

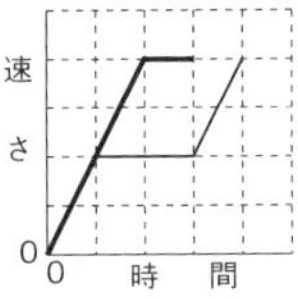

ウ

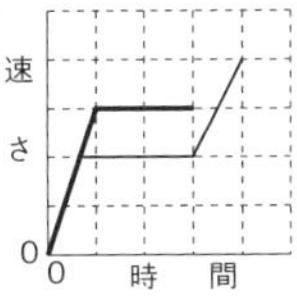

エ

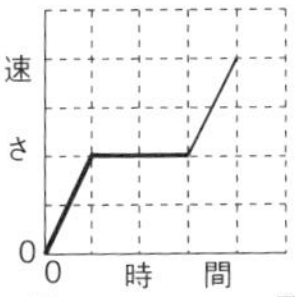

[　　]

(4) 思考 レールAとレールBの長さが等しいにもかかわらず，小球bが小球aより先にレールの右端に到着するのはなぜか。力学的エネルギーの保存の考え方をもとに，簡潔に説明せよ。

[　　　　　　　　　　　　　　　　]

いろいろなエネルギー・科学技術と人間

要点まとめ

1

1 いろいろな
エネルギー

エネルギー

■ **エネルギーの保存**　ある現象に関与するエネルギーの総量が，その現象の前後で変化しないこと。あらゆる現象で成り立つものと考えられている。

例 斜面をころがした小球は，実際はAと同じ高さのBまでは上がらない。これは，摩擦によって力学的エネルギーの一部が熱エネルギーに変わっているからであるが，そのエネルギーの総量は変化しない。

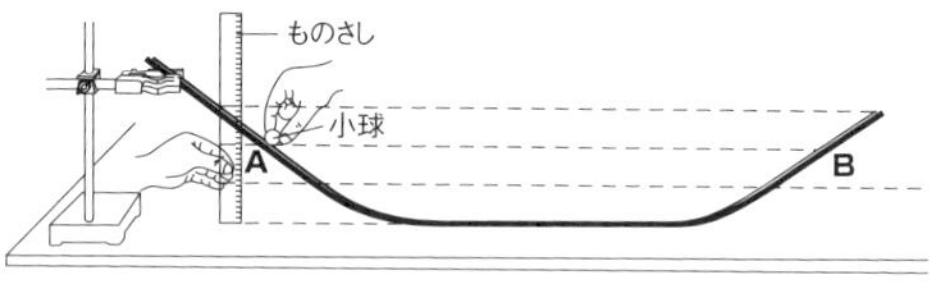

■ **いろいろなエネルギー**

・電気エネルギー　磁界の中に置いたコイルに電流を流すと回転する。モーターは，このしくみを利用して動く。このように，電気はエネルギーをもっている。

・光エネルギー　太陽から届く光を受け，地上ではさまざまな変化が生じる。また，光電池などは，太陽の光を受けて電気を流す。したがって，光もエネルギーをもつことがわかる。

例 植物の成長や日焼け，光電池

・熱エネルギー　空気をあたためると空気の体積が大きくなり，膨張する。このしくみを利用して，ものを動かしたりすることができる。つまり，熱もエネルギーの一種である。

・化学エネルギー　物質がもっているエネルギーはさまざまなエネルギーに変換することができる。

例 電池は化学エネルギーを電気エネルギーに変換する装置である。

・音エネルギー　物体が振動することで発生する音も波の一種であり，音として伝わる波を音波という。したがって，音もエネルギーをもつ。

・弾性エネルギー　物体をばねにおしつけてはなすと，物体が動く。これもまた，変形したばねの弾性を利用したもので，エネルギーの一種である。

2 エネルギーの
移り変わり

■ **エネルギーの移り変わり**　私たちは，エネルギーの形態を変化させることで，いろいろなことに利用している。

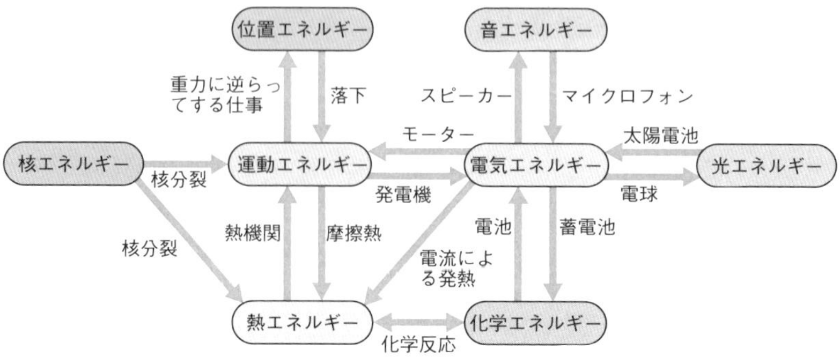

2 エネルギー資源の利用

1 発電方法とその特徴

■ **火力発電**　石炭，石油，天然ガスなどの化石燃料を燃やし，水を熱してその蒸気でタービンを回し，その回転を発電機に伝え，発電をする。日本の発電量の大半をしめる。化石燃料に限りがあることと，地球温暖化の原因と考えられている二酸化炭素の発生などの問題がある。

化学エネルギー（化石燃料）→ 熱エネルギー（水蒸気）→ 運動エネルギー（タービン）→ 電気エネルギー（発電機）

■ **水力発電**　水を高い位置から落下させ，水のもっている位置エネルギーを運動エネルギーに変え，これを用いて発電する。川の流れを用いたものや，ダムなどで水をためてから発電するものなどがある。

位置エネルギー（高い位置にある水）→ 運動エネルギー（水車）→ 電気エネルギー（発電機）

■ **原子力発電**　ウランなどの核燃料を核分裂させ，このとき出てくる熱エネルギーで蒸気をつくる。二酸化炭素は発生しないが，放射性廃棄物が出る。この放射性廃棄物の処理や，事故が起こった際の，放射線による被害などの問題がある。

核エネルギー（ウラン）→ 熱エネルギー（水蒸気）→ 運動エネルギー（タービン）→ 電気エネルギー（発電機）

■ **太陽光発電**　光が当たると電流が流れる光電池を用いて発電する。太陽光は枯渇の心配がなく，排出物のないクリーンなエネルギーである。

■ **燃料電池発電**　水を電気分解すると，酸素と水素が出てくる。この逆の反応をさせること，つまり，酸素と水素から水をつくることで電気をつくり出す。

■ **バイオマス発電**　木くずや作物の残りかすや家畜の糞尿などをエネルギー源として発電する。

■ **その他の発電方法**　地熱発電や風力発電などがある。

2 効果的なエネルギー資源の利用

■ **コージェネレーションシステム**　発電時に発生する排熱を利用して，冷暖房や給湯などに利用するための熱エネルギーを供給するしくみ。

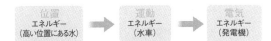

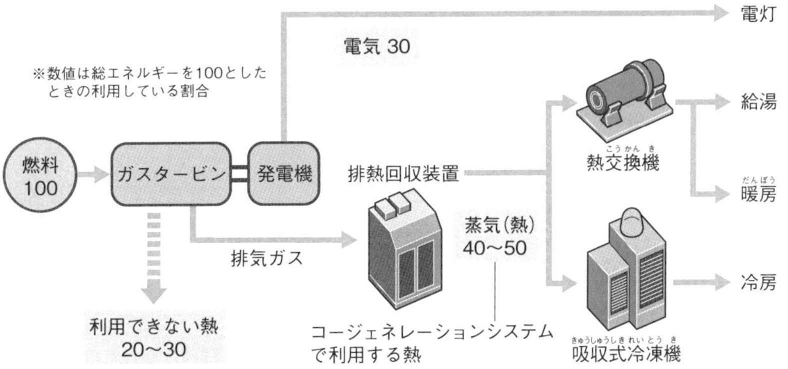

〈大規模工場やビルでのコージェネレーションシステム〉

解答・解説➡別冊 P.13

基礎力チェック

ここに掲載されている基本問題は必ず解けるようにしておきましょう。

1 エネルギー

1 光が当たった物体の温度が上がった。温度を上げたエネルギーを何というか。

[　　　　　　　　　　]

2 電気により，モーターを回転させることができる。このように，電気も物体を動かすエネルギーの一種といえる。このエネルギーを何というか。 [　　　　　　　　　　]

図 1

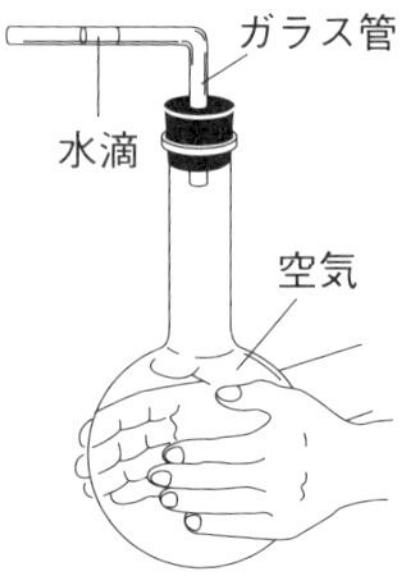

3 図 1 のように手のひらでフラスコをあたためると，ガラス管の中の水滴が動いた。水滴を動かすもとになったエネルギーは何か。

[　　　　　　　　　　]

4 家の外で大きな音がしたとたん，窓ガラスがゆれた。窓ガラスがゆれる原因となったエネルギーを何というか。

[　　　　　　　　　　]

5 ゴムやばねをねじったり，ひっぱったり，あるいは縮めたりすると，もとの形にもどろうとする力がはたらく。このエネルギーを何というか。 [　　　　　　　　　　]

6 図 2 のようにうすい塩酸に亜鉛板と銅板を入れて導線でつなぐと，電子オルゴールが鳴った。これは，化学反応により電気が発生したことによる。電気を発生させたこのエネルギーを何というか。 [　　　　　　　　　　]

図 2

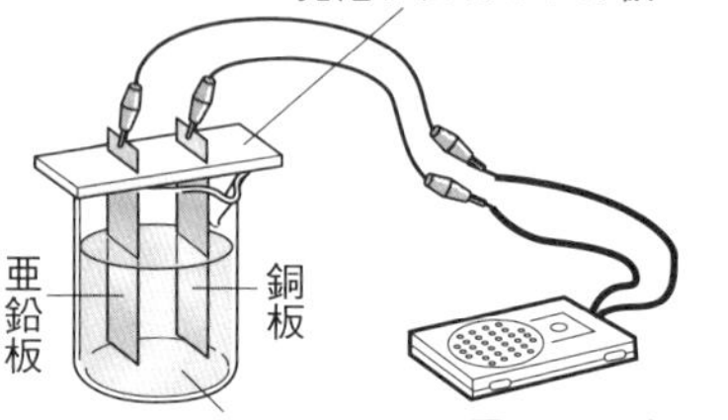

7 6 のエネルギーは，電気エネルギーとなって電子オルゴールを鳴らした。このように，エネルギーはそのすがたがいろいろな形に移り変わる。では，次の例ではどのようなエネルギーの移り変わりがあるか。
（ ① ）と（ ② ）に適当な言葉を入れ，文章を完成させよ。

水力発電では，ダムにたまった水がもつ（ ① ）エネルギーが，高いところから水路を伝わって落ちるときに（ ② ）エネルギーとなり，それが発電機を動かして電気エネルギーに変わって，家庭などに送られていく。

① [　　　　　　　　　　]　② [　　　　　　　　　　]

8 6 や 7 の例のようにエネルギーの種類が移り変わっても，エネルギーの総和は変化なく一定である。このことを何というか。

[　　　　　　　　　　]

2 エネルギー資源の利用

1 火力発電のエネルギー源を何というか。 [　　　　　　　　]

2 火力発電では，地球の温暖化の原因と考えられているある物質が多く発生する。この物質は何か。
[　　　　　　　　]

3 火力発電でのエネルギーの移り変わりを表した下の図の□にあてはまる語句を書け。

[　　　　　　　　]

4 原子力発電では，核分裂のときに出る熱エネルギーを何に変換して電気エネルギーに変えているか。 [　　　　　　　　]

5 水力発電でのエネルギーの移り変わりを表した下の図の□にあてはまる語句を書け。

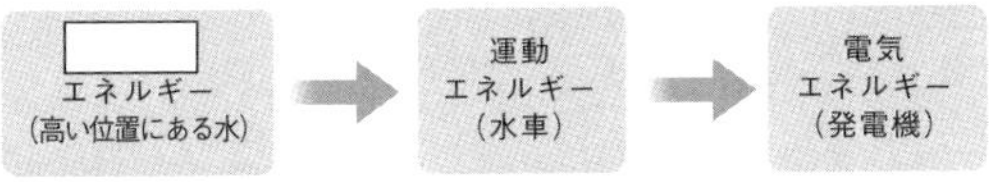

[　　　　　　　　]

6 廃棄物の処理や事故が起こった際の放射性物質による被害が問題となっている発電は，水力発電，火力発電，原子力発電のうちどれか。 [　　　　　　　　]

7 水力発電の短所を書け。
[　　　　　　　　　　　　　　　　　　　　　　　　]

8 現在日本で最も多く利用されている発電方法は何か。 [　　　　　　　　]

9 酸素と水素から水をつくることで電気をつくり出す発電方法を何というか。
[　　　　　　　　]

10 燃料電池発電で，生成物としてできるものは何か。 [　　　　　　　　]

11 木くずや作物の残りかすなどをもとにしたエネルギー資源を何というか。
[　　　　　　　　]

12 発電時に発生する排熱を利用して，冷暖房や給湯などに利用するための熱エネルギーを供給するしくみを何というか。 [　　　　　　　　]

13 マグマの熱を利用した発電方法は何か。 [　　　　　　　　]

実践問題

実際の問題形式で知識を定着させましょう。

1

知識・理解 電動機を使って，いくつかの実験を行った。次の問いに答えなさい。

図1

(1) 図1のように，電動機の軸に糸でおもりをつるし，装置Aに光を当てたところ，おもりが引き上げられた。装置Aは何か。名称を書け。

[　　　　　　　　]

(2) (1)の実験では，[①]エネルギーが[②]エネルギーに変わったことで電動機を動かした。①，②にあてはまる語を，それぞれ次の**ア**～**エ**から選べ。

ア 光　**イ** 化学　**ウ** 電気　**エ** 熱

① [　　　] ② [　　　]

図2

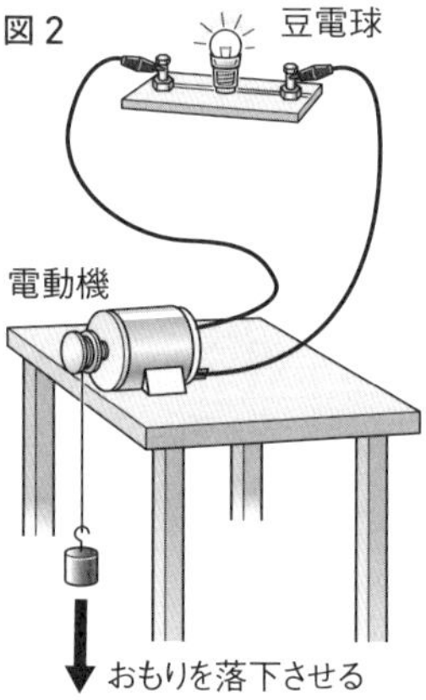

(3) 同じ電動機を使い，今度は図2のように豆電球をつないで糸でつるしたおもりを落下させたところ，電動機が動いて豆電球が光った。

この実験では，おもりのもつ[③]エネルギーが電気エネルギーに変わったと考えられる。③にあてはまる語を，次の**ア**～**エ**から選べ。

ア 運動　**イ** 高さ　**ウ** 位置　**エ** 重さ

[　　　]

2

でる!

知識・理解 右の図は，いろいろなエネルギーの移り変わりを表したものである。次の問いに答えなさい。

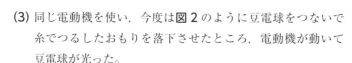

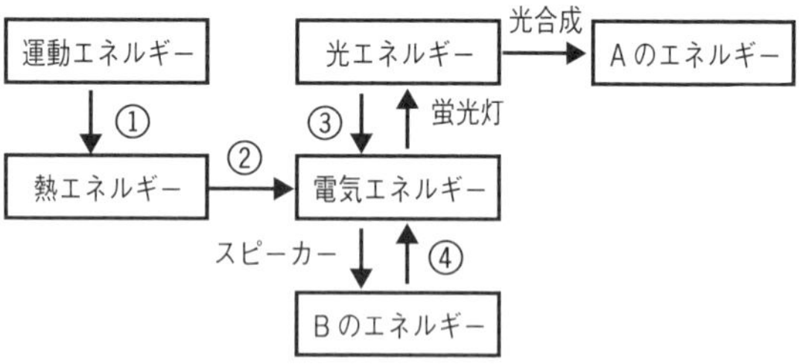

(1) 図のA，Bのエネルギーは，それぞれ何を表しているか。

A [　　　　　　]
B [　　　　　　]

(2) 図の①～④の矢印のようにエネルギーを変換して利用しているものを，それぞれ次の**ア**～**キ**から選べ。

ア 手回し発電機　**イ** 光電池　**ウ** 燃料電池　**エ** 摩擦
オ 水力発電　**カ** 火力発電　**キ** マイクロフォン

① [　　　] ② [　　　] ③ [　　　] ④ [　　　]

3 知識・理解 水力発電と火力発電について，次の問いに答えなさい。

(1) 次の文は，水力発電におけるエネルギーの移り変わりを表したものである。①～③にあてはまる語句を書け。

水のもつ[①]エネルギーを[②]エネルギーに変換して水車を回転させ，[②]エネルギーを[③]によって電気エネルギーに変換し，発電している。

① [ ]　② [ ]

③ [ ]

(2) 水力発電は，ほかの発電に比べてエネルギーの変換効率が高い。これは，ほかの発電には必要なあるエネルギーを経ずに電気エネルギーに変換されているからである。あるエネルギーとは何か。 [ ]

(3) 火力発電は，<u>石油，石炭，天然ガス</u>などを燃料として発電する。地下資源である下線部をまとめて何というか。 [ ]

(4) 火力発電では，(3) の下線部の燃料によって，多量の二酸化炭素が発生する。

①二酸化炭素の増加が原因と考えられる，地球規模の環境問題のことを何というか。 [ ]

②①の問題が生じるのは，二酸化炭素にどのような性質があるからか。

[ ]

③二酸化炭素のように，②の性質をもつ気体を一般に何というか。 [ ]

(5) (3) の下線部の燃焼によって，二酸化炭素以外に発生する気体で，酸性雨の原因として考えられている気体は何か。1つ答えよ。 [ ]

4 知識・理解 原子力発電について，次の問いに答えなさい。

(1) 原子力発電で燃料として使われているものは何か。次の**ア**～**エ**から選べ。

ア 石油　**イ** 天然ガス　**ウ** 水素　**エ** ウラン [ ]

(2) 原子力発電では，(1) で答えた物質がもつ何エネルギーを利用しているか。

[ ]

(3) 原子力発電の問題点を，次の**ア**～**エ**から選べ。

ア 発生する気体によって，オゾンが破壊されるおそれがある。

イ 大量の水を使用するので，水不足になるおそれがある。

ウ 生物に有害な放射線を出す放射性物質がもれ出ないよう，災害などへの万全の対策と，安全な管理が必要である。

エ 多量の二酸化炭素を発生するので，大気の汚染に注意する必要がある。

[ ]

5 知識・理解 次のA～Cは，近年注目されている新しいエネルギー資源を使った発電方法について述べたものである。あとの問いに答えなさい。

A　地下のマグマの熱から高温・高圧の水蒸気をつくり，発電する。

B　太陽の光エネルギーを，光電池を使って電気エネルギーに変換して発電する。

C　植物体を燃焼させたりして，その物質がもっている化学エネルギーを使って発電する。

(1) A～Cの発電方法を何というか。それぞれ次の**ア**～**カ**から1つずつ選べ。

ア　バイオマス発電　**イ**　風力発電　**ウ**　波力発電　**エ**　太陽光発電
オ　地熱発電　**カ**　燃料電池

A [　　　] B [　　　] C [　　　]

(2) A～Cのような新しい発電方法が注目されてきたのはなぜか。その理由を，次の**ア**～**オ**から2つ選べ。

ア　少ない資源でぼう大なエネルギーを得ることができるから。
イ　安定してエネルギーを得ることができるから。
ウ　環境への影響が少ないから。
エ　枯渇がないエネルギーであるから。
オ　どんな場所でも簡単に設置できるから。

[　　　]

6 知識・理解 近年，自家発電により電力を供給し，同時発生する熱を給湯や暖房に利用する「新しい発電システム」が普及し始めている。右の図は，従来のシステムとこの新しいシステムにより利用できるエネルギーの割合を示したものである。次の問いに答えなさい。

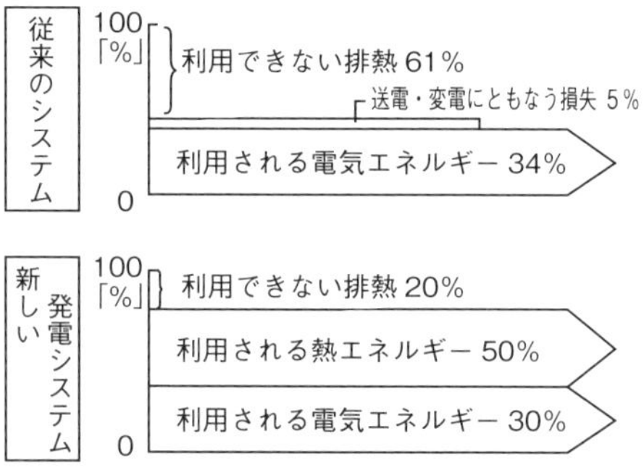

(1) 従来のシステムでは，利用される電気エネルギーと利用できないエネルギーでは，どちらの割合の方が大きいか。

[　　　]

(2) 図のような「新しい発電システム」は，「従来のシステム」と比べてどんな利点があるか。簡単に書け。 [　　　]

(3) 図のような「新しい発電システム」を何というか。 [　　　]

(4) 思考 図の「新しい発電システム」で利用される電力が3000kWのとき，このシステム全体で利用されるエネルギーは，1秒間に何kJになるか。

[　　　]

(5) 限りある資源を有効に利用するために，わたしたちは資源を有効に利用しなければならない。わたしたちの生活の中でできる，電気エネルギーのむだを減らす具体的な方法を1つ書け。

[　　　]

実力アップ問題

簡単な入試問題で力だめしをしてみましょう。

1 知識・理解 次の①～④の文と図は，エネルギーの移り変わりについて説明したものであり，A～Eエネルギーは，運動・化学・電気・熱・光エネルギーのいずれかを表したものである。また，**図1**は①～④の文に表されたエネルギーの移り変わりを模式的に示したものである。これについて，あとの問いに答えなさい。ただし，記述したエネルギー以外のエネルギーは考えないものとする。〈京都府〉

①植物が光合成によってデンプンをつくるとき，Aエネルギーはおもに Bエネルギーに移り変わる。

②ガスコンロを使って水を温めているとき，Bエネルギーはおもに Cエネルギーに移り変わる。

③太陽電池でモーターが回転しているとき，Aエネルギーはおもに Eエネルギーを経て Dエネルギーに移り変わる。

④火力発電によって発電しているとき，Bエネルギーはおもに Cエネルギーから Dエネルギーを経て Eエネルギーに移り変わる。

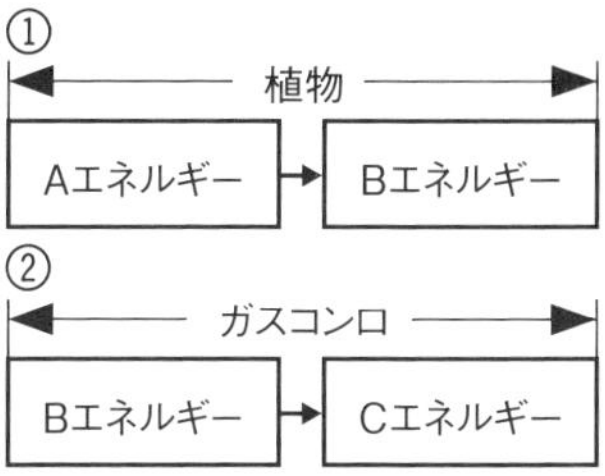

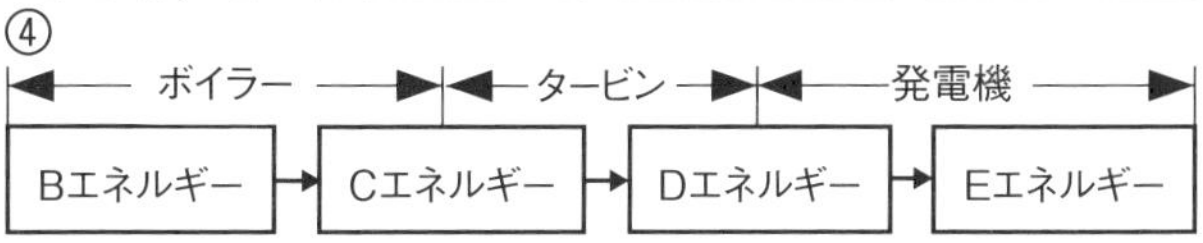

図1

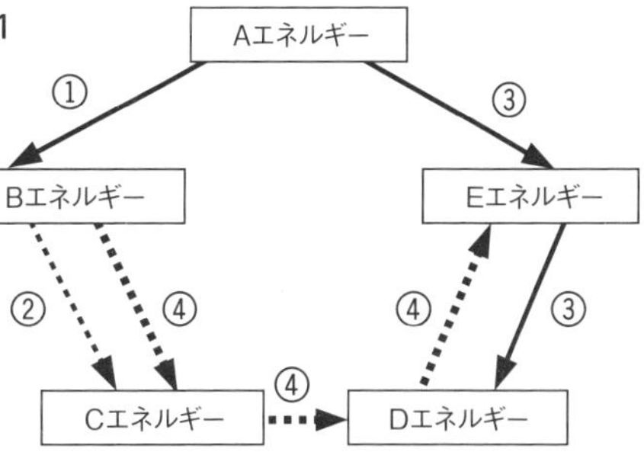

(1) Bエネルギーが表すものは何エネルギーか。次の**ア**～**オ**から選べ。

ア 運動エネルギー
イ 化学エネルギー
ウ 電気エネルギー
エ 熱エネルギー
オ 光エネルギー　[　　　]

(2) Bエネルギーがおもに Eエネルギーを経て Aエネルギーに移り変わる事例として最も適当なものはどれか。次の**ア**～**エ**から選べ。

ア 乾電池を使った懐中電灯の明かりがついているとき。
イ ろうそくの明かりがついているとき。
ウ マグマの熱を利用して地熱発電をしているとき。
エ 風を利用して風力発電をしているとき。　[　　　]

(3) 電気ポットで湯を沸かしているとき，何エネルギーがおもに何エネルギーに移り変わるか。エネルギー名をそれぞれ漢字で書け。[　　　→　　　]

2 知識・理解 右の図は，光合成や呼吸によるエネルギーの移り変わりを模式的に示したものである。(　a　)にあてはまる適切な語句を書きなさい。〈大分県〉

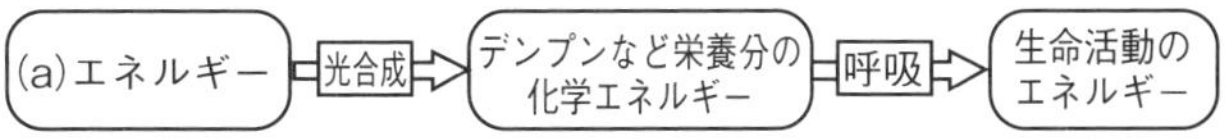

[　　　　　]

3 知識・理解 私たちはさまざまなエネルギーを利用して生活している。次の問いに答えなさい。〈佐賀県〉

(1) 人類は，さまざまなエネルギーを手に入れて利用してきた。下の図は，天然ガス，石油，原子力，石炭，水力のそれぞれのエネルギー消費量とその移り変わりを表したものである。A，B，Cにあてはまるエネルギー源の組み合せとして正しいものを，右の**ア**～**カ**から選べ。ただし，エネルギー消費量は，石油の量に換算した値で表してある。

	A	B	C
ア	石油	原子力	石炭
イ	石油	石炭	原子力
ウ	原子力	石油	石炭
エ	原子力	石炭	石油
オ	石炭	石油	原子力
カ	石炭	原子力	石油

[　　　]

(2) エネルギー利用に関する次の文中の（　　）に適する語句を，下の**ア**～**オ**から選べ。

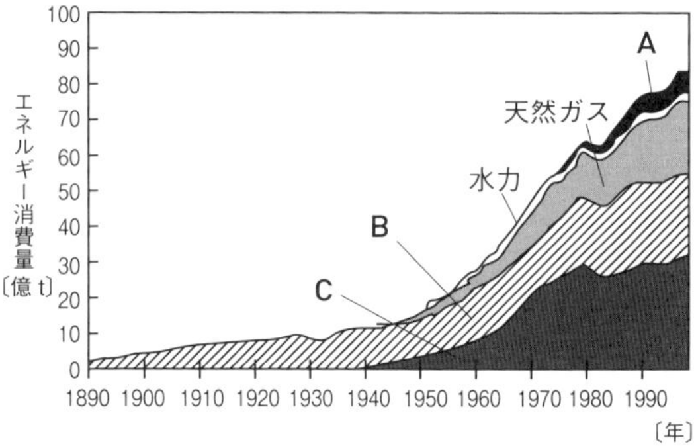

バイオマスとは，エネルギーとして利用できる生物体で，薪（まき）や動物のふん，さとうきびのしぼりかすなどのことである。とくにさとうきびのしぼりかすなどをアルコールに変えて利用することなどは注目されている。このバイオマスを燃やして得られるエネルギーは，熱や電気をうみ出すエネルギー源として使われている。このとき生じる二酸化炭素は，植物の光合成により，再び植物体内にとり込まれるため，大気中の二酸化炭素はあまり変化しない。

そのため，計画的にバイオマスを利用すれば，環境を汚すおそれも少なく，バイオマスは，太陽光，風力，水力などとともに（　　）に分類される。

ア　化学エネルギー　　**イ**　熱エネルギー
ウ　光エネルギー　　**エ**　再生不能エネルギー
オ　再生可能エネルギー

[　　　]

(3) 環境にやさしいエネルギーの1つとして，風力発電についての研究・開発が進められている。

風力発電機1基は1年間に500世帯が使用する電気エネルギーをつくり出すと仮定し，風力発電機1基を設置するのに必要な土地の面積を0.06km^{2}とする。

いま，A県の全世帯数を29万世帯とする。A県の全世帯が1年間に使用する電気エネルギーを，風力発電機だけでつくり出すと仮定すると，そのすべての風力発電機を設置するために必要な土地の面積は何 km^2 か。その面積を求める計算式として正しいものを，次の**ア**～**エ**から選べ。

ア　$0.06 \times 500 \times 290000$　　**イ**　$0.06 \times \dfrac{290000}{500}$

ウ　$0.06 \times \dfrac{500}{290000}$　　**エ**　$0.06 \times \dfrac{1}{500 \times 290000}$

[　　　]

化学編

1 物質の姿

中学総合的研究 理科
P.176~205

要点まとめ

1 いろいろな物質

1 物質の種類

- **物質** 物体をつくっている材料を**物質**という。
- **密度** 物質1cm^{3}あたりの質量。⇒密度〔g/cm^3〕＝質量〔g〕÷体積〔cm^3〕
- **金属** 鉄，アルミニウム，銅などがあり，次の性質がある。
  - ・金属特有の光沢（金属光沢）がある。 ・熱や電気をよく通す。
  - ・力を加えると引きのばされたり，うすく広がったりする。
  - ・沸点，融点が高いものが多い。 ・密度が大きい。
- **非金属** 金属以外の物質。
- **有機物と無機物** 炭素を含むものを**有機物**といい，炭素を含まないものを**無機物**という。二酸化炭素は，炭素を含むが無機物。

2 白い粉末の区別

粒の大きさや形を観察し，水に入れたときや加熱したときの変化を調べる。

	粒の大きさや形	水にとかす	加熱する
砂糖	大きい	よくとける	とけたあと甘いにおいがしてこげる
デンプン	細かい	とけず，白くにごる	こげる
食塩	大きい	よくとける	変わらない
グラニュー糖	最も大きい	よくとける	液体になってこげる

2 物質の状態変化

1 物質の三態

- **状態変化** 温度の変化によって物質の状態が変化すること。
- **物質の三態** 固体・液体・気体という３つの状態を，**物質の三態**という。

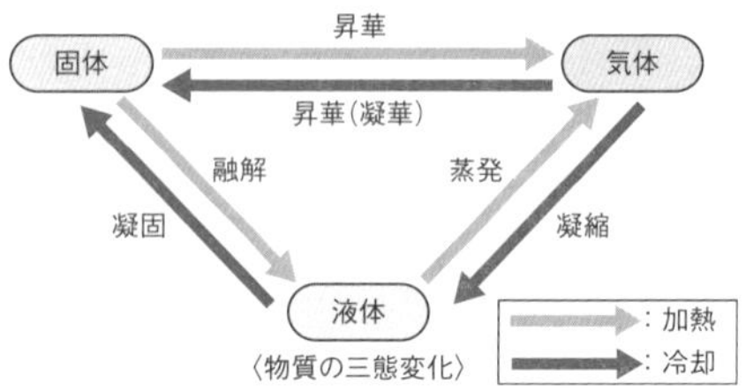

〈物質の三態変化〉

2 状態変化と密度・温度

- **状態変化と密度** 物質が状態変化すると，質量は変わらないが体積は変化するので，密度も変化する。
- **融点** 物質が固体から液体に変化するときの温度。
- **沸点** 物質が液体から気体に変化するときの温度。

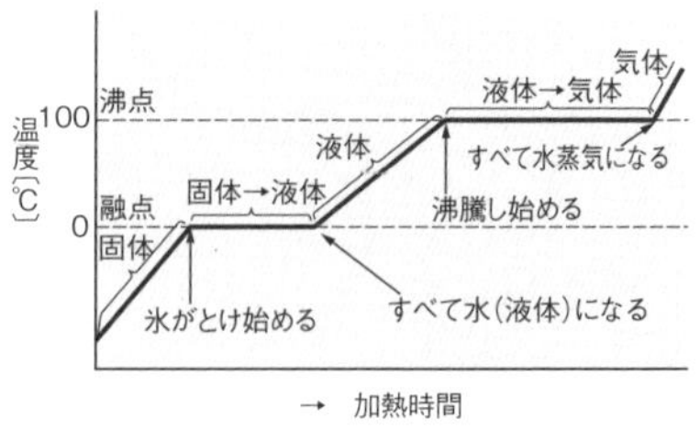

〈水の状態変化と温度〉

- **純物質（純粋な物質）** １種類の物質だけでできている物質。**沸点・融点は物質によって決まっている。**
- **混合物** ２種類以上の純物質が混合したもの。**一定の融点・沸点を示さない。**
- **蒸留** 沸点のちがいを利用して，混合物から純物質をとり出す操作。

3

1 代表的な気体と，その性質

気体の性質

	酸素	二酸化炭素	水素	アンモニア	窒素
色	無色	無色	無色	無色	無色
におい	なし	なし	なし	刺激臭	なし
空気を1としたときの質量の比	大きい(1.11)	大きい(1.53)	小さい(0.07)	小さい(0.60)	小さい(0.97)
水に対するとけ方	ほとんどとけない	少しとける(酸性)	ほとんどとけない	きわめてよくとける(アルカリ性)	ほとんどとけない
その他の性質	物質を燃やす。体積の割合で空気の約21%をしめる。	石灰水を白くにごらせる。	燃える（酸素と結びつく）と，水ができる。	水でしめらせた赤色リトマス紙を近づけると，青色に変わる。	体積の割合で空気の約78%をしめる。
集め方	水上置換法	水上置換法 下方置換法	水上置換法	上方置換法	水上置換法
つくり方	二酸化マンガンにオキシドールを加える。	石灰石にうすい塩酸を加える。	金属にうすい塩酸を加える。	塩化アンモニウムに水酸化カルシウムを加えて加熱する。	

2 気体の捕集法

■ **水上置換法**　水にとけにくい気体を集める。
■ **上方置換法**　水にとけやすく空気より密度が小さい（軽い）気体を集める。
■ **下方置換法**　水にとけやすく空気より密度が大きい（重い）気体を集める。

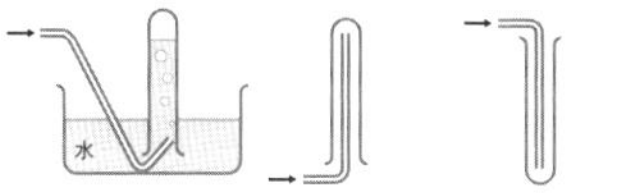

4

1 溶解という現象

水溶液の性質

■ **溶液**　物質を液体にとかして，全体が均一になった液体。溶液のどこをとっても濃度は一定で透明。
■ **水溶液**　物質が水にとけている溶液。
■ **溶媒**　物質をとかしている液体。
■ **溶質**　溶液にとけている物質。
■ **ろ過**　固体と液体を分ける方法。水にとけない物質は，ろ過するとろ紙の上に残る。

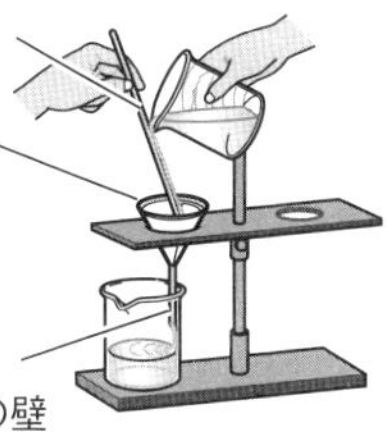

2 水溶液のこさ

■ **濃度**　溶液のこさを表すのに用いられるものに，**質量パーセント濃度**がある。

$$\text{質量パーセント濃度〔\%〕} = \frac{\text{溶質の質量〔g〕}}{\text{溶液の質量〔g〕}} \times 100$$

$$= \frac{\text{溶質の質量〔g〕}}{\text{溶質の質量〔g〕} + \text{溶媒の質量〔g〕}} \times 100$$

■ **溶解度**　溶媒100gに溶解することのできる物質の質量。
■ **飽和溶液**　溶解度の値まで溶質が溶媒にとけている溶液。溶媒が水のときは，飽和水溶液という。
■ **溶解度曲線**　物質の溶解度と温度との関係を表したグラフ。

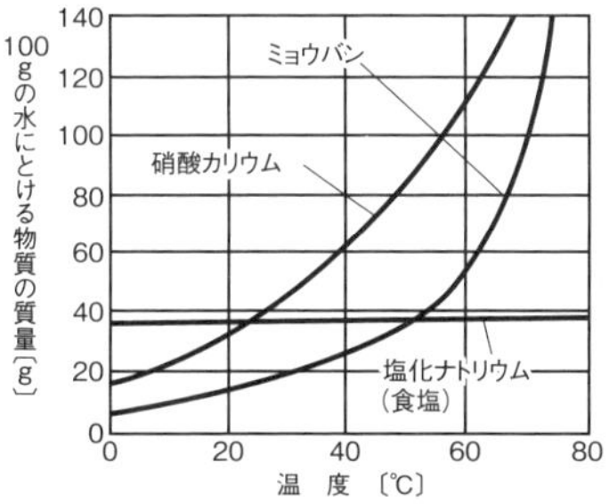

■ **再結晶**　温度が低下したためとけきれなくなった溶質は，結晶とよばれる非常に純度が高い状態になる。このような性質を利用して固体の物質をいったん水にとかして，再び結晶として混合物から純物質をとり出す精製法。

化学編
1 物質の姿

解答・解説➡別冊P.15

基礎力チェック

ここに掲載されている基本問題は必ず解けるようにしておきましょう。

1 いろいろな物質

1 次の**ア**～**エ**から有機物をすべて選べ。

ア 食塩　**イ** 砂糖　**ウ** 紙　**エ** 石灰岩　[　　　]

2 質量40g，体積25cm^{3}の固体の密度を求めよ。　[　　　]

2 物質の状態変化

1 右の図の**ア**～**ウ**にあてはまる物質の状態を書け。

ア [　　　]
イ [　　　]
ウ [　　　]

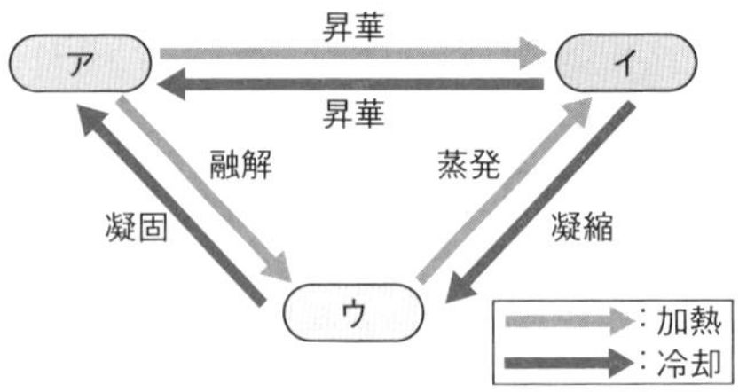

2 物質が，①沸とうする温度，②固体から液体に変化する温度をそれぞれ何というか。

① [　　　]　② [　　　]

3 2種類以上の純物質(純粋な物質)が混合したものを何というか。[　　　]

4 混合物は，一定の融点や沸点を示すか。　[　　　]

3 気体の性質

1 酸素と水素と二酸化炭素についてあてはまる性質を，それぞれ次の**ア**～**ケ**からすべて選べ。

ア 無臭　**イ** 刺激臭　**ウ** 水に少しとける。　**エ** 水にほとんどとけない。
オ 物質を燃やす。　**カ** 燃えると水ができる。　**キ** 石灰水を白くにごらせる。
ク 体積の割合が空気中で最も大きい。　**ケ** 亜鉛にうすい塩酸を加えると発生する。

酸素 [　　　]　水素 [　　　]
二酸化炭素 [　　　]

2 塩化アンモニウムに水酸化カルシウムを加えて加熱すると発生する気体は何か。

[　　　]

4 水溶液の性質

1 溶液にとけている物質を何というか。　[　　　]

2 80gの水に食塩20gをとかして，食塩水をつくった。この食塩水の質量パーセント濃度は何％か。

[　　　]

3 固体の物質をいったん水にとかして，再び結晶としてとり出す方法を何というか。

[　　　]

解答・解説➡別冊 P.15

実践問題

実際の問題形式で知識を定着させましょう。

1

差がつく

思考 右の図は，2種類の液体A，Bの体積と質量の関係をグラフにしたものである。次の問いに答えなさい。

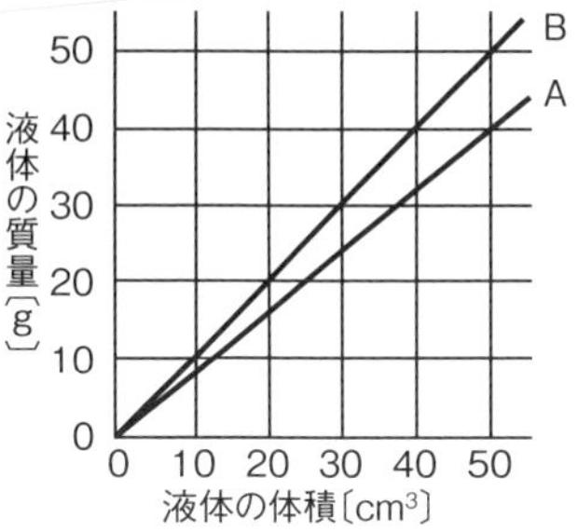

(1) 液体Aの密度は何g/cm^{3}か。

[　　　　　　]

(2) 液体A，Bを50gずつとり，それらを1つのビーカーに入れたところ，2つの液体は混ざり合わなかった。

①ビーカーに入れた液体の体積の合計は何cm^{3}になるか。

[　　　　　　]

②このときのビーカーのようすを，次のア～エから選べ。

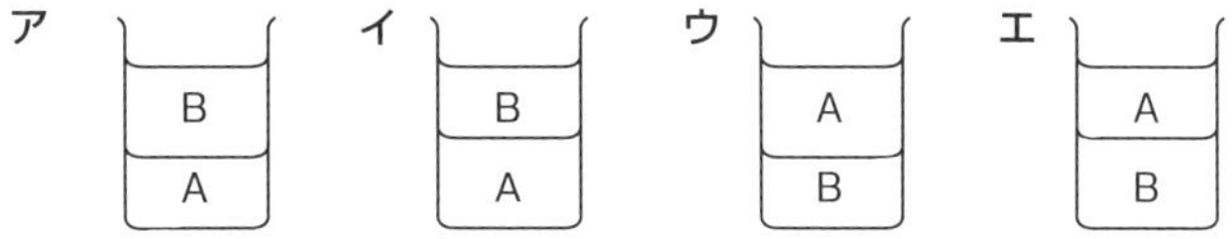

[　　　]

2

知識・理解 60.0cm^{3}の水を入れたメスシリンダーに，図1のようにガラス棒で氷をしずめたところ，目もりは65.0cm^{3}になった。このとき，60.0cm^{3}の水の質量は60.0g，氷と水の質量は64.5gであった。しばらくすると，氷がすべてとけて，メスシリンダーの目もりは64.5cm^{3}になった。また，このときの水の質量は64.5gであった。次の問いに答えなさい。なお，ガラス棒の質量や体積は考えないものとする。

図1

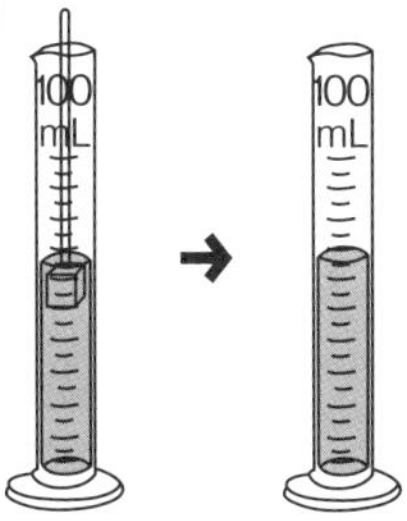

(1) 60.0cm^{3}の水をはかりとるために，メスシリンダーに水を入れたところ，図2のようになった。このとき何cm^{3}の水を捨てればよいか。小数第1位まで答えよ。

図2

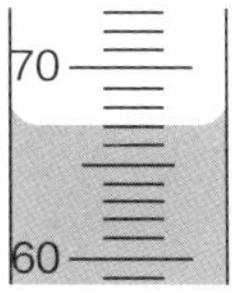

[　　　　　　]

(2) 氷の密度は何g/cm^{3}か。

[　　　　　　]

(3) 氷が水に変化するとき，その質量や体積，密度はそれぞれどうなるか。次のア～ウから1つずつ選べ。ただし，同じ記号を選んでもよい。

ア 大きくなる。　**イ** 小さくなる。　**ウ** 変化しない。

質量 [　　　] 体積 [　　　] 密度 [　　　]

(4) 氷がとけて水になる変化を状態変化という。次のア～エの現象から，状態変化を1つ選べ。

ア ろうそくが燃える。　**イ** 鉄がさびる。

ウ ドライアイスが気体になる。

エ 鉄をうすい塩酸に入れると，気体が発生する。

[　　　]

3 でる!

実験・観察 ガスバーナーの使い方について，次の問いに答えなさい。

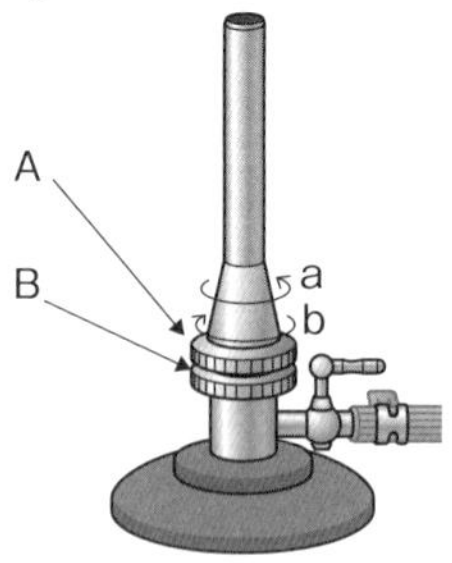

(1) 図のAのねじを何というか。
[　　　　　　　　　　]

(2) 図のBのねじをおさえたまま，Aのねじをaの向きに回した。このとき，ガスバーナーに入る気体について正しい説明はどれか。次の**ア**～**エ**から選べ。 [　　　]

ア　空気の量がふえる。　　**イ**　空気の量が減る。
ウ　ガスの量がふえる。　　**エ**　ガスの量が減る。

(3) ガスバーナーの炎の色は何色にするのがよいか。次の**ア**～**エ**から選べ。
ア　赤色　**イ**　青色　**ウ**　黄色　**エ**　緑色　[　　　]

(4) ガスバーナーの火を消すときは，どのような操作をすればよいか。次の**ア**～**ウ**を正しい順序に並べよ。 [　　→　　→　　]

ア　Aのねじをしめる。　**イ**　Bのねじをしめる。　**ウ**　元せんをしめる。

4 でる!

知識・理解 酸素，水素，アンモニア，二酸化炭素のいずれかの気体が入っている集気びんA～Dがある。下の①～④は，各集気びんの中の気体の性質について説明したものである。これについて，あとの問いに答えなさい。

①集気びんAの中の気体にマッチの火を近づけたら，ポンと音をたてて燃えた。
②集気びんBの中の気体に水酸化カルシウムの水溶液を加えると，水溶液が白くにごった。
③集気びんCの中の気体は，物質の燃焼に使われる。
④集気びんDの中の気体は，鼻をつくような刺激臭がある。

(1) 集気びんAの中の気体は何か。気体の名前を書け。[　　　　　　　　　　]

(2) 二酸化マンガンにオキシドールを加えたときに発生する気体と同じ気体が入っている集気びんは，A～Dのどれか。 [　　　]

(3) 集気びんA～Dに入っている気体の中で，最も軽い気体はどれか。 [　　　]

(4) 集気びんDの中の気体と同じ気体を発生させ，それを集める方法として適切なものはどれか。右の図の**ア**～**ウ**から選べ。

[　　　]

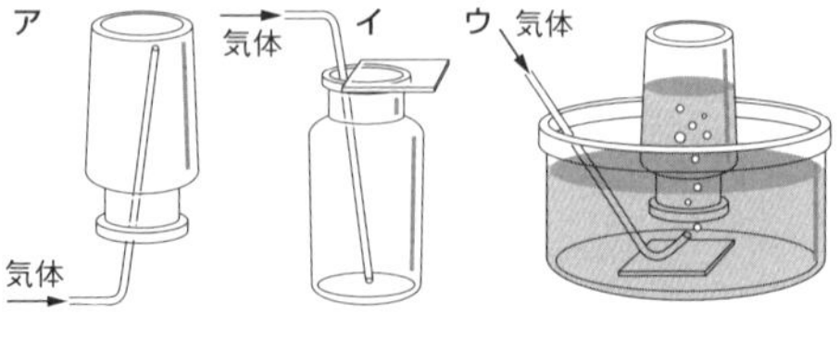

(5) (4) で答えた気体の集め方を何というか。また，その方法を使ったのは，集気びんDの中に入っていた気体にどのような性質があるからか。

集め方 [　　　　　　　　　　]
性質 [　　　　　　　　　　]

5 差がつく

思考 試験管に20℃の水を10g入れ，ミョウバン4gを入れて，よく振ったが，とけ残りがあった。次に，**図1**の装置で，ゆっくり加熱したら，40℃でとけ残りがあった。60℃にするとすべてとけていた。次に，試験管をとり出し，同時に氷水につけて冷やしたら，水溶液から固体が現れた。次の問いに答えなさい。

図1

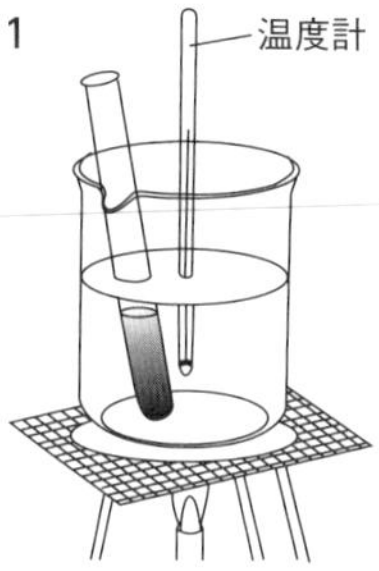

(1) **図2**は，100gの水にとける物質の質量と温度の関係を表したグラフである。ミョウバンのとける質量と温度の関係を表しているのはどれか。**図2**の**ア**～**エ**から選べ。

[　　　]

図2

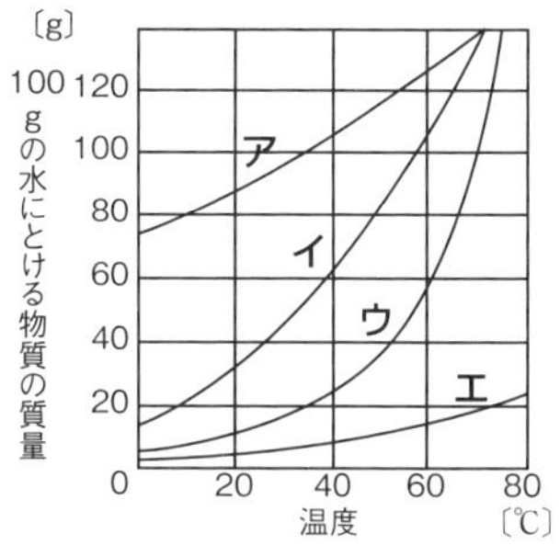

(2) 下線部のようにして，固体をとり出す方法を何というか。 [　　　]

(3) 水溶液にとけた物質を固体としてとり出す方法として，下線部の方法以外にどのような方法があるか。簡潔に書け。

[　　　]

6 でる!

知識・理解 右の表は，20℃と60℃の水100gに，物質**A**と物質**B**のとける質量の限度を表したものである。次の問いに答えなさい。

物質＼温度	20℃	60℃
物質A	35g	110g
物質B	35g	37g

(1) 60℃，100gの水に25gの物質**A**をとかした。

①この水溶液の濃度（質量パーセント濃度）は何%か。

[　　　]

②この水溶液にはあと何gの物質**A**をとかすことができるか。

[　　　]

(2) 60℃，100gの水でつくった，物質**A**と物質**B**の飽和水溶液を，それぞれ20℃までゆっくり冷やした。このときに起こる現象を，次の**ア**～**エ**から選べ。

ア　**A**の結晶が出てきて，**B**の水溶液はほとんど変化しない。

イ　**B**の結晶が出てきて，**A**の水溶液はほとんど変化しない。

ウ　**A**，**B**とも結晶が出てくるが，**A**の結晶の方が多く出てくる。

エ　**A**，**B**とも結晶が出てくるが，**B**の結晶の方が多く出てくる。 [　　　]

(3) 実験・観察 出てきた結晶をろ過によってとり除きたい。ろ過のしかたとして正しいものを，次の**ア**～**エ**から選べ。

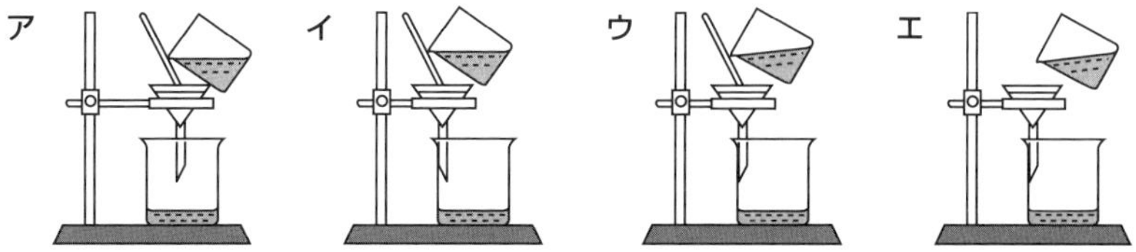

[　　　]

7 実験・観察 右の図は，上皿てんびんを表している。次の問いに答えなさい。

(1) 図のように両方のうでに皿をのせた状態のとき，指針は中央より左側をさしていた。このとき，左右のつり合いがとれた状態にするには，Aの調節ねじを㋐，㋑のどちらに動かせばよいか。 [ ]

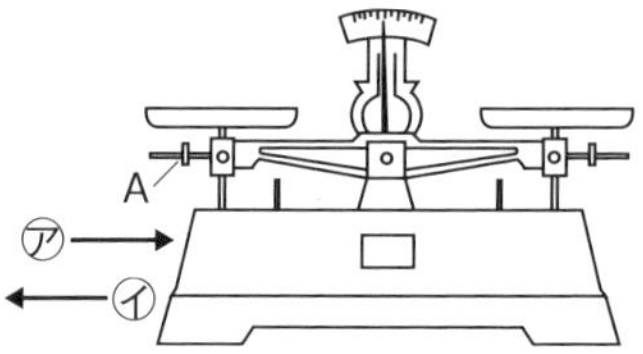

(2) 物体の質量をはかるとき，最初にのせる分銅は次の**ア**，**イ**のどちらか。

ア 物体の質量より少し重いと思われる分銅

イ 物体の質量より少し軽いと思われる分銅 [ ]

(3) ある物体の質量をはかろうとして，50g，20g，10g，2gの分銅を各1個ずつ順にのせたら，分銅をのせた方のうでが下がった。このとき，どの分銅をどの分銅に変えればよいか。ただし，残っている分銅は，10g，5g，2g，1g，200mg，100mgである。

[の分銅を の分銅に変える。]

8 差がつく

実験・観察 エタノールと水を20cm³ずつ混合した液を，丸底フラスコに入れ，**図1**のような装置で加熱した。**図2**は，そのときの加熱時間と温度の関係を表したグラフである。次の問いに答えなさい。

図1

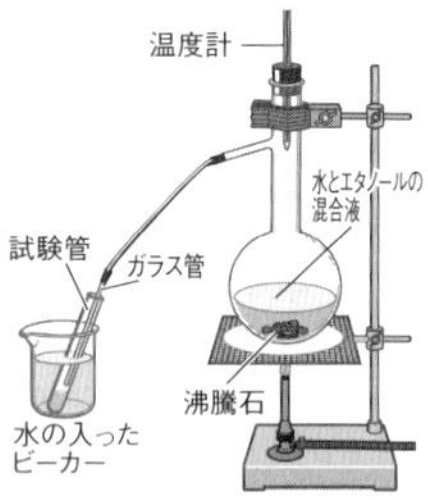

図2

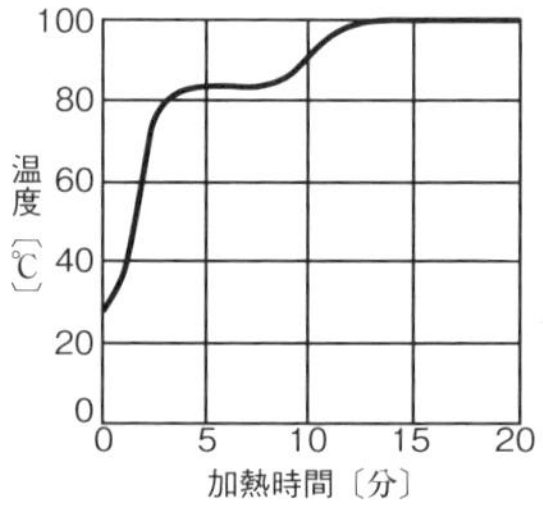

(1) 沸騰石を入れてあるのはなぜか。その理由を簡潔に書け。

[ ]

(2) この混合液の沸点についてどんなことがいえるか。次の**ア**～**ウ**から選べ。

ア 沸点は一定である。 **イ** 一定の沸点を示さない。

ウ 沸点は2つある。 [ ]

(3) 加熱を始めてから4分後に，混合液から出てくる気体はどのようなものか。次の**ア**～**エ**から選べ。

ア エタノールだけで，水を含んでいない。

イ ほとんどがエタノールで，水をわずかに含んでいる。

ウ 水だけで，エタノールを含んでいない。

エ ほとんどが水で，エタノールをわずかに含んでいる。 [ ]

(4) 思考 エタノール40cm³と水30cm³の混合液を，図1と同じ方法で加熱すると，加熱時間と混合液の温度との関係はどのようなグラフになるか。次の**ア**～**エ**から選べ。

ア

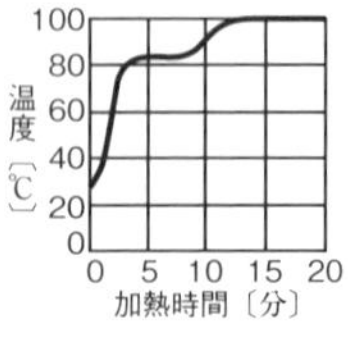

イ

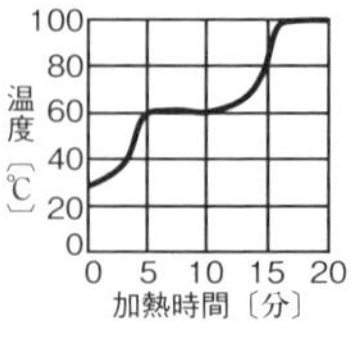

ウ

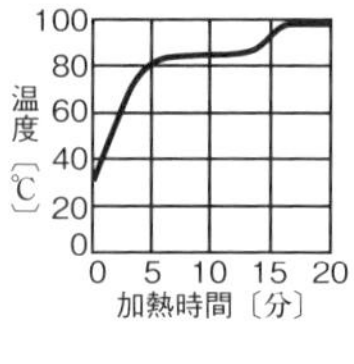

エ

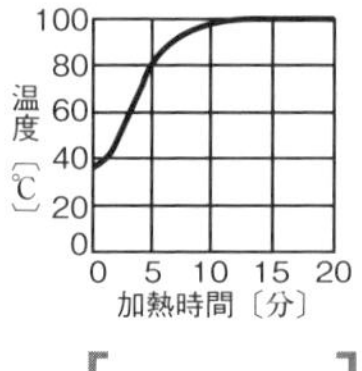

[ ]

9 **知識・理解** **図1**のように，水を入れた試験管を，氷と食塩を混ぜたビーカーの中に入れ，水の温度を測定した。しばらくすると水はこおり始め，やがて水はすべてこおった。**図2**は，そのときの水の温度変化を表したものである。次の問いに答えなさい。

図1

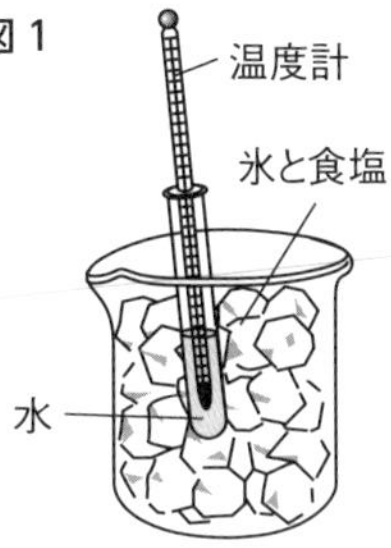

図2

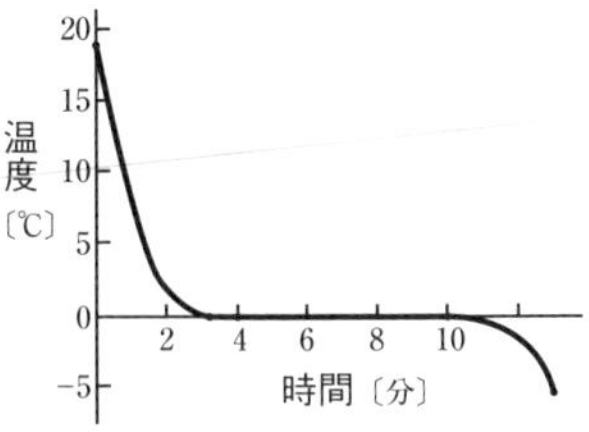

(1) 水がすべてこおったのは，実験を始めてから何分後か。次の**ア**～**エ**から選べ。

ア 3分後　**イ** 7分後　**ウ** 11分後　**エ** 13分後　[　　]

(2) 水がこおるときの温度と，氷がとけるときの温度は同じか，異なるか。

[　　　　]

(3) 水が氷に変化する状態変化を何というか。次の**ア**～**エ**から選べ。　[　　]

ア 凝固　**イ** 昇華　**ウ** 融解　**エ** 蒸発

(4) 物質の状態変化について述べた文として，正しい説明はどれか。次の**ア**～**エ**から選べ。

ア 状態変化しても，物質の密度は物質の種類によって決まっているので変化しない。
イ 状態変化すると，物質そのものが別の物質に変化する。
ウ 状態変化すると，物質の体積は変化する。
エ 状態変化すると，物質はもとの状態にもどることはない。

[　　]

10 **知識・理解** ビーカーに入れた固体のロウ（パラフィン）を加熱して液体にした。右の図の**A**は，そのときのようすを表している。次の問いに答えなさい。

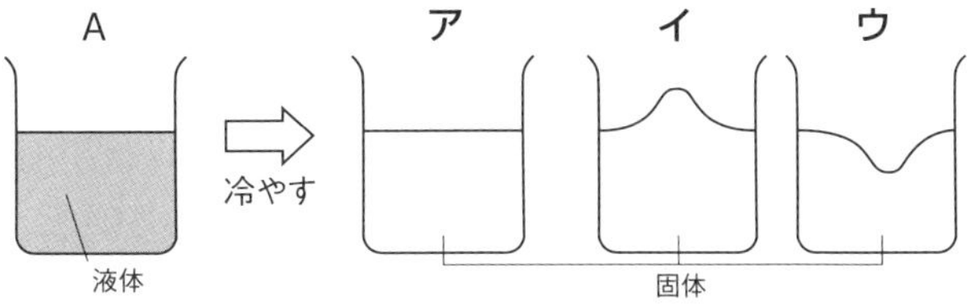

(1) 液体にしたロウをしばらく放置しておいたら，再び固体にもどった。このとき，固体のロウはどのようになっているか。上の図の**ア**～**ウ**から選べ。　[　　]

(2) 液体のロウの中に固体のロウを入れると，固体のロウはどうなるか。次の**ア**～**エ**から選べ。　[　　]

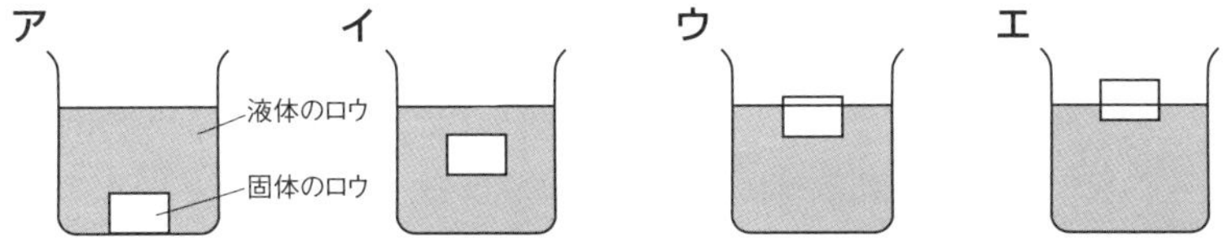

(3) **(2)**で答えたようになるのはなぜか。「密度」という語句を使って簡単に説明せよ。

[　　　　　　　　]

実力アップ問題

解答・解説➡ 別冊 P.17

簡単な入試問題で力だめしをしてみましょう。

1

知識・理解 見ただけでは区別しにくいA～Cの白い粉末がある。それぞれの粉末は，砂糖，食塩，デンプンのいずれかである。これらを区別するため，次のような実験をした。

〔実験1〕 アルミニウムはくの容器にそれぞれの粉末を入れ，右の図のように，弱い火で加熱した。その結果，AとCはこげたが，Bは白い粉末のままであった。

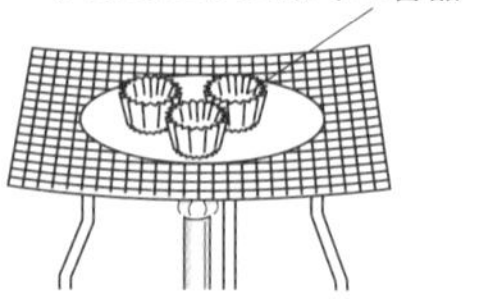

〔実験2〕 水を入れた試験管に，それぞれの粉末を薬品さじ1杯分入れ，よく振った。その結果，AとBはとけたが，Cはとけなかった。次の問いに答えなさい。〈鹿児島県改〉

(1) 実験1でAとCがこげたことから，これらが成分として含んでいる物質の名称を書け。
［　　　　］

(2) (1) を含む物質を一般に何というか。 ［　　　　］

(3) 実験1，2の結果から，Aの物質名を書け。 ［　　　　］

2

A～Cのビーカーに，それぞれ15℃の水50gを入れ，次の操作1～3を順に行って，その結果を表にまとめた。あとの問いに答えなさい。〈岐阜県〉

ビーカー（水に入れた物質）		A（食塩）	B（デンプン）	C（硝酸カリウム）
操作1	かき混ぜた液のようす	無色透明で，固体は残らなかった。	白くにごった。	無色透明で，底に固体が残った。
操作2	ろ過して出てきた液のようす	無色透明	無色透明	無色透明
	ろ紙上のようす	何も残らなかった。	固体が残った。	固体が残った。
操作3	スライドガラス上のようす	固体が残った。	何も残らなかった。	固体が残った。

操作1…Aに食塩（塩化ナトリウム），Bにデンプン，Cに硝酸カリウムを，それぞれ15gずつ入れてよくかき混ぜた。

操作2…A～Cの液を，ろ紙を使ってそれぞれろ過した。

操作3…ろ過して出てきた液を，それぞれスライドガラスに1滴ずつとって蒸発させた。

(1) 知識・理解 **操作2**で，Aの液をろ過して出てきた液はどのような液か。次の**ア**～**エ**から選べ。

ア 食塩を含まない水　　**イ** Aの液よりうすい食塩水

ウ Aの液と同じこさの食塩水　　**エ** Aの液よりこい食塩水 ［　　］

(2) 知識・理解 この実験から，デンプンは水にとけていなかったことがわかる。そのことがわかる理由を，実験結果を用いて簡潔に説明せよ。

［　　　　］

(3) 思考 **操作3**の蒸発させる方法以外に，Cの液をろ過して出てきた液から固体をとり出す方法を，簡潔に説明せよ。また，この方法で固体をとり出すことができる理由を，「Cの液をろ過して出てきた液は，」に続けて説明せよ。

方法 ［　　　　］

理由 ［Cの液をろ過して出てきた液は，　　　　］

3 気体の発生方法と集め方を調べた。次の問いに答えなさい。〈三重県改〉

図1

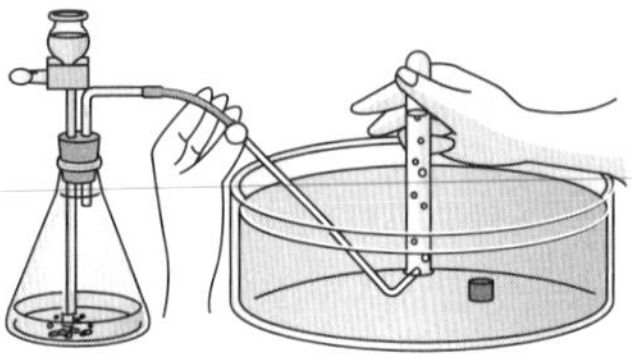

〔実験1〕 **図1**の実験装置を用いて，三角フラスコに入れた石灰石に，うすい塩酸を加えて，発生した気体**A**を試験管に集める。

〔実験2〕 **図1**の実験装置を用いて，三角フラスコに入れた二酸化マンガンに，うすい過酸化水素水を加えて，発生した気体**B**を試験管に集める。

図2

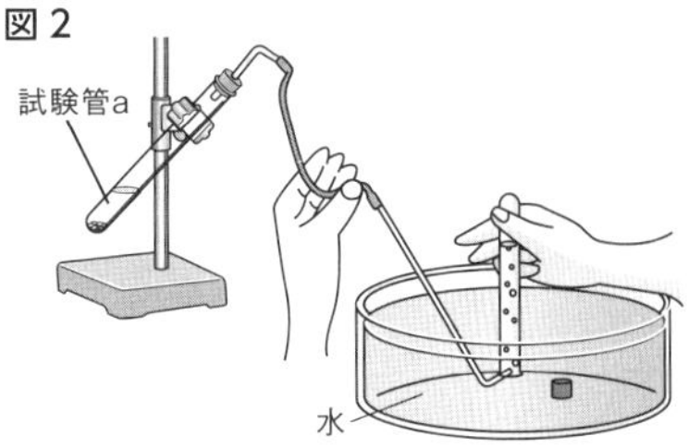

〔実験3〕 **図2**の実験装置を用いて，試験管**a**に亜鉛とうすい塩酸を入れ，発生した気体**C**を試験管に集める。

〔実験4〕 **図3**の実験装置を用いて，試験管**b**に塩化アンモニウムと水酸化カルシウムを入れ加熱し，発生した気体**D**を試験管に集める。

図3

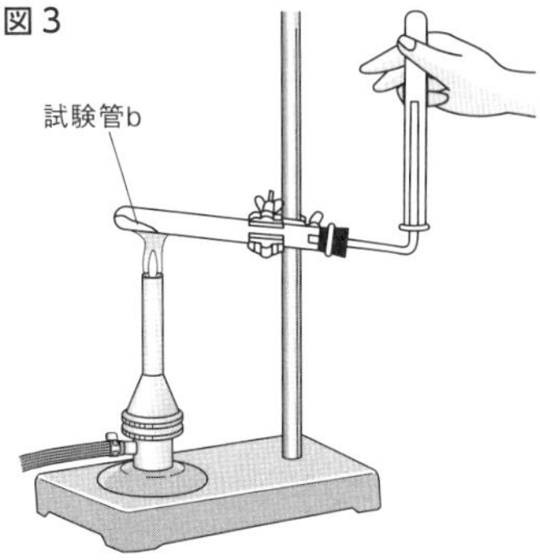

(1) 知識・理解 気体**A**～**D**は，それぞれ何か。物質名を書け。

A [ ]　B [ ]
C [ ]　D [ ]

(2) 実験・観察 実験1～実験3で，ガラス管から出始めたばかりの気体は集めずに，しばらくしてから気体を集め始めた。しばらくしてから気体を集め始めたのはなぜか，その理由を簡単に書け。 [ ]

(3) 知識・理解 実験4で，気体**D**を水上置換法で集めずに，上方置換法で集めたのは，気体**D**にどのような性質があるからか，簡単に書け。

[ ]

(4) 実験・観察 気体**A**と**D**の試験管の口に，水でぬらしたリトマス紙を近づけ，変化を調べた。それぞれどのように変化したか。次の**ア**～**ウ**から選べ。

ア 青いリトマス紙が赤くなった。　**イ** 赤いリトマス紙が青くなった。
ウ 変わらなかった。　A [ ]　D [ ]

(5) 知識・理解 気体**A**について，次の問いに答えよ。

①気体**A**を集めた試験管に，火のついた線香を入れると，線香の火はどのようになるか，簡単に書け。 [ ]

②身のまわりの材料を使って気体を発生させるとき，気体**A**と同じ気体が発生する方法はどれか。次の**ア**～**ウ**から選べ。

ア 湯の中に発泡入浴剤（はっぽうにゅうよくざい）を入れる。
イ スチールウール（鉄）にうすい塩酸を加える。
ウ アンモニア水を加熱する。 [ ]

化学編 1 物質の姿

4 知識・理解 物質の状態変化について，次の問いに答えなさい。〈山口県〉

(1) 表は，酸素とエタノールの融点と沸点を示したものである。−196℃のとき，酸素とエタノールは，固体，液体，気体のいずれの状態に変化したか。表をもとに，それぞれ答えよ。

	融点〔℃〕	沸点〔℃〕
酸素	−218	−183
エタノール	−115	78

酸素［　　　　］　エタノール［　　　　］

(2) 水が固体から液体に変化したときのようすについて，正しく述べたものを，次の**ア**～**エ**から選べ。

ア　水をつくる粒子が固体のときは規則的に並び，液体のときは不規則に並ぶ。
イ　水をつくる粒子が固体のときは不規則に並び，液体のときは規則的に並ぶ。
ウ　水をつくる粒子は液体になると小さくなる。
エ　水をつくる粒子は液体になると大きくなる。

［　　　］

5 知識・理解 物質の状態変化を調べるために，次の実験1，2を行った。あとの問いに答えなさい。〈高知県〉

〔実験1〕　**図1**のように，同じ質量の2つのビーカーに，加熱して完全にとかした液体のロウと水をそれぞれ同じ体積だけ入れ，それぞれの質量をはかったところ，ロウの質量の方が小さかった。

〔実験2〕　実験1の2つのビーカーの液面の位置に，**図2**のようにしるしをつけた。次に，この2つのビーカーを冷凍庫に入れて冷やすと，それぞれの液体は，固体となり体積は変化したが，質量は実験1のときと変わらなかった。

図1

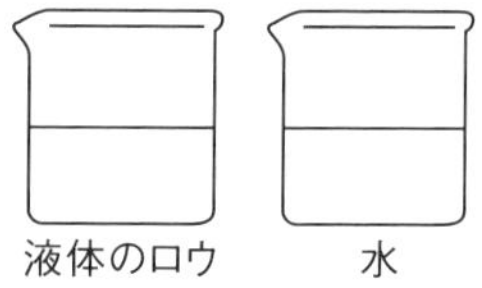

図2

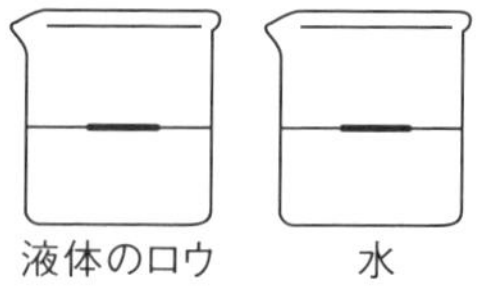

(1) 実験1の結果から，液体のロウの密度は，水の密度と比べてどうか，簡潔に書け。

［　　　　　　　　　　　　　　］

(2) 実験2で，固体となったロウと氷のようすを模式的に表した図として適切なものを，右の**ア**～**エ**から選べ。

［　　　］

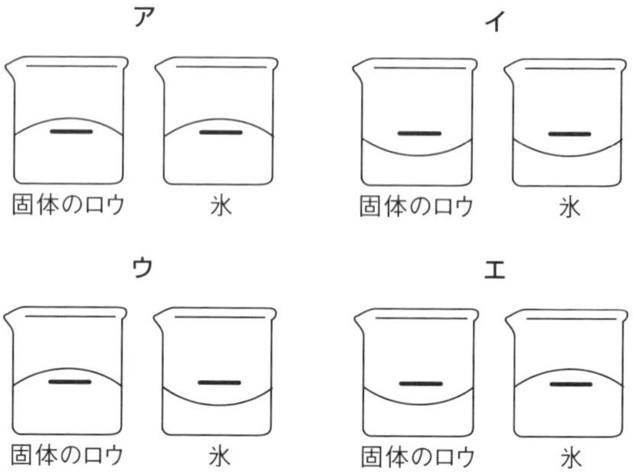

(3) 固体から液体に変化したとき，ロウ，水の密度はそれぞれどうなるか。

ロウ［　　　　］　水［　　　　］

6 思考 塩化ナトリウム，ミョウバン（結晶），硝酸カリウム，エタノールを使って，2つの実験を行った。あとの問いに答えなさい。〈長野県〉

〔実験1〕 試験管A～Cに40℃の水5.0gを入れ，3種類の物質を**図1**のように加えた。試験管A～Cに入れた物質の，100gの水にとける限度の質量は，下の表のとおりである。

水の温度〔℃〕	20	40
塩化ナトリウム〔g〕	35.8	36.3
ミョウバン（結晶）〔g〕	11.4	23.8
硝酸カリウム〔g〕	31.6	63.9

図1

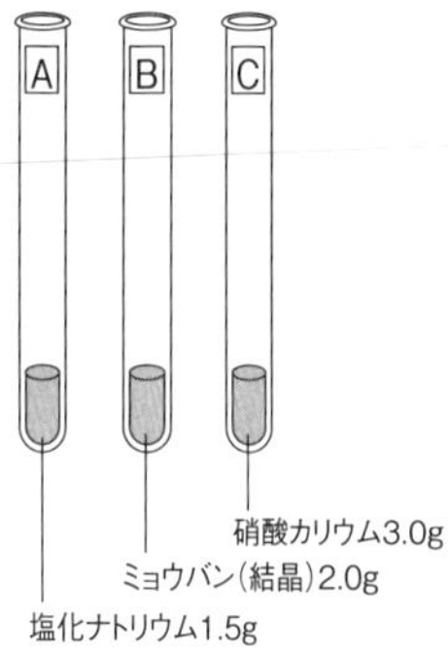

〔実験2〕 ①エタノール5cm³と水15cm³を混ぜて，混合物の質量を測定したら19.0gであった。

②これを枝つきフラスコの中に入れ，**図2**のように装置を組み立てて，おだやかに熱した。出てきた液体を3cm³ずつ3本の試験管に集めた。

図2

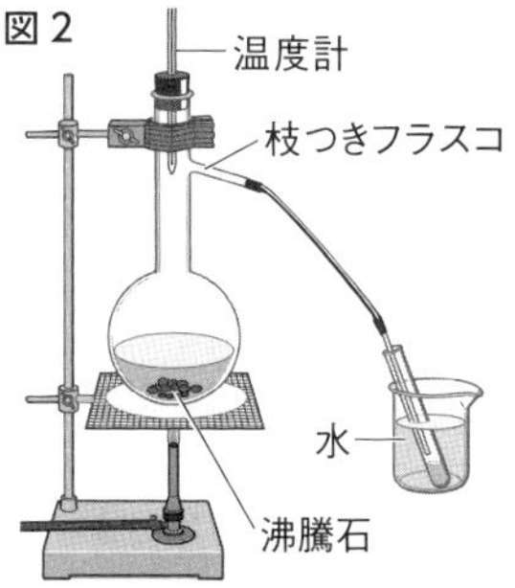

(1) 実験1で，水の温度が40℃のとき，加えた物質が全部とけるものはどれか。A～Cの試験管からすべて選べ。

［　　　　］

(2) 実験1のあと，試験管Cを20℃まで冷やすと，硝酸カリウムの結晶が出てくる。この結晶は何gか。答えは四捨五入して，小数第1位まで求めよ。

［　　　　］

(3) 実験2 ①で，この実験に用いたエタノールの密度は何g/cm³か。ただし，水の密度を1.0g/cm³とする。［　　　　］

(4) 実験2 ②で集めた試験管の液体に含まれるエタノールの量は，1本目と3本目でどのように違うか。［　　　　］

(5) 実験・観察 下の**図3**は，砂の混じった塩化ナトリウム水溶液から，砂，水，塩化ナトリウムを別々にとり出すためのものである。P，Q，Rにあてはまる適切な操作を，それぞれ次の**ア**～**オ**から選べ。

ア 蒸留　**イ** 水上置換法　**ウ** ろ過　**エ** 上方置換法　**オ** 蒸発

P［　　］ Q［　　］ R［　　］

図3

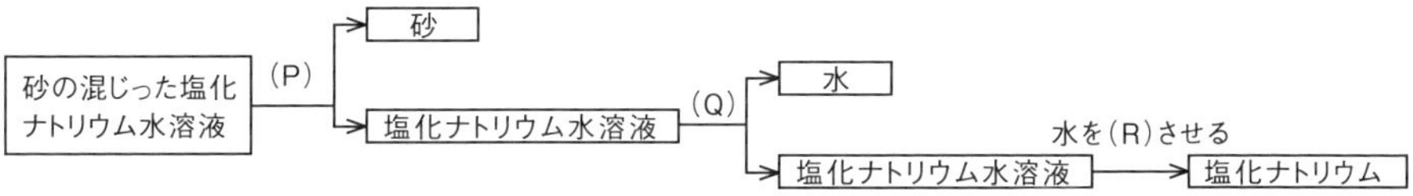

原子・分子と化学変化(1)

要点まとめ

1 物質の分解

1 物質の変化

■ **物理変化**　**物質そのものは変化せず**に，状態が変化するような変化。**状態変化**や溶解など。

■ **化学変化**　はじめにあった物質が**別の物質に変わる**変化。

2 分解

■ **分解**　1つの物質が2つ以上の物質に分かれる化学変化。

■ **熱分解**　加熱によって分解する化学変化。

例　酸化銀──→**銀＋酸素**

例　炭酸水素ナトリウム──→**炭酸ナトリウム＋二酸化炭素＋水**

※炭酸水素ナトリウムは水にあまりとけず，弱いアルカリ性を示し，炭酸ナトリウムは，水によくとけ，強いアルカリ性を示す。

■ **電気分解**　電気によって分解する化学変化。

例　水の電気分解　水──→**水素＋酸素**

〈水の電気分解〉

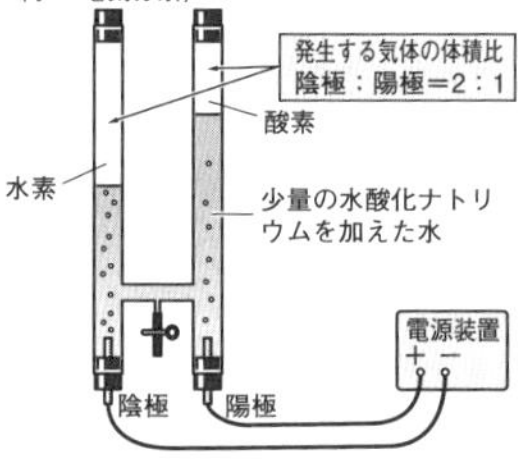

2 物質と原子・分子

1 原子と分子

■ **分子**　物質の**性質**を表す最も小さい粒子。

■ **原子**　化学変化では**それ以上分割できない**粒子。分子をさらに分解すると原子になる。

■ **元素**　原子の種類のこと。

■ **元素記号**　元素を表す記号。

名　称	記号	名　称	記号	名　称	記号	名　称	記号
亜鉛	Zn	金	Au	窒素	N	バリウム	Ba
アルミニウム	Al	銀	Ag	鉄	Fe	ヘリウム	He
硫黄（イオウ）	S	酸素	O	銅	Cu	マグネシウム	Mg
塩素	Cl	水銀	Hg	ナトリウム	Na	マンガン	Mn
カリウム	K	水素	H	鉛	Pb	ヨウ素	I
カルシウム	Ca	炭素	C	白金	Pt	リン	P

■ **化合物**　2種類以上の元素からできている純物質。

■ **単体**　1種類の元素からできている純物質。

■ **化学式**　いろいろな物質を，元素記号を用いて書き表したもの。

■ **化学式の表し方**

・分子をつくる物質　分子をつくる原子とその数で表す。

例　水素：H_2　　酸素：O_2　　水：H_2O

・分子をつくらない物質　原子の種類と数の割合で表す。

例　銅：Cu　　酸化銅：CuO　　塩化ナトリウム：NaCl

3 化学変化と原子・分子

1 化学変化

■ 2つ以上の物質が結びついて，別の物質に変わる変化。

例 鉄＋硫黄──→硫化鉄

■ **酸化** 酸素と結びつく反応。

例 マグネシウム＋酸素──→酸化マグネシウム

■ **燃焼** 激しく酸素と結びつく反応。熱や光を出す。有機物は酸素と結びつく(燃焼する)と二酸化炭素と水を生じる。

〈鉄と硫黄が結びつく実験〉

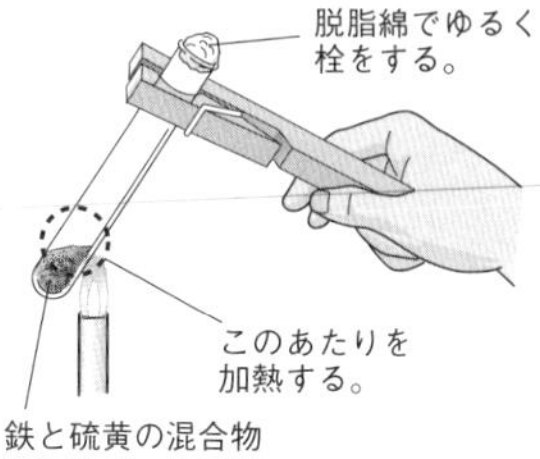

2 化学反応式

■ **化学反応式** 化学式を用いて，化学変化を表したもの。

■ **化学反応式のつくり方**

①水素と酸素が結びつくと水ができる。	水素	＋	酸素	──→	水
②矢印の左右の物質を化学式に置きかえる。	H_2	＋	O_2	──→	H_2O
③酸素原子が変化前は2個で，変化後は1個なので，これらの数を合わせる。	H_2	＋	O_2	──→	$2H_2O$
④変化前の水素原子が2個で，変化後は4個なので，これらの数を合わせる。	$2H_2$	＋	O_2	──→	$2H_2O$

3 さまざまな化学反応式

■ **物質が結びつく反応の化学反応式**

・炭の燃焼 $C + O_2 \longrightarrow CO_2$

・銅の酸化 $2Cu + O_2 \longrightarrow 2CuO$

■ **分解反応の化学反応式**

・酸化銀の分解 $2Ag_2O \longrightarrow 4Ag + O_2$

・水の電気分解 $2H_2O \longrightarrow 2H_2 + O_2$

4 化学変化と質量

1 質量保存の法則

■ **質量保存の法則** 化学変化の前後で，変化に関係した物質の**質量の和**は変わらない。

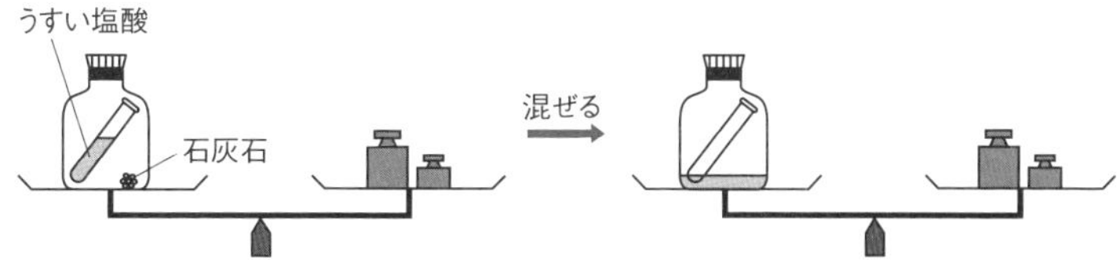

■ **気体が発生する化学変化の質量の変化** 気体が発生する化学変化では，反応後の質量が小さくなるが，密閉した容器の中で反応させると，化学変化の前後で質量は変わらない。

■ **質量保存の法則が成り立つ理由** 化学変化の前後では，原子の結びつき方が変わるが，原子の種類と数は変わらない。

2 定比例の法則

■ **定比例の法則** 物質を構成する原子の質量の比は，物質の種類によって一定である。

例 酸化マグネシウムでは，マグネシウムと酸素の質量比は**3：2**になる。

例 酸化銅では，銅と酸素の質量比は**4：1**である。

基礎力チェック

解答・解説➡別冊P.18

ここに掲載されている基本問題は必ず解けるようにしておきましょう。

1 物質の分解

1 次の**ア**～**ウ**を物理変化と化学変化に分けよ。

ア 水を加熱したら蒸発した。 **イ** 鉄がさびた。 **ウ** 食塩を水にとかして食塩水をつくった。

物理変化 [ ] 化学変化 [ ]

2 1つの物質が2つ以上の物質に分かれる化学変化を何というか。

[ ]

2 物質と原子・分子

1 物質の性質を表す最も小さい粒子を何というか。 [ ]

2 次の①～④の化学式で表される化合物の名称を書け。

① CO_2 ② H_2O ③ HCl ④ NH_3

① [ ] ② [ ]
③ [ ] ④ [ ]

3 次の**ア**～**カ**の物質を，混合物，化合物，単体に分けよ。

ア 水 **イ** 酸素 **ウ** 空気 **エ** 亜鉛 **オ** 食塩水 **カ** 酸化銅

混合物 [ ] 化合物 [ ] 単体 [ ]

3 化学変化と原子・分子

1 次の①，②の物質は何という物質が結びついてできているか。

① 酸化鉄 ② 硫化鉄

① [と] ② [と]

2 熱や光を出す，激しく酸素と結びつく反応を何というか。 [ ]

3 水素と酸素が結びつくと水ができる。これを化学反応式で表せ。

[ ]

4 化学変化と質量

1 化学変化の前後で，変化に関係した物質の質量の和は変わらないことを何というか。

[ ]

2 4.0gの銅を空気中で熱したら，酸化銅が5.0gできた。銅に化合した酸素の質量は何gか。

[ ]

3 銅2.0gを空気中で熱したら，酸化銅が2.5gできた。銅8.0gを熱したら酸化銅は何gできるか。

[ ]

解答・解説⇒別冊P.19

実践問題

実際の問題形式で知識を定着させましょう。

1 でる!

知識・理解 右の図のような装置を使って，炭酸水素ナトリウムを入れた試験管を加熱したところ，気体Aが発生した。この気体を石灰水に通すと，石灰水が白くにごった。気体が発生しなくなるまで十分に加熱したあとの試験管には，白い固体Bができており，また，試験管の口近くの内側には液体Cがついていた。この液体に，乾いた塩化コバルト紙をつけると，赤色に変化した。次の問いに答えなさい。

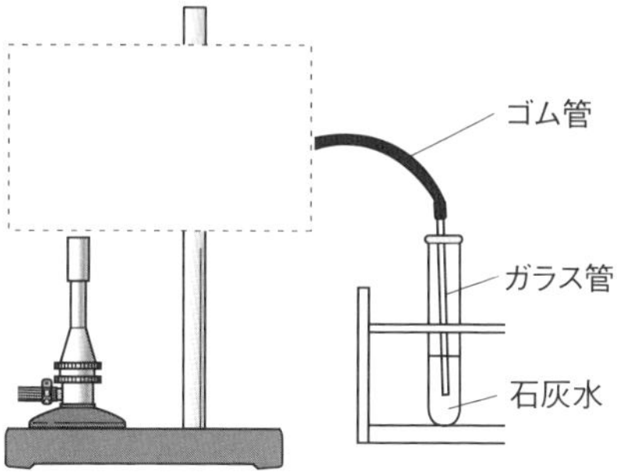

(1) 実験・観察 図の点線 [　　] の部分に，この実験における試験管の正しいとりつけ方の図をかき入れよ。

(2) 加熱後，試験管にできた固体Bは何か。物質名を書け。 [　　　　]

(3) この実験で生じた液体Cは何か。 [　　　　]

(4) この実験でできた気体Aと液体Cは炭酸水素ナトリウムが分解されてできた物質である。炭酸水素ナトリウムをつくっている原子を考えるとき，気体Aと液体Cからわかるすべての原子を，原子の記号で書け。 [　　　　]

2

知識・理解 右の図のように，酸化銀を試験管に入れて加熱したところ，酸化銀から気体が発生した。次の問いに答えなさい。

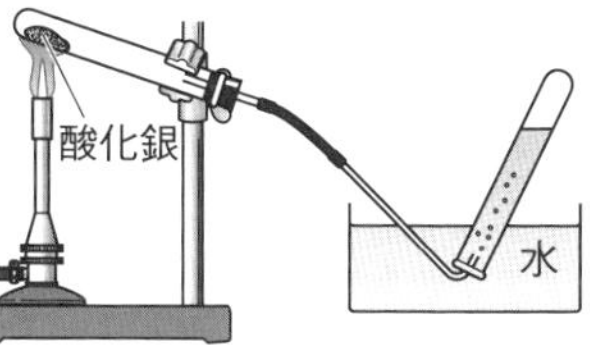

(1) 酸化銀は何色をしているか。次のア～エから選べ。

ア 黒色　**イ** 白色　**ウ** 赤かっ色　**エ** 青色

[　　]

(2) 加熱後に試験管に残った物質の性質について，正しく述べているのはどれか。次のア～エから選べ。 [　　]

ア 水にとけて電流を流す。　**イ** たたくとのびる。
ウ うすい塩酸にとけて，気体が発生する。
エ 水酸化ナトリウム水溶液にとけて，気体が発生する。

(3) 加熱後に試験管に残った物質の質量は，加熱前の酸化銀の質量と比べてどうなったか。理由も含めて簡潔に書け。

[　　　　　　　　]

(4) 思考 この実験の化学変化をモデルで表すと下のようになる。これをもとにして，酸化銀の化学式を書け。ただし，○は銀原子，●は酸素原子を表すものとする。

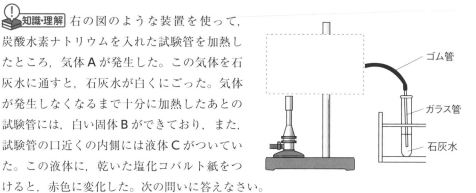

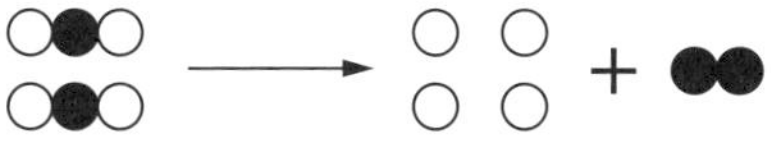

[　　　　]

3 知識・理解 右の図のような装置で，水を電気分解した。次の問いに答えなさい。

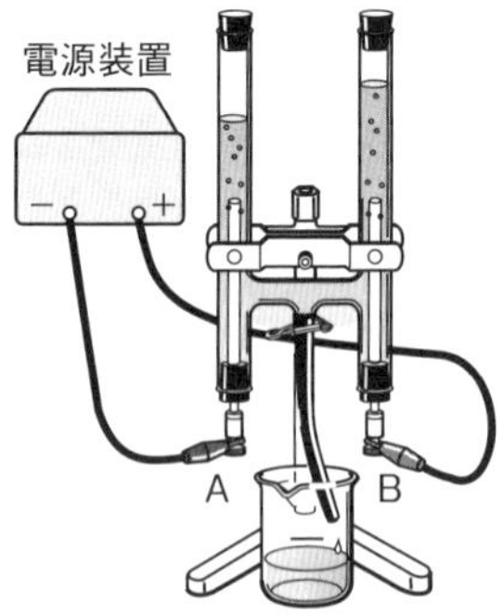

(1) 純粋な水は電流を通しにくいので，水にあるものをとかしてから実験を行った。あるものとは何か。次の**ア**～**エ**から選べ。 [　　　]

ア　食塩　　**イ**　砂糖
ウ　水酸化ナトリウム　　**エ**　エタノール

(2) 図のA極，B極から発生する気体を，それぞれ化学式で答えよ。
A極 [　　　]　B極 [　　　]

(3) A極，B極から発生する気体の性質としてあてはまるものを，それぞれ次の**ア**～**エ**から選べ。
A極 [　　　]　B極 [　　　]

ア　火のついた線香を入れると，線香が炎をあげて激しく燃える。
イ　マッチの火を近づけると，ポンと音がして燃える。
ウ　石灰水を入れてよく振ると，白くにごる。
エ　手であおいでにおいをかぐと，刺激臭がする。

(4) A極，B極から発生する気体の体積比はいくらか。最も簡単な整数比で答えよ。
A極から発生する気体：B極から発生する気体＝ [　　　]

4 でる! 思考 次のA，Bの化学変化について，あとの問いに答えなさい。ただし，○は水素原子，⊗は酸素原子，◎は塩素原子，●はマグネシウム原子を表すものとする。

A　マグネシウムリボンを空気中で燃やすと，酸化マグネシウムができる。
B　マグネシウムリボンをうすい塩酸に入れると，水素が発生し，あとに塩化マグネシウムが残る。

(1) 次の図は，Aの化学変化をモデルで表したものである。図の[　　]にあてはまるモデルをかけ。

(2) Aの化学変化を，化学反応式で表せ。 [　　　]

(3) 次の図は，Bの化学変化をモデルで表したものである。この図を参考にして，Bの化学変化を，化学反応式で表せ。 [　　　]

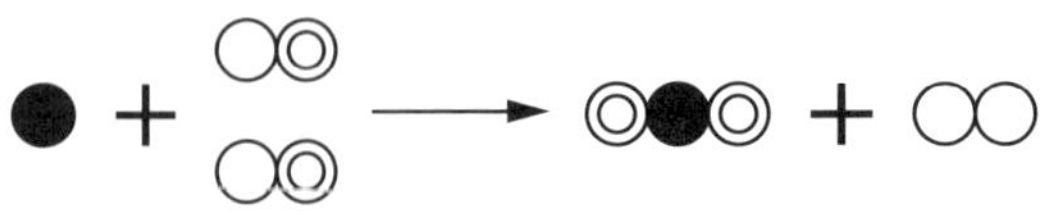

5 差がつく

知識・理解 鉄粉 14g と硫黄の粉末 8g をよく混ぜてから，次のⅠ～Ⅲの操作を行った。あとの問いに答えなさい。

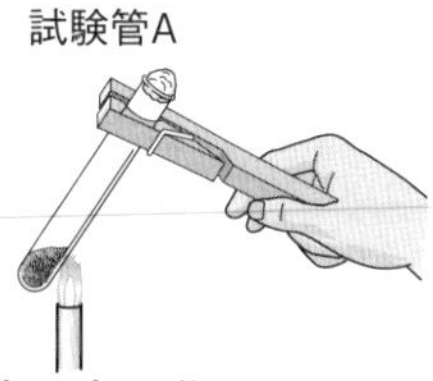

Ⅰ 混合物を3本の試験管**A**，**B**，**C**に分けて入れた。

Ⅱ 右の図のように，試験管**A**の上部を加熱し，一部が赤くなり始めたところで加熱をやめたが，反応は続き，赤い部分は試験管**A**の底の方へ移っていった。やがて完全に反応して，全体が黒い物質に変わった。試験管**B**, **C**はそのままにした。

Ⅲ 反応が終わった試験管**A**の中の黒い物質を少量粉にして，試験管**D**，**E**に分けた。

(1) **実験・観察** 操作Ⅱで，加熱するのをやめても反応が続いたのはなぜか。その理由を簡潔に書け。[　　　　　　　　　　　　　　　　　　　　]

(2) 試験管**A**にできた黒い物質は何か。その物質名を書け。

[　　　　　　　　　　]

(3) この実験で起こった化学変化を，化学反応式で表せ。

[　　　　　　　　　　]

(4) 試験管**B**と試験管**D**にうすい塩酸を加えたら，それぞれから気体が発生した。発生した気体の性質を，次の**ア**～**エ**から1つずつ選べ。

ア 石灰水を白くにごらせる。

イ 無臭で空気中でよく燃える。

ウ ものを燃やすはたらきがある。

エ たまごのくさったようなにおいがする。

試験管**B** [　　　　]　試験管**D** [　　　　]

6

知識・理解 右の図のように，スチールウールをガスバーナーで加熱して，完全に燃焼させたところ，燃焼前と燃焼後では，質量，色，手ざわりが変わった。次の問いに答えなさい。

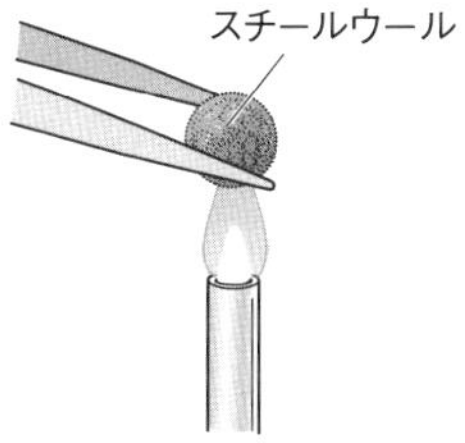

(1) 燃焼後の質量，色，手ざわりは，燃焼前と比べてどのように変化したか。それぞれ記号で選べ。

①質量 [　　　　]

ア 大きくなった。　**イ** 小さくなった。

②色 [　　　　]

ア 黒色から白色に変わった。　**イ** 灰色から黒色に変わった。

ウ 黒色から灰色に変わった。

③手ざわり [　　　　]

ア かたくなった。　**イ** もろくなった。

(2) スチールウールが完全に燃焼したときにできた物質は何か。物質名を書け。

[　　　　　　　　　　]

7 知識・理解 右の図のようにして，石灰石とうすい塩酸の質量をはかった。次に，石灰石とうすい塩酸を混ぜ合わせてから，再び全体の質量をはかった。次の問いに答えなさい。

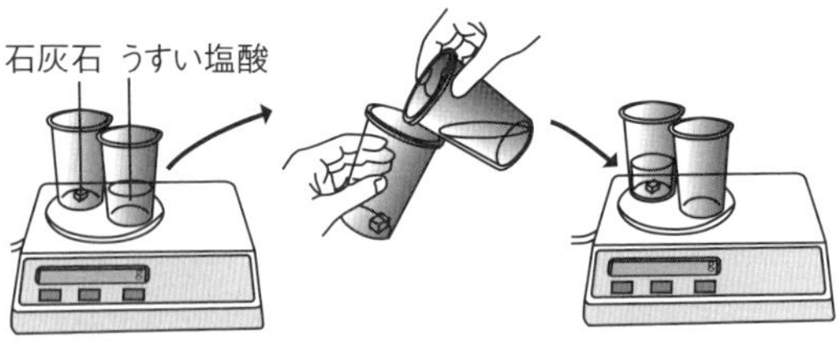

(1) 石灰石とうすい塩酸を混ぜ合わせたとき，どのような反応が起こるか。次の**ア～ウ**から選べ。 [　　　]

ア 沈殿物ができる。　**イ** 気体が発生する。　**ウ** 空気中の酸素と結びつく。

(2) 混ぜ合わせたあとの全体の質量は，混ぜ合わせる前と比べてどうなっているか。次の**ア～ウ**から選べ。

ア 混ぜ合わせる前より大きくなっている。
イ 混ぜ合わせる前より小さくなっている。
ウ 混ぜ合わせる前と同じである。 [　　　]

(3) 密閉された容器の中で同じ実験を行うと，混ぜ合わせたあとの全体の質量は，混ぜ合わせる前と比べてどうなっているか。(2) の**ア～ウ**から選べ。 [　　　]

8 差がつく 知識・理解 うすい塩酸にマグネシウム 0.6g を加えて水素を発生させた。この実験を，塩酸の体積だけを変え，塩酸の濃度とマグネシウムの質量は変えずにくり返し行い，このときの塩酸の体積と発生した水素の体積との関係を調べた。右の図は，この結果をまとめたものである。ただし，水素の体積はいずれの場合も同じ温度，同じ圧力のもとで測定したものである。次の問いに答えなさい。

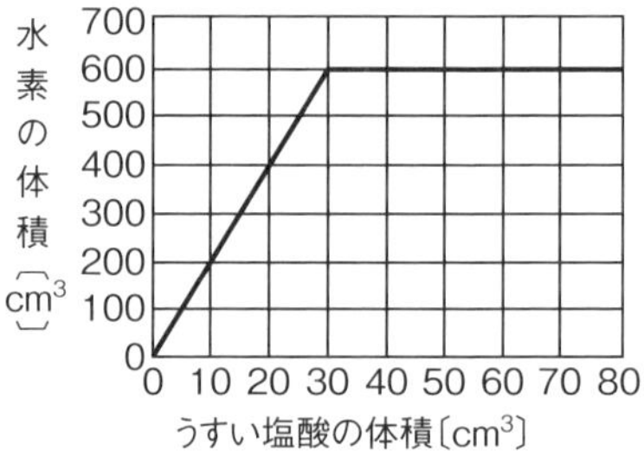

(1) 実験の結果から，マグネシウム 0.6g をすべて反応させるためには，実験で用いた塩酸は少なくとも何 cm^3 必要か。 [　　　　　　]

(2) 塩酸を $20cm^3$ 用いたとき，反応しないで残るマグネシウムは何 g か。 [　　　　　　]

(3) 実験・観察 実験で用いたものと同じ濃度の塩酸に水を加えて体積を 2 倍にした。この塩酸を用いて，ほかの条件は変えずに同じ実験を行ったとき，用いた塩酸の体積と発生した水素の体積との関係を表すグラフはどうなるか。右の図にかき入れよ。

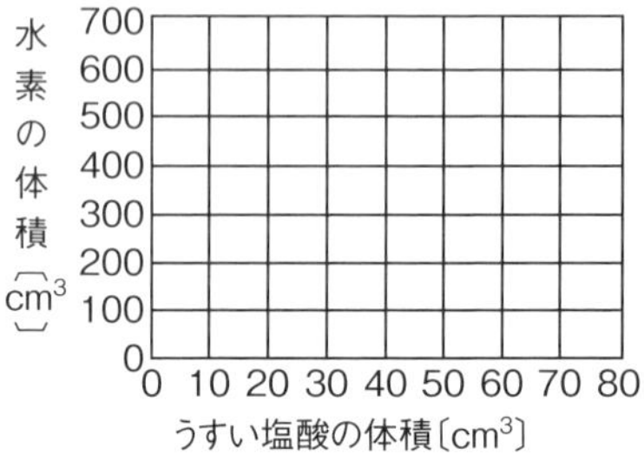

(4) 思考 実験で用いたものと同じ濃度の塩酸 $40cm^3$ にマグネシウム 0.8g を加えたとき，発生する水素の体積は何 cm^3 か。次の**ア～エ**から選べ。

ア $600cm^3$　**イ** $800cm^3$　**ウ** $1000cm^3$　**エ** $1200cm^3$ [　　　]

9 知識・理解 0.8gの銅粉をステンレス皿にとり，空気中で一定時間加熱したのち，冷えてから質量をはかった。次に，薬さじで皿の中をよくかき混ぜ，再び一定時間加熱したのち，冷えてから質量をはかるという操作をくり返した。右の図は，銅の質量が0.8g，1.2g，1.6gのときの，それぞれの加熱の回数と粉末の質量との関係を表したものである。次の問いに答えなさい。

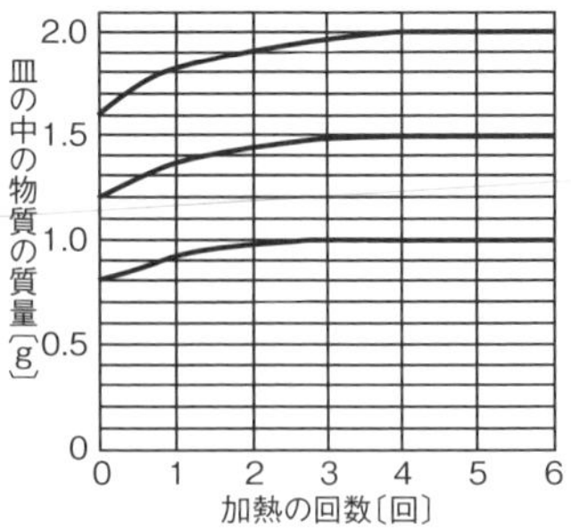

(1) 右の図のように，グラフは途中で水平になり，これ以上くり返しても質量はふえなかった。このようにグラフが水平になった理由を簡潔に書け。

[　　　　　　　　　　　　　　　　　　　　　　　　]

(2) 実験・観察 下線部のように，加熱する前に，薬さじでよくかき混ぜるのはなぜか。その理由を，次の**ア**～**エ**から選べ。 [　　　]

ア 銅をゆっくり酸化させるため。　**イ** 銅を空気に十分にふれさせるため。
ウ 酸化物を十分に乾燥させるため。　**エ** 酸化物を十分に冷やすため。

(3) 2.0gの銅粉を用いて同じ実験をして，質量が増加しなくなるまで加熱したとき，何gの酸化物ができるか。 [　　　　　　]

(4) 次の①，②にあてはまる化学式を入れて，銅と空気中の酸素が結びついて酸化物ができるときの化学反応式を完成させよ。ただし，必要な場合は係数もつけよ。

① [　　　　　　] $+ O_2 \longrightarrow$ ② [　　　　　　]

10 でる！ 知識・理解 マグネシウムの粉末をステンレス皿にとり，図1のような装置で十分に加熱して，マグネシウムと空気中の酸素とを反応させた。その後，このマグネシウムの化合物の質量をはかった。この操作を，マグネシウムの質量を変えてくり返した。次に，銅の粉末を用いて同じように実験した。図2は，このときの2種類の金属の質量と得られた化合物の質量との関係を表したグラフである。次の問いに答えなさい。

図1

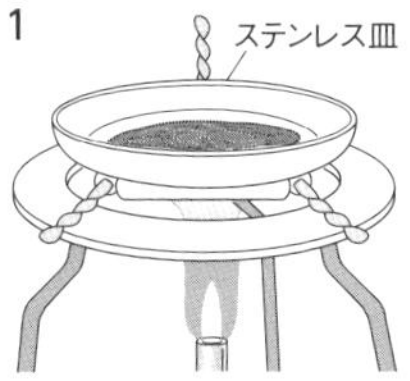

図2

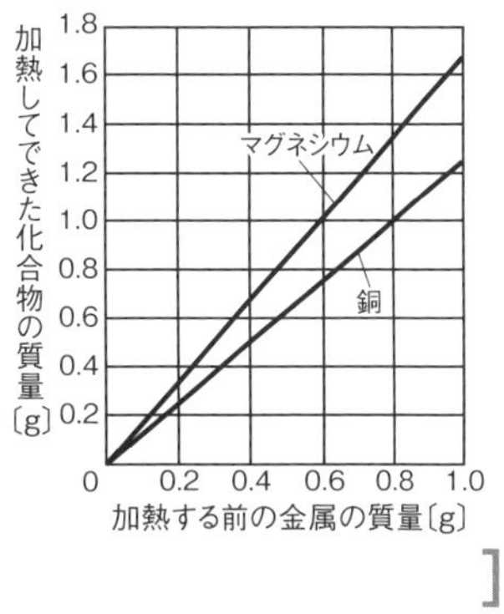

(1) この実験で生じたマグネシウムの化合物を化学式で書け。 [　　　　　　]

(2) マグネシウムを加熱して，マグネシウムの化合物を1.0g得たい。

①マグネシウムは何g必要か。

[　　　　　　]

②このとき，結びついた酸素は何gか。 [　　　　　　]

(3) 思考 酸素1gと結びつくマグネシウムの質量と，酸素1gと結びつく銅の質量との比はいくらか。最も簡単な整数の比で答えよ。

マグネシウム：銅＝ [　　　　　　]

実力アップ問題

解答・解説➡ 別冊 P.21

簡単な入試問題で力だめしをしてみましょう。

1 でる!

物質や物質どうしの変化を調べる実験1，2を行った。あとの問いに答えなさい。〈秋田県〉

〔実験1〕 **図1**のような装置で，炭酸水素ナトリウムを試験管に入れて加熱した。ガラス管から出てきた気体を2本の試験管に集めてから，1本目は気体を入れなおした。気体の発生が止まったところで，ガラス管を水から出して，ガスバーナーの火を消した。加熱した試験管の口の内側には液体がつき，底には白い固体が残った。また，気体を集めた試験管に石灰水を入れて，よく振ったところ，2本とも白くにごるのが確認できた。

図1

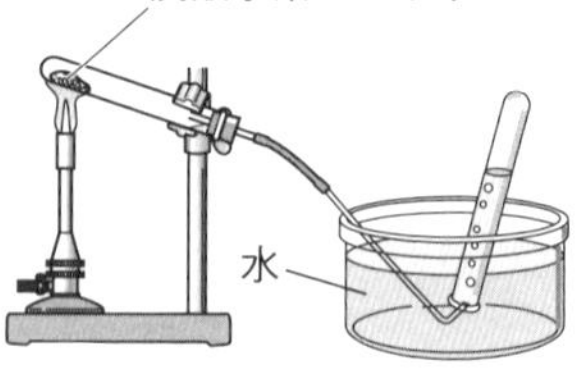

〔実験2〕 **図2**のような装置に，水素と酸素を入れて点火したところ，爆発音がして，プラスチックの筒（つつ）にあけてあるあなから，水そうの水が筒の中に入ってきた。

図2

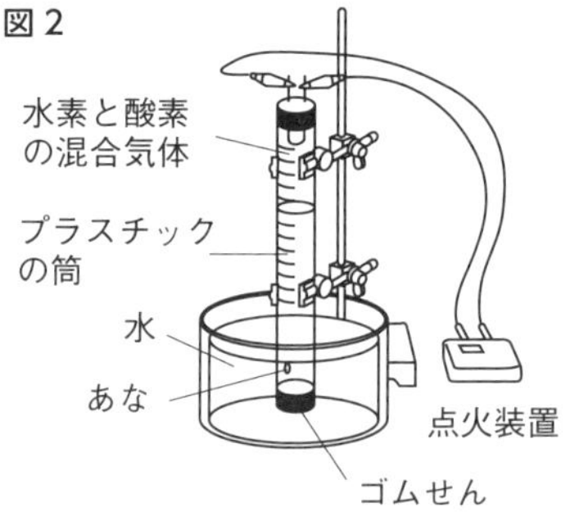

(1) 知識・理解 実験1で発生した，石灰水を白くにごらせる気体と同じ気体を発生させる方法はどれか。次の**ア**～**オ**から2つ選べ。

ア 貝殻に塩酸を加える。
イ 二酸化マンガンにオキシドールを加える。
ウ 鉄くぎに塩酸を加える。
エ 湯の中に発泡入浴剤を入れる。
オ 水酸化カルシウムと塩化アンモニウムを混ぜて熱する。 [ ]

(2) 知識・理解 実験1のように，物質が分解する化学変化は次のどれか。次の**ア**～**オ**から2つ選べ。 [ ]

ア 銅を熱したら酸化銅になった。
イ 水を熱したら水蒸気になった。
ウ 酸化銀を熱したら銀と酸素になった。
エ 塩酸に水酸化ナトリウム水溶液を加えたら，塩化ナトリウムと水ができた。
オ 空気が入らないようにして木を熱したら，燃える気体などが出て木炭ができた。

(3) 思考 実験2では，水素と酸素が反応して水ができた。

①実験2で，爆発音がしたあとに，水そうの水が筒の中に入ってきたのはなぜか。理由を書け。 [ ]

②実験2の化学変化をもとに，水素分子4個と酸素分子3個からなる混合気体の反応を分子モデルで考えた場合，反応によってできる水分子は何個か。また，反応しないで残る気体を化学式で書け。

水分子 [ ]　化学式 [ ]

2

思考 右の図のように，スチールウールをのせたステンレス皿をガラス管に入れ，ガラス管とゴム管を酸素で満たし，さらにメスシリンダーの容積の半分を酸素で満たした。次に，ガラス管を加熱したところ，はじめは①メスシリンダーの中の水面は下降していったが，スチールウールが燃焼すると同時に②メスシリンダーの中の水面は上昇した。この実験について，下線部①の現象が起こった理由と，下線部②の現象が起こった理由を，次の**ア**～**オ**からそれぞれ選びなさい。

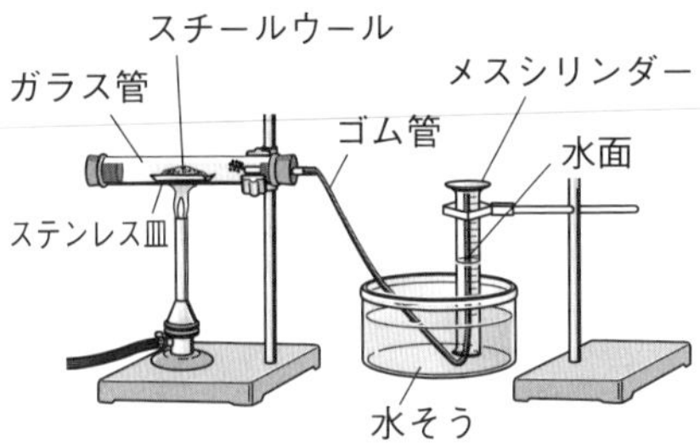

〈北海道〉

ア 酸素と鉄が結びついたから。
イ 水が水蒸気になったから。
ウ 水蒸気が水になったから。
エ 酸素の体積が増加したから。
オ 二酸化炭素が水にとけたから。

① [　　　] ② [　　　]

3

でる!

水を電気分解すると，＋極側と－極側から気体が発生した。次の問いに答えなさい。〈国立高専改〉

(1) 知識・理解 この電気分解で＋極側に発生した気体の化学式を書け。また，その気体の性質にあてはまるものを，次の**ア**～**オ**から選べ。

ア 気体は鼻をつくような刺激臭がした。
イ 気体をフェノールフタレイン溶液に通すと赤色に変化した。
ウ 気体を石灰水に通すと白濁した。
エ 気体に火をつけると爆発して燃えた。
オ 気体に炎を上げずに燃えている線香を入れると線香が炎を上げて燃えた。

化学式 [　　　] 記号 [　　　]

(2) 実験・観察 水の電気分解を図のように分子のモデル（模型）を用いて表したい。左側の円内には4個の水分子がかかれている。右側の円内に適する図をかき，この電気分解のモデル図を完成させよ。

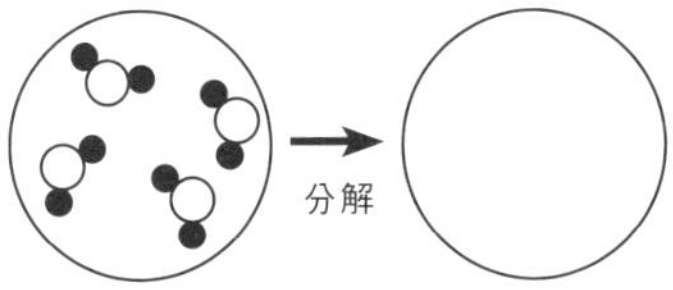

なお，●○● は水の分子，○は酸素原子，●は水素原子を表す。

(3) 知識・理解 ＋極側，－極側に電気分解により発生した気体の体積比は1：2であった。(2)の電気分解のモデルの考え方をもとにすると，気体の体積と分子の数との間にどんな関係が成り立つと考えられるか，次の**ア**～**オ**から選べ。ただし，発生した気体の温度，圧力は同じものとする。

ア 気体の体積とそれに含まれる分子の数の積は一定である。
イ 気体の体積とそれに含まれる分子の数の和は一定である。
ウ 気体の体積はそれに含まれる分子の数に関係なく一定である。
エ 気体の体積はそれに含まれる分子の数に比例する。
オ 気体の体積はそれに含まれる分子の数に反比例する。

[　　　]

4 鉄と硫黄の混合物を右の図のように加熱して，鉄と硫黄を反応させた。次の問いに答えなさい。〈宮崎県改〉

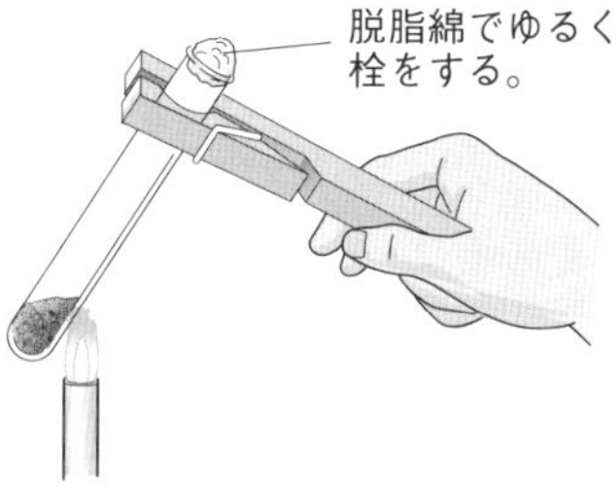

(1) 実験・観察 図のように，試験管に，脱脂綿でゆるく栓をする理由として，最も適切なものを，次の**ア**～**エ**から選べ。 [　　　]

ア　試験管が破損するのを防ぐため。

イ　鉄粉と硫黄を反応しやすくするため。

ウ　硫黄が外に出るのを防ぐため。

エ　急な沸騰を防ぐため。

(2) 知識・理解 鉄と硫黄が反応してできた物質は，分子をつくらない物質で，化学式で表すとFeSとなる。しかし，実際はFe_1S_1の「1」が省略されている。この省略された「1」は鉄原子と硫黄原子の何を表しているか。次の**ア**～**エ**から選べ。 [　　　]

ア　質量　　**イ**　質量の比　　**ウ**　数　　**エ**　数の比

5 差がつく

実験・観察 炭酸水素ナトリウムを熱すると，分解して炭酸ナトリウムと二酸化炭素と水が生じる。このときの質量変化を測定する実験を行った。〈鹿児島県〉

〔実験〕 図のように，炭酸水素ナトリウムの粉末5.00gをステンレス皿に入れて<u>1分間加熱したあと，よく冷やして質量を測定</u>した。その後，下線部の操作を4回くり返した。同様の実験を，炭酸水素ナトリウムの粉末10.00gでも行い，下の表の結果を得た。ただし，反応前後の質量の差は，分解によって発生した二酸化炭素と水の質量の合計とする。

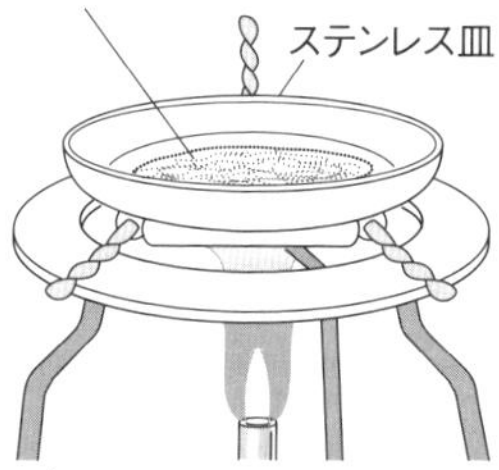

(1) 炭酸水素ナトリウムの粉末5.00gを加熱する実験で，3回目から5回目の質量が変化しなかったのはなぜか。その理由を書け。

表　ステンレス皿内の物質の質量

加熱回数	1回目	2回目	3回目	4回目	5回目
5.00gを加熱したあとの質量〔g〕	3.80	3.23	3.15	3.15	3.15
10.00gを加熱したあとの質量〔g〕	8.29	7.28	6.48	6.30	6.30

[　　　　　　　　　　　　　　　　]

(2) 実験結果から，加熱により分解した炭酸水素ナトリウムの質量と，生じた炭酸ナトリウムの質量の関係を表すグラフをかけ。ただし，分解した炭酸水素ナトリウムの質量〔g〕を横軸，生じた炭酸ナトリウムの質量〔g〕を縦軸とする。

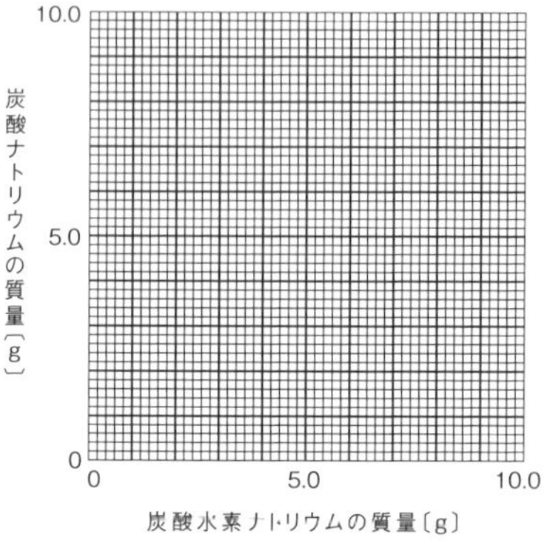

(3) 思考 10.00gの炭酸水素ナトリウムを加熱する実験で，1回目の加熱が終わったとき，分解されずに残っている炭酸水素ナトリウムの質量は何gか。小数第2位を四捨五入して答えよ。 [　　　　]

6

知識・理解 酸化銀の粉末1.45gをガスバーナーで加熱し，銀と酸素に分解した。図はそのとき使用する装置の一部である。出てきた気体を，はじめから発生が終わるまで，すべて集めるためには試験管3本が必要であった。次の問いに答えなさい。〈山梨県改〉

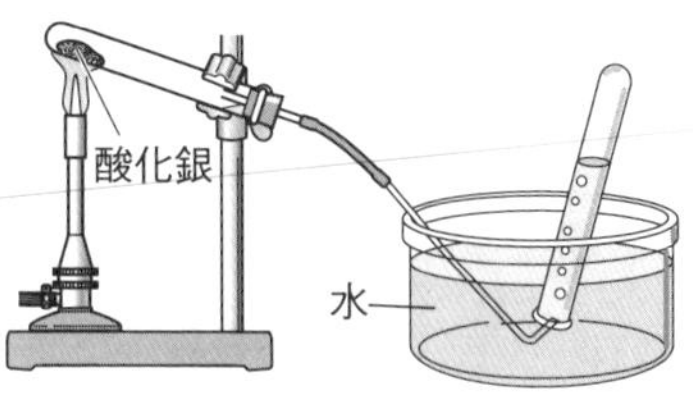

(1) 分解により発生した気体が酸素であることを確かめるためには，はじめに集めた気体を使うのは適当ではない。その理由は何か。「はじめに集めた気体には，」に続けて，簡単に書け。

[はじめに集めた気体には，　　　　　　　　　　]

(2) 加熱した試験管が冷えてから，試験管内に残った物質（銀）の質量をはかってみると，1.35gだった。この実験からわかる，銀と酸素が結びつくときの質量の比を求め，最も簡単な整数の比で表せ。　銀：酸素＝[　　　　]

7

差がつく

塩酸に石灰石を加えて気体を発生させる実験を行った。あとの問いに答えなさい。ただし，実験で使用するビーカーの質量はすべて同じである。〈福井県〉

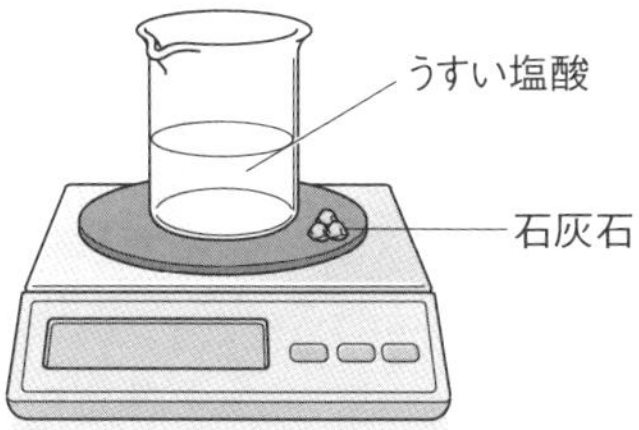

〔実験〕 図のように，うすい塩酸20cm³が入ったビーカーと，1.0gの石灰石を合わせて質量を測定したところ81.0gだった。次に，そのビーカーに石灰石を入れたところ気体が発生し，石灰石はすべてとけた。気体の発生が止まったあと，ビーカー全体の質量を測定したところ80.6gだった。さらに，石灰石の質量を2.0g，3.0g，4.0g，5.0g，6.0g，7.0gとし，同様の操作を行い，表のような結果を得た。

石灰石の質量〔g〕	1.0	2.0	3.0	4.0	5.0	6.0	7.0
反応後のビーカー全体の質量〔g〕	80.6	81.2	81.8	82.4	83.4	84.4	85.4

(1) 知識・理解 下線部で発生した気体の化学式を書け。　[　　　　]

(2) 思考 ビーカーの質量をA〔g〕，うすい塩酸20cm³の質量をB〔g〕，実験で用いた石灰石の質量をC〔g〕，発生した気体の質量をD〔g〕としたとき，反応後，ビーカー内に入っているものの質量はどのように表すことができるか。次の**ア**～**カ**から選べ。

ア　A＋B＋C＋D　　**イ**　A＋B＋C－D
ウ　A＋B－C－D　　**エ**　B－C－D
オ　B＋C－D　　**カ**　B－C＋D

[　　　　]

(3) 思考 (2)における「A＋B」の値は何gか。

[　　　　]

(4) 実験・観察 石灰石の質量と発生した気体の質量の関係を表すグラフをかけ。

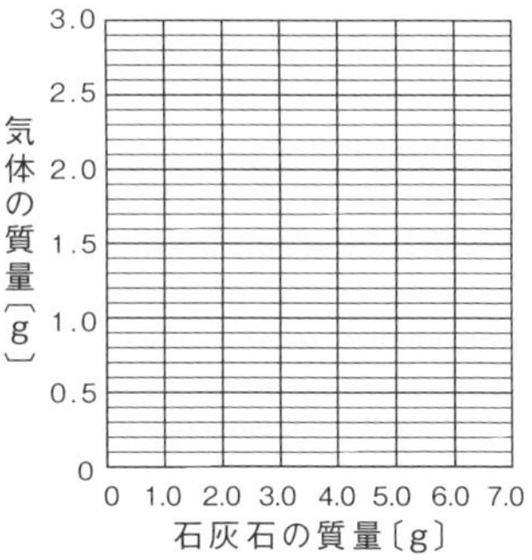

(5) 思考 石灰石の質量が6.0gのときのとけ残りを完全にとかすために，さらにうすい塩酸を加えた。そのとき，発生する気体は何gか。

[　　　　]

3 原子・分子と化学変化(2)

中学総合的研究 理科
P.228~236

要点まとめ

1 酸化と還元

1 酸化

■ **酸化**　物質が酸素と結びつくこと。

例 銅　＋　酸素　⟶　酸化銅

■ **酸化物**　1種類の原子と酸素の化合物。酸化で生じる。

■ **酸化の例（さびと燃焼）**

・**さび**　ゆっくりと金属が**酸化**すること。金属がさびるには，酸素の存在が必要で，水の存在によって金属のさびははやく生じる。

・**燃焼**　大きな温度変化や光の発生をともなう激しい酸化。燃焼には，可燃物の存在，温度，酸素の存在が必要。

2 還元

■ **還元**　酸素と結びついている物質から酸素を除くこと。

■ **還元剤**　還元するために用いる物質で，自身は酸化される。

■ **酸化と還元**　酸化物が還元されるとき，還元に用いた炭素や水素は酸化され，**酸化と還元は同時に起こる。**

■ **酸化銅の還元**　黒色の粉末である酸化銅を炭素の粉末と混ぜ合わせて加熱すると，酸化銅は還元されて銅と二酸化炭素になる。

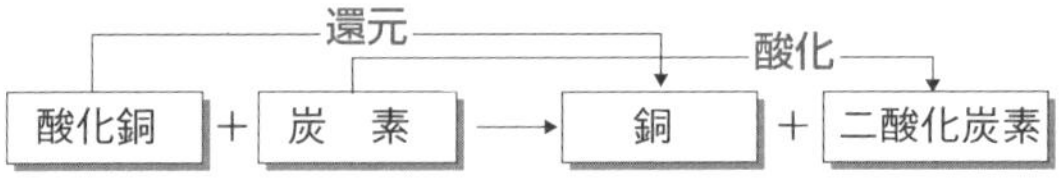

$2CuO$　＋　C　⟶　$2Cu$　＋　CO_2

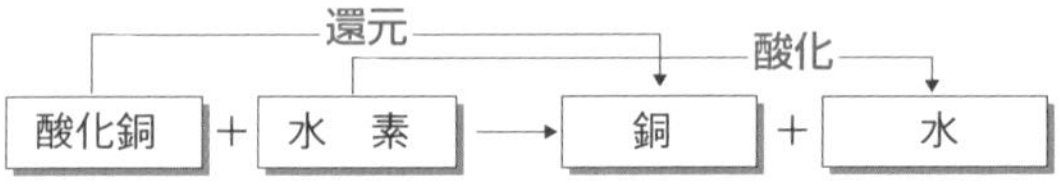

CuO　＋　H_2　⟶　Cu　＋　H_2O

2 化学変化とエネルギー

1 化学変化と熱エネルギー

■ **発熱反応**　化学変化のとき，熱エネルギーを**放出し**温度が**上昇する**反応。

例 鉄粉の酸化（化学カイロ）　鉄＋酸素→酸化鉄

水酸化ナトリウムと塩酸の中和

塩化水素＋水酸化ナトリウム→水＋塩化ナトリウム

■ **吸熱反応**　化学変化のとき，熱エネルギーを**吸収し**温度が**下がる**反応。

例 水酸化バリウムと塩化アンモニウムの反応

水酸化バリウム＋塩化アンモニウム→塩化バリウム＋アンモニア＋水

■ **化学エネルギー**　物質が化学変化によって放出したり，吸収したりするエネルギー。

■ **有機物の燃焼**　有機物を燃焼すると，**水と二酸化炭素**ができる。有機物を燃焼させると熱エネルギーをとり出すことができる。

基礎力チェック

ここに掲載されている基本問題は必ず解けるようにしておきましょう。

1 酸化と還元

1 物質が酸素と結びつくことを何というか。 [　　　　　　]

2 物質が酸素と結びついてできた物質を何というか。 [　　　　　　]

3 酸素が結びついている物質から，酸素がとり除かれる反応を何というか。 [　　　　　　]

4 酸化銅と炭素を反応させると，銅と二酸化炭素になる。この反応で，還元剤は何か。 [　　　　　　]

5 **4** の反応を化学反応式で表せ。 [　　　　　　]

6 右の**ア**，**イ**で起こっている化学変化を何というか。

ア [　　　　　　]
イ [　　　　　　]

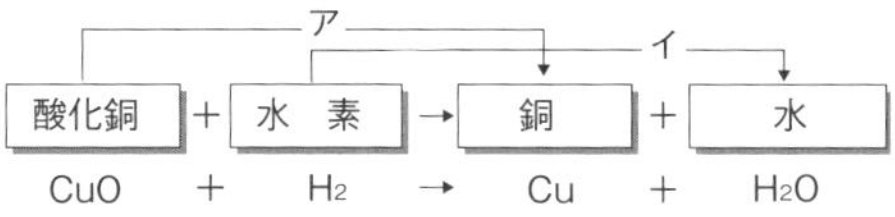

7 **6** の反応から，銅と水素では，どちらの方が酸素と結びつきやすいといえるか。 [　　　　　　]

2 化学変化とエネルギー

1 次の**ア**～**エ**を発熱反応と吸熱反応に分けよ。

ア　メタンを燃焼させる。
イ　水酸化ナトリウムを水に溶解させる。
ウ　硝酸アンモニウムを水に溶解させる。
エ　水酸化バリウムに塩化アンモニウムを加える。

発熱反応 [　　　　　　]　吸熱反応 [　　　　　　]

2 **1** の**エ**では，何という気体が発生するか。 [　　　　　　]

3 発熱反応では，熱エネルギーを放出するか，吸収するか。 [　　　　　　]

4 吸熱反応では，周囲の温度は上昇するか，下降するか。 [　　　　　　]

5 物質が化学変化によって放出したり，吸収したりするエネルギーを何というか。 [　　　　　　]

6 化学カイロの中には，鉄粉や食塩などが入っている。化学カイロでは，鉄が何と結びつくとき，熱が発生することを利用したものか。 [　　　　　　]

7 **6** の反応でできる物質は何か。 [　　　　　　]

解答・解説➡別冊 P.23

実践問題

実際の問題形式で知識を定着させましょう。

1 でる!

知識・理解 右の図のように，燃焼さじにエタノールを入れ，火をつけたのち，乾いた集気びんの中に入れてふたをした。しばらくすると，火が消え，びんの内側の一部が白くくもった。燃焼さじを集気びんからとり出したあと，その白くくもった部分に，①青色の塩化コバルト紙をつけると，赤色になった。次に，集気びんに石灰水を入れてよく振ると，②石灰水は白くにごった。

(1) 下線部①と下線部②から，エタノールの燃焼によって何という物質ができたことがわかるか。

① [　　　　] ② [　　　　]

(2) 下線部①と下線部②の結果から，エタノールにはどのような原子が含まれていることがわかるか。2つ書け。 [　　　　] [　　　　]

(3) エタノールのように，**(2)** で答えた原子を含む化合物を一般に何というか。

[　　　　]

(4) エタノールの燃焼によって，エタノールがもつ ① エネルギーが， ② エネルギーや光エネルギーに移り変わったといえる。①，②にあてはまる語句を書け。

① [　　　　] ② [　　　　]

2 でる!

知識・理解 右の図のように，ペットボトルに鉄粉6gと活性炭2gを入れ，うすい食塩水を少量加えたあと，すばやくふたをして密閉した。ペットボトルをよく振って混ぜたところ，しばらくしてペットボトルの底があたたかくなった。

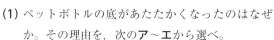

(1) ペットボトルの底があたたかくなったのはなぜか。その理由を，次の**ア**～**エ**から選べ。

ア 鉄が酸化するときに熱を発生したから。
イ 鉄が酸化するときに熱を吸収したから。
ウ 炭素が酸化するときに熱を発生したから。
エ 炭素が酸化するときに熱を吸収したから。 [　　]

(2) 実験のあと，ふたをしたまま静かに放置し，温度が以前と同じようになったとき，ペットボトルはどうなるか。次の**ア**～**ウ**から選べ。

ア ふくらむ。 **イ** へこむ。 **ウ** 変わらない。 [　　]

(3) 次の文は，ペットボトルが **(2)** のようになる理由を説明したものである。①，②に適する語句を書け。

ペットボトル内の ① の量が減ったために，ペットボトル内の気圧が大気圧よりも ② なったため。

① [　　　　] ② [　　　　]

3

知識・理解 右の図のように，マグネシウムリボンを空気中で燃やしたところ，マグネシウムは熱や光を出して激しく燃えた。次の問いに答えなさい。

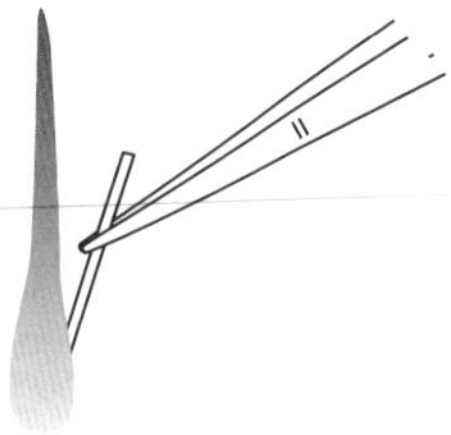

(1) この実験では，マグネシウムは空気中の酸素と結びついたといえる。このように，物質が酸素と結びつくことを何というか。

[　　　　　　　　　　]

(2) **(1)** で答えた反応で，図のように，熱や光を激しく出す反応を，とくに何というか。

[　　　　　　　　　　]

(3) 下の図は，マグネシウムを空気中で燃やしたときの化学変化のようすを模式化したもので，○はマグネシウム，●は酸素を表している。図の□にあてはまる酸素のモデルをかけ。

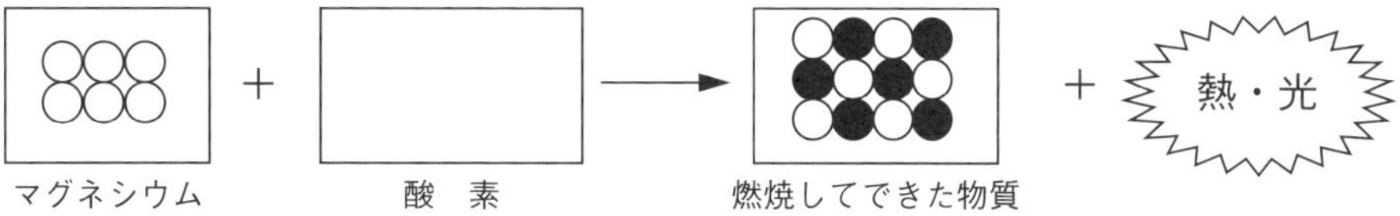

(4) マグネシウムを燃やしたときにできた物質は何色をしているか。次の**ア**～**エ**から選べ。

ア　白色　　**イ**　黒色　　**ウ**　赤茶色　　**エ**　黄緑色　　[　　　]

4

知識・理解 右の図のように，水酸化バリウムが入ったビーカーに塩化アンモニウムを入れ，ぬれたろ紙をビーカーにかぶせた。次に，ガラス棒を使って混合物を混ぜながら，混合物の温度を温度計ではかった。次の問いに答えなさい。

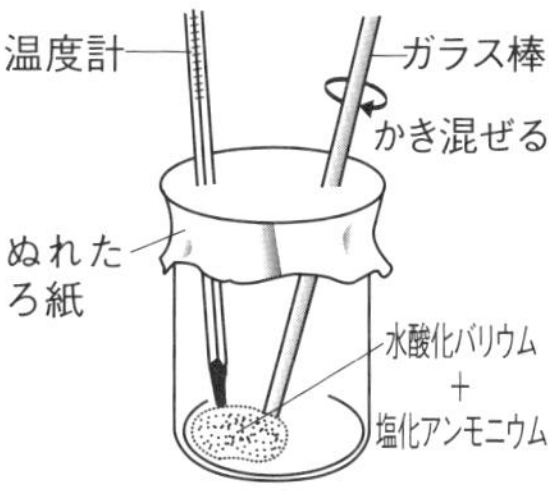

(1) この反応では，気体が発生した。発生した気体は，分子1個が窒素原子1個と水素原子3個からできている。

① この気体は何か。名称を書け。　[　　　　　　]

② この気体の化学式を書け。　[　　　　　　]

(2) ろ紙を水で湿らせておく理由を書け。

[　　　　　　　　　　　　　　　　　　]

(3) 実験・観察 しばらくしてから温度をはかると，温度は実験前と比べてどうなっているか。次の**ア**～**ウ**から選べ。

ア　上がっている。　　**イ**　下がっている。　　**ウ**　変わらない。　　[　　　]

(4) **(3)** の結果から，どのようなことがわかるか。次の**ア**，**イ**から選べ。

ア　この化学変化は，周囲に熱を放出している。

イ　この化学変化は，周囲から熱を吸収している。　　[　　　]

(5) この化学変化と同じ変化を利用したものは，次の**ア**，**イ**のどちらか。

ア　携帯用カイロ　　**イ**　携帯用冷却パック　　[　　　]

5 でる!

知識・理解 鉄くぎをしばらく空気中に放置しておいたところ，鉄くぎにさびができた。次の問いに答えなさい。

(1) 鉄くぎがさびたのは，鉄が空気中の何と結びついたためか。

[　　　　　　　　]

(2) さびた鉄は，何という物質に変化したか。

[　　　　　　　　]

(3) さびた鉄くぎの質量は，さびる前の鉄くぎの質量と比べてどのようになっているか。次の**ア**～**ウ**から選べ。

ア　大きくなっている。　**イ**　小さくなっている。　**ウ**　変わらない。

[　　　]

(4) 鉄のさびを防ぐには，どのような方法が考えられるか。1つ書け。

[　　　　　　　　　　　　　　　　]

6

知識・理解 酸化鉄，酸化銅，酸化銀について，次の問いに答えなさい。

(1) 酸化鉄，酸化銅，酸化銀のような酸素との化合物を何というか。

[　　　　　　　　]

(2) 銅を加熱すると酸化銅ができる。銅が酸素と結びつくとき，激しく熱や光が出るか。

[　　　　　　　　]

(3) 次の文の（　　）にあてはまることばを書け。

酸化鉄，酸化銅，酸化銀を加熱すると，（ ① ）だけが酸素と（ ② ）に分解する。このことから，鉄，銅，銀の中では，（ ② ）が最も酸素との結びつきが（ ③ ）と考えられる。

① [　　　　　　　　] ② [　　　　　　　　]
③ [　　　　　　　　]

7 差がつく

思考 右の図は，鉄の製錬(せいれん)のようすを模式的に表したものである。次の問いに答えなさい。

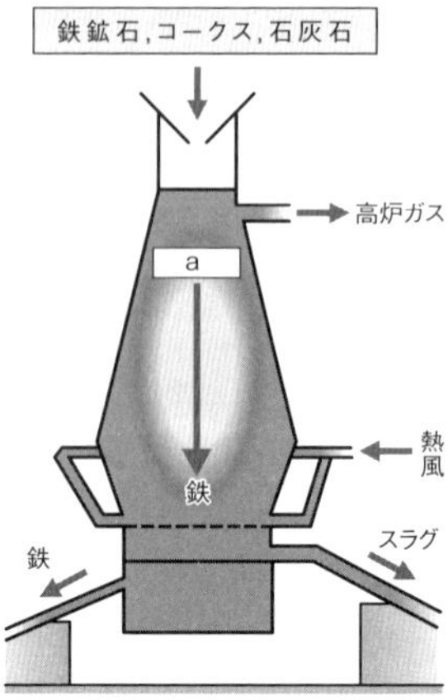

(1) 図の a の物質は，コークスや石灰石のはたらきによって，鉄に変化する。 a にあてはまる物質は何か。

[　　　　　　　　]

(2) 鉄の精錬で， a に起こる化学変化を何というか。

[　　　　　　　　]

(3) このとき，最も多く出る気体は何か。

[　　　　　　　　]

8 でる!

知識・理解 **図1**のような実験装置で，酸化銅の粉末と炭素の粉末との混合物を十分に加熱したところ，気体が発生し，石灰水が白くにごった。また，試験管の中には赤色の物質が残った。**図2**は，酸化銅の質量と，試験管に残った物質の質量の関係を表したものである。次の問いに答えなさい。

図1

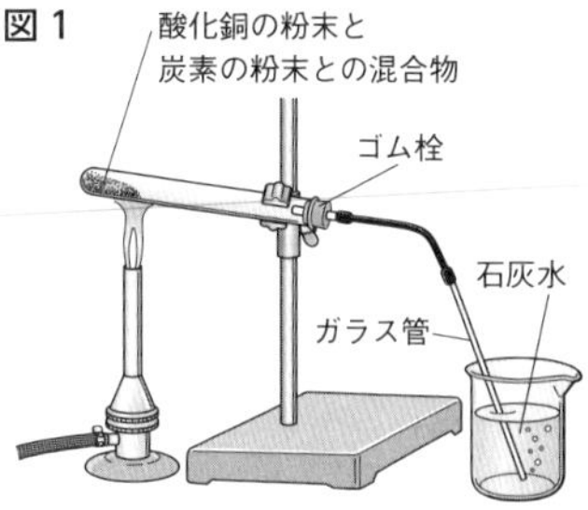

図2

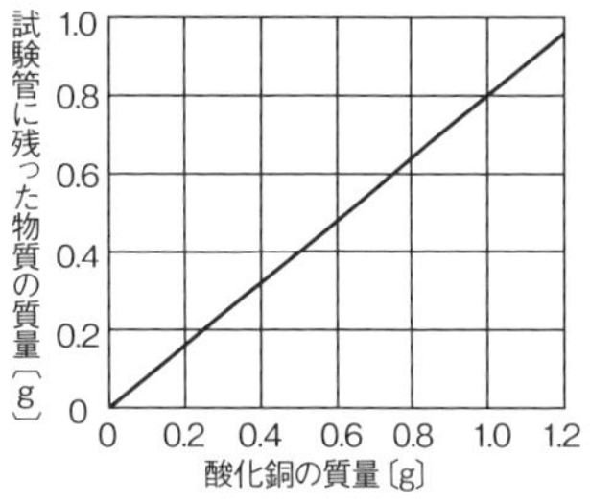

(1) 試験管に残った赤色の物質は何か。化学式で答えよ。

[　　　　　　　　　　]

(2) 試験管の中の酸化銅に起こった化学変化を何というか。次の**ア**～**エ**から選べ。

ア　酸化　　**イ**　還元

ウ　燃焼　　**エ**　凝固　　[　　　]

(3) 3.5gの酸化銅を使って同じ実験を行ったとき，赤色の物質は何g得られるか。

[　　　　　　　　　　]

(4) このときに発生した気体はどのような性質をもつか。次の**ア**～**エ**から選べ。

ア　この気体を集めた試験管の中に火のついた線香を入れると，炎を出して燃える。

イ　この気体をとかした水溶液に黒いインクを1滴たらすと，インクの色が消える。

ウ　この気体を集めた試験管にマッチの火を近づけると，ポンという音を立てて燃える。

エ　この気体を集めた試験管の中に火のついた線香を入れると，火はすぐに消える。

[　　　]

(5) このときに発生した気体と同じ気体を発生させるには，どうすればよいか。次の**ア**～**エ**から選べ。

ア　石灰石にうすい塩酸を加える。　　**イ**　硫化鉄にうすい塩酸を加える。

ウ　マグネシウムにうすい塩酸を加える。

エ　塩化アンモニウムと水酸化カルシウムを混ぜたものを加熱する。　[　　　]

(6) 実験・観察 この実験で，加熱をやめるときにはどのような操作をしたらよいか。次の**ア**～**エ**から選べ。

ア　ガスバーナーの火を消したあと，試験管からゴムせんをはずし，ガラス管を石灰水からとり出す。

イ　ガスバーナーの火を消したあと，完全に気体の発生がとまってから，ガラス管を石灰水からとり出す。

ウ　ガスバーナーの火をつけたまま，試験管からゴムせんをはずし，ガラス管を石灰水からとり出す。その後，ガスバーナーの火を消す。

エ　ガスバーナーの火をつけたまま，ガラス管を石灰水からとり出す。その後，ガスバーナーの火を消す。

[　　　]

実力アップ問題

解答・解説➡別冊 P.24

簡単な入試問題で力だめしをしてみましょう。

1

知識・理解 図のように，空気中でマグネシウムをガスバーナーで熱すると，燃焼した。次の問いに答えなさい。〈高知県〉

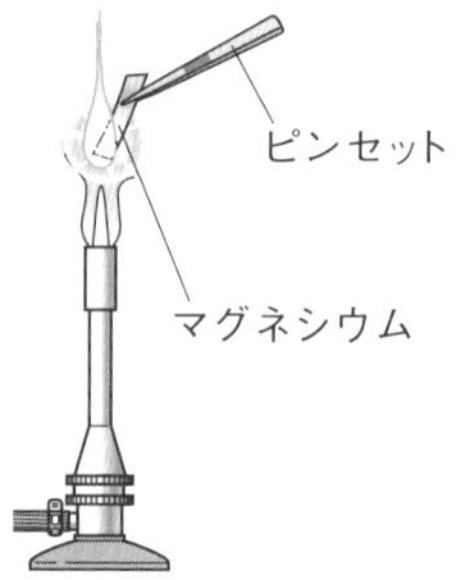

(1) このとき，マグネシウムは空気中の酸素と結びつき，酸化マグネシウムとなった。この変化を化学反応式で表すとどうなるか。□にあてはまる化学式を書け。

$2Mg + O_2 \rightarrow 2$□

[　　　　　　　　]

(2) マグネシウムの燃焼で出た熱や光は，化学変化によって生じたエネルギーである。このように，化学変化によってエネルギーが生じた例として正しいものはどれか。次の**ア**～**エ**から選べ。

ア　ギターの弦をはじくと音がした。

イ　携帯用カイロを振って中身を混ぜ合わせると発熱した。

ウ　高い山に登ると，密封された菓子袋が，ぱんぱんにふくらんだ。

エ　空気が乾燥した日に，金属のドアノブに手を近づけるとパチッと音がして一瞬光った。

[　　　]

2

でる!

二酸化炭素が入っている集気びんの中に火をつけたマグネシウムを入れると，マグネシウムは酸化されて酸化マグネシウムになり，二酸化炭素は還元されて黒い固体を生じる。このときの集気びんの中で起こる化学変化をモデル図で表すと，右上のようになる。次の問いに答えなさい。〈島根県改〉

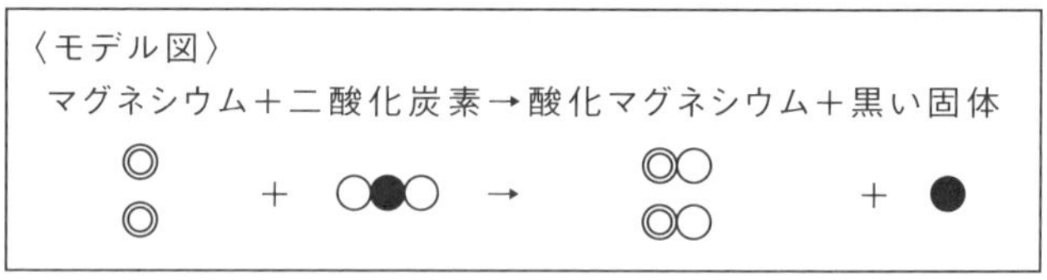

(1) 知識・理解 マグネシウムが酸化して酸化マグネシウムに変化すると，何色になるか。次の**ア**～**エ**から選べ。

ア　黒色　　**イ**　赤かっ色　　**ウ**　白色　　**エ**　銀白色

[　　　]

(2) 思考 モデル図を参考にして，この変化の化学反応式を書け。

[　　　　　　　　]

(3) 思考 この変化が起こるとき，マグネシウムの原子が70個ならば，生じる黒い固体の原子は何個か。個数を答えよ。

[　　　　　　　　]

(4) 知識・理解 還元とは，どのような化学変化か。簡潔に説明せよ。

[　　　　　　　　　　　　　　　　]

3 差がつく

思考 次の実験1，2を行った。あとの問いに答えなさい。〈岡山県〉

〔実験1〕 **図1**のように，ビーカーに塩化アンモニウム1.0gと水酸化バリウム3.0gを入れ，水で湿らせたろ紙をかぶせた。塩化アンモニウムと水酸化バリウムをガラス棒でかき混ぜながら混合物の温度を温度計ではかった。

〔実験2〕 **図2**のように，ペットボトルに鉄粉6.0gと活性炭2.0gを入れ，うすい食塩水を少量加えたあと，すばやくペットボトルのふたをして密閉した。ペットボトルをよく振って混ぜたところ，しばらくしてペットボトルの底があたたかくなった。

図1

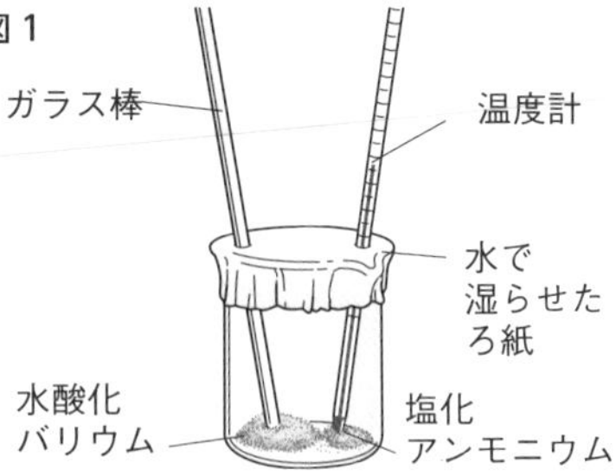

図2

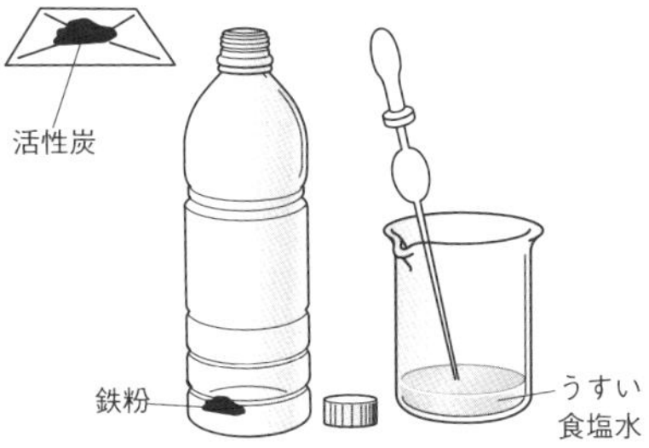

(1) 実験1で，ろ紙を水で湿らせておくと，発生する気体のにおいが少なくなる。この理由を，発生する気体の性質をもとに書け。

[　　　　　　　　]

(2) 実験2のあと，ふたをしたまま静かに置いておいたところ，ペットボトルがへこんだ。ペットボトルがへこんだ理由を，「酸化」，「大気圧」の2つの語を使って書け。

[　　　　　　　　]

(3) 実験1，2からわかることを述べた次の文章の［①］，［②］にあてはまる実験を書け。また，［③］にあてはまる適当な語句を書け。

［①］では，熱を周囲へ出す化学変化が起こり温度が上がった。［②］では，［③］が起こり温度が下がった。

① [　　] ② [　　] ③ [　　　　]

4

携帯用カイロについて，次の問いに答えなさい。〈兵庫県〉

(1) 知識・理解 内袋をはさみで切り開き，その中に棒磁石を入れてかき混ぜると，棒磁石に粉のような物質がついた。この物質の化学式として適切なものを，次の**ア**～**エ**から選べ。

ア Fe　**イ** Cu　**ウ** Ca　**エ** Mg　[　　]

(2) 知識・理解 次の文の［　］に入る適切な語句を書け。

携帯用カイロの外袋をやぶると反応が起こり，熱が発生する。このとき，わたしたちは，物質のもつ［　］エネルギーを熱エネルギーに変換して利用している。

[　　　　]

(3) 思考 あたたかくなった携帯用カイロをポリエチレン袋に入れて口を閉じると，しばらくして冷たくなった。この理由を書け。

[　　　　　　　　]

5 差がつく

いずれも黒色の粉末である酸化銀，酸化銅，炭素を用いて次の実験1，2を行った。あとの問いに答えなさい。〈秋田県〉

〔実験1〕**図1**のように，アルミニウムはくでつくった容器に少量の酸化銀，酸化銅をそれぞれ入れて加熱した。加熱後の変化のようすを**表1**にまとめた。

〔実験2〕**図2**のように，酸化銅と炭素を混ぜて加熱した。このとき，発生した気体Yにより石灰水は白くにごり，加熱した試験管には赤色の銅ができた。

図1

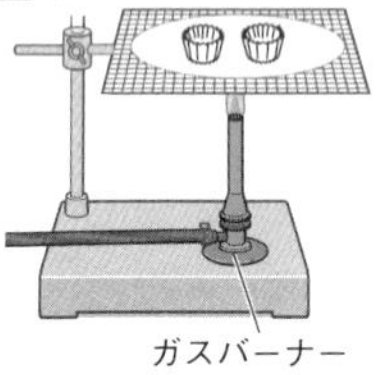

表1

物　質	変化のようす
酸化銀	白い物質に変化する
酸化銅	変化しない

図2

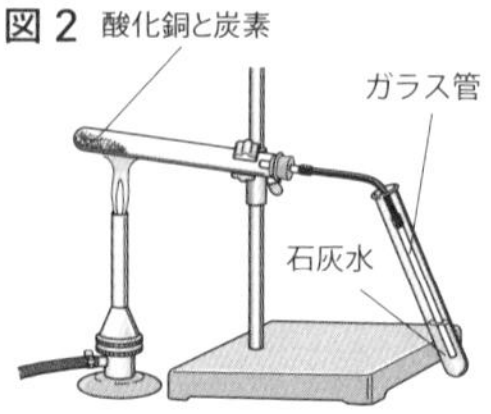

(1) 知識・理解 実験1で，酸化銀を加熱したときにできた白い物質は銀である。銀について，**表2**の**a**～**d**の性質を調べ，あてはまるものに○印をつけた。このとき，正しい結果を示しているものは，**表2**の**ア**～**オ**のどれか。

表2

性　質	ア	イ	ウ	エ	オ
a　たたくとうすくのびる	○	○	○		○
b　磁石にくっつく	○	○		○	○
c　みがくと光る	○		○	○	○
d　電気を通す		○	○	○	○

[　　　]

(2) 知識・理解 実験2の化学変化を次の式のように考えた。この式をもとに，発生した気体Yの分子のモデルを書け。ただし，原子のモデルは炭素原子を●，酸素原子を○，銅原子を◎で表すものとする。

酸化銅　＋　炭素　⟶　銅　＋　Y

[　　　]

(3) 実験・観察 実験2で，ガラス管を石灰水の中に入れたままガスバーナーの火を消すと，加熱した試験管が割れる危険性がある。それはなぜか，理由を書け。

[　　　]

(4) 思考 実験2で，1.20gの酸化銅と0.20gの炭素を混ぜて加熱したとき，銅は最大何gできるか。ただし，酸化銅0.80gと炭素0.06gが完全に反応したとき，銅0.64gと気体Y0.22gができるものとする。

[　　　]

(5) 思考 実験1から，そのまま加熱したときには，酸化銀から銀をとり出せるが，酸化銅から銅をとり出せないことがわかる。一方，実験2から，酸化銅と炭素を混ぜて加熱したときには，酸化銅から銅をとり出せることがわかる。このことから，銀，銅，炭素を，酸素と結びつきやすい順に原子の記号で左から並べたものは次のどれか。次の**ア**～**カ**から選べ。

ア　Ag，Cu，C　　**イ**　Cu，C，Ag　　**ウ**　C，Ag，Cu
エ　Ag，C，Cu　　**オ**　Cu，Ag，C　　**カ**　C，Cu，Ag

[　　　]

6 差がつく

思考 酸化銅の粉末をステンレス皿にのせ，右の図のように，ガラス管の中に入れ，水素を送りながら熱したところ，酸化銅の色は変化し，試験管の口付近には無色の液体がついていた。次の問いに答えなさい。

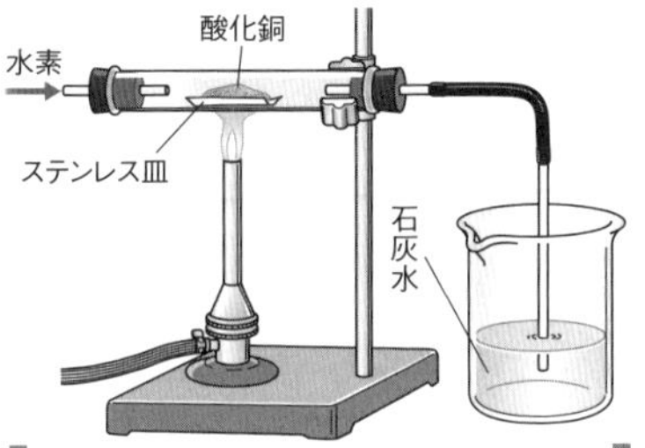

(1) このとき，ビーカーの石灰水は，白くにごるか，にごらないか。 [　　　　]

(2) この実験で，酸化銅の色は何色から何色に変化したか。次の**ア**～**エ**から選べ。

ア　白色から黒色　　　　**イ**　黒色から白色

ウ　赤茶色から黒色　　　**エ**　黒色から赤色 [　　　　]

(3) 次の文は，ガラス管の口付近についた液体が水であることを確かめる方法である。①，②にあてはまる語句を書け。

ガラス管の口付近についた液体に青色の［①］をつけて，［②］色に変われば，水であることが確かめられる。

① [　　　　]　② [　　　　]

(4) 酸化銅や水素に起こった化学変化はそれぞれ何か。それぞれ次の**ア**～**オ**から選べ。ただし，同じ記号を選んでもよいものとする。

ア　酸化　　**イ**　還元　　**ウ**　燃焼　　**エ**　分解　　**オ**　気化

酸化銅 [　　　　]　水素 [　　　　]

(5) この化学変化を，下のような化学反応式で表すとき，①，②にあてはまる化学式を書け。なお，①は固体，②は液体で，必要な場合は係数も書け。

$CuO + H_2 \rightarrow$ ［①］ + ［②］

① [　　　　]　② [　　　　]

7

酸化銅と炭素を混ぜて加熱したときの質量の変化を調べるために，次の実験を行った。問いに答えなさい。〈大分県〉

〔実験1〕酸化銅 4.00g と炭素 0.10g をよく混ぜて，**図1**のような装置で加熱したところ，石灰水が白くにごった。十分に加熱したあと，加熱した試験管に残った固体の質量を測定した。

〔実験2〕酸化銅 4.00g に混ぜる炭素の質量を変えて，実験1と同様の実験を行った。**図2**はその結果をグラフに表したものである。

図1

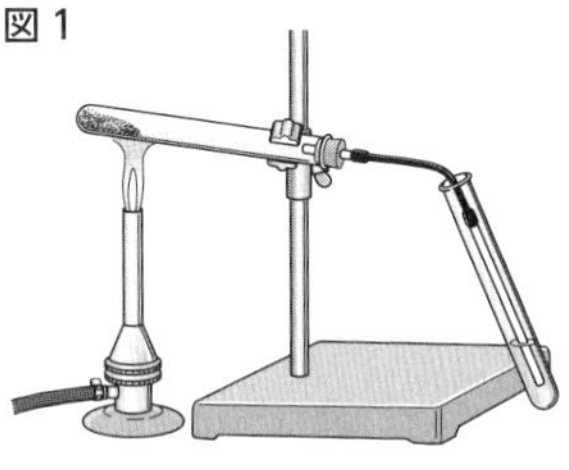

図2

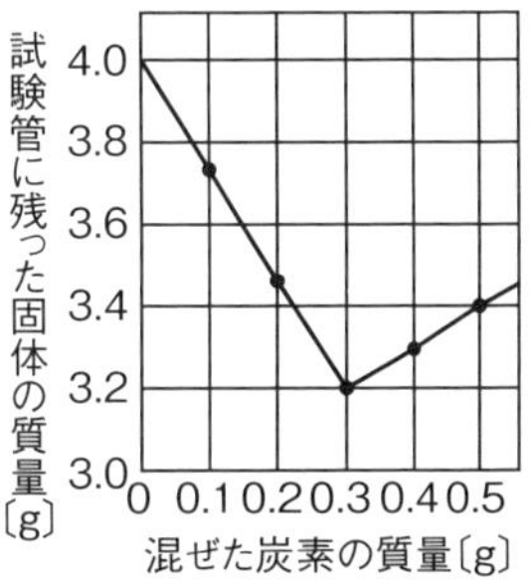

(1) 知識・理解 酸化銅が炭素によって銅に還元されるときの化学変化を，化学反応式で表せ。

[　　　　]

(2) 思考 実験2で，0.15g の炭素を混ぜたとき，試験管に残った固体の質量は 3.60g であった。残った固体の中に単体の銅は何g含まれているか求めよ。 [　　　　]

4 水溶液とイオン

中学総合的研究 理科
P.248~278

要点まとめ

1 水溶液と電流

1 電解質と非電解質

- **電解質**　水にとけてイオンに分かれ，電流を流す物質。例食塩，塩化銅など。
- **非電解質**　水にとけてもイオンに分かれず，電流を流さない物質。例砂糖など。

2 水溶液とイオン

1 イオン

〈いろいろなイオンと化学式〉

陽イオン	化学式
水素イオン	H^{+}
ナトリウムイオン	Na^{+}
銅イオン	Cu^{2+}

陰イオン	化学式
塩化物イオン	Cl^{-}
水酸化物イオン	OH^{-}
硫酸イオン	SO_4^{2-}

- **原子の構造**　原子は，その中心にある**原子核**と，原子核のまわりを回っている**電子**から構成されている。原子核は**陽子**と**中性子**からなる。
- **イオン**　**電気**を帯びた粒子。
- **陽イオン**　原子が電子を放出して**＋の電気**を帯びた粒子。
- **陰イオン**　原子が電子を受けとり**－の電気**を帯びた粒子。
- **電離**　物質が陽イオンと陰イオンに分離すること。
- **イオンに電離することを表す式**

  例　塩化水素の電離　$HCl \rightarrow H^{+} + Cl^{-}$

  酸は，水溶液中で電離して水素イオンを放出する物質。
- **電気分解のしくみ**　電解質水溶液は，水溶液中で電離しているので，**陽イオンが陰極**に移動し，**陰イオンが陽極**に移動して，物質を分解できる。

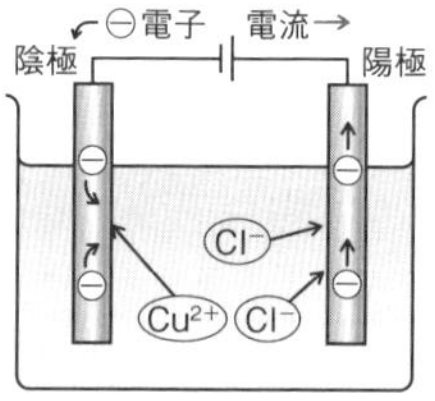

〈塩化銅の電気分解のしくみ〉

3 酸・アルカリ

1 酸

- **酸**　①～③のような酸の水溶液の性質を**酸性**とよぶ。

  ①なめると**酸っぱい味**がする。

  ②青色リトマス紙を**赤色**に変色させる。BTB溶液を緑色から**黄色**に変色させる。

  ③金属と反応して**水素**を発生させる。
- **酸性を示すもの　水素イオン**（H^{+}）
- **強酸**　酸の性質の強いもの。塩酸，硫酸，硝酸などがある。
- **弱酸**　酸の性質の弱いもの。酢酸，炭酸水，硫化水素水などがある。

2 アルカリ

- **アルカリ**　①～③のようなアルカリの水溶液の性質を**アルカリ性**とよぶ。

  ①指につけるとぬるぬるする。（**タンパク質**をとかす）

  ②赤色リトマス紙を**青色**に変色させる。BTB溶液を緑色から**青色**に変色させる。
  フェノールフタレイン溶液を無色から**赤色**に変色させる。

  ③うすい水溶液はなめると**苦味**がある。
- **アルカリ性を示すもの　水酸化物イオン**（OH^{-}）
- **強アルカリ**　アルカリの性質が強いもの。水酸化ナトリウム，水酸化カリウム，水酸化カルシウム，水酸化バリウムなどがある。

3 代表的な指示薬の色の変化

■ **弱アルカリ**　アルカリの性質が弱いもの。アンモニア水などがある。

■ BTB溶液，フェノールフタレイン溶液，リトマス紙などで水溶液の性質を調べることができる。

	酸性	中性	アルカリ性
BTB溶液	黄	緑	青
フェノールフタレイン溶液	（無）	（無）	赤
リトマス紙	赤→赤 青→赤	赤→赤 青→青	赤→青 青→青

〈代表的な指示薬の色の変化〉

■ **pH（ピーエイチ）**　pHが7のとき中性。7より小さくなるほど，酸性が強い。7より大きくなるほどアルカリ性が強い。

4 中和と塩

1 中和と塩

■ **中和**　酸の水溶液とアルカリの水溶液を混ぜ合わせたときに起こる，互いの性質を打ち消しあう反応。このとき，水ができる。

■ **塩**（えん）　中和によって生じる物質。

■ **塩酸（HCl）と水酸化ナトリウム（NaOH）水溶液の中和反応**

塩化水素＋水酸化ナトリウム ⟶ 水 ＋ 塩化ナトリウム

（電離を表す式）

塩化水素　$HCl \longrightarrow H^+ + Cl^-$

水酸化ナトリウム　$NaOH \longrightarrow Na^+ + OH^-$

↓

$HCl + NaOH \longrightarrow H_2O + Na^+ + Cl^-$

（化学式）

$HCl + NaOH \longrightarrow H_2O + NaCl$

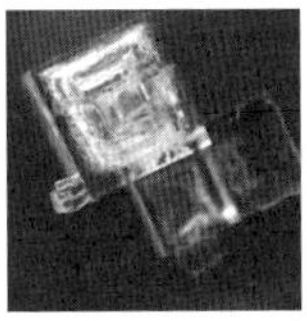

〈塩化ナトリウムの結晶〉

■ **塩の化学式　アルカリの陽イオン＋酸の陰イオン**

[例] Na^+とCl^-からなる塩の化学式はNaCl

■ **塩の性質　水にとけやすい塩**は，水溶液中で**電離**している。→完全に中和した水溶液にも電流が流れる。[例] **塩化ナトリウム**，酢酸ナトリウムなど。
水にとけにくい塩が生じる場合は，水溶液中に**沈殿**ができる。→完全に中和した水溶液に電流は流れない。[例] **硫酸バリウム**，硫酸カルシウムなど。

5 電池のしくみ

1 化学変化と電気エネルギー

■ **電池（化学電池）**　物質のもつ**化学**エネルギーを**電気**エネルギーとしてとり出す装置。

[例] ダニエル電池　電極に亜鉛板と銅板，電極を入れる水溶液に硫酸亜鉛水溶液と硫酸銅水溶液を使った電池。次のような化学変化が起こる。

−極　$Zn \rightarrow Zn^{2+} + 2e^-$

＋極　$Cu^{2+} + 2e^- \rightarrow Cu$

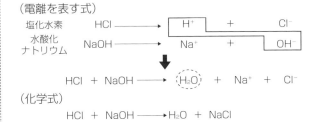

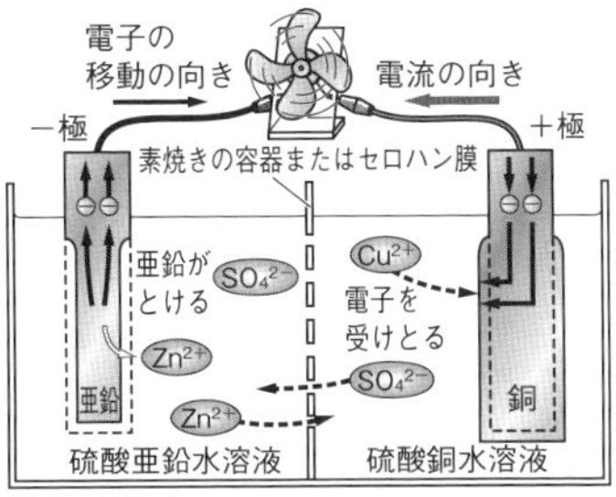

〈化学電池（ダニエル電池）のしくみ〉

■ **燃料電池　水素**と**酸素**から**水**をつくる過程で電気エネルギーをとり出す装置。水の電気分解と逆の化学変化を利用している。

基礎力チェック

解答・解説⇒別冊 P.26

ここに掲載されている基本問題は必ず解けるようにしておきましょう。

1 水溶液と電流

1 次の**ア**～**エ**のうちから，電解質をすべて選べ。 [　　　　　　]

ア 砂糖　**イ** 食塩　**ウ** エタノール　**エ** レモン汁

2 水溶液とイオン

1 原子核を構成する，＋の電気をもつものは何か。 [　　　　　　]

2 電気を帯びた粒子を何というか。 [　　　　　　]

3 水酸化ナトリウムの電離を表す式を書け。 [　　　　　　]

3 酸・アルカリ

1 酸性の水溶液を青色リトマス紙につけると，何色になるか。 [　　　　　　]

2 アルカリ性の水溶液に緑色のBTB溶液を加えると，何色になるか。 [　　　　　　]

3 次の**ア**～**エ**を，酸性を示すものとアルカリ性を示すものに分けよ。

ア 炭酸　**イ** アンモニア水　**ウ** 水酸化バリウム水溶液　**エ** 酢酸

酸性 [　　　　　　]　アルカリ性 [　　　　　　]

4 塩酸と水酸化ナトリウム水溶液の中和で生じた塩である食塩の水溶液は，酸性，アルカリ性，中性のどの性質を示すか。 [　　　　　　]

4 中和と塩

1 中和では，酸とアルカリを混合すると，水と何が生じるか。 [　　　　　　]

2 水酸化ナトリウム水溶液と塩酸の中和で生じる塩の化学式と名称を書け。

化学式 [　　　　　　]　名称 [　　　　　　]

5 電池のしくみ

1 次の**ア**～**エ**のうち，電流が流れるものを選べ。 [　　]

ア うすい硫酸に銅板と銅板を入れたもの。

イ 蒸留水にマグネシウムと鉄を入れたもの。

ウ 蒸留水に銅板と亜鉛板を入れたもの。

エ レモン水に銅板と亜鉛板を入れたもの。

2 水素と酸素から水をつくる過程で，電気エネルギーをとり出す電池を何というか。

[　　　　　　]

解答・解説➡別冊 P.26

実践問題

実際の問題形式で知識を定着させましょう。

1 でる!

知識・理解 水溶液と電流について，次の問いに答えなさい。

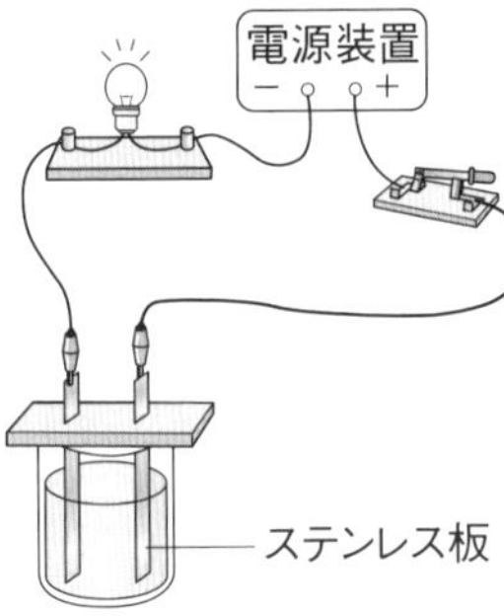

(1) 右の図の装置を使って，電流が流れるかを調べた。このとき電流の流れた水溶液を，次の**ア**～**オ**からすべて選べ。 [　　　　　　]

ア 食塩水　**イ** 砂糖水　**ウ** エタノールの水溶液
エ うすい塩酸　**オ** 酢

(2) 水溶液にしたとき電流を流す物質を何というか。

[　　　　　　]

(3) 右の**ア**～**ウ**から (2) の水溶液のようすを選べ。ただし，●$^{+}$は陽イオン，○$^{-}$は陰イオン，◎は分子を表す。

[　　　]

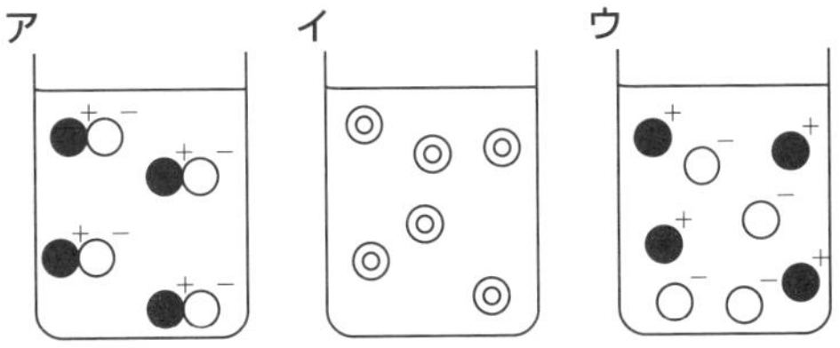

(4) 次の文は (2) の水溶液が電流を流す理由を表した文である。①～③にあてはまる語句を書け。

(2) の水溶液に電圧を加えると（　①　）は陰極へ，（　②　）は陽極へ移動し，（　③　）の受け渡しをするため。

① [　　　　　　]　② [　　　　　　]　③ [　　　　　　]

2

知識・理解 右の図は，原子の構造を模式的に表したものである。次の①，②の文は，原子のどの部分を示したものか。右の図の**ア**～**ウ**からそれぞれ選べ。

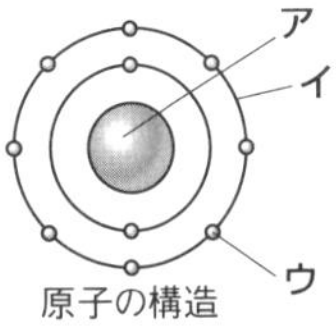

原子の構造

①原子の中心に存在し，陽子と中性子から成り立っている。
②−の電気を帯びた粒子

① [　　　]　② [　　　]

3 知識・理解 酸とアルカリの性質について，次の問いに答えなさい。

(1) 次の①〜⑥の文のうち，酸性の性質を表しているものには○，アルカリ性の性質を表しているものには×，どちらともいえないものには△を書きなさい。

①鉄と反応して，水素を発生する。　②手につくと，ヌルヌルする。
③フェノールフタレイン溶液を赤色にする。　④水溶液に色がついている。
⑤水溶液に酸味がある。　⑥においがある。

① [　　　] ② [　　　] ③ [　　　]
④ [　　　] ⑤ [　　　] ⑥ [　　　]

(2) 次の①〜⑥にあてはまる色を，下の**ア**〜**エ**から選べ。ただし，同じものを何度選んでもよいものとする。

	酸性	アルカリ性
リトマス紙	青→(①) 赤→(②)	青→(③) 赤→(④)
BTB 溶液	緑→(⑤)	緑→(⑥)

ア 青　**イ** 赤　**ウ** 緑　**エ** 黄

① [　　　] ② [　　　] ③ [　　　]
④ [　　　] ⑤ [　　　] ⑥ [　　　]

4 知識・理解 塩酸について，次の問いに答えなさい。

(1) 塩酸にマグネシウムリボンを入れたときに発生する気体は何か。化学式を書け。

[　　　　　]

(2) 次の**ア**〜**エ**の物質を塩酸に加えたとき，**(1)** と同じ気体が発生するものをすべて選べ。

ア 銅　**イ** 鉄　**ウ** アルミニウム　**エ** 石灰石

[　　　　　]

(3) 次の文の（　　）にあてはまる語句を書き入れよ。

塩酸（塩化水素）のように，水溶液にしたときに，（ ① ）イオンとなる水素原子をもつ化合物を（ ② ）という。

① [　　　　　] ② [　　　　　]

(4) 右の図のように塩酸に電流を流した。このとき，酸性を示すイオンは，陰極，陽極のどちらに移動するか。

[　　　　　]

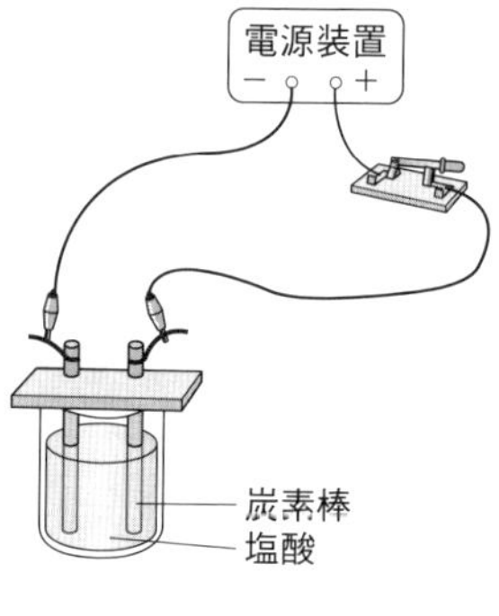

5 知識・理解 アルカリ性の水溶液について，次の問いに答えなさい。

(1) アルカリ性を示す水溶液中に含まれるイオンの名称を書け。

[　　　　　　　　]

(2) 次の**ア**～**ウ**から，アルカリの電離を表しているものを選べ。

ア　$NaCl \rightarrow Na^{+} + Cl^{-}$　**イ**　$HCl \rightarrow H^{+} + Cl^{-}$　**ウ**　$NaOH \rightarrow Na^{+} + OH^{-}$

[　　]

6 水酸化ナトリウム水溶液はアルカリ性を示す。その原因がイオンに関係があるかどうかを調べるために，右の図のような装置を用いた。**ア**，**イ**に赤色のリトマス紙を，**ウ**，**エ**に青色のリトマス紙を置き，両側から電圧を加えた。次の問いに答えなさい。

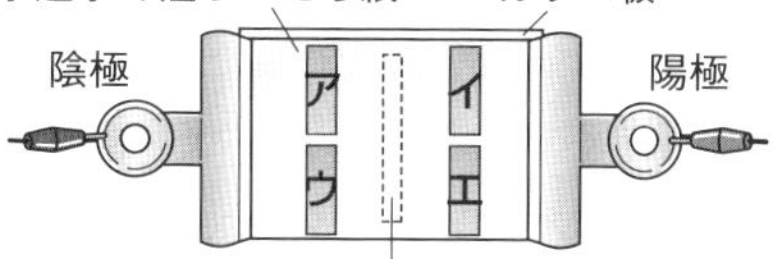

(1) 知識・理解 このとき，色が変化したのは**ア**～**エ**のどのリトマス紙か。 [　　]

(2) 思考 (1) のように，リトマス紙の色が変化したのはなぜか。

[　　　　　　　　]

7 でる! 知識・理解 塩酸と水酸化ナトリウム水溶液との反応を調べるため，右の図のように，BTB 溶液を数滴加えたうすい塩酸が緑色になるまで水酸化ナトリウム水溶液を少しずつ加えた。次の問いに答えなさい。

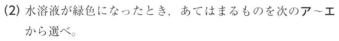

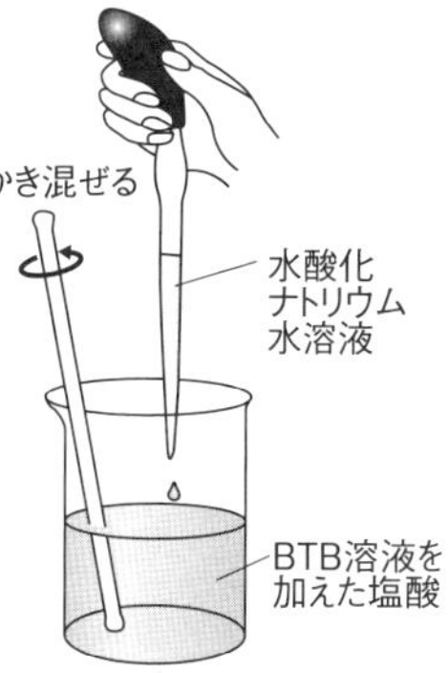

(1) 反応させる前，うすい塩酸に BTB 溶液を加えると，水溶液は何色になるか。

[　　　　]

(2) 水溶液が緑色になったとき，あてはまるものを次の**ア**～**エ**から選べ。

ア　水素イオンは存在し，水酸化物イオンは存在しない。
イ　水素イオンも水酸化物イオンも存在しない。
ウ　水酸化物イオンは存在し，水素イオンは存在しない。
エ　水素イオンも水酸化物イオンも存在する。

[　　]

(3) 緑色になった水溶液をスライドガラスにとり，蒸発させると，白い結晶が得られた。この結晶は何か。

[　　　　]

(4) (3) の物質は，酸の何イオンと，アルカリの何イオンが結びついてできたものか。それぞれイオンの化学式で書け。

酸 [　　　　]　アルカリ [　　　　]

8 でる!

知識・理解 右の図は，Aは塩酸，Bは水酸化ナトリウム水溶液中のようすをモデルで表したものである。次の問いに答えなさい。ただし，水溶液全体の量は考えないものとする。

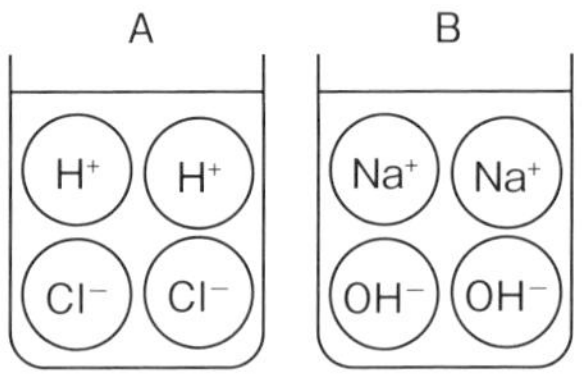

(1) BにBTB溶液を加え，さらにAの一部を加えたところ，水溶液は青色だった。このときのモデルを次の**ア**～**エ**から選べ。 [　　　]

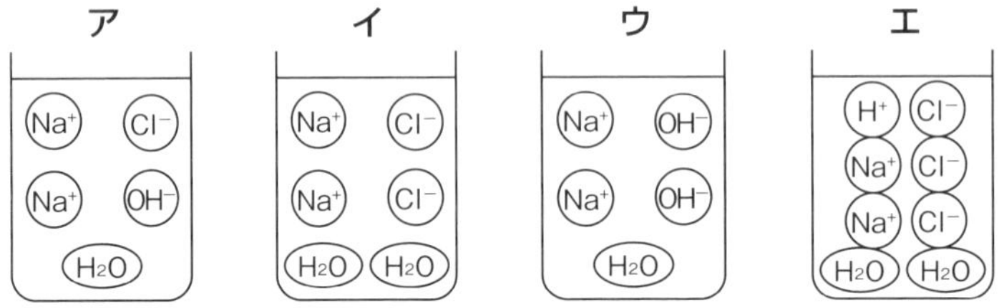

(2) (1)の水溶液にさらにAを加えると，水溶液は緑色になった。このときのモデルを(1)の**ア**～**エ**から選べ。 [　　　]

(3) (2)の水溶液にさらにAを加えると，水溶液は黄色になった。このときのモデルを(1)の**ア**～**エ**から選べ。 [　　　]

9

知識・理解 一定の濃度の水酸化ナトリウム水溶液をA，B，Cのビーカーに$20cm^3$ずつとり，BTB溶液を1，2滴加えたあと，うすい塩酸を右の表のように加えた。その結果，Bの水溶液は緑色に変化した。次の問いに答えなさい。

溶液＼ビーカー	A	B	C
水酸化ナトリウム水溶液〔cm^3〕	20	20	20
うすい塩酸〔cm^3〕	10	20	30

(1) ビーカーCの色は何色になったか。次の**ア**～**エ**から選べ。

ア 青　**イ** 緑　**ウ** 赤　**エ** 黄 [　　　]

(2) この実験で生じた水の分子数の変化を表すグラフを，次の**ア**～**エ**から選べ。 [　　　]

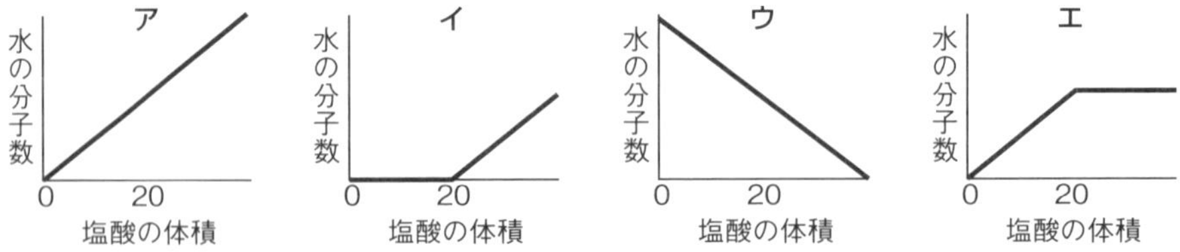

(3) この水酸化ナトリウム水溶液$10cm^3$を中性にするには，うすい塩酸が何cm^3必要か。 [　　　]

(4) 思考 この水酸化ナトリウム水溶液$10cm^3$に水を$10cm^3$加えて$20cm^3$にした水溶液を中性にするには，うすい塩酸が何cm^3必要か。 [　　　]

10 知識・理解 右の図は，塩酸の電気分解のモデルを表したものである。次の問いに答えなさい。

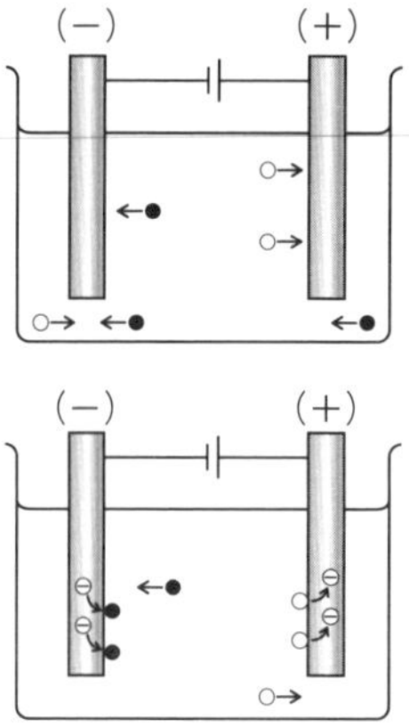

(1) 塩酸の溶質は何か。

[　　　　　　]

(2) (1)が電離したときにできる陽イオン，陰イオンは何か。それぞれ名前を答えよ。

陽イオン [　　　　] 陰イオン [　　　　]

(3) 図の●と○はそれぞれどのイオンを表しているか。それぞれイオンの化学式で答えよ。

● [　　　　] ○ [　　　　]

(4) イオンが，陰極では受けとり，陽極では放出しているものは何か。

[　　　　　　]

(5) 陽極，陰極に発生する気体をそれぞれ化学式で答えよ。

陽極 [　　　　] 陰極 [　　　　]

11 でる! 知識・理解 右の図のように，うすい硫酸に銅板と亜鉛板を入れ，導線を使ってモーターをつなぐと，モーターが回った。次の問いに答えなさい。

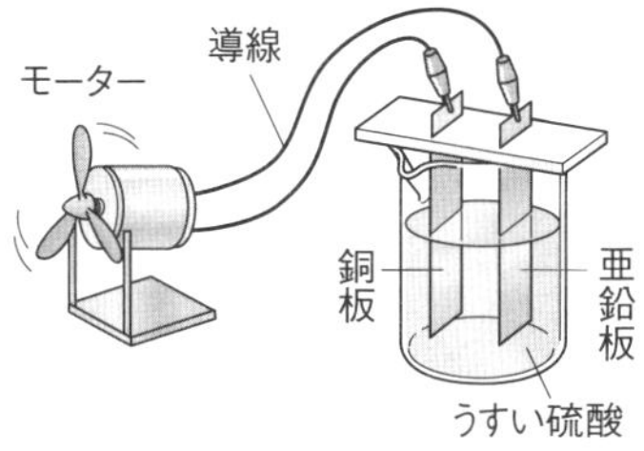

(1) 銅板と亜鉛板はどちらが＋極になるか。

[　　　　　　]

(2) 実験では溶液の中の電気を帯びた粒子と2種類の金属の間で化学変化が起こり，電流をとり出すことができた。この電気を帯びた粒子を何というか。

[　　　　　　]

(3) 次の**ア**～**エ**のようにしたとき，モーターが回らなくなるものをすべて選べ。

[　　　　　　]

ア 硫酸のかわりに砂糖水を使う。
イ 硫酸のかわりにグレープフルーツの汁を使う。
ウ 銅板のかわりに亜鉛板を用いる。
エ 銅板のかわりにマグネシウムリボンを用いる。

(4) 思考 亜鉛板と銅板につながれている導線を逆にすると，モーターの回り方はどうなるか。

[　　　　　　]

12
でる!

知識・理解 右の図のように，ビーカーに硫酸亜鉛水溶液，亜鉛板，硫酸銅水溶液と銅板を入れたセロハンチューブを入れ，電子オルゴールにつないだ。このとき，電子オルゴールが鳴ったので，電流が流れたことが確かめられた。次の問いに答えなさい。

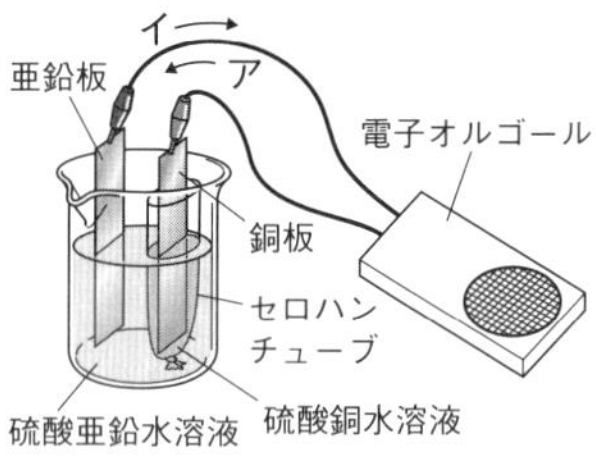

(1) 表面がとけ出すのは，銅板，亜鉛板のどちらか。 [　　　　]

(2) 電子が移動する向きは，図のア，イのどちらか。 [　　　　]

13
でる!

知識・理解 右の図のように，簡易電気分解装置を使って水を電気分解したのち，電極に電子オルゴールをつないだところ，電子オルゴールがしばらく鳴り続けた。次の問いに答えなさい。

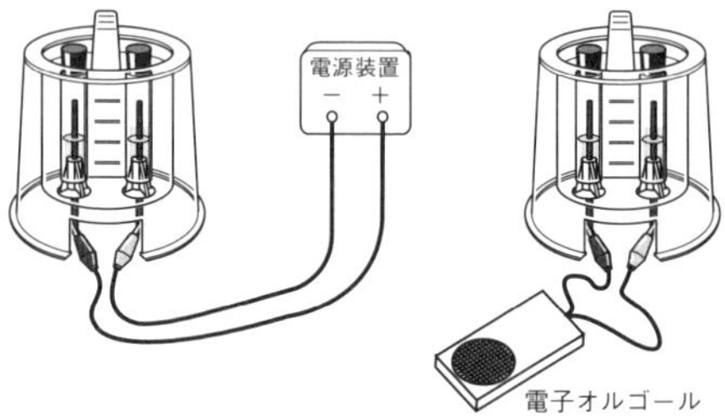

(1) 水の電気分解では，電源装置から供給された電気エネルギーが，何エネルギーに変換されたか。 [　　　　]

(2) 電子オルゴールに電流が流れるとき，どのような化学変化が起きているか。化学反応式で表せ。 [　　　　]

(3) 思考 (2)のような化学変化を利用して電気エネルギーをとり出す装置の利用は，化石燃料を利用するより環境に悪影響を与えないと考えられている。その理由を簡単に書け。

[　　　　]

14
でる!

知識・理解 右の図のような装置で，塩化銅水溶液に電流を流して陽極と陰極での変化を調べた。次の問いに答えなさい。

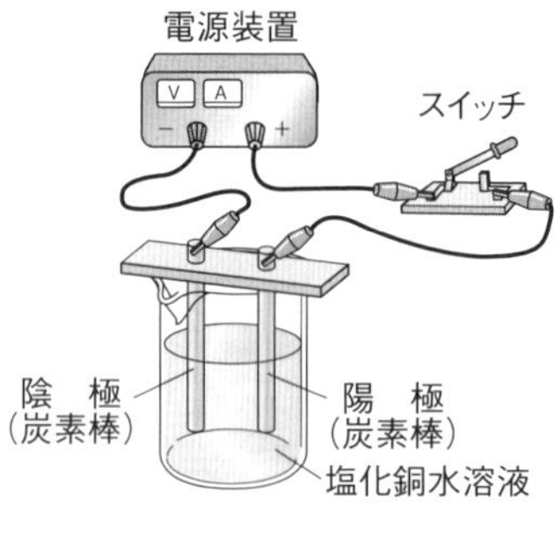

(1) 塩化銅の電離を，次の式で表した。(　　)にあてはまるイオンの化学式を書け。ただし，(①)には陽イオンを，(②)には陰イオンを書け。

$CuCl_2$ → (①) + 2 (②)

① [　　　　]　② [　　　　]

(2) 陰極に付着する物質は何か。その名称を書け。 [　　　　]

(3) 塩化銅水溶液に電流を流し続けると電流が弱くなってしまった。これは水溶液中の何が少なくなったからか。 [　　　　]

(4) 思考 塩化銅水溶液に電流を流し続けたところ，水溶液の青色はどうなったか。

[　　　　]

(5) 思考 (4)のようになったのはなぜか。理由を簡潔に書け。

[　　　　]

解答・解説➡ 別冊 P.28

実力アップ問題

簡単な入試問題で力だめしをしてみましょう。

1

知識・理解 海水の性質について調べるために，近くの海からきれいな海水をくんできてろ過し，これを用いて次のような実験を行った。

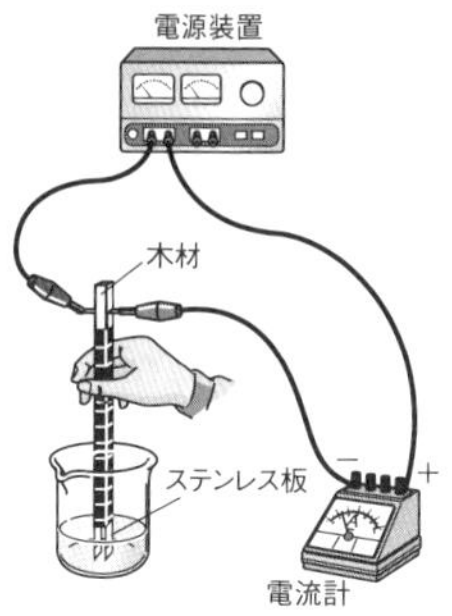

〔実験〕右の図のように，2枚のステンレス板の間に木材をはさんだ電極を用いて回路をつくり，海水と蒸留水について電流が流れるかどうかを調べた。その結果，電極を海水に差し込んで電圧をかけたときは電流が流れたが，蒸留水のときは電圧をかけても電流は流れなかった。

次の各文は，海水中を電流が流れたという実験の結果から推論したものであるが，正しいのはどれか。次の**ア**～**エ**から1つ選びなさい。〈神奈川県〉

ア 水に電解質をとかしたときのように，海水中には陽イオンも陰イオンも存在しない。
イ 水に電解質をとかしたときのように，海水中には陽イオンと陰イオンが存在する。
ウ 水に非電解質をとかしたときのように，海水中には陽イオンも陰イオンも存在しない。
エ 水に非電解質をとかしたときのように，海水中には陽イオンと陰イオンが存在する。

[　　　]

2

知識・理解 化学変化と電気の関係を調べるため，次の実験を行った。あとの問いに答えなさい。〈山形県〉

〔実験〕右の図の**A**～**D**それぞれの装置で，導線a，bを直流電流計につないだ。

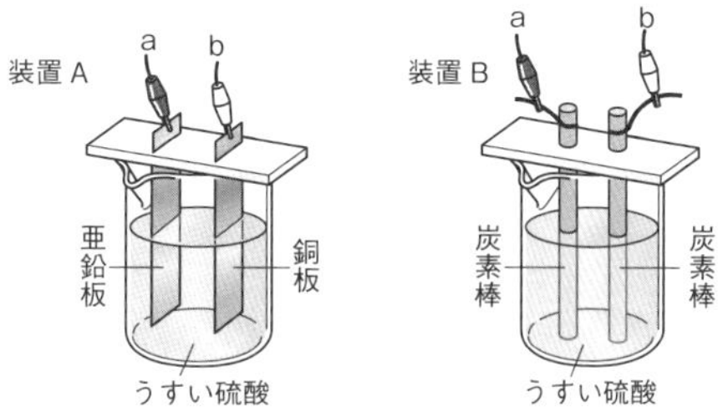

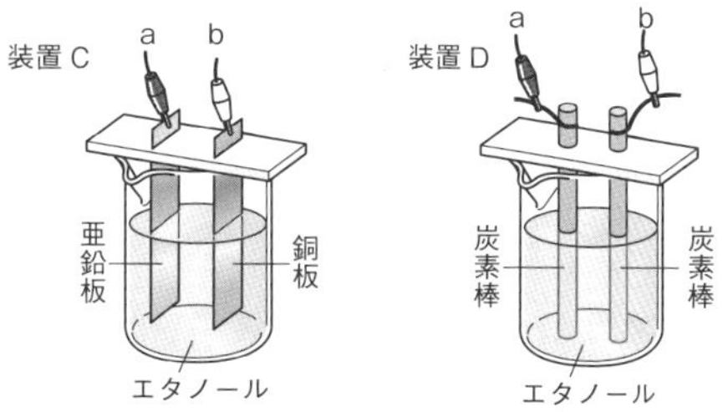

(1) 電流が流れて電流計の針が振れたのはどれか。図の装置**A**～**D**から選べ。
　また，このように，化学変化によって電流をとり出すことのできる装置を何というか。

記号 [　　　]
名称 [　　　]

(2) (1) で電流が流れたことを調べるには，直流電流計のかわりにどんなものを使うことができるか。

[　　　]

3

思考 県内にはたくさんの温泉がある。そのうちの4つの温泉からくんできた温泉水A, B, C, Dについて，性質やその違いを調べるために実験を行った。
あとの問いに答えなさい。〈山形県〉

〔実験1〕 ア～エの4つのことについて調べ，その結果を表にまとめた。

	A	B	C	D
ア　電流を通すかどうか	電流を通した	電流を通した	電流を通した	電流を通した
イ　フェノールフタレイン溶液を加えたときの色の変化	変化なし	変化なし	無色→赤	無色→赤
ウ　BTB溶液を加えたときの色の変化	緑→黄	変化なし	緑→※	緑→※
エ　マグネシウムリボンを入れたときの変化	水素が発生した	変化なし	変化なし	変化なし

(1) 知識・理解 表中の2か所の※には同じ色が入る。あてはまる色を書け。

[　　　　　　　　]

(2) Bの性質について，次の問いに答えよ。

①表で，アの結果からわかることを書け。

[　　　　　　　　]

②表で，イ～エの結果からわかることを書け。

[　　　　　　　　]

〔実験2〕 実験1では，CとDの区別がつかなかった。そこで，さらにくわしく調べるために，次の①～③の手順で実験を行った。

①新たに，同量のCとDを準備し，それぞれにフェノールフタレイン溶液を同じ滴数加えた。

②右の図のように，こまごめピペットで，CにAを1滴ずつ加え，ガラス棒でよくかき混ぜる。このことを，Cの色が赤から無色になるまでくり返した。

③Dについても，②と同様のことを行った。

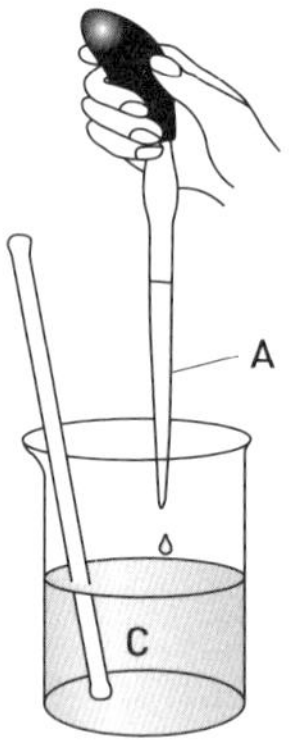

(3) 実験2で，CとDに，それぞれAを加えたとき，どちらも水ができる。この化学変化を何というか。また，この化学変化をイオンの化学式を用いて，化学反応式で表せ。

化学変化 [　　　　　　　　]

化学反応式 [　　　　　　　　]

(4) 実験2の②と③で，Cに加えたAの量は，Dに加えたAの量より多かった。このことからわかることを書け。

[　　　　　　　　]

4 差がつく

思考 次の実験について，あとの問いに答えなさい。〈愛媛県〉

〔実験〕うすい塩酸10cm^{3}をビーカーにとり，$_a$ある指示薬を2～3滴加えた。次に，図1のようにして，うすい水酸化ナトリウム水溶液を少しずつ加えていくと，15cm^{3}加えたところで無色の水溶液がうすい赤色に変化し，完全に中和したことがわかった。続いて，この塩酸と水酸化ナトリウム水溶液の濃度は変えないで，塩酸20cm^3，30cm^3，40cm^{3}についても，同じ方法で実験し，それぞれ完全に中和するのに必要な水酸化ナトリウム水溶液の体積を調べた。図2は，実験の結果をグラフに表したものである。

図1

図2

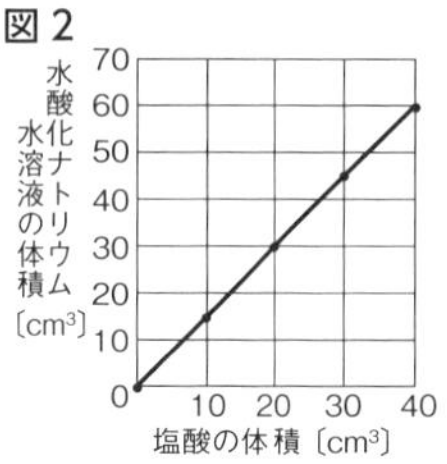

(1) 次の文の①，②にあてはまるイオンの名称を書け。

中和は［ ① ］という陽イオンと［ ② ］という陰イオンが結びついて水ができる反応である。

① [　　　　　　　　]
② [　　　　　　　　]

(2) 実験で用いた下線部aの名称を書け。 [　　　　　　　　]

(3) 図3は，実験で用いた水酸化ナトリウム水溶液30cm^3（水溶液A），その2倍の濃度の水酸化ナトリウム水溶液30cm^3（水溶液B），実験で用いた塩酸20cm^3（水溶液C）について，それぞれの体積とイオンのようすを模式的に表したものである。図2から，水溶液Aに水溶液Cを加えると完全に中和し，中性の水溶液になることがわかる。水溶液Bに実験で用いた塩酸を加えて完全に中和し，中性の水溶液にしたい。このとき必要な塩酸の体積とイオンのようすを，水溶液Cにならってかけ。

図3

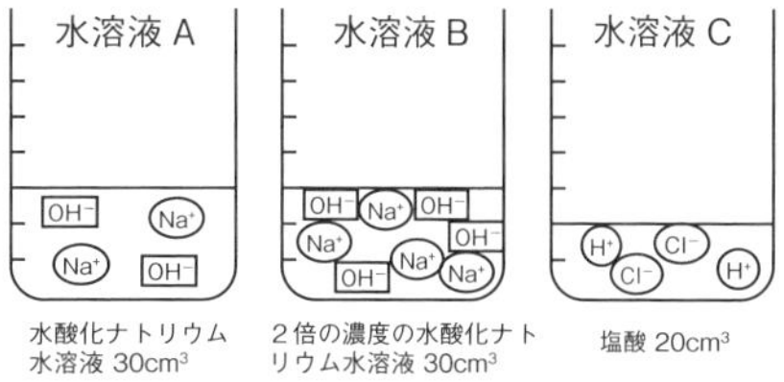

（水溶液中のそれぞれのイオンの数は，量的な関係にもとづいて表している。）

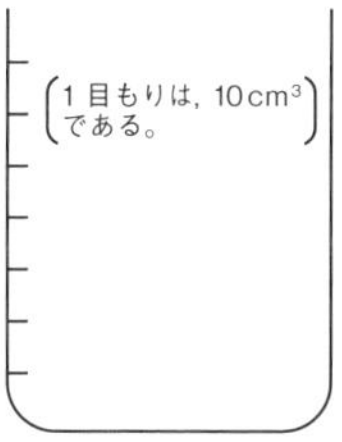

(4) 実験で用いたものとは濃度の異なる塩酸がある。この塩酸10cm^{3}に，実験で用いた水酸化ナトリウム水溶液を少しずつ加えていくと，30cm^{3}加えたところで完全に中和し，中性の水溶液になった。この塩酸の濃度は実験で用いた塩酸の濃度の何倍か。 [　　　　　　　　]

(5) 塩酸と水酸化ナトリウム水溶液が反応してできた$_b$中性の水溶液がある。この中性の水溶液40gを加熱して水を蒸発させると，1.2gの白色の固体が得られた。この白色の固体は何か。その物質の名称を書け。また，その物質がとけている下線部bの水溶液の濃度は何%か。 名称 [　　　　　　　　] 濃度 [　　　　　　　　]

(6) 塩酸の性質にあたるものと水酸化ナトリウム水溶液の性質にあたるものを，それぞれ次の①～③の**ア**，**イ**から1つずつ選べ。ただし，同じものを何度選んでもよい。

① ｛**ア** 赤色リトマス紙を青色に変える。 **イ** 青色リトマス紙を赤色に変える。｝
② ｛**ア** 水溶液に電流が流れる。 **イ** 水溶液に電流が流れない。｝
③ ｛**ア** マグネシウムと反応して気体を発生する。 **イ** マグネシウムと反応しない。｝

塩酸 ① [　　　] ② [　　　] ③ [　　　]
水酸化ナトリウム水溶液 ① [　　　] ② [　　　] ③ [　　　]

5

知識・理解 化学変化と電気の関係を調べるため，次の実験を行った。あとの問いに答えなさい。〈山形県〉

〔実験〕右の図の装置の導線 a，b を，電源装置につなぐと，両方の電極から気体が発生した。

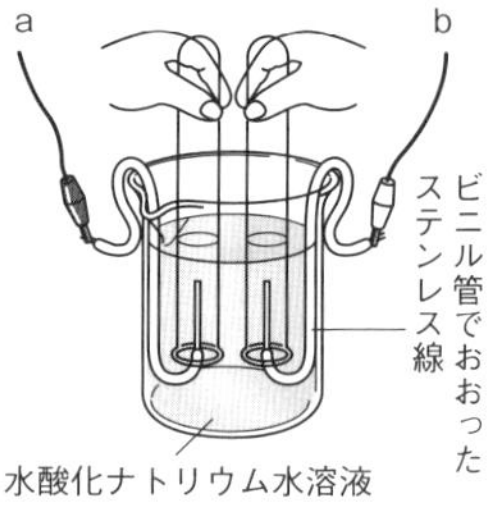

(1) 図の装置の陽極から発生した気体は何か。気体の名称とそれを調べる方法を書け。

名称 [　　　　　　　　]

方法 [　　　　　　　　]

(2) 図の装置の溶液中で起こっている変化を，化学反応式で表せ。

[　　　　　　　　]

(3) 思考 図の装置の溶液で，水酸化ナトリウムのはたらきを，電離という語を使って，簡潔に説明せよ。

[　　　　　　　　]

6

でる！

知識・理解 右の図のような装置で，電極 X を陽極，電極 Y を陰極として，ある水溶液を電気分解した。その結果，陽極と陰極の両方から気体が発生し，鼻につんとくる特有のにおいがした。次の問いに答えなさい。〈福井県〉

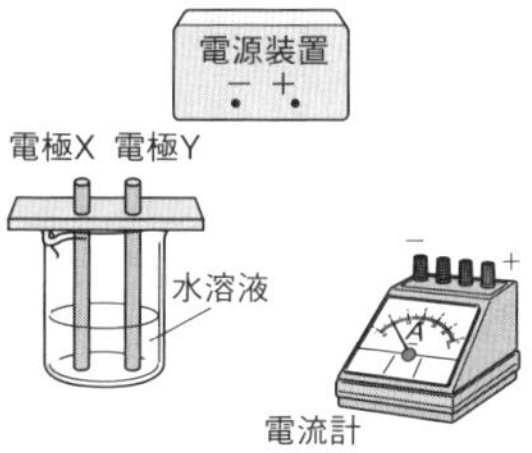

(1) 電極，電源装置，直流電流計を導線でつないで，電気分解の回路を完成せよ。

(2) この水溶液を電気分解したときの化学変化を，化学反応式で表せ。ただし，水溶液の溶質は次の物質のうちの1つである。

｛ 塩化水素　塩化銅　水酸化ナトリウム ｝

[　　　　　　　　]

(3) 実験結果に関して，次の文中のアに入る適当なイオンの名前を書け。また，イに入る電極はX，Yのどちらか。

鼻につんとくる特有のにおいのする気体は，水溶液中の（ ア ）が電極（ イ ）で変化し，発生したものである。

ア [　　　　　　　　]　イ [　　　　　　　　]

(4) 次の文の（　　）に入る適当な語句を書け。

砂糖水で同じ実験を行ったところ，電流は流れなかった。これは，砂糖が，水にとけても（　　）しないからである。[　　　　　　　　]

生物編

1 生物の観察

中学総合的研究 理科
P.298~309

要点まとめ

1 観察器具の使い方

1 ルーペ

■ **観察するものを動かせるとき** ルーペを目に近づけてもち，見るものを動かしてピントをあわせる。(A)

■ **観察するものを動かせないとき** ルーペを目に近づけてもち，頭を動かしてピントをあわせる。(B)

2 双眼実体顕微鏡

■ **双眼実体顕微鏡の特徴** 立体的に観察できる。プレパラートがいらない。上下左右が逆にならない。拡大倍率は，20 ～ 40倍程度。

操作手順
①両目の間隔にあうように鏡筒を調節し，両目の視野が重なるようにする。
②右目だけでのぞきながら調節ねじで鏡筒を上下させ，ピントをあわせる。
③左目だけでのぞきながら視度調節リングを左右に回し，ピントをあわせる。

3 顕微鏡

■ **顕微鏡の特徴** 高倍率で観察できる。上下左右が逆に見える。うすいものしか観察できない。拡大倍率は，40 ～ 600倍程度。

■ **倍率と視野** 高倍率の対物レンズを使うと，視野はせまくなり，暗くなる。

顕微鏡の倍率＝接眼レンズの倍率×対物レンズの倍率

操作手順
①水平なところに置き，接眼レンズ，対物レンズの順にとりつける。
②接眼レンズをのぞきながら，反射鏡としぼりで視野の明るさを調節する。
③プレパラートをステージにのせ，横から見ながら対物レンズとプレパラートの間を近づける。
④接眼レンズをのぞきながら，プレパラートから対物レンズを遠ざけるように調節ねじを回してピントをあわせる。

■ **見え方・動かし方** 顕微鏡で見える像は，ふつう上下左右が逆になる。
▷右下から視野の中央（左上）に寄せる⇨プレパラートを逆の方向（右下）に動かす。

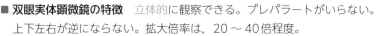

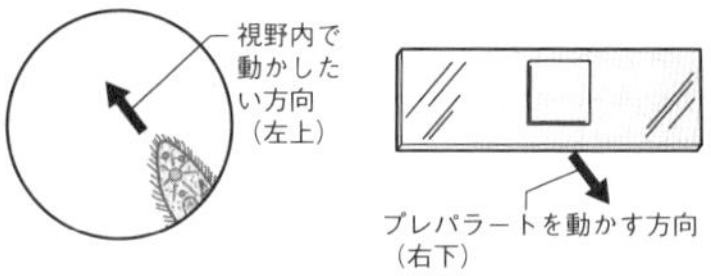

■ **プレパラートのつくり方**
①スポイトでスライドガラスの上に水を１滴落とし，その上に観察するものをピンセットでのせる。
②柄つき針を使ってカバーガラスをかけ，空気の泡が入らないようにする。
③カバーガラスからはみ出した水は，ろ紙で吸いとる。

■ **顕微鏡で観察できる水中の生物**（植物の性質をもつなかま）ミカヅキモ・ハネケイソウ・イカダモ・アオミドロ （動物の性質をもつなかま）ミジンコ・ケンミジンコ・ゾウリムシ・アメーバ（どちらのなかまにも入る）ミドリムシ

2 野外観察のしかた

1 記録の方法とスケッチのしかた

観察記録は，写真・スケッチ・標本・文章を活用して，作成する。スケッチは，対象となるものだけを，細い線と小さな点でかく。かげはつけず，線を重ねてかかない。色の濃淡や立体感を出すときは，点の多い少ないで表す。

解答・解説➡ 別冊 P.30

基礎力チェック

ここに掲載されている基本問題は必ず解けるようにしておきましょう。

1 観察器具の使い方

1 動かせるものをルーペで観察するとき，ルーペの正しい使い方は，右の図のア，イのどちらか。 [ ]

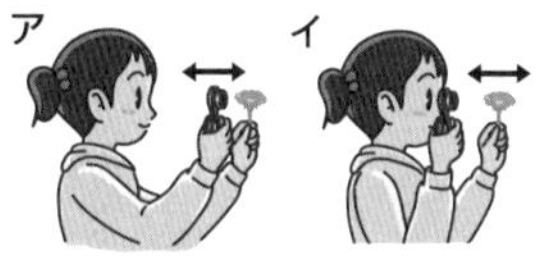

2 観察するものを立体的に見ることができる顕微鏡を何というか。

[ ]

3 顕微鏡には，鏡筒を上下させてピントをあわせるものの他に，どこを上下させてピントをあわせるものがあるか。 [ ]

4 顕微鏡の正しい操作手順になるように，ア〜エを並べかえよ。

ア 接眼レンズをのぞきながら，視野の明るさを反射鏡としぼりで調節する。

イ プレパラートをステージにのせ，横から見ながら対物レンズをステージに近づける。

ウ 直射日光が当たらない水平なところに置き，接眼レンズ，対物レンズの順にとりつける。

エ 接眼レンズをのぞきながら，調節ねじを回して，プレパラートから対物レンズを遠ざけるように動かして,ピントをあわせる。 [→ → →]

5 顕微鏡の倍率を高くすると,①視野の明るさと,②見える範囲はどうなるか。

① [ ] ② [ ]

6 プレパラートは，観察するものを何というガラスと何というガラスではさんでつくるか。

[と]

7 顕微鏡で見える像は，上下左右がそのまま見えるか，逆に見えるか。

[ ]

8 水中の小さな生物，ゾウリムシ・イカダモ・ミジンコ・アオミドロ・ミドリムシの中で，次の①,②にあてはまる生物はどれか。

①顕微鏡で観察するとき，最も低倍率で観察できる生物 [ ]

②植物の性質も動物の性質ももつ生物 [ ]

2 野外観察のしかた

1 身近で見られる植物について，次の〔 〕にあてはまる語句を書け。

①タンポポは日当たりが〔 〕，かわいたところに生えていた。 [ ]

②ゼニゴケは，日当たりが〔 〕，しめったところに生えていた。

[ ]

2 スケッチのしかたについて，次の〔 〕にあてはまる語句を書け。

①りんかくの線は重ねて〔 〕，かげをつけずはっきりかく。 [ ]

②背景はかかず，色の濃淡や立体感を出すときは，〔 〕をうって表す。

[ ]

実践問題

解答・解説⇒別冊P30

実際の問題形式で知識を定着させましょう。

1

実験・観察 植物やこん虫を観察するとき，右の図のようなルーペはどのように使うとよいか。それぞれ**ア**～**エ**から選びなさい。

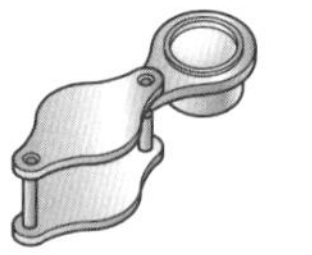

① [　　　　] ② [　　　　]

① 採集してきたタンポポの花のつくりを観察するとき

② 葉にいるこん虫が何というこん虫かを観察するとき

ア うでをのばして観察するものをもち，ルーペの位置を変えてピントをあわせる。

イ うでをのばしてルーペをもち，観察するものの位置を変えてピントをあわせる。

ウ ルーペに目を近づけたまま，頭を前後してピントをあわせる。

エ ルーペを目に近づけてもち，観察するものを動かしてピントをあわせる。

2

実験・観察 右の図のような双眼実体顕微鏡について，次の問いに答えなさい。

(1) 双眼実体顕微鏡の正しい使い方の順に**ア**～**ウ**を並べかえよ。

[　　　→　　　→　　　]

ア 鏡筒の間隔を調節して，両目のピントが重なるようにする。

イ 左目でのぞきながら，視度調節リングでピントをあわせる。

ウ 右目でのぞきながら，調節ねじでピントをあわせる。

(2) 双眼実体顕微鏡で観察するとどのように見えるか。次の**ア**～**エ**から選べ。

[　　　　]

ア 上下左右が逆に見える。　**イ** 上下はそのままで左右が反対に見える。

ウ 実際のまま見える。　**エ** 左右はそのままで上下が反対に見える。

3

でる!

実験・観察 **図1**のような顕微鏡について，次の問いに答えなさい。

(1) **図1**の**A**～**F**のそれぞれの名前を書け。

A [　　　　]　B [　　　　]

C [　　　　]　D [　　　　]

E [　　　　]　F [　　　　]

図1

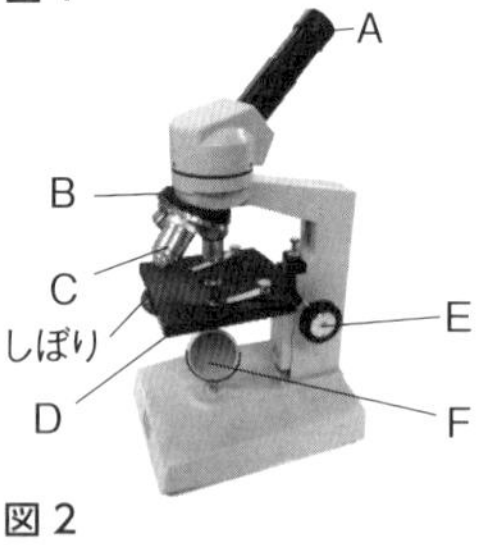

(2) レンズをつけるとき，**A**・**C**どちらのレンズを先につけるか。

[　　　　]

(3) **A**のレンズを10倍に，**C**のレンズを20倍にして観察すると，顕微鏡の倍率は何倍になるか。[　　　　]

(4) 顕微鏡で観察したところ，**図2**のように左上の方に動くものが見えた。視野の中央で観察するには，プレパラートを**ア**～**エ**のどちらに動かすとよいか。[　　　　]

図2

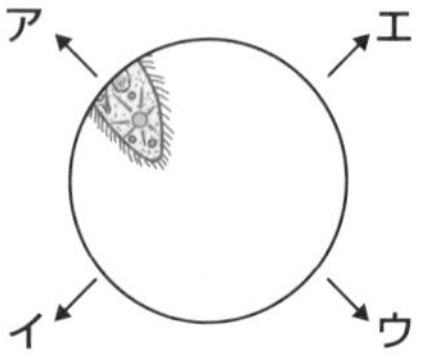

(5) **図3**は，このとき観察したものをスケッチしたものである。この小さな生き物の名前を書け。

[　　　　]

図3

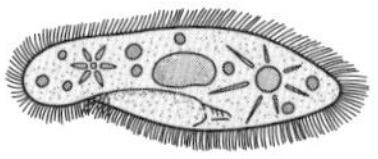

実力アップ問題

解答・解説➡別冊 P.31

簡単な入試問題で力だめしをしてみましょう。

1 実験・観察 顕微鏡での観察について，次の問いに答えなさい。〈国立高専〉

(1) 顕微鏡で観察したら，見たいもの「＊」が右図のように視野の右すみにあったので，中央に移動したい。プレパラートをどのように操作すればよいか。「プレパラートを」に続く文を10字以内で完成せよ。

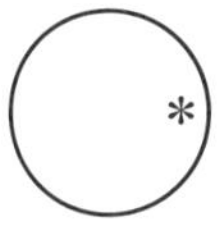

[プレパラートを　　　　　　　　　　　　]

(2) ある透明なものさしの1mmの目もりの線を40倍で観察したら，右の図のように見えた。このものさしを動かさず，400倍で観察したらどのように見えるか。次の**ア**～**エ**から選べ。

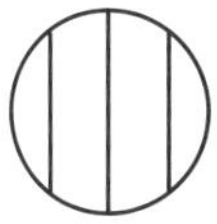

ア　　イ　　ウ　　エ

[　　　]

2 実験・観察 顕微鏡で倍率を上げて観察するときの操作を，次の文にまとめた。下線部a～cで誤りがあるものを1つ選び，記号を書きなさい。また，その下線部を，適切な言葉に直しなさい。〈長野県〉

> はじめに，高倍率よりもa<u>広い</u>範囲が見える低倍率で，プレパラートを観察する。視野の左上に見えているものは，倍率を上げると，視野のb<u>左下</u>の方へはみ出てしまうことがある。そこで，観察したいものを視野の中央に置いてから倍率を上げる。高倍率にすると，視野がc<u>暗く</u>なるので，明るさを調節する。

記号 [　　　]　言葉 [　　　　　　　　]

3 実験・観察 チャック付きのポリエチレン袋に，生きているメダカを水といっしょに入れて，顕微鏡で尾びれを観察した。その結果，右の図に示すように，血管の中をたくさんの小さな丸い粒が流れているのが見えた。

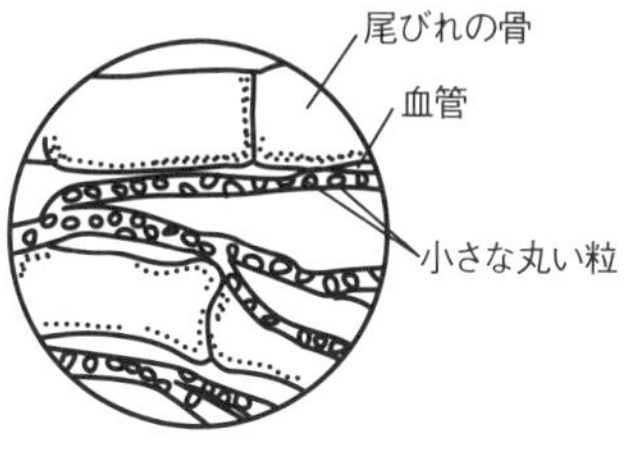

次のA～Cは，この観察でレンズをとりつけたあとの顕微鏡の操作について述べたものである。A～Cを正しい操作の順に並べかえなさい。〈岩手県〉

A　ポリエチレン袋と対物レンズがはなれるように調節ねじを回し，ピントをあわせる。

B　対物レンズを最も倍率の低いものにし，反射鏡などを調節して視野全体を明るくする。

C　真横から見ながら，調節ねじを回し，ポリエチレン袋と対物レンズをできるだけ近づける。

[　　→　　→　　]

2 植物の生活と種類

中学総合的研究 理科
P.312~331,362~375

要点まとめ

1

植物のからだのつくりとはたらき

1 花のつくりとはたらき

■ **花のはたらき**　花粉がめしべの柱頭につくことを受粉といい，花粉管が胚珠に達すると受精が行われる。受精後，成長すると胚珠は種子に，子房は果実となる。

■ **種子の種類**　胚乳がある有胚乳種子と，胚乳のない無胚乳種子がある。

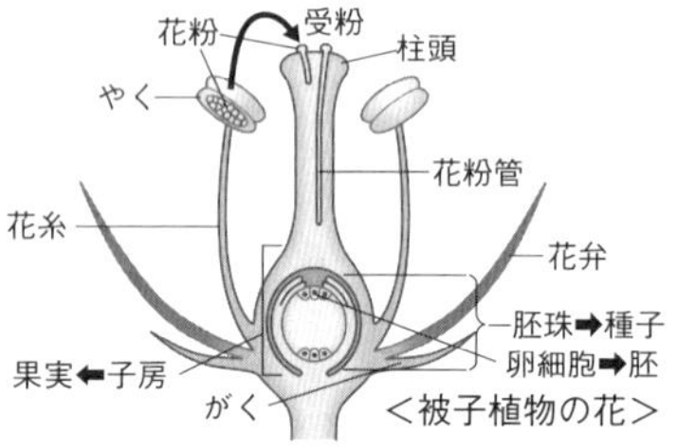

＜被子植物の花＞

2 茎や根のつくりとはたらき

■ **根のつくり**　双子葉類は主根と側根，単子葉類はひげ根。

■ **根毛**　根の先にある細い毛のようなもの。表面積が大きくなり，水や養分を吸収しやすい。

■ **維管束**　道管（木部）・師管（師部）・形成層からできている。

■ **道管**　水や水にとけた養分の通り道。

■ **師管**　葉でつくられた栄養分の通り道。

＜双子葉類の茎＞
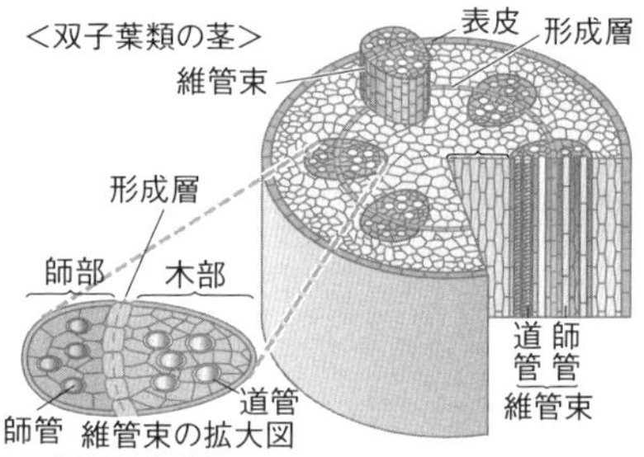

3 葉のつくりとはたらき

■ **葉脈**　根や茎から続く，葉にある維管束で，表側に道管，裏側に師管がある。

■ **葉脈の種類**　網状脈（双子葉類）と平行脈（単子葉類）

■ **気孔**　孔辺細胞に囲まれたすき間で，気体の出入り口。葉の裏側に多い。

■ **蒸散**　気孔から水が水蒸気となって空気中に出ていくこと。

4 光合成と呼吸

■ **光合成**　葉緑体で行われる，水と二酸化炭素と光をもとに，栄養分と酸素をつくるはたらき。光のあるところや昼間行われる。

■ **呼吸**　植物が生きていくためのエネルギーをとり出すはたらき。

光合成	水 ＋ 二酸化炭素 ―(光のエネルギー)→ デンプンなど ＋ 酸素
呼　吸	デンプンなど ＋ 酸素 ――→ 水＋二酸化炭素 ＋ エネルギー

2

植物の分類

1 種子植物のなかま

■ **種子植物**　花を咲かせ，種子でなかまをふやす植物。被子植物（胚珠が子房の中にある）と裸子植物（胚珠がむき出し）に分けられる。

■ **被子植物**　双子葉類と単子葉類に分けられる。

	根	葉脈	茎の維管束
双子葉類	主根と側根	網目状	輪状
単子葉類	ひげ根	平行	散在

■ **花弁による分類**　双子葉類は，合弁花類と離弁花類に分けられる。

2 その他の植物

■ **シダ植物やコケ植物**　種子をつくらず，胞子でなかまをふやす。

■ **藻類**　植物のなかまではないが，光合成を行い，胞子や分裂でなかまをふやす生物。

基礎力チェック

ここに掲載されている基本問題は必ず解けるようにしておきましょう。

1 植物のからだのつくりとはたらき

1 花は種子をつくる器官である。完全な花には，花弁・がく・おしべとあと何があるか。
[　　　　　　　　]

2 花粉がめしべの柱頭につくことを受粉というが，受粉したあと花粉から花粉管をのばし，花粉管が胚珠に達すると何が行われるか。[　　　　　　　　]

3 2 のあと，子房は成長して果実になり，胚珠は何になるか。[　　　　　　　　]

4 根の先にある毛のようなものを何というか。[　　　　　　　　]

5 右の図はある植物の茎の断面の模式図である。a，b の名前をそれぞれ何というか。
a [　　　　　　　　]　b [　　　　　　　　]

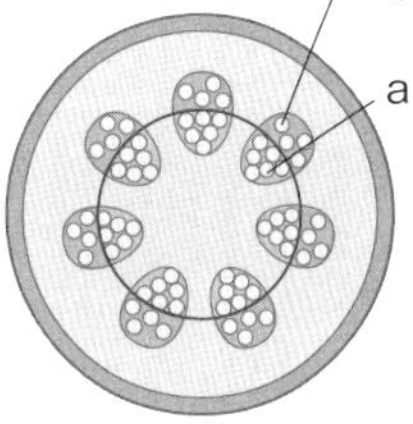

6 右の図の a，b が集まって束になっている部分を何というか。
[　　　　　　　　]

7 右の図は，6 が輪状になっていることから，この植物は双子葉類か，単子葉類か。[　　　　　　　　]

8 植物が，二酸化炭素と水からデンプンなどの栄養分をつくるはたらきを何というか。
[　　　　　　　　]

9 8 のはたらきは，葉の細胞内の何という部分で行われるか。[　　　　　　　　]

10 植物は，生活のエネルギーを得るため，酸素を吸収して有機物を分解し，二酸化炭素を排出している。このはたらきを何というか。[　　　　　　　　]

11 おもに葉の気孔から，水を水蒸気として放出する現象を何というか。
[　　　　　　　　]

2 植物の分類

1 種子植物のうち，胚珠がむき出しになっている植物を何というか。
[　　　　　　　　]

2 被子植物のうち，子葉が１枚の植物を何類というか。[　　　　　　　　]

3 双子葉類の根は，主根と側根か，ひげ根か。[　　　　　　　　]

実践問題

解答・解説➡ 別冊 P.31

実際の問題形式で知識を定着させましょう。

1 知識・理解 図1～3は，タンポポの花のつくりを表したものである。次の問いに答えなさい。

図1
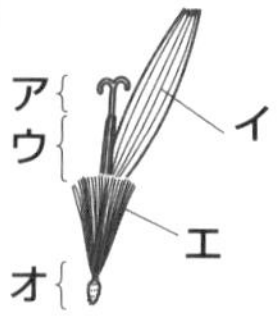

図2
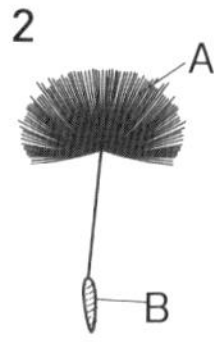

図3
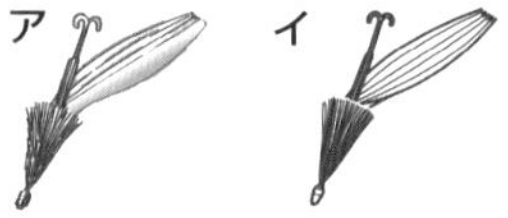

(1) 図1で，①花粉をつくるところ，②受粉するところを，それぞれア～オから選べ。

① [　　　]　② [　　　]

(2) 図2のA，Bは，それぞれ図1のア～オのどの部分にあたるか。　A [　　　]　B [　　　]

(3) 図3は，図1をスケッチしたものである。スケッチのしかたで正しいものは，ア，イのどちらか。 [　　　]

2 でる! 知識・理解 右の図は，サクラの花の断面図である。次の問いに答えなさい。

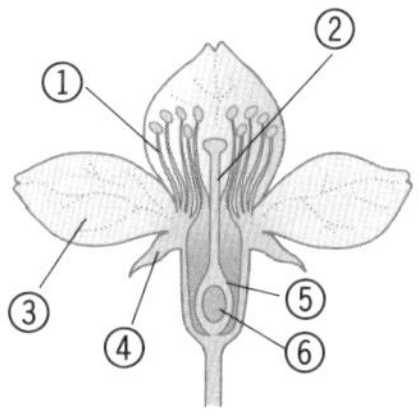

(1) ①～⑥の名前をそれぞれ書け。

① [　　　]　② [　　　]

③ [　　　]　④ [　　　]

⑤ [　　　]　⑥ [　　　]

(2) 将来，果実（サクランボ）になるところを何というか。

[　　　]

(3) 将来，種子になるところを何というか。 [　　　]

3 でる! 知識・理解 図1はマツの花のつくりを，図2はマツの花の一部を拡大したものである。次の問いに答えなさい。

図1

図2
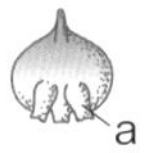

(1) 図2は，図1のA，Bのどちらを拡大したものか。 [　　　]

(2) 図2は，おばな，めばなのどちらか。 [　　　]

(3) 図2のaの部分を何というか。 [　　　]

(4) マツには子房があるか。 [　　　]

4 知識・理解 右の図は，ある植物の根の一部をスケッチしたものである。次の問いに答えなさい。

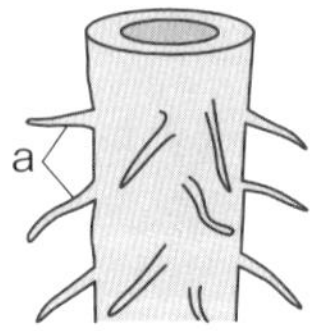

(1) 図に見られる毛のようなaを何というか。

[　　　]

(2) (1)から吸収されるものは何か。 [　　　]

(3) (2)で答えたものは，根や茎を通って葉へ移動する。何という管を通って移動するか。

[　　　]

5 知識・理解 図1は，ある植物の葉の一部の断面を表したもので，図2は，この植物の茎の一部の断面を表したものである。次の問いに答えなさい。

図1

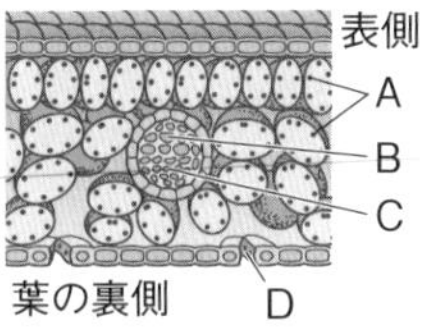

図2

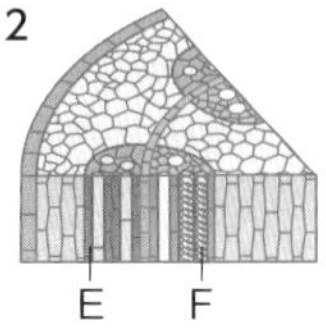

(1) 図1で，Aは緑色をしていた。Aを何というか。

[ ]

(2) Aで行われるはたらきを何というか。

[ ]

(3) 図2の管Eは，(2)のはたらきでできた栄養分の通り道である。この管Eを何というか。また，図1ではA～Dのどの部分にあるか。

名前 [ ] 記号 [ ]

(4) 図2の管Eの束と管Fの束をあわせて何というか。 [ ]

(5) 図1で，すき間Dを何というか。 [ ]

(6) 思考 すき間Dは，昼間と夜ではどちらがより開いているか。

[ ]

6 でる! 実験・観察 右下の図のような日光を十分に当てたふ入りのアサガオの葉をとり，湯につけたあと，①あたためたアルコールにつけ，水洗いしてから②ある試薬につけると，Aの緑色の部分だけ青紫色に変わった。次の問いに答えなさい。

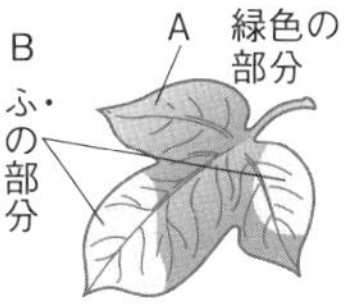

(1) Aの部分に何ができたか。 [ ]

(2) 下線部①のように，葉をあたためたアルコールにつけるのはなぜか。 [ ]

(3) 下線部②の「ある試薬」とは何か。 [ ]

(4) Bの部分が変化しなかったのはなぜか。 [ ]

7 でる! 実験・観察 同じ大きさの葉のついたイタドリの枝を2本用意し，一方は葉をすべて切りとった。実験前と30分後のA，Bの全体の重さをそれぞれ測定し，減少量a，bを求めた。次の問いに答えなさい。

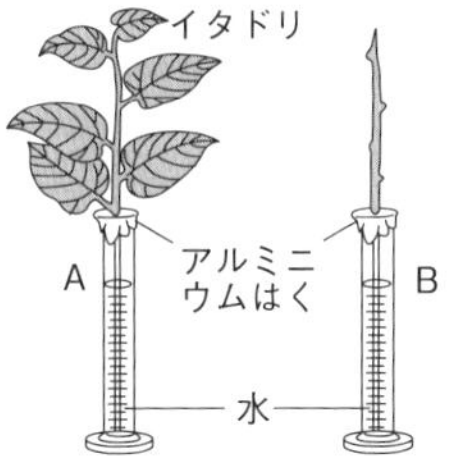

(1) 図で，実験前に，装置の口にアルミニウムはくをかぶせるのはなぜか。

[ ]

(2) この実験で，葉から出ていった水の量は何gか。

	a	b
30分後の減少量[g]	0.91g	0.01g

[ ]

(3) この実験から，ほとんどの水は葉から出ていったことがわかった。①この現象を何というか。また，②水は何という状態で出ていったか。

① [ ] ② [ ]

(4) この実験で，葉まで水が運ばれたときに通った管を何というか。

[ ]

8 差がつく

思考 右の図のように，青色のBTB溶液に息を吹き込んで緑色にした液をA～Cの3本の試験管に入れた。さらに，AとBには同じ大きさの水草を入れ，Bだけアルミニウムはくでおおい，3本ともゴム栓をした。これらを日光の当たるところに置き，数時間後にBTB溶液の色の変化を調べたところ，Cだけ緑色のままで変化はなかった。次の問いに答えなさい。

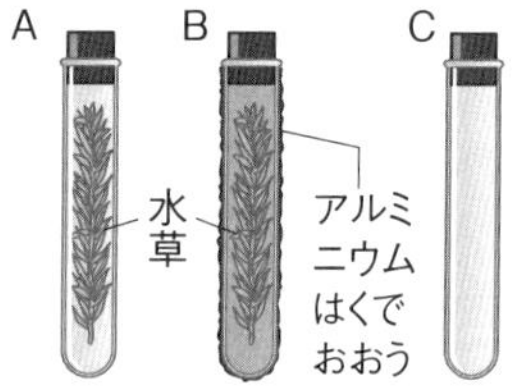

(1) A～Cのうち，液中の二酸化炭素が増加したと考えられるのはどれか。［　　　］

(2) AのBTB溶液は何色に変化したと考えられるか。［　　　］

(3) Bの水草はどのようなはたらきをしたと考えられるか。

［　　　］

(4) Aの水草の一部をとりヨウ素液につけると，何色になるか。また，これは，植物の何というはたらきによるものか。

色［　　　］　はたらき［　　　］

9

知識・理解 **図1**は，植物をその特徴でなかま分けしたものである。**図2**は，植物の茎の断面を表したものである。次の問いに答えなさい。

図1

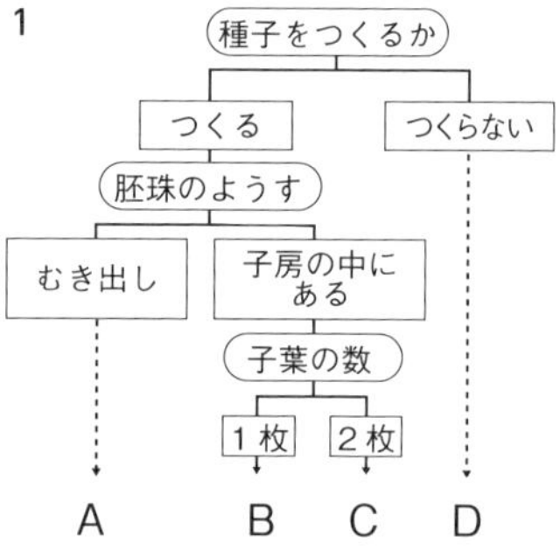

(1) **図1**のAに分類される植物を何というか。

［　　　］

(2) **図1**のBのなかまの茎の断面は，**図2**の**ア**・**イ**のどちらか。［　　　］

(3) 根がひげ根の植物のなかまは，**図1**のA～Cのどれか。［　　　］

図2

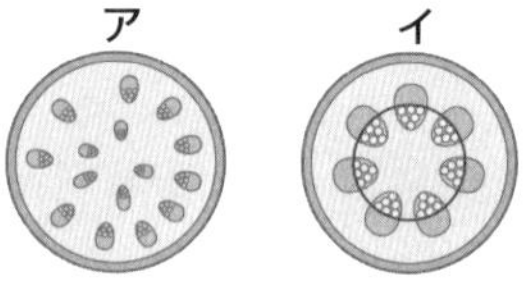

(4) **図1**のDのなかまに分類される植物はどれか。次の**ア**～**エ**から選べ。［　　　］

ア　イチョウ　　**イ**　エンドウ
ウ　スギナ　　**エ**　イネ

10 でる!

思考 次の4種類の植物を，さまざまな観点から分類するとき，下の(1)～(3)の観点で分類するには，それぞれA～Cのどこで分ければよいか。

アブラナ ｜A｜ スギ ｜B｜ イヌワラビ ｜C｜ ゼニゴケ

(1) 種子でふえるか，胞子でふえるか。［　　　］

(2) 根・茎・葉の区別があるか，区別がないか。［　　　］

(3) 子房があるか，子房がないか。［　　　］

解答・解説➡ 別冊 P.33

実力アップ問題

簡単な入試問題で力だめしをしてみましょう。

1 知識・理解 植物のからだのつくりやはたらきについて，次の問いに答えなさい。

〈秋田県〉

(1) **図1** は，アブラナの花のつくりを調べるため，花の各部分を外側から **a**～**d** の順にとり外して並べたものである。

図1

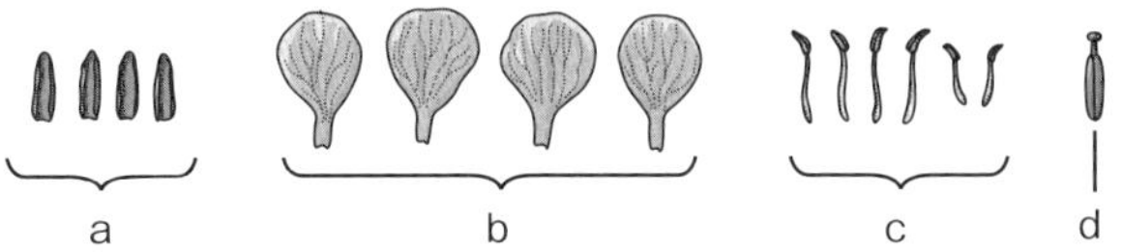

①生殖細胞がつくられるのは **a**～**d** のどれとどれか。

[　　　] [　　　]

②**b** のつき方によって，双子葉類を２つに分けたとき，アブラナと同じなかまに入る植物は次のどれか。すべて選べ。

ア　アサガオ　**イ**　エンドウ　**ウ**　サクラ　**エ**　タンポポ　**オ**　ツツジ

[　　　]

(2) ツユクサの葉の裏側の表皮を，顕微鏡で観察すると **図2** のように見えた。

①気孔のまわりの細胞 **X** を何というか。名称を書け。

[　　　]

図2

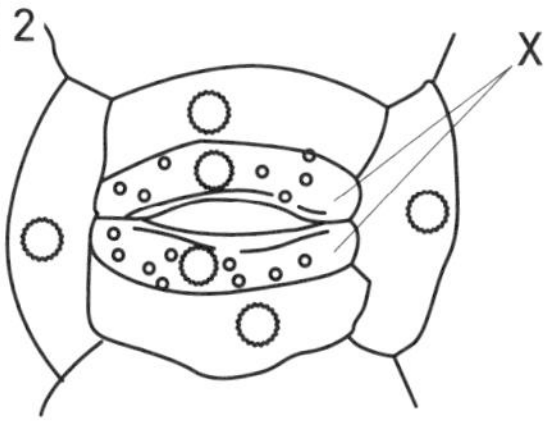

②植物は，気孔から気体を出入りさせている。光が当たっているとき，植物は光合成と呼吸を同時に行っているが，気体の出入り全体としては，二酸化炭素をとり入れて酸素を出しているようにみえるのはなぜか。「気体の量」という語句を用いて書け。

[　　　]

(3) 思考 表のようにツバキの枝 **ア**～**エ** を用意した。水を入れた4本のメスシリンダーに，それぞれの枝を **図3** のようにさして，水面に油を数滴たらした。数時間後の水の量は，4本とも減少していた。

このうち２本のメスシリンダーの減少した水の量を用いると，葉の裏側から蒸散した量を求めることができる。どの枝をさしたものを用いればよいか。**ア**～**エ** の記号で組み合わせを２通り書け。ただし，ツバキの枝についている葉の枚数と大きさは，すべて同じものとする。

図3

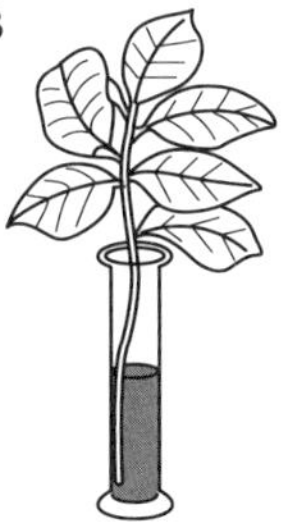

枝	ワセリンのぬり方
ア	すべての葉の表側だけにぬる
イ	すべての葉の裏側だけにぬる
ウ	すべての葉の両面にぬらない
エ	すべての葉の両面にぬる

ワセリンは蒸散を防ぐためにぬる。

[　　　] [　　　]

2 思考 試験管A, B, C, Dを用意して，試験管Aにはタンポポの葉を入れ，息をふき込みゴム栓をし，試験管Bには息だけをふき込みゴム栓をした。試験管Cにはタンポポの葉だけを入れゴム栓をし，試験管Dには何も入れずゴム栓をし，試験管Cと試験管Dをアルミニウムはくで包んだ。次に，AからDの試験管を右の図のように並べて，光の当たるところに一定時間置いた。その後，それぞれの試験管のゴム栓をはずして石灰水を少し入れ，ゴム栓をしてよく振り，その変化を調べた。表は，このときの結果をまとめたものである。次の問いに答えなさい。〈静岡県〉

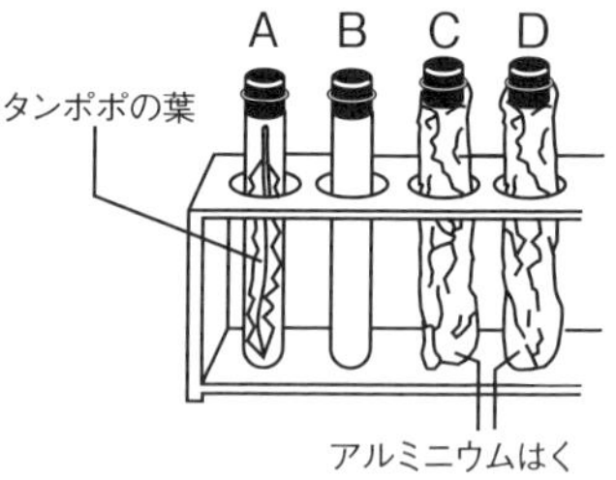

試験管	A	B	C	D
石灰水を入れたときの変化	なし	白くにごる	白くにごる	なし

(1) この実験において，試験管B，Dを用意した目的は何か。その目的を，試験管B，Dと試験管A，Cとの違いがわかるように，簡単に書け。

[　　　　　　　　　　　　　　　　　　　　]

(2) 試験管Aと試験管Cに石灰水を入れたときの変化が，表のようになったのはなぜか。その理由を，タンポポの葉のはたらきに着目して，試験管Aと試験管Cのそれぞれについて，簡単に書け。

試験管A [　　　　　　　　　　　　　　　　　　]

試験管C [　　　　　　　　　　　　　　　　　　]

3 知識・理解 S君は，学校の周辺でイヌワラビ, ユリ, ゼニゴケ, タンポポ, マツの5種類の植物を観察した。図1はそのときのスケッチの一部で，a～eは観察した植物のいずれかである。次の問いに答えなさい。〈山口県改〉

図1

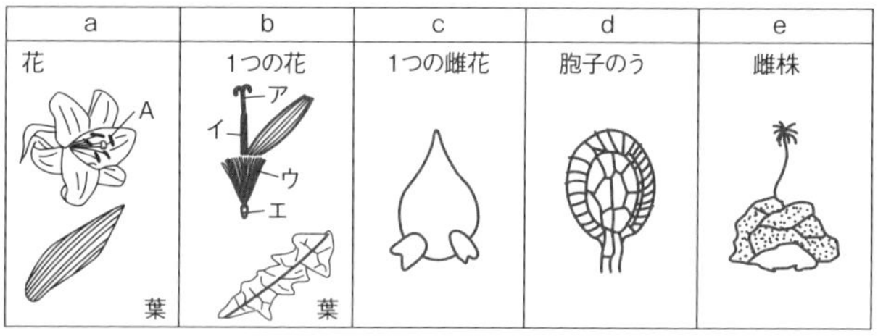

(1) 図1において，aの花のAの部分は，bの花ではどの部分にあたるか。図1のbの**ア**～**エ**から選べ。 [　　　]

(2) 図1のa～eは，図2の［　　］内の植物のなかま分けの手がかりに答えていくと，それぞれ別々の植物のなかまに分けられる。図2のⅠ～Ⅲにあてはまるものはどれか。それぞれ次の**カ**～**ク**から選べ。

図2

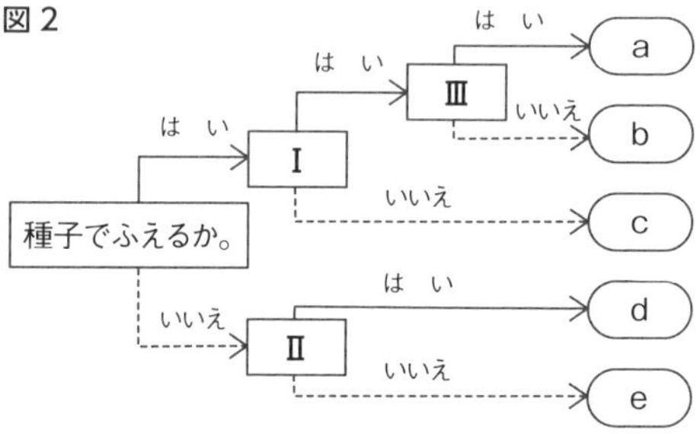

カ　根・茎・葉の区別があるか。
キ　子葉が1枚か。　　**ク**　胚珠が子房の中にあるか。

Ⅰ [　　　] Ⅱ [　　　] Ⅲ [　　　]

4 思 考 植物のからだのはたらきを調べるために，次のような実験を行った。

【実験】 右の図のように，ほぼ同じ大きさの葉で，枚数がそろっている同じ種類の植物を用意し，どちらも空気を十分に入れたポリエチレンの袋で葉全体を包み，空気の出入りがないように袋の口を密閉した。Aは，光の当たらない暗い場所に置いた。Bは，明るい場所に置いて十分に光を当てた。

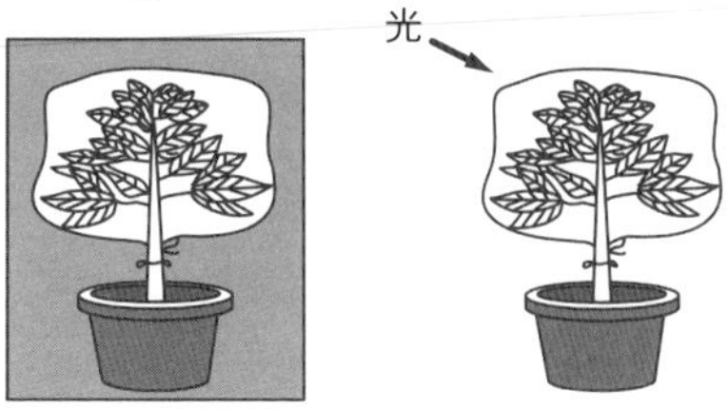

実験を始めるときと2時間後に，AとBのそれぞれの袋の中の二酸化炭素と酸素の量について，気体検知管を用いてその変化を調べた。

表は，実験を始めるときと2時間後のAとBの袋の中の二酸化炭素と酸素の量の増減について，実験結果をまとめたものである。

	Aの袋	Bの袋
二酸化炭素	増加した	減少した
酸素	減少した	増加した

この実験について，次の問いに答えなさい。〈茨城県〉

(1) Aの袋の中の二酸化炭素と酸素の気体の量の変化が，植物のはたらきによって起こることを示すには，どのような対照実験を行えばよいかを書け。

[ ]

(2) Bで2時間後に袋の中の二酸化炭素が減少した理由を，「光合成」，「呼吸」の2つの語を使って書け。

[ ]

(3) Bで，2時間後，根からとり入れた水が蒸散して袋の中に水滴がついていた。次の①，②の問いに答えよ。

①植物の根からとり入れた水の通路を何というか。

[ ]

②蒸散が行われる場所で，葉の表皮にある一対の三日月形をした細胞の間にできたすき間を何というか。

[ ]

(4) 次の文中の ア ， イ にあてはまる語を書け。

植物が行っている酸素をとり入れて二酸化炭素を出すはたらきは，動物でも行われている。動物の細胞は，酸素を使って栄養分を二酸化炭素と ア に分解し， イ を得ている。動物はこの イ を用いて，運動したり，生命を維持したりしている。

ア [ ]

イ [ ]

3 動物の生活と種類

中学総合的研究 理科
P.332~349, 356~361
376~403, 424~429

要点まとめ

1 動物のからだのしくみとはたらき

1 細胞のつくり

細胞には，核・細胞質（細胞膜と，その内側の核以外の部分）・細胞膜がある。
〈植物の細胞だけ〉葉緑体・液胞・細胞壁

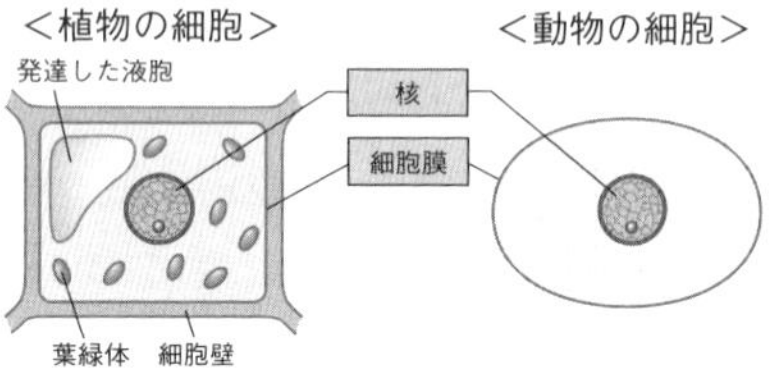

2 感覚神経と運動神経

- **感覚器官**　刺激を受けとる器官。目・耳・鼻・舌・皮膚がある。
- **感覚神経**　感覚器官からの刺激の信号を，脳やせきずいに伝える神経。
- **運動神経**　脳やせきずいからの反応の命令を，筋肉などに伝える神経。

3 神経系と骨格

- **神経系**　中枢神経（脳とせきずい）と末しょう神経（感覚神経と運動神経）
  - **○ふつうの反応　〈脳が命令〉**
    感覚器官⇨感覚神経⇨（せきずい）⇨脳⇨（せきずい）⇨運動神経⇨筋肉
  - **○反射　〈せきずいで命令〉**　刺激に対して無意識にすばやい反応が起こる。
    感覚器官⇨感覚神経⇨せきずい⇨運動神経⇨筋肉

4 消化と吸収

- **消化液**　口⇨だ液，胃⇨胃液，肝臓⇨胆汁，すい臓⇨すい液
- **消化酵素**　消化液に含まれ，栄養分を水にとける物質に分解する酵素。
- **栄養分の吸収**　小腸の柔毛から吸収される。

デンプン →ブドウ糖	だ液・すい液・小腸の壁の消化酵素
タンパク質→アミノ酸	胃液・すい液・小腸の壁の消化酵素
脂肪→脂肪酸とモノグリセリド	すい液（胆汁は消化酵素を含まないが，脂肪を分解しやすくなるはたらきがある。）

5 呼吸と血液のはたらき

- **肺**　呼吸器官。肺胞が集まっている。
- **肺胞**　毛細血管がはりめぐらされている小さい袋。効率よくガス交換を行う。
- **血液の成分**　赤血球…ヘモグロビンのはたらきで酸素を運ぶ。血しょう…栄養分・不要物・二酸化炭素を運ぶ。白血球…細菌からの防ぎょと免疫作用。
- **組織液**　毛細血管からしみ出た血しょうで，栄養分や酸素，不要物を運搬する。

6 排出のしくみ

- **不要物の排出**　じん臓と汗せんから尿や汗として排出。
- **じん臓**　血液中の尿素や余分な塩分，水をこしとり尿をつくる。
- **尿素**　肝臓でアンモニアが毒性の低い尿素に変えられ，尿として排出される。

2 動物の分類と進化

1 せきつい動物

- **せきつい動物**　背骨をもつ動物で，魚類・両生類・ハ虫類・鳥類・ホ乳類がある。

	魚類	両生類	ハ虫類	鳥類	ホ乳類
体表	うろこ	しめった うすい皮膚	うろこ	羽毛	毛
呼吸	えら	えらと皮膚，肺と皮膚	肺		
生まれ方	卵生				胎生

2 無せきつい動物

- **無せきつい動物**　背骨をもたない動物。節足動物，軟体動物など。

3 生物の進化

- **進化の証拠**　化石や現存する生物との相同器官や痕跡器官などによる。

基礎力チェック

解答・解説➡別冊 P.35

ここに掲載されている基本問題は必ず解けるようにしておきましょう。

1 動物のからだのしくみとはたらき

1 刺激を受けとる，目・耳・鼻・舌・皮膚などの器官を何というか。 [　　　　]

2 脳やせきずいからの反応の命令を筋肉などに伝える神経を何というか。 [　　　　]

3 刺激を受けてすぐ起こる無意識の反応を何というか。 [　　　　]

4 図は，小腸の内側の壁のひだにある無数の突起で，消化された栄養分を吸収するところである。この突起を何というか。 [　　　　]

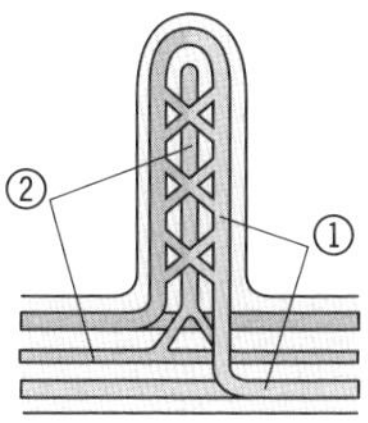

5 図の①，②は，それぞれ何を表しているか。
① [　　　　] ② [　　　　]

6 デンプン・タンパク質・脂肪のすべてにはたらく消化液は何か。 [　　　　]

7 だ液のはたらきで，ブドウ糖がいくつか結合したものができたことを調べる試薬は何か。 [　　　　]

8 気管支の先にある，ガス交換を効率よく行えるように毛細血管がはりめぐらされている無数の小さい袋を何というか。 [　　　　]

9 赤血球に含まれる酸素とよく結びつきやすい物質を何というか。 [　　　　]

10 アンモニアを毒性の低い尿素に変えるはたらきをする器官は何か。 [　　　　]

11 余分な水分や不要物をこしとり，尿として排出する器官は何か。 [　　　　]

12 ケイソウのように１つの細胞だけでできている生物を何というか。 [　　　　]

13 細胞壁，葉緑体，液胞が見られるのは，動物の細胞か，植物の細胞か。 [　　　　]

2 動物の分類と進化

1 背骨をもつ動物を何というか。 [　　　　]

2 水中で生活する魚類の呼吸器官は何か。 [　　　　]

3 ホ乳類のように，体内である程度育ててから子をうむなかまのふやし方を何というか。 [　　　　]

実践問題

解答・解説⇒別冊P.35

実際の問題形式で知識を定着させましょう。

1 でる!

知識・理解 右の図は，生物の細胞を顕微鏡で観察したものである。次の問いに答えなさい。

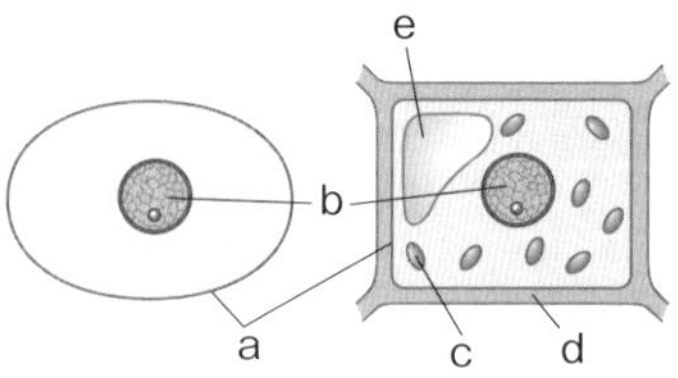

(1) 図のa，bの部分の名称をそれぞれ書け。

a [　　　　　　　　]

b [　　　　　　　　]

(2) 図のbの部分を染める染色液には何を用いるか。 [　　　　　　　　]

(3) 図で，光合成のはたらきが行われるのはa～eのどこか。 [　　　　]

(4) 図のa～eのうち，植物の細胞にだけ見られるものをすべて選べ。

[　　　　　　　　]

2

知識・理解 図1，図2は，ヒトの目と耳のつくりを表したものである。次の問いに答えなさい。

図1

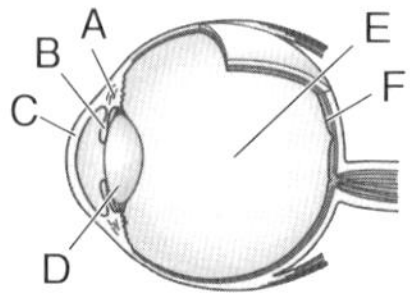

図2

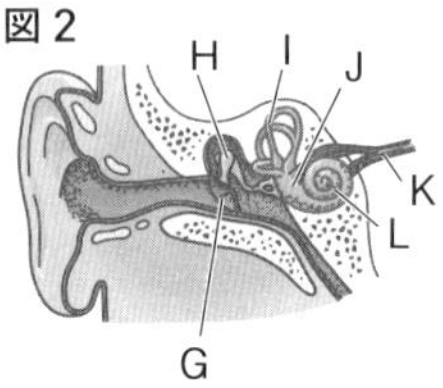

(1) 図1で，光の刺激を受けとる細胞があるのはA～Fのどこか。記号と名称を書け。

記号 [　　　] 名称 [　　　　　　　　]

(2) 図1で，光の量を調節しているのはA～Fのどこか。記号と名称を書け。

記号 [　　　] 名称 [　　　　　　　　]

(3) 図2で，①音波を受けて振動を伝える，②音の振動を液体の振動に変えるはたらきをしているのはそれぞれG～Lのどこか。 ① [　　　] ② [　　　]

(4) 目や耳のように外界からの刺激を受けとる器官を何というか。

[　　　　　　　　]

3 でる!

知識・理解 右の図は，ヒトが刺激を受けとってから反応が起こるまでの道すじを模式的に表したものである。次の問いに答えなさい。

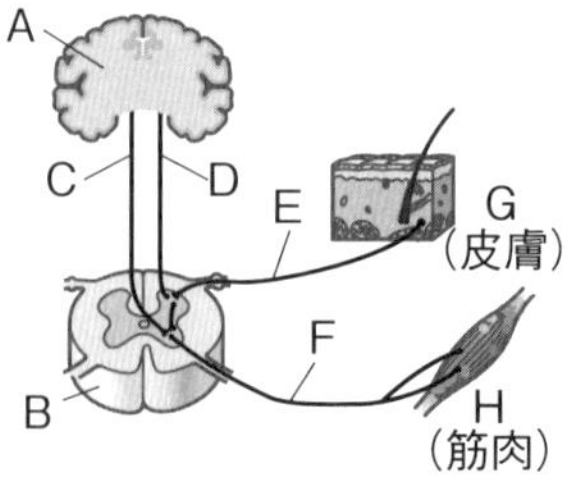

(1) 図のBの名称を書け。 [　　　　　　　　]

(2) 図のEとFの神経の名称をそれぞれ書け。

E [　　　　　　　　] F [　　　　　　　　]

(3) 熱いやかんにふれ，思わず手をひっこめた。このときの刺激を受けてから反応が起こるまでの道すじを，図のA～Hの記号を使って順に並べよ。

[　　→　　→　　→　　→　　]

(4) (3)のような反応を何というか。 [　　　　　　　　]

4 でる!

知識・理解 右の図は，ヒトの消化系を模式的に表したものである。次の問いに答えなさい。

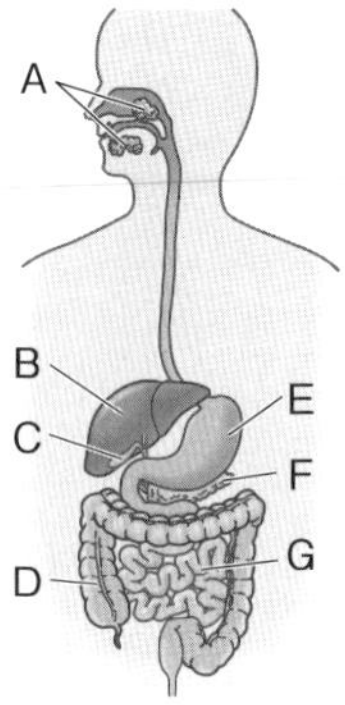

(1) タンパク質に最初にはたらく消化液を出す器官はどこか。記号と名称を書け。

記号 [　　　　] 名称 [　　　　　　　　　　]

(2) デンプンを消化する消化液を出すのは，A～Gのどこか。すべて選べ。 [　　　　　　　　]

(3) 脂肪は吸収されるとき，どんな物質に分解されるか。

[　　　　　　　　　　]

(4) 食物中の栄養分をおもに吸収する器官は，A～Gのどこか。記号と名称を書け。

記号 [　　　　] 名称 [　　　　　　　　　　]

(5) 体内に吸収された栄養分を一時的にたくわえている器官は，A～Gのどこか。記号と名称を書け。 記号 [　　　　] 名称 [　　　　　　　　　　]

5 でる!

思考 **図1**はヒトの血液循環の模式図で，**図2**はヒトの排出器官を表したものである。次の問いに答えなさい。

図1

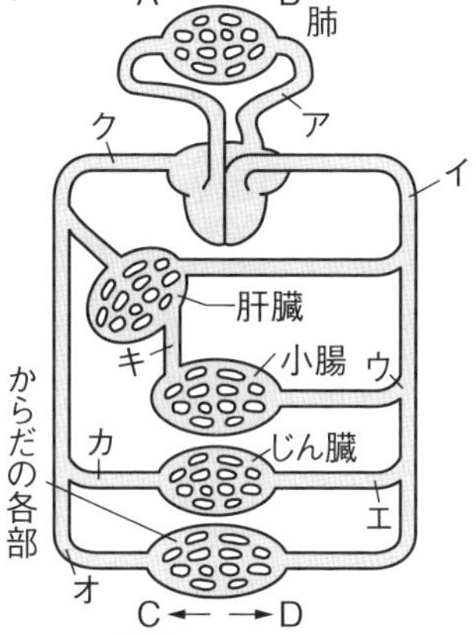

図2

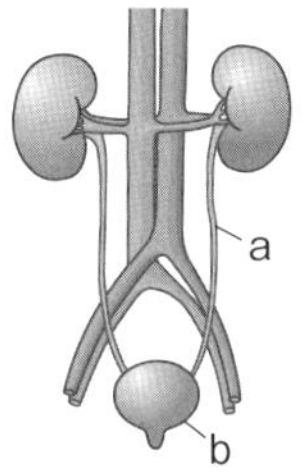

(1) 次の①，②について，血液の流れる向きを，それぞれ**図1**のA～Dから選べ。

①肺を流れる血液 [　　　　]

②からだの各部を流れる血液 [　　　　]

(2) **図1**で，酸素を最も多く含む血液が流れている血管は**ア**～**ク**のどれか。 [　　　　]

(3) **図1**で，食後しばらくして栄養分を最も多く含む血液が流れている血管は**ア**～**ク**のどれか。 [　　　　]

(4) **図1**で，二酸化炭素以外の不要物が最も少ない血液が流れている血管は**ア**～**ク**のどれか。 [　　　　]

(5) **図2**のa，bの名称をそれぞれ書け。

a [　　　　　　　　　　]

b [　　　　　　　　　　]

(6) じん臓で不要物としてこしとられ，**図2**のbへ送られる物質を，次から3つ選べ。

ブドウ糖　二酸化炭素　余分な塩分　アミノ酸　余分な水分　尿素

[　　　　　　　　　　]

(7) アンモニアを毒性の低い尿素に変えるはたらきをしているのは，何という器官か。

[　　　　　　　　　　]

6 でる!

知識・理解 右の図は，ヒトの肺の一部を表したものである。次の問いに答えなさい。

(1) Aの管を何というか。 [ ]

(2) Aの先にあるBの袋を何というか。

[ ]

(3) Bをとり囲んでいるCを何というか。

[ ]

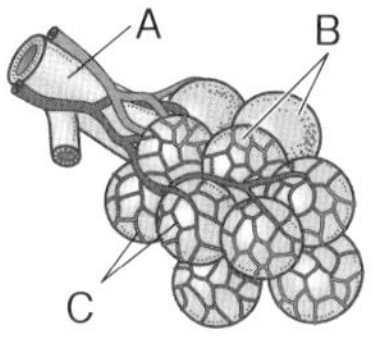

(4) 思考 次の文は，肺で行われる呼吸のしくみについて述べたものである。①～④にあてはまる語句を書け。

肺での呼吸は，血液の液体成分である（ ① ）によって運ばれてきた（ ② ）を体外に出し，血液の血球成分である（ ③ ）に，（ ④ ）をとり込むしくみをいう。

① [ ] ② [ ]
③ [ ] ④ [ ]

7 でる!

知識・理解 次のせきつい動物について，あとの問いに答えなさい。

A 魚 類	B 両生類	C ハ虫類	D 鳥 類	E ホ乳類

(1) Aの魚類の呼吸器官を何というか。 [ ]

(2) Bの両生類は，子が成長しておとな（親）になると，呼吸器官が変わる。おとなになったときの，皮膚以外の呼吸器官を書け。 [ ]

(3) 体表が羽毛でおおわれている動物は，A～Eのどれか。 [ ]

(4) 胎生で，子を乳で育てる動物は，A～Eのどれか。 [ ]

(5) 次のア～オの動物を，A～Eのなかまに分類し，記号で答えよ。

ア ペンギン **イ** ヤモリ **ウ** イワシ **エ** クジラ **オ** イモリ

A [ ] B [ ] C [ ]
D [ ] E [ ]

8

知識・理解 次の文章を読んで，あとの問いに答えなさい。

最初に現れたせきつい動物は ① で，やがて，陸上でも生活できる ② が現れ，③ や ④ にたえる動物に進化してきた。始祖鳥は ⑤ と ⑥ の両方の特徴をもつことから，⑤ は ⑥ から進化してきたと推測される。

(1) ①，②，⑤，⑥にあてはまるなかまは，それぞれ何類か。

① [ ] ② [ ]
⑤ [ ] ⑥ [ ]

(2) ③と④にあてはまる語句を，次の**ア**～**オ**から2つ選べ。

ア 温度変化 **イ** 酸素不足 **ウ** えさ不足 **エ** 乾燥 **オ** 多湿

[ ]

解答・解説➡別冊 P.37

実力アップ問題

簡単な入試問題で力だめしをしてみましょう。

1 でる!

知識・理解 ヒトのからだの各部のしくみや機能について，次の問いに答えなさい。〈長崎県〉

(1) ヒトの刺激に対する反応の説明として，正しいものはどれか。次の**ア**～**エ**から選べ。

ア ひとみの大きさは，網膜(もうまく)からの信号を脳で選別・判断して，意識的に変えることができる。

イ 無意識に起こる反応では，感覚器官が受けとった刺激による信号は，脳にも伝えられる。

ウ 意識した反応よりも，無意識の反応の方が，刺激を受けてから反応までの時間が長い。

エ 目で受けとった刺激は信号に変えられて，運動神経を通じて脳やせきずいへ伝えられる。

[　　　]

(2) 腕の曲げのばしのしくみを説明した次の文の①～③に適語を入れ，文を完成せよ。

> 腕を内側に曲げるときは，内側の筋肉が(　①　)，外側の筋肉が(　②　)ことで，骨と骨のつなぎ目である(　③　)で曲がる。

① [　　　]　② [　　　]　③ [　　　]

2 でる!

知識・理解 図1は，ヒトの血液が循環する経路を示した模式図で，矢印は血管中の血液の流れる方向を，A，B，Cは，異なる器官を示している。この中で，A，Cはそれぞれ，ある物質を体内にとり入れるための器官である。次の問いに答えなさい。〈山梨県〉

図1

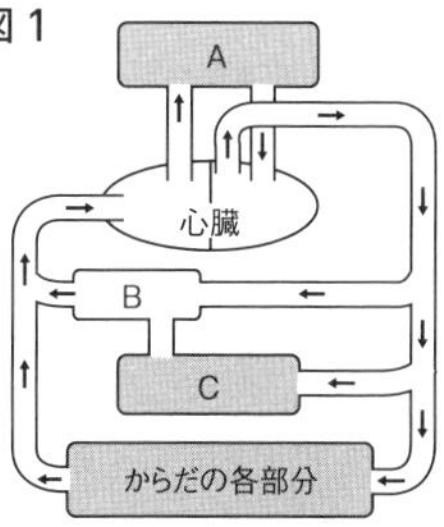

(1) 図1のAから心臓に流れる血液は，酸素を最も多く含んでいる。酸素はヘモグロビンと結びついて運ばれるが，ヘモグロビンを含む血液の成分はどれか。次の**ア**～**エ**から選べ。 [　　　]

ア 血しょう　**イ** 白血球　**ウ** 赤血球　**エ** 血小板

(2) 図2は，図1のCのひだの表面に見られる柔毛のつくりを示した模式図である。次の問いに答えよ。

図2

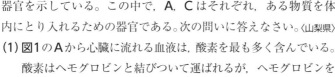

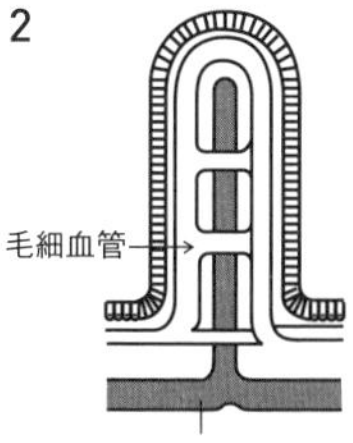

①図2の毛細血管とXを通って，それぞれ異なる物質が運ばれている。Xの名称を書け。

[　　　]

②図2のXで運ばれる物質は，ある消化酵素のはたらきにより消化されたものである。Bでつくられ，この消化酵素のはたらきを助ける性質をもつ液体は何か。その名称を書け。 [　　　]

(3) 全身の細胞では，血液によって運ばれた物質を使い，生きていくためのエネルギーをとり出している。このはたらきを何というか，その名称を書け。また，下の□の言葉をすべて使い，このはたらきを説明せよ。

酸素	二酸化炭素	水	栄養分	エネルギー

名称 [　　　]

[　　　]

3 差がつく

実験・観察 デンプンの消化におけるだ液のはたらきについて調べるために，次の実験を行った。あとの問いに答えなさい。〈群馬県〉

〔実験〕

(a) 同じ量のデンプンのりを入れた6本の試験管A～Fを用意し，A，C，Eにはだ液を，B，D，Fには水を入れ，右の図のように5℃の水，40℃の湯，80℃の湯の中に10分間放置した。

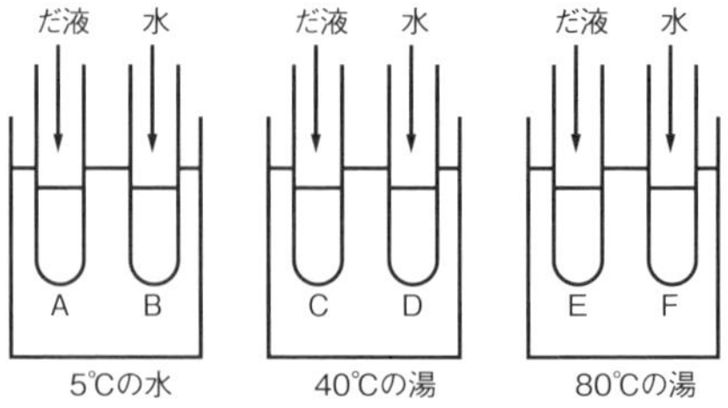

(注1) A,C,Eのだ液は同じ量である。
(注2) B,D,Fの水は,A,C,Eのだ液と同じ量である。

(b) それぞれの試験管から，少量の液をとり出し，その液にヨウ素液を加え，色の変化を観察したところ，A，B，D，E，Fからとり出した液は青紫色に変化した。Cからとり出した液は変化が見られなかった。

(c) Cに残った液に，ベネジクト液を加えて加熱したところ，赤褐色に変化した。

(1) だ液のはたらきを調べる実験で，B，D，Fのようにだ液を入れない実験をするのはなぜか。簡潔に書け。

[　　　　　　　　　　　　　　　　　　　　]

(2) 実験の(b)でヨウ素液を加えたことにより，存在が確認できる物質を書け。また，実験の(c)でベネジクト液を加えて加熱したことにより，存在が確認できる物質を書け。

ヨウ素液 [　　　　　　　　　　]

ベネジクト液 [　　　　　　　　　　]

(3) この実験結果からわかるだ液のはたらきについて，温度と物質の変化に着目して，簡潔に書け。

[　　　　　　　　　　　　　　　　　　　　]

4

思考 せきつい動物は生活場所を水中から陸上へ広げ，呼吸方法などが変化した。このことについて，次の問いに答えなさい。〈兵庫県改〉

(1) 呼吸方法以外にどのようなからだのつくりの変化があったか。

[　　　　　　　　　　　　　　　　　　　　]

(2) 右の図は，せきつい動物の前あしにあたる部分を比較したもので，骨格の基本的なつくりが同じであることがわかる。このことから，せきつい動物はどのように進化してきたと推測されているか。簡潔に書け。

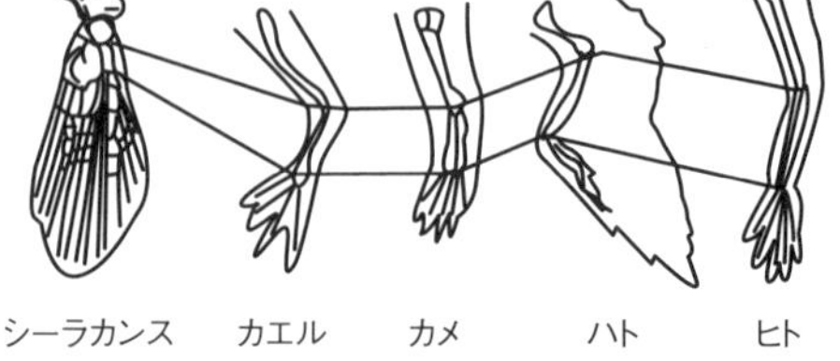

[　　　　　　　　　　　　　　　　　　　　]

5 思考 せきつい動物を，卵や子のうまれ方，呼吸のしかた，からだのつくりなどの特徴によって，下のようにA～Eに分けた。

A　両生類	B　ホ乳類	C　魚　類	D　鳥　類	E　ハ虫類

次の問いに答えなさい。〈青森県〉

(1) A～Eを次のⅠ，Ⅱのようにグループ分けした。それぞれどのように分けたのか，下のア～エから1つずつ選べ。

Ⅰ　A，C，D，E　と　B

Ⅱ　A，C，E　と　B，D

ア　子孫が卵でうまれるものと，親と同じような形ができてからうまれるもの。
イ　子孫が水中でうまれるものと，陸上でうまれるもの。
ウ　親が水中で生活しているものと，陸上で生活しているもの。
エ　体温が外界の温度によって変化するものと，変化しないで一定に保たれるもの。

Ⅰ［　　　］Ⅱ［　　　］

(2) Aの両生類だけに見られる呼吸のしかたの特徴を書け。

［　　　　　　　　　　　　　　　　］

(3) 図は，Bのホ乳類の中の草食動物と肉食動物の視野を表したもので，aは左右それぞれの目の視野が重なった範囲である。

①視野のaの範囲とほかの範囲とでは，ものの見え方が違う。aの範囲では，ものがどのように見えるかを書け。

［　　　　　　　　］

②草食動物と肉食動物の視野が，図のようになっていることは，それぞれの生活にどのように役立っているかを書け。

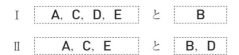

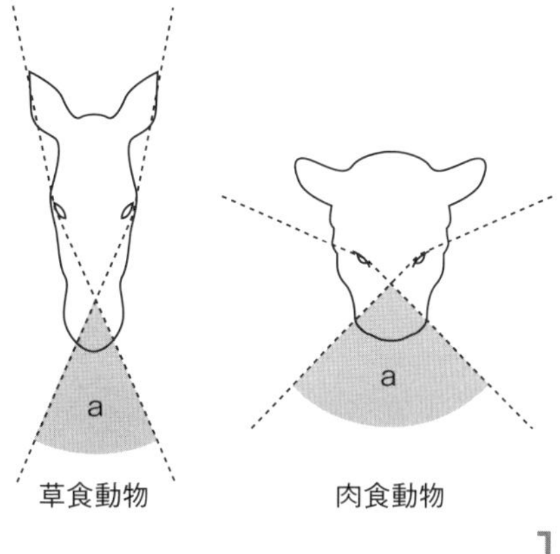

草食動物［　　　　　　　　　　　　］
肉食動物［　　　　　　　　　　　　］

6 差がつく

思考 ヒトの場合，酸素は胎盤を通して母親から胎児（母親の子宮で育っている赤ちゃん）に渡される。ここでは，母親のヘモグロビンは酸素をはなし，胎児のヘモグロビンは酸素を受けとらなくてはならない。したがって，胎児のヘモグロビンと母親のヘモグロビンでは，酸素との結合に違いがあると予想される。その違いはどのようなものと考えられるか。「胎児のヘモグロビンは，母親のヘモグロビンと比べ，」に続けて説明しなさい。

〈筑波大附属駒場〉

［　胎児のヘモグロビンは，母親のヘモグロビンと比べ，　］

4 生物の連続性

中学総合的研究 理科
P.408~423

要点まとめ

1 細胞分裂と成長

1 細胞分裂

■ 細胞分裂の過程（植物の細胞）

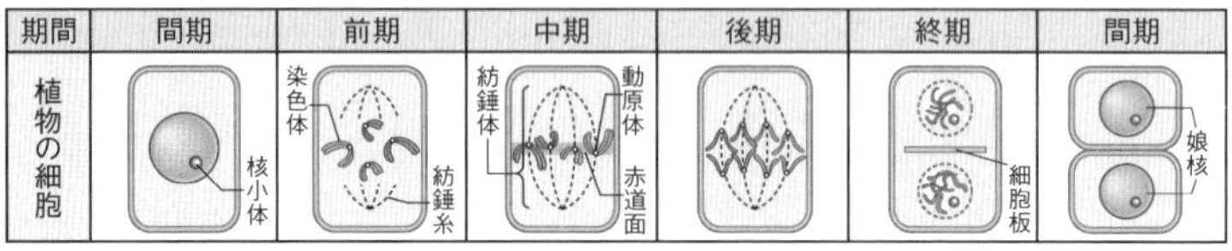

■ **染色体**　核の中に現れるひも状のもの。遺伝子があり，染色液の酢酸カーミン液や酢酸オルセイン液に染まる。

2 生物の成長

■ **細胞分裂と成長**　①細胞分裂によって，細胞の数がふえる。②分裂した細胞がそれぞれ大きくなる。

<ソラマメの根の成長>

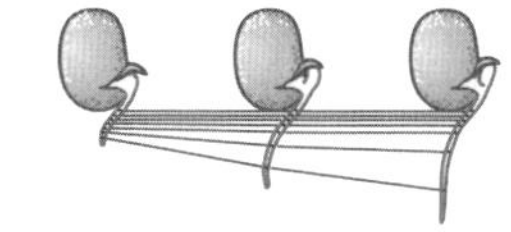

■ **細胞分裂がさかんなところ**　植物の根の先端付近や芽，形成層。

2 生物のふえ方と遺伝

1 有性生殖と無性生殖

■ **有性生殖**　雄の生殖細胞（精子，精細胞）の核と雌の生殖細胞（卵，卵細胞）の核が合体（受精）して新個体がふえる生殖。子は両方の親の遺伝子を受けつぐ。

■ **動物の有性生殖**　受精卵が細胞分裂をくり返して胚になり，成体になる。受精卵が成体になる過程を発生という。

<カエルの発生(受精卵から成体まで)>

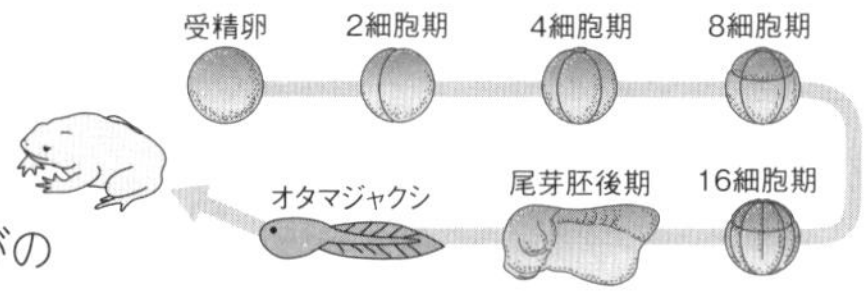

■ **植物の有性生殖**　受粉後，花粉管がのびて受精が行われ受精卵になる。受精卵は細胞分裂をくり返して胚になり，胚珠は種子になる。

<被子植物の有性生殖>

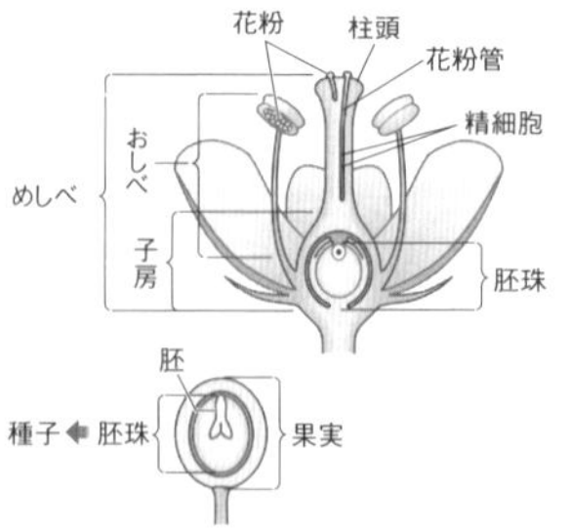

■ **無性生殖**　受精によらない生殖。分裂やさし木。

2 遺伝

■ **形質と遺伝**　からだの特徴となる形や性質を形質といい，親の形質が子へ伝わることを遺伝という。

■ **遺伝子**　染色体にあり形質を現す遺伝情報がある。遺伝子の本体はDNA（デオキシリボ核酸）。

■ **減数分裂**　生殖細胞（卵や精子）をつくるときに行われる，染色体の数が半分になる細胞分裂。受精後，染色体数はもとの数になる。

3 遺伝の法則 メンデルの実験

■ **対立形質**　ある形質について，同時に現れることがない形質どうしのこと。対立形質をもつ純系どうしをかけ合わせたとき，子に現れる形質を顕性形質，現れない形質を潜性形質という。

■ **分離の法則**　形質を決める対立する遺伝子は，別々の生殖細胞に入る。

解答・解説➡別冊 P.39

基礎力チェック

ここに掲載されている基本問題は必ず解けるようにしておきましょう。

1 細胞分裂と成長

1 **図1**を,**カ**を1番目として,細胞分裂の順に**ア**～**オ**を並べかえよ。

[**カ** → → → → →]

図1

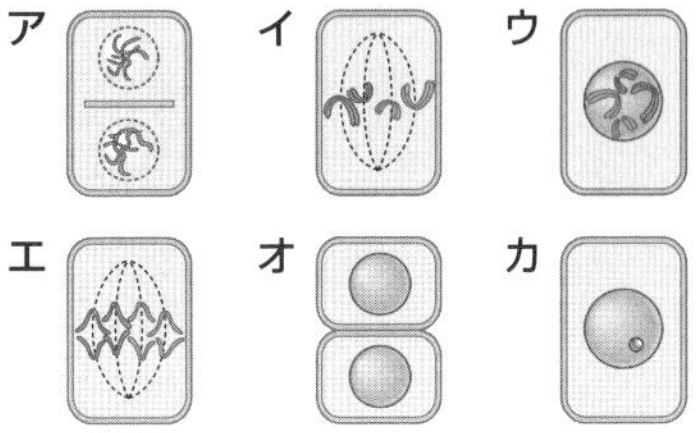

2 細胞分裂が始まると，核の中に現れるひも状のものを何というか。 [ ]

3 **2** を観察するために使う染色液は何か。 [ ]

図2

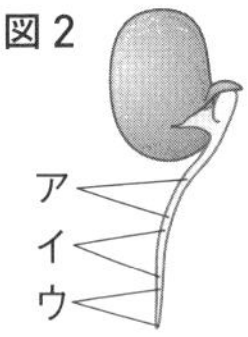

4 **図2**で，細胞分裂を観察するのに最も適した部分は，**ア**～**ウ**のどこか。 [ ]

2 生物のふえ方と遺伝

1 精子と卵が受精することによるふえ方を何というか。 [ ]

2 受精によらず新しい個体ができるふえ方を何というか。 [ ]

3 受粉後，花粉が柱頭の中にのばし精細胞を運ぶ管を何というか。 [ ]

4 **図3**で，受精後，①受精卵と，②胚珠は，それぞれ何になるか。

① [ ] ② [ ]

図3

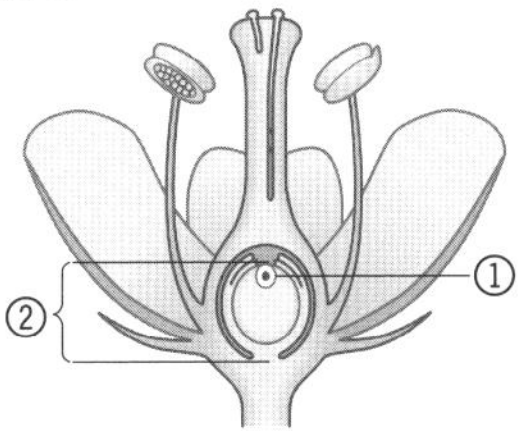

5 受精卵から生物のからだができる過程を何というか。 [ ]

6 細胞の核の中にあり，形質を現すもとになるものを何というか。 [ ]

7 **6** は細胞の核の何の中にあるか。 [ ]

8 生殖細胞をつくるとき， **7** の数がもとの細胞の半分になる細胞分裂が行われる。このような細胞分裂を何というか。 [ ]

9 対立形質をもつ純系どうしを親にもつとき，子に現れない形質を何というか。 [ ]

10 形質を決める対になる遺伝子が，分かれて別々の生殖細胞に入ることを何というか。 [ ]

実践問題

解答・解説➡別冊 P.39

実際の問題形式で知識を定着させましょう。

1 でる!

知識・理解 右の図は，植物の細胞分裂のようすを模式的に表したものである。次の問いに答えなさい。

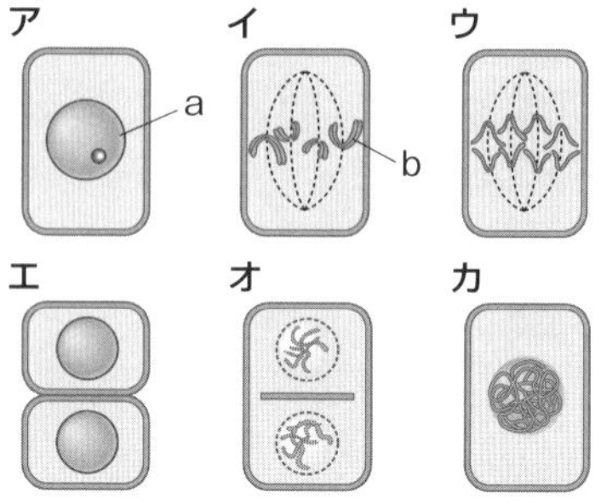

(1) アからカを細胞分裂の進む順に並べかえよ。
[ア → → → → →]

(2) アの細胞に見られるaを何というか。
[ ]

(3) イの細胞に見られるbを何というか。 [ ]

(4) (3)は，酢酸カーミン液では，何色に染まるか。 [ ]

2 差がつく

実験・観察 図1のように，タマネギの根の先端から5mmごとに印をつけ，A～Cのそれぞれの部分を顕微鏡で倍率を変えずに観察したところ，図2のように見えた。次の問いに答えなさい。

図1

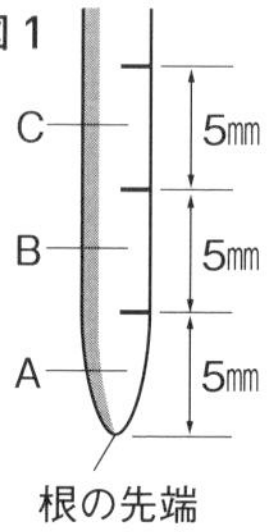

(1) この観察をするとき，60℃のうすい塩酸に約1分間ひたした。この操作をする目的を簡単に書け。
[ ]

(2) 図1のAの部分の細胞のようすは，図2のア～ウのどれか。 [ ]

図2

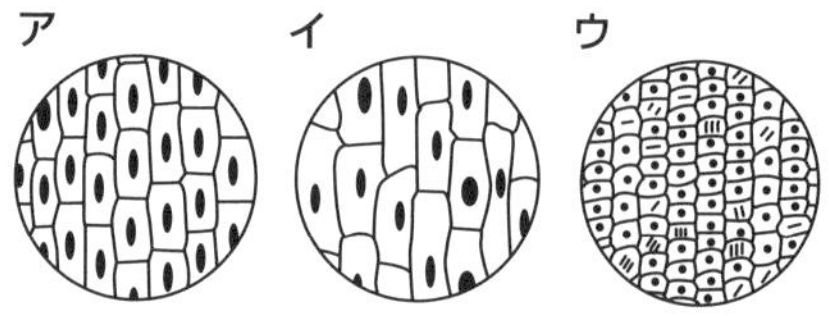

(3) 思考 この観察結果から，根の細胞分裂のようすを観察するには，図1のA～Cのどの部分が適しているといえるか。
[ ]

3

知識・理解 右の図は，被子植物の受粉後のようすで，Aが胚珠に向かってのびていくようすを表したものである。次の問いに答えなさい。

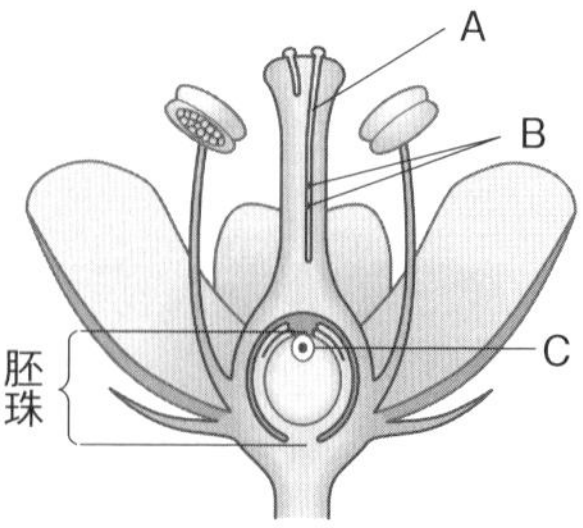

(1) Aを何というか。 [ ]

(2) Bの細胞の核とCの細胞の核が合体すると，Cは何になるか。 [ ]

(3) BやCの核の染色体には，親の形質を子に伝えるものがある。これを何というか。
[ ]

(4) (2)のCが細胞分裂をくり返すと，やがて胚珠は何になるか。
[ ]

(5) このようななかまのふやし方を何生殖というか。 [ ]

4 知識・理解 右の図は，カエルが成長するようすを表している。次の問いに答えなさい。

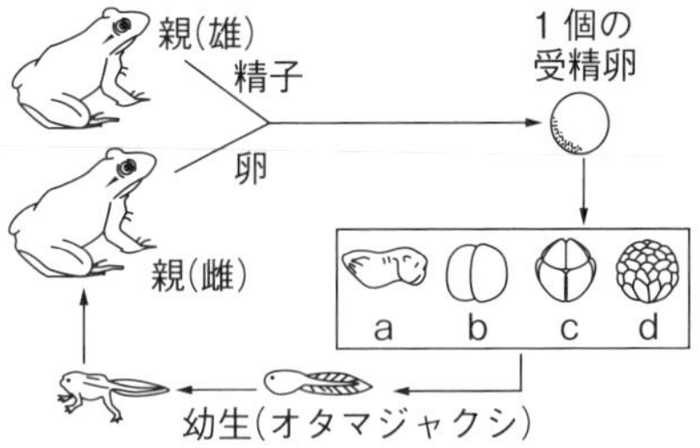

(1) 図中の a ～ d を成長していく順に並べかえよ。

[　　　→　　　→　　　→　　　]

(2) カエルの体細胞の染色体は26本である。カエルの精子の核にある染色体は何本あるか。

[　　　　　　　　]

(3) 精子や卵のような生殖細胞がつくられるときの細胞分裂を何というか。

[　　　　　　　　]

(4) 受精卵が細胞分裂して，自分でえさをとるようになるまでの段階を何というか。

[　　　　　　　　]

(5) 有性生殖でうまれた個体の形質は，両方の親の形質を受けつぐか，どちらかの親の形質だけを受けつぐか。

[　　　　　　　　]

(6) (5) で答えた理由を，遺伝子という語を用いて，簡潔に書け。

[　　　　　　　　]

5 差がつく 知識・理解 エンドウの純系には，①丸い種子をつけるエンドウ，②しわのある種子をつけるエンドウの2つがある。次の実験について，あとの問いに答えなさい。

Ⅰ. 右の図のように，①と②のエンドウをかけ合わせ，同じ形の多数の種子③を得た。

Ⅱ. 実験Ⅰで得られた種子③を発芽させて育て，自家受粉すると，多数の種子④を得た。
このとき得られた④のうち，丸い種子としわのある種子の数の比は3：1であった。

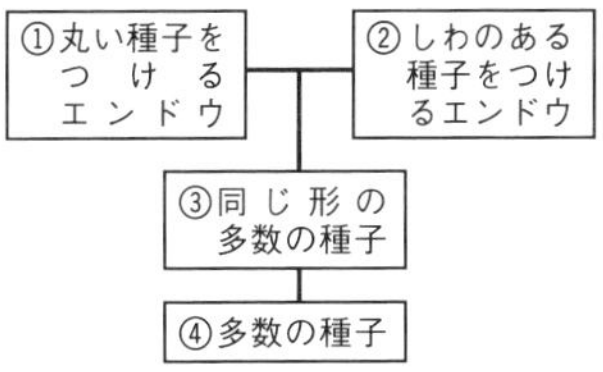

(1) 遺伝に関係する遺伝子は，核の中の何というものにあるか。

[　　　　　　　　]

(2) 実験Ⅰのように，親の形質のうち，子にどちらか一方の形質が現れるとき，子に現れる形質を何というか。 [　　　　　　　　]

(3) 思考 実験Ⅰ，Ⅱの結果から，実験Ⅰで得られた種子の形と遺伝子の型として正しいものは何か。次の**ア**～**エ**から選べ。ただし，遺伝子は，丸い種子をA，しわのある種子をaとする。

ア 丸・AA　**イ** 丸・Aa　**ウ** しわ・Aa　**エ** しわ・aa　[　　　]

(4) 思考 ③と②のエンドウをかけ合わせて種子を多数得た。こうして得られた，丸い種子としわのある種子の数を簡単な整数比で表せ。 [　　　　　　　　]

実力アップ問題

解答・解説⇒別冊 P.40

簡単な入試問題で力だめしをしてみましょう。

1 差がつく

思考 根の成長のしくみについて，次の問いに答えなさい。〈山梨県改〉

(1) 次の文は，タマネギの根の成長のしくみについて述べたものである。**図1**，**図2**から考えて［A］にあてはまる文を書け。

> 根が成長するときには，先端付近の細胞が分裂し，数がふえる。
> 次に，［　　　　A　　　　］

図1

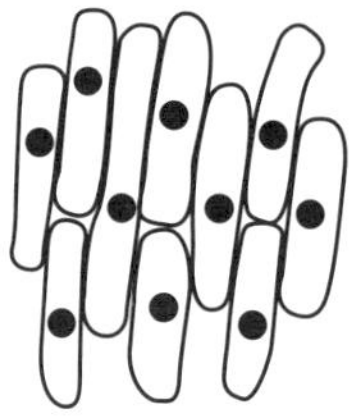

図2

［　　　　　　　　　　　　　　　　］

(2) **図2**のスケッチに見られるような細胞分裂とは異なる，減数分裂の特徴は何か。染色体に着目して簡単に書け。

［　　　　　　　　　　　　　　　　］

2 でる!

思考 タマネギの根を使って，細胞分裂のようすを顕微鏡で観察したところ，**図1**の**A**～**D**のような細胞の染色体が見られた。また，**図2**のように，タマネギの根の先端から2cmほどの部分に，油性ペンで等しい間隔の4つの点をつけた後，根の部分を水につけ，2日後に根の状態を観察した。次の問いに答えなさい。〈長崎県改〉

図1

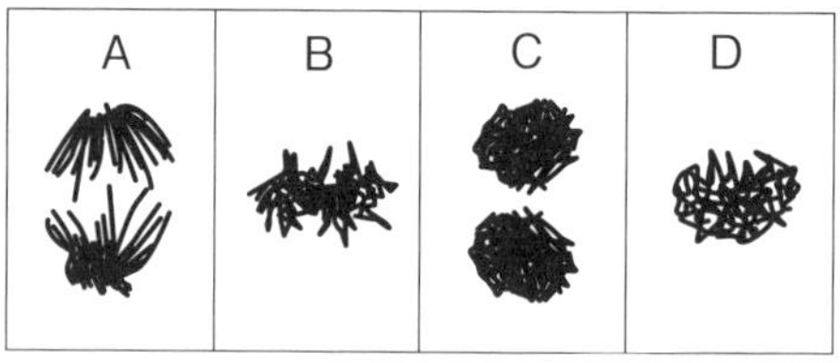

図2

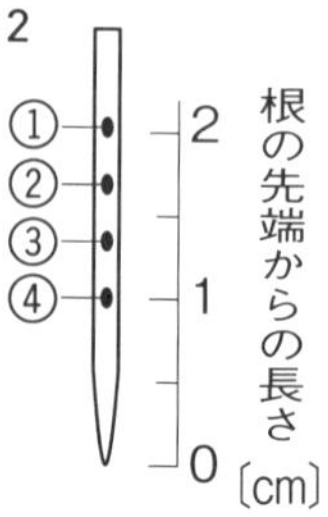

(1) 図1の**A**～**D**を分裂の正しい順に並べかえよ。なお，**A**～**D**はそれぞれ1つの細胞の中で観察されたものとする。

［　　　　　　］

(2) 実験で観察した根の場所は，**図2**ではどの部分か。次の**ア**～**エ**から選べ。

ア ①と②の間　　**イ** ②と③の間
ウ ③と④の間　　**エ** ④より下

［　　　］

(3) **図2**の実験において，2日後の各点の位置として最も適当なものは，右の図の**ア**～**エ**のどれか。

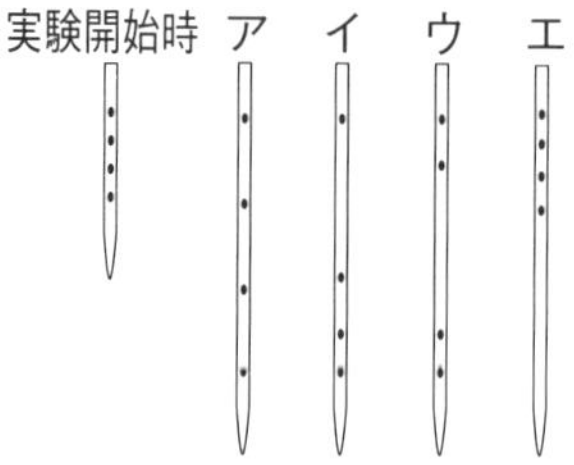

［　　　］

3 知識・理解 オオカナダモの茎の先端を2cm切りとり，水そうに入れた。1か月後に観察すると，葉や根が出て新しい個体になっていた。これについて，次の問いに答えなさい。

〈長野県改〉

(1) 次の文の[あ]～[う]にあてはまるものを，それぞれ**ア**と**イ**から選べ。

> オオカナダモは，[あ]〔**ア**　有性生殖　**イ**　無性生殖〕で子孫を残したので，切断する前の個体と新しい個体は，[い]〔**ア**　同じ　**イ**　違う〕遺伝子をもつ。だから，切断する前の個体と新しい個体は，[う]〔**ア**　同じ　**イ**　違う〕形質になる。

[あ][　　　]　[い][　　　]　[う][　　　]

(2) (1)の[あ]と同じ子孫の残し方のものを，次の**ア**～**エ**から選べ。

ア　マツが受粉して子孫を残す。　**イ**　エンドウが形の違う種子を残す。
ウ　ジャガイモがイモで子孫を残す。　**エ**　カエルが卵で子孫を残す。

[　　　]

4 差がつく

思考 エンドウの種子の形について，その形質が子や孫の代にどのように伝えられるかを調べるため，次の〔実験1〕と〔実験2〕を行った。

〔実験1〕 何代にもわたって丸い種子をつくり続けているエンドウ（親）のめしべに，しわのある種子をつくり続けているエンドウ（親）の花粉をつけたところ，できた種子（子の代）は丸いものばかりであった。

〔実験2〕 〔実験1〕でできた丸い種子（子の代）をまいて育てたエンドウのめしべに，同じ花の花粉をつけたところ，できた種子（孫の代）は全部で1680個であり，丸い種子としわのある種子の数の比は3：1であった。

次の問いに答えなさい。ただし，丸い種子をつくる遺伝子をA，しわのある種子をつくる遺伝子をaで表すものとする。〈愛知県〉

(1)〔実験1〕でできた丸い種子（子の代）をまいて育てたエンドウの卵細胞において，遺伝子Aとaの割合はどのようになっているか。最も適当なものを，次の**ア**～**エ**から選べ。

ア　すべてAである。　**イ**　すべてaである。
ウ　Aとaの割合が1：1である。　**エ**　Aとaの割合が3：1である。

[　　　]

(2) エンドウの種子の形について，〔実験2〕でできた種子（孫の代）における遺伝子の組み合わせとその割合はどのようになっているか。最も適当なものを，次の**ア**～**エ**から選べ。

ア　すべてAaである。　**イ**　AAとaaの割合が1：1である。
ウ　AAとaaの割合が3：1である。　**エ**　AAとAaとaaの割合が1：2：1である。

[　　　]

(3)〔実験2〕でできた1680個の種子（孫の代）のうち，エンドウの種子の形について，〔実験1〕でできた丸い種子（子の代）と同じ遺伝子の組み合わせをもつものは，およそ何個あるか。最も適当なものを，次の**ア**～**エ**から選べ。

ア　420個　**イ**　560個　**ウ**　840個　**エ**　1120個　[　　　]

5 自然と人間

中学総合的研究 理科
P.432~451

要点まとめ

1 生物のつながりと自然界

1 生物どうしのつながりとつり合い

■ **生産者**　光合成を行って有機物をつくる植物。

■ **消費者**　生産者がつくった有機物を食べる草食動物や，草食動物を食べる肉食動物。

■ **分解者**　消費者のうち，植物や動物の死がいやふんなどの有機物をとり入れ，無機物に分解する生物。

■ **食物連鎖**　生物どうしの「食べる・食べられるという関係」の結びつき。

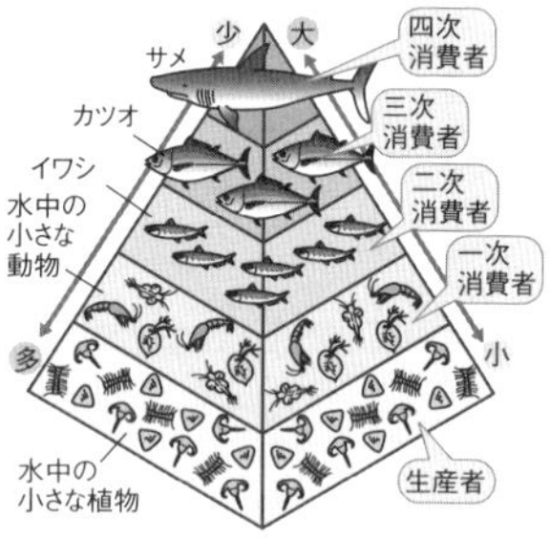

■ **生物界のつり合い**　自然界の生物の数や量は，つり合っている。いったんつり合いがくずれると，もとにもどるまでに長い年月がかかる。

2 分解者のはたらき

■ **土壌動物のはたらき**　落ち葉や動物のふんや死がいは，小動物に食べられ，ふんとして排出され，菌類・細菌類のはたらきを容易にしている。

■ **菌類・細菌類のはたらき**　有機物を無機物に分解することで，植物が栄養分をつくることや，自然界の浄化に役立っている。

3 物質の循環

■ **炭素と酸素の循環**　二酸化炭素中の炭素は，生産者の光合成によって有機物となり，同時に酸素が放出される。一方，有機物の一部である炭素は，生物の呼吸により，酸素と結びついて二酸化炭素となり，放出される。このように，炭素も酸素も自然界を循環している。

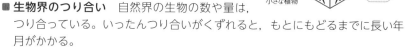

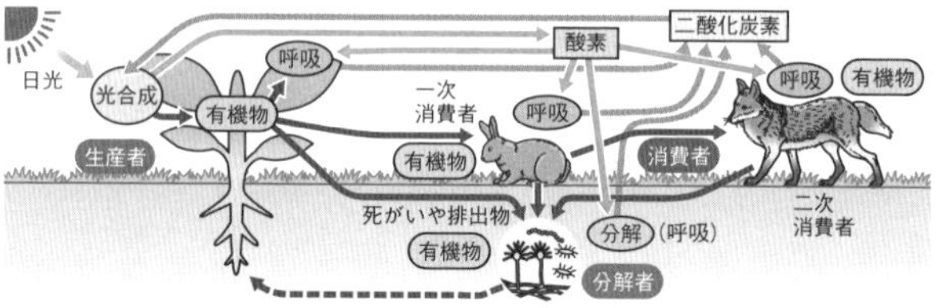

2 自然と人間

1 生命の誕生

生命の誕生…約38億年前。人類の誕生…約500～460万年前。

2 地球の自然環境

■ **大気**　地球をとりまく空気のこと。オゾン層は有害な紫外線を吸収する。

■ **水の循環**　水は，太陽のエネルギーによって，自然界を循環している。

3 環境の汚染や破壊，環境問題

■ **地球の温暖化**　化石燃料の大量使用や森林伐採により，大気中の二酸化炭素が増加し，地球の平均気温が上昇していると考えられている。二酸化炭素には温室効果がある。

■ **酸性雨**　化石燃料の燃焼で出る硫黄酸化物や窒素酸化物が雨水にとけて，強い酸性の雨となったもの。森林や建築物などに被害を与える。

■ **オゾン層の破壊**　フロンによりオゾン層が破壊され，紫外線が地上に達する。

4 自然保護と環境保全

■ **環境保全**　地球の自然や物質，エネルギーの循環システムを回復すること。

■ **保護・保全のとりくみ**　河川や湖沼の水質浄化や大気の浄化，森林保護や植林などの環境の回復，野生動物の保護などのほか，二酸化炭素の排出量規制，フロンの代替や二酸化炭素の回収などの技術開発を進めている。

解答・解説⇒別冊P.41

基礎力チェック

ここに掲載されている基本問題は必ず解けるようにしておきましょう。

1 生物のつながりと自然界

1 生物どうしの「食べる・食べられるの関係」を何というか。[　　　　　　]

2 **1** の関係の中で，光合成によって有機物をつくり出している植物は何というか。
[　　　　　　]

図1

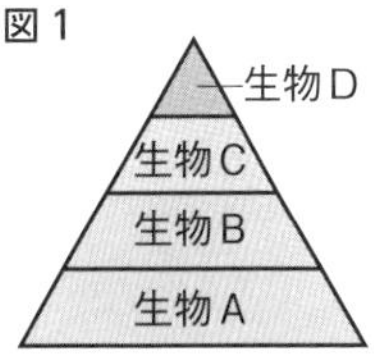

3 フナ，ハト，カエル，オオカミ，ウサギのうち，**図1**のようなピラミッドの形で個体数を表したとき，頂点の生物Dになりうるのはどれか。
[　　　　　　]

4 **図1**の生物A～Dが土の中の生物で，モグラ，トビムシ，ムカデ，落ち葉であるとき，次の①・②にあてはまるのは生物A～Dのどれか。
①落ち葉 [　　　　　　]　②ムカデ [　　　　　　]

5 生物の死がいやふんなどの有機物を無機物に分解する生物を何というか。
[　　　　　　]

6 菌類や細菌類は生物の死がいやふんをおもにどんな無機物に分解するか。２つ書け。
[　　　　　　と　　　　　　]

図2

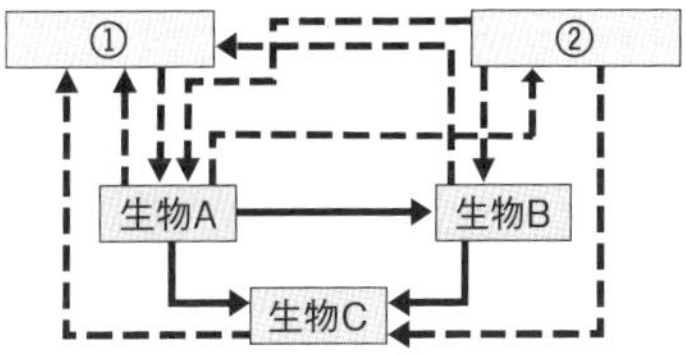

7 **図2**は，自然界のある物質の移動，循環を表したものである。なお，**図2**の ──▶ は有機物の流れの向きを，- - -▶ は無機物の流れの向きを表している。①・②にあてはまる物質は何か。
① [　　　　　　]
② [　　　　　　]

8 **図2**で，消費者とよばれるものは，生物A，Bのどちらか。[　　　　　　]

9 炭素は，生産者から消費者へどのような形で移動するか。[　　　　　　]

2 自然と人間

1 化石燃料の大量消費により，何という気体の濃度が大気中に増加しているか。
[　　　　　　]

2 紫外線が地表に届くのをさまたげるはたらきをしている上空にある層を何というか。
[　　　　　　]

3 **2** の層はおもに何によって破壊されていると考えられているか。[　　　　　　]

解答・解説➡別冊 P.41

実践問題

実際の問題形式で知識を定着させましょう。

1 でる!

知識・理解 ある地域に「食べる・食べられるという関係」でつながっている生物〔カエル　バッタ　ウサギ　ヘビ　ワシ　緑色植物〕がいて，個体数はつり合いがとれている。次の問いに答えなさい。

(1)「食べる・食べられるという関係」の生物どうしのつながりを何というか。

[　　　　]

(2) 生産者と呼ばれている生物はどれか。また，生産者は何というはたらきをしているか。

生産者 [　　　　]　はたらき [　　　　]

(3) この地域の生物のうち，最も個体数が少ないと考えられる生物はどれか。

[　　　　]

(4) 思考 この地域からカエルの個体数が激減したとき，はじめに個体数が減少すると考えられる生物は何か。 [　　　　]

2

知識・理解 林の土を採集してきて，いろいろな生物を観察した。あとの問いに答えなさい。

〔観察した生物〕 A　落ち葉　B　ダンゴムシ　C　トビムシ　D　クモ　E　ムカデ

(1) ここでの「生産者」は，A～Eのどれか。 [　　]

(2) (1)を直接食べる「消費者」は，A～Eのどれか。すべて選べ。

[　　　　]

(3) 小枝にはキノコが，落ち葉にはカビがついていた。キノコやカビや(2)の生物は，自然界では消費者のうち何とよばれているか。 [　　　　]

(4) キノコやカビは，有機物を何に分解するか。 [　　　　]

3 でる!

知識・理解 右の図は，自然界での物質の循環をまとめたものである。次の問いに答えなさい。

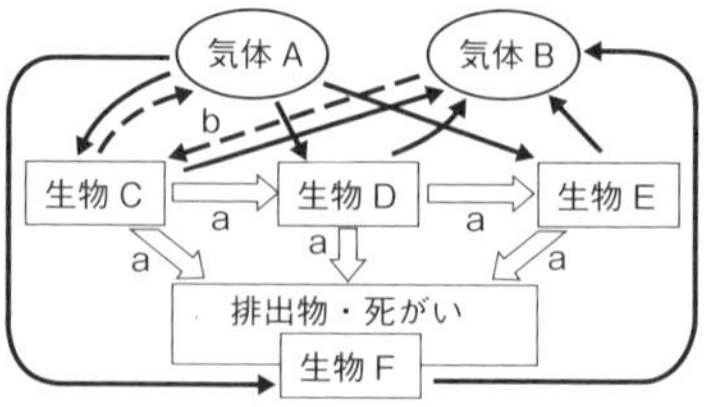

(1) 気体A，気体Bは，それぞれ何か。

気体A [　　　　]

気体B [　　　　]

(2) 矢印aは，どのような物質の流れを表しているか。次のア～ウから選べ。

ア　無機物　　イ　有機物　　ウ　水 [　　]

(3) 矢印bの流れは，生物Cの何というはたらきのために必要か。

[　　　　]

(4) すべての生物の生活活動エネルギーのもとは，何のエネルギーか。

[　　　　]

4 でる!

知識・理解 図1のように，水を入れたビーカーに落ち葉や土を入れてかきまわし，布でこした。次に，こした水を図2のようにAとBに2等分し，Cには水だけを同量入れた。さらに，AとCにはデンプン溶液を加え，ラップでふたをし2日後にヨウ素液を加えた。表はそのときの結果である。次の問いに答えなさい。

図1

図2

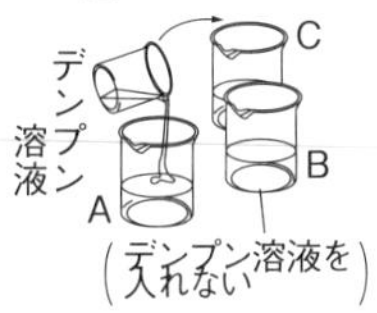

	装　置	ヨウ素液との反応
A	こした水＋デンプン溶液	なし
B	こした水	なし
C	水＋デンプン溶液	［　　］色

(1) 表の［　　］にあてはまる色の変化を書け。

［　　　　　　　　］

(2) AとCの液で，2日後にデンプンがなくなっていたのはどちらか。　［　　　］

(3) (2) で，デンプンがなくなったのは，①何という生物のなかまによるか。また，②この生物は自然界のつながりの中では何というか。

①［　　　　　　　　］　②［　　　　　　　　］

(4) (3) の生物は，デンプンを何に変えたのか。　［　　　　　　　　］

5

知識・理解 近年，使用されているエネルギー量は著しく増加しており，そのエネルギー源として，おもに石油・石炭などの［ a ］燃料が使われている。このことが原因の1つとなって，b<u>大気中の二酸化炭素の濃度が少しずつ高まってきており</u>，c<u>硫黄酸化物や窒素酸化物の汚染も問題になっている</u>。次の問いに答えなさい。

(1) ［ a ］にあてはまる語句を書け。　［　　　　　　　　］

(2) (1) の燃料に共通して含まれる元素に炭素がある。炭素が燃焼して二酸化炭素ができる化学変化を化学反応式で書け。　［　　　　　　　　］

(3) 下線部bより，引き起こされると考えられている問題はどれか。次の**ア**～**エ**から選べ。

［　　　］

ア　海洋汚染　　**イ**　オゾン層破壊　　**ウ**　熱帯林の減少　　**エ**　地球温暖化

(4) 下線部cの大気の汚染物質が，水にとけて雨となって降ってくるものを何というか。

［　　　　　　　　］

6

知識・理解 地球の上空にはオゾン層があり，ここでは，オゾンの生成と分解のつり合いが保たれていた。ところが，［ a ］大陸の上空でオゾン濃度の激減した部分が生じている。この原因の1つには，b<u>精密機械の洗浄や冷蔵庫の冷媒に使われてきた化学物質</u>が，大気中に放出されて，オゾン層を破壊していることがあげられている。次の問いに答えなさい。

(1) ［ a ］にあてはまる大陸の名前を書け。　［　　　　　　　　］

(2) 下線部bの化学物質を何というか。　［　　　　　　　　］

(3) 思考 オゾン層が減少すると，どのようなことが起こると考えられているか。簡単に書け。　［　　　　　　　　　　　　　　］

実力アップ問題

簡単な入試問題で力だめしをしてみましょう。

1 でる!

知識・理解 右の図を参考にして，次の問いに答えなさい。〈同志社〉

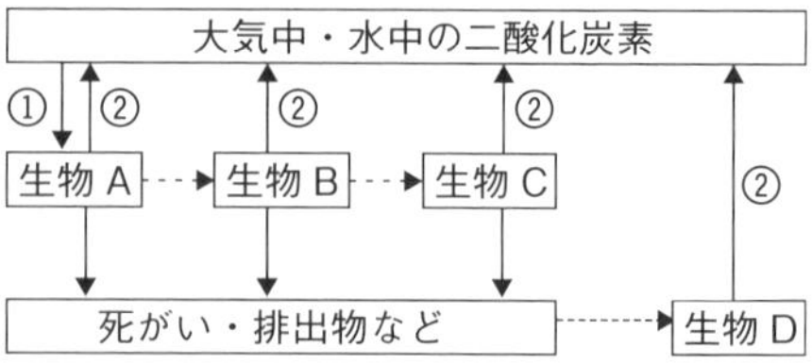

(1) 図中の矢印①, ②は，それぞれ生物のどのような作用を示しているか。

① [　　　　　　　　　　]

② [　　　　　　　　　　]

(2) 図中の生物Aは，生態系で果たす役割の上から何とよばれているか。

[　　　　　　　　　　]

(3) 思考 生物Dが生態系で果たす役割を説明せよ。

[　　　　　　　　　　]

(4) 生物Dに該当する生物を，次の**ア**～**オ**からすべて選べ。

ア プランクトン　**イ** カビ　**ウ** ヘビ　**エ** バッタ　**オ** キノコ

[　　　　　　　　　　]

(5) 生物A ------▶ 生物B ------▶ 生物C のような生物間の関係を何というか。

[　　　　　　　　　　]

(6) 生物A，B，Cの個体数を比較すると，それぞれの大小関係はどのようになっているか。X＜Y＝Zのように不等号や等号を用いて答えよ。

[　　　　　　　　　　]

(7) 思考 (6) のような大小関係が，なぜ成り立っているのかを説明せよ。

[　　　　　　　　　　]

(8) ある生態系において，何らかの理由で，一時的に生物Aの個体数が増加した。このとき，生物Bの個体数は時間とともにどのように変化するか。次の**ア**～**オ**から選べ。

ア いつまでも増加を続ける。

イ 限りなく減少し，0になる。

ウ 最初のうちは増加するが，その後は減少し，一定の数になると変化が止まる。

エ 最初のうちは減少するが，その後は増加し，一定の数になると変化が止まる。

オ まったく増加も減少もしない。

[　　　]

2 差がつく

思考 川に有機物を含んだ汚水が多量に流れ込み，水中の酸素が使いつくされてしまうと，川の浄化力が失われてしまう。その理由を下の語群の語を使って説明しなさい。

〈佐賀県〉

（語群）菌類・細菌類　呼吸　有機物

[　　　　　　　　　　]

地学編

大地の変化

要点まとめ

1 地震のゆれと地震波

1 地震のゆれ

■ **震源と震央**　地震が発生した場所を震源，震源の真上の地点を震央という。
・初期微動…はじめに伝わる小さいゆれ⇨**P波によるゆれ**
・主要動…初期微動に続いて起こる大きなゆれ⇨**S波によるゆれ**

■ **初期微動継続時間**　初期微動が続く時間のこと。

■ 初期微動継続時間が長いと，観測地点から震源までの距離は遠い（**比例する**）。

■ **震度**　観測地点での地震の**ゆれの程度**。(震度階級)

■ **マグニチュード**　地震そのものの**規模**。(M)

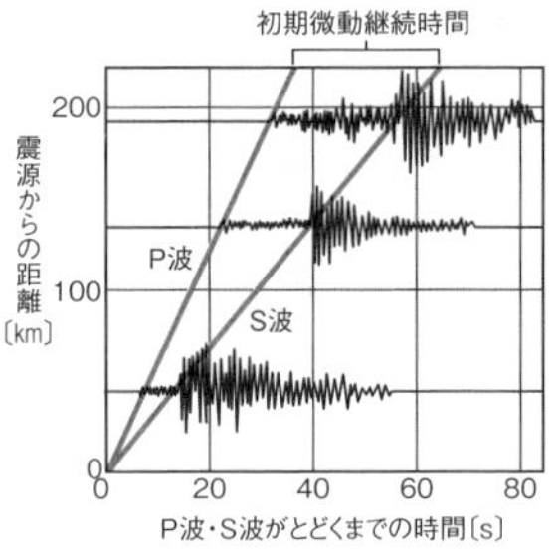

2 地震の原因と地殻変動

■ **地震の原因**　断層がずれることにより起こる。海洋プレートが大陸プレートの下にしずみ込むところで大きな地震が起こる。

2 火山と火成岩

1 火山活動

■ **マグマと火山の形**　マグマのねばりけが強いとドーム状，弱いとたて状の火山。

■ **火山噴出物**　溶岩・火山灰・火山弾・火山れき・軽石・火山ガスなど。

2 火成岩のつくり

■ **火山岩**　地表や地表付近で，急に冷えて固まってできる。⇨**斑状組織**

■ **深成岩**　地下深くで，ゆっくり冷えて固まってできる。⇨**等粒状組織**

■ **斑状組織**　細かい結晶やガラス質からなる**石基**と，大きい結晶である**斑晶**が散らばったつくり。

■ **等粒状組織**　鉱物がすべて**大きい結晶**となり，結晶の大きさもほぼそろっているつくり。

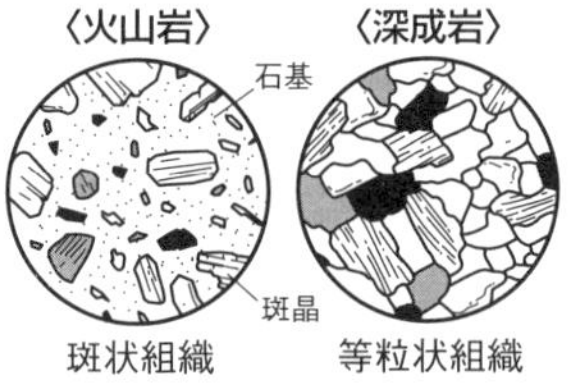

3 鉱物と岩石

■ **無色鉱物**…石英・長石（白っぽい）

■ **有色鉱物**…黒雲母・角閃石・輝石・カンラン石

■ **火山岩**…玄武岩・安山岩・流紋岩　**深成岩**…斑れい岩・閃緑岩・花こう岩

3 地層と堆積岩

1 流水のはたらき

■ **侵食作用・運搬作用・堆積作用**の３つのはたらき。

2 地層のでき方と調べ方

①粒が重いものから先に堆積する。
②連続して堆積した地層では，下の層は上の層より古い。

■ **はなれた地点の地層の対比**　かぎ層・示準化石などを用いる。

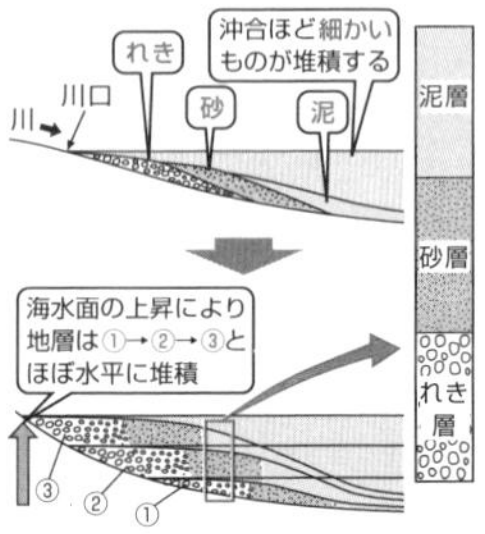

3 堆積岩と化石

■ 土砂が堆積…（粒が大きい順）**れき岩・砂岩・泥岩**

■ 火山灰が堆積…**凝灰岩**

■ 生物の死がいが堆積…**石灰岩・チャート**

■ **示相化石**…堆積した当時の環境を示す。
示準化石…堆積した年代がわかる。

4 大地の変動

■ **断層としゅう曲**　地層に大きい力が加わり，地層が断ち切られ，ずれを生じたところを**断層**，地層が波打つように曲がったところを**しゅう曲**という。

基礎力チェック

解答・解説➡別冊 P.44

ここに掲載されている基本問題は必ず解けるようにしておきましょう。

1 地震のゆれと地震波

1 地震が発生した場所を何というか。 [ ]

2 図１は，ある地震のゆれの記録である。a，b のゆれをそれぞれ何というか。a [ ] b [ ]

図１

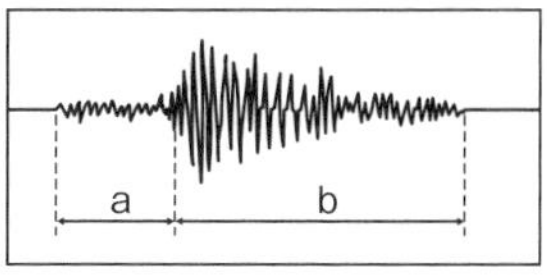

3 図１の a，b のゆれを起こす波をそれぞれ何というか。
a [ ] b [ ]

4 図１で，a のゆれと b のゆれがずれて伝わるのは，何が違うからか。
[ ]

2 火山と火成岩

1 火山の形や噴火のようすの違いは，マグマの何によるか。 [ ]

2 マグマが地下でゆっくり冷えて固まってできた岩石を何というか。
[ ]

3 図２のように石基と斑晶からなる組織を何というか。
[ ]

図２

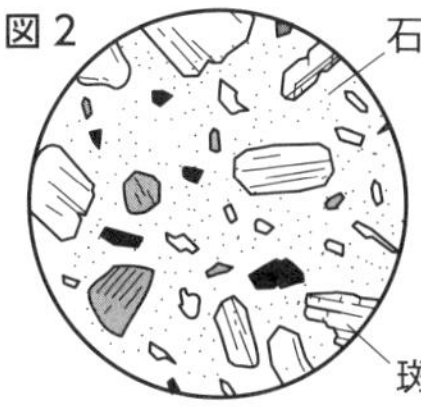

4 石英･カンラン石･輝石･長石･角閃石のうち，無色鉱物はどれとどれか。
[と]

5 ①流紋岩・安山岩・玄武岩と，②斑れい岩・閃緑岩・花こう岩は，それぞれ何という岩石に分類されるか。
① [ ] ② [ ]

3 地層と堆積岩

1 侵食された土砂を，下流までおし流す水のはたらきを何作用というか。
[ ]

2 堆積岩のうち，粒の直径が2mm以上のものを何というか。
[ ]

3 地層の重なり方を示す図を何というか。 [ ]

4 地層が堆積した当時の環境を知る手がかりとなる化石を何というか。
[ ]

5 地層に大きい力が加わって，地層が波打つように曲がることを何というか。
[ ]

実践問題

実際の問題形式で知識を定着させましょう。

1 でる!

知識・理解 **図1**は，ある地震の震源Aと，観測地点の位置関係を表したもので，**図2**は，ある観測地点での地震計の記録を表したものである。次の問いに答えなさい。

図1

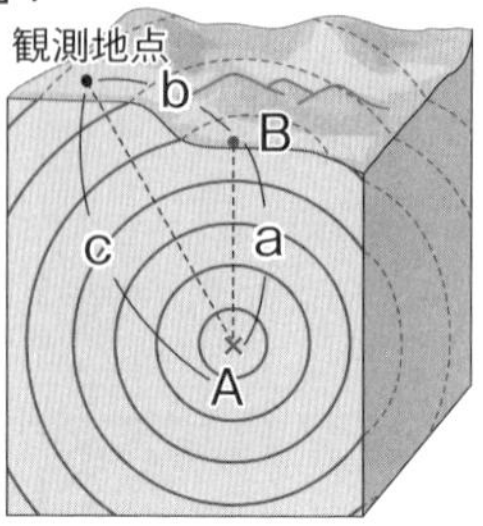

(1) 図1で，この地震の震源の真上の地点Bを何というか。

[　　　　　　　　]

(2) 震源距離を表しているのは，図1のa～cのどこか。 [　　　]

図2

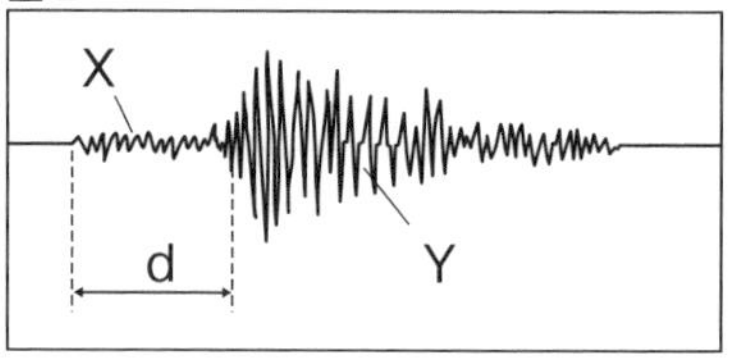

(3) 図2で，X，Yのゆれをそれぞれ何というか。

X [　　　　　　　　]

Y [　　　　　　　　]

(4) 図2で，Xのゆれが始まり，Yのゆれが始まるまでの時間（長さ）dを何というか。

[　　　　　　　　]

(5) ふつう，大きいゆれになるのは，X，Yどちらのゆれか。 [　　　]

(6) 各地点での地震のゆれの大きさ（程度）は何で表すか。 [　　　　　　　　]

2 でる!

知識・理解 **図1**は，ある地震のある地点での地震計の記録を表したもので，**図2**は，震源からの距離とこの地震の2つの地震波が各地に到着するまでの時間との関係をグラフに表したものである。次の問いに答えなさい。

図1

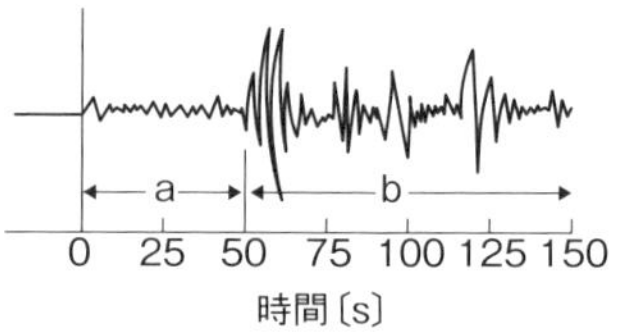

図2

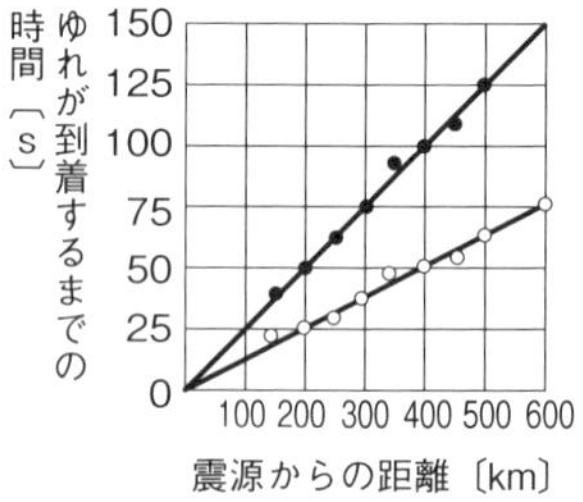

(1) 図1で，a，bのゆれを起こす波を何というか。

a [　　　　　　] b [　　　　　　]

(2) この地震で，bを起こす波が伝わる速さは何km/sか。

[　　　　　　]

(3) aのゆれが続いた時間と震源からの距離の間には，どんな関係があるか。

[　　　　　　　　　　　　]

(4) 思考 震源から600kmの地点におけるaのゆれが続く時間は何秒間か。 [　　　　　　]

(5) 思考 図1の記録は，震源からおよそ何kmはなれた地点のものか。次の**ア**～**エ**から選べ。

ア 200km　**イ** 300km　**ウ** 400km　**エ** 500km [　　　]

(6) 地震の規模を表す尺度を何というか。 [　　　　　　]

3 知識・理解 右の図は，太平洋および日本付近のプレートと火山や海底のようすを表す模式図である。次の問いに答えなさい。

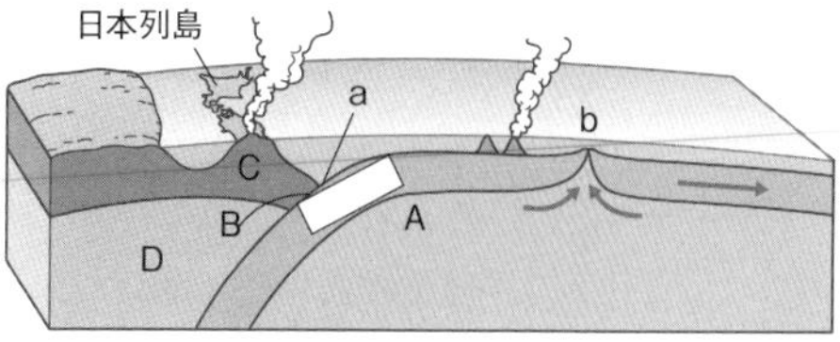

(1) 海洋プレートの移動方向を，図の□に矢印→をかけ。

(2) a，bの名称をそれぞれ書け。

a [　　　　] b [　　　　]

(3) 次の文は，日本列島付近の太平洋側で起こる地震のしくみについて述べたものである。文中の ① ～ ③ に海洋または大陸のどちらかを書け。

① プレートが地球内部にもぐり込むとき， ② プレートがひきずり込まれ，ひずみにたえきれなくなった ③ プレートが反発してもどるときに，大地震が起こる。

① [　　　　] ② [　　　　] ③ [　　　　]

(4) 日本列島付近で起こるマグニチュードの大きな地震は，図のA～Dのどこに震源があることが多いか。 [　　　　]

4 でる! 知識・理解 右の図は，火山の形を模式的に表したものである。次の問いに答えなさい。

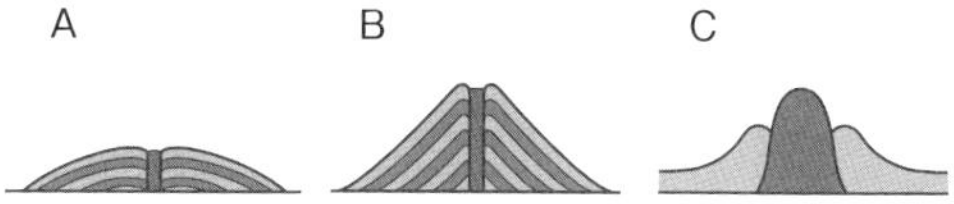

(1) マグマのねばり気が強い順に並べよ。 [　　→　　→　　]

(2) 全体が最も白っぽい溶岩でできている火山はどれか。 [　　]

(3) 噴火が，最もおだやかであったと考えられる火山はどれか。 [　　]

(4) 噴出した火山ガスの主成分は何か。 [　　　　]

5 でる! 知識・理解 **図1**は，火成岩のできるようすを模式的に表したものである。**図2**は，ある2種類の火成岩を顕微鏡で観察したものである。次の問いに答えなさい。

図1

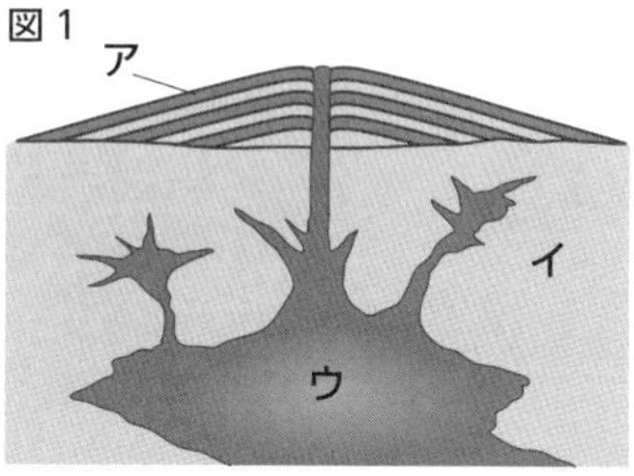

(1) **図2**のA，Bの火成岩は，造岩鉱物の組織から見て，それぞれ**図1**の**ア**～**ウ**のどこでできたと考えられるか。 A [　　] B [　　]

(2) **図2**のAの火成岩のX，Yのつくりをそれぞれ何というか。 X [　　　　] Y [　　　　]

図2

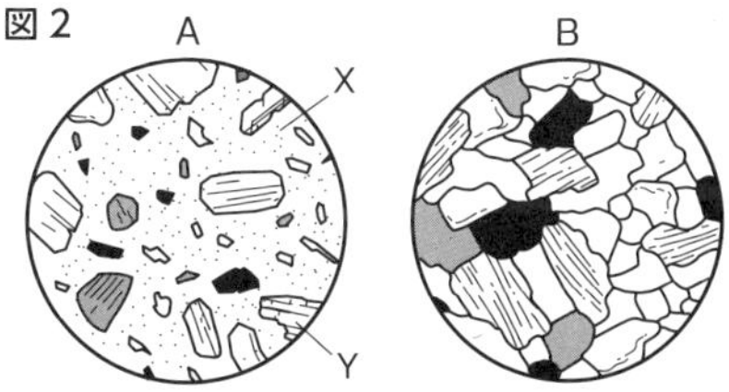

(3) **図2**のBのような火成岩のつくりを何組織というか。 [　　　　]

6 知識・理解 図1は，組織の異なる2つの火成岩を顕微鏡で観察したもので，図2は，火成岩をつくる鉱物の種類と割合を表したものである。次の問いに答えなさい。

図1

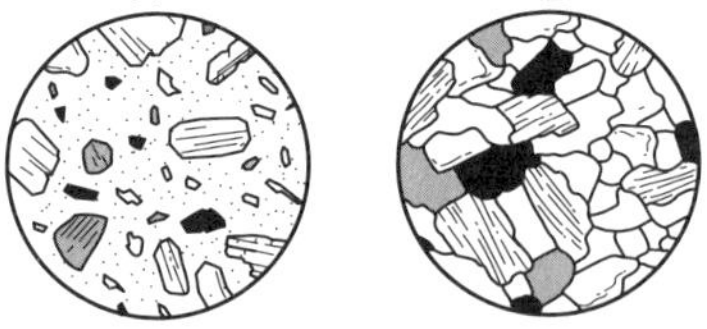

(1) 図1のAのようなつくりを何というか。

[　　　　　　　　　　]

図2

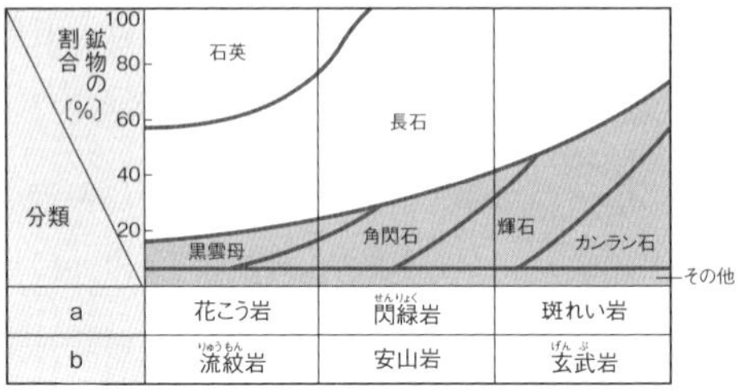

(2) 図1のBのつくりの火成岩は，マグマがどのように冷えてできたか。

[　　　　　　　　　　]

(3) (2)は，図2のa，bのどちらに見られるつくりか。 [　　　]

(4) 図2で，白っぽい鉱物で，決まった方向に割れるのはア～ウのどれか。

ア 黒雲母　**イ** 長石　**ウ** 石英 [　　　]

(5) 図1のBのようなつくりをもつ岩石のうち，最も白っぽい岩石を何というか。

[　　　　　　　　　　]

7 知識・理解 次の堆積岩について，あとの問いに答えなさい。

A　凝灰岩	B　砂岩	C　石灰岩	D　れき岩	E　泥岩	F　チャート

(1) 土砂が堆積してできた岩石は，A～Fのどれか。すべて選べ。また，その中での分類の基準は何か。

記号 [　　　　　　　　　　] 分類の基準 [　　　　　　　　　　]

(2) 火山灰が堆積してできた岩石は，A～Fのどれか。 [　　　]

(3) 生物の死がいなどが堆積してできた岩石は，A～Fのどれか。すべて選べ。

[　　　　　　　　　　]

8 でる! 知識・理解 右の図は，地層が地表に現れているところを表したものである。次の問いに答えなさい。

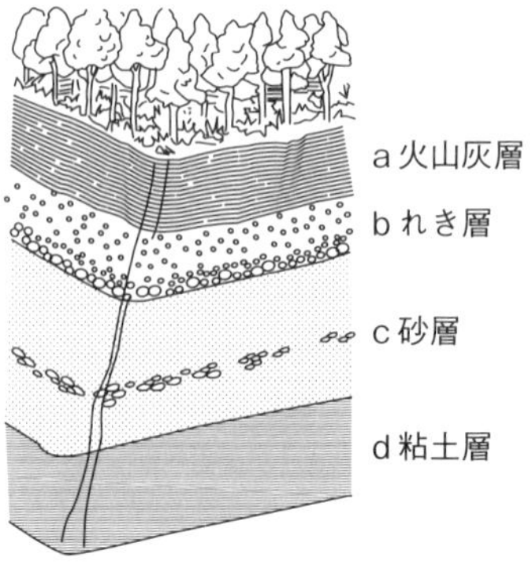

(1) 崖などの「地層が地表に現れているところ」を何というか。 [　　　　　　　]

(2) a層に見られる粒の形は，どうなっているか。

[　　　　　　　　　　]

(3) b・c・dの地層は，流水のはたらきによってつくられた。流水の3つのはたらきを書け。

[　　　　　・　　　　　・　　　　　]

(4) 思考 b・c・dの3つの地層が堆積している間，海は深くなったか，浅くなったか。

[　　　　　]

9 でる!

知識・理解 **図1**は，ある崖の地層を観察したものである。次の問いに答えなさい。

図1

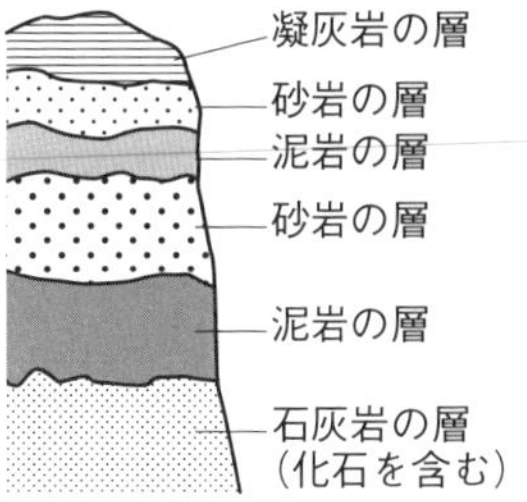

(1) この崖で見られる，砂岩や泥岩などは，海底で層になって積み重なってできた岩石である。このようなでき方の岩石をまとめて何というか。

[　　　　　　　　]

(2) 凝灰岩の層があることから，どのようなことがわかるか。

[　　　　　　　　]

(3) 石灰岩の層から三葉虫の化石が見つかった。三葉虫はどれか。**図2**の**ア**～**エ**から選べ。 [　　]

図2

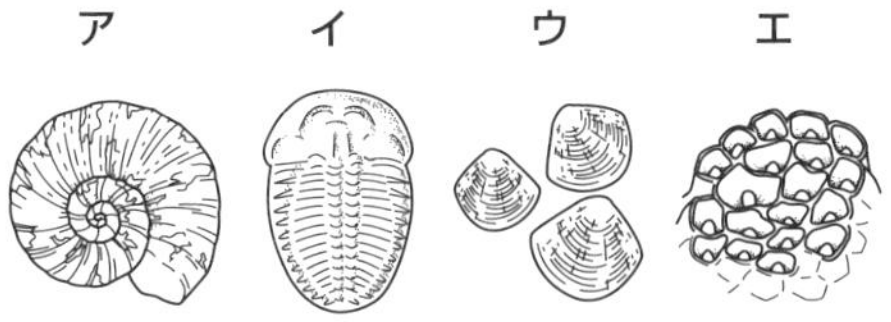

(4) 三葉虫の化石は，その化石を含む層ができた年代を決めるのに役立つ。このような化石を何というか。

[　　　　　　　　]

10

知識・理解 大地の変化について，次の問いに答えなさい。

(1) 何らかの原因で，①土地がもち上がること，②土地がしずむことを，それぞれ何というか。

① [　　　　　　　　]　② [　　　　　　　　]

(2) 大地に大きい力が加わり，①地層が断ち切られ，ずれたところを何というか。また，②地層が波打つように曲がったところを何というか。

① [　　　　　　　　]　② [　　　　　　　　]

(3) (2) ①の中で，これまでに地震が何度かくり返し起こり，これからも地震が起こることが予測されるものを特に何というか。 [　　　　　　　　]

11 でる!

思考 右の図は，標高の等しい地点A，Bの露頭で見られた地層を柱状図にしたものである。次の問いに答えなさい。

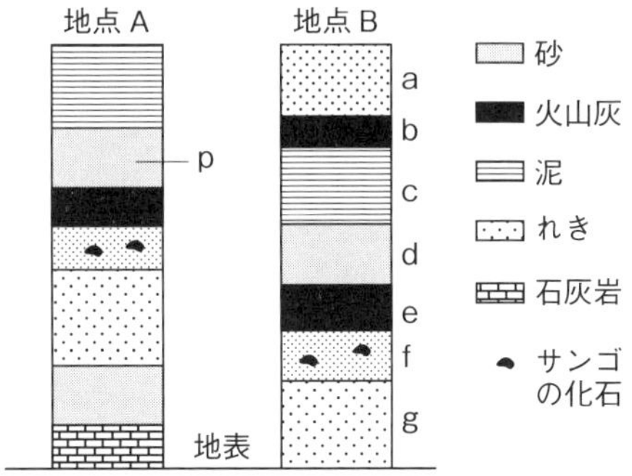

(1) 火山灰の層や化石を含む層のように，地層のつながりを知る手がかりとなる層を何というか。

[　　　　　　　　]

(2) 思考 地点Aのp層とつながっているのは，地点Bのa～gのどの層か。

[　　]

(3) 地点A，Bにサンゴの化石が見つかった。堆積当時この地域はどんな環境であったか。

[　　　　　　　　]

(4) 石灰岩の層であることを確かめる方法を，その結果を含めて書け。

[　　　　　　　　]

実力アップ問題

解答・解説➡ 別冊 P.47

簡単な入試問題で力だめしをしてみましょう。

1 でる!

知識・理解 Kさんは，地層が地表に現れている場所が家の近くにあることを知り，地層のつくりを調べるため，野外観察を行った。次の問いに答えなさい。〈神奈川県〉

(1) 次のA～Cの観察手順を正しく並べたものとして最も適するものを，下の**ア**～**エ**から選べ。

A. 化石があるか調べ，見つかったらそのときのようすを記録し，必要最小限の量だけ採集する。

B. 地層全体のようすを観察し，おおまかに地層全体をスケッチする。

C. 地層に近づいて，それぞれの地層をくわしく観察し，層の色や厚さ，層をつくる粒の大きさなどを調べて記録する。

ア C－A－B　　**イ** C－B－A　　**ウ** B－C－A　　**エ** B－A－C

[　　　]

(2) Kさんは，ほかの場所との地層のつながりや重なり方を比べるために，観察した地層をもとに右の図を作成した。このような，地層の重なりを1本の柱のように表した図を何というか。漢字3字で書け。

[　　　　　　　　]

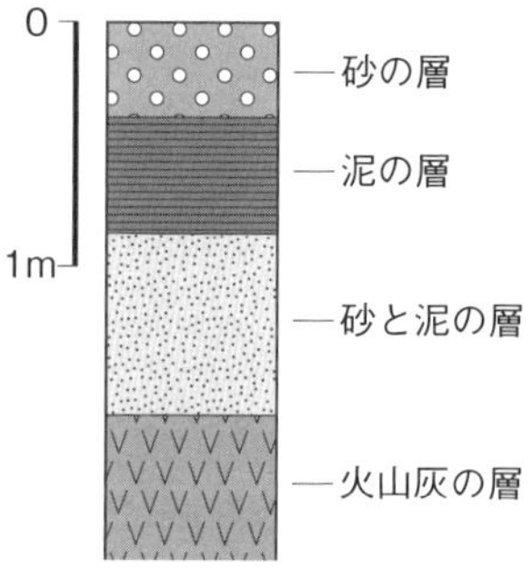

2 でる!

知識・理解 火成岩のつくりについて調べるために，安山岩と花こう岩の表面をルーペで観察した。右の図は，そのときのスケッチである。次の問いに答えなさい。〈山口県改〉

(1) 図のように，安山岩は，大きな粒が，肉眼では見分けられないような細かい粒の中に散らばったつくりになっている。このような岩石のつくりを何というか。

[　　　　　　　　]

(2) 次の文は，花こう岩のでき方を安山岩と比べて説明したものである。(　　)の中のa～dの語句について，正しい組み合わせを，下の**ア**～**エ**から選べ。

> 花こう岩は，地下の（ a　浅い　　b　深い ）ところで，（ c　急速に　d　ゆっくりと ）冷えて固まってできる。

ア aとc　　**イ** aとd　　**ウ** bとc　　**エ** bとd

[　　　]

3 知識・理解 ルーペを使って，岩石標本の観察をする。次の問いに答えなさい。〈長崎県改〉

(1) 右の図のA～Dの岩石をルーペで観察したところ，次のような特徴がみられた。これらは，そのでき方から同じ種類の岩石に分類される。何という種類の岩石か。その名称を書け。

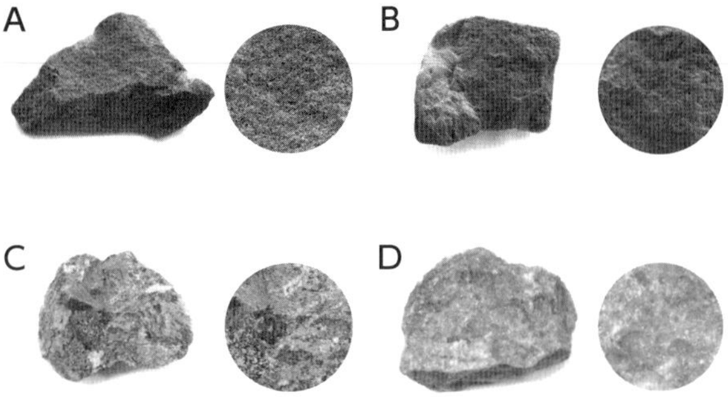

〔岩石の特徴〕
A　1mmほどの大きさの砂粒が固められてできている。
B　泥のような非常に細かい粒が固められてできている。
C　小さな丸い粒のようなものがたくさん含まれている。
D　表面はなめらかで，粒はまったく見えない。

[　　　　　　　　]

(2) A～Dの岩石のうち，1つは石灰岩である。石灰岩はどのようにしてできたか。簡単に書け。

[　　　　　　　　　　　　　　　　]

4 でる! 知識・理解 右の図のような，傾斜のゆるやかな形をしている火山について，正しいことを述べているものを選びなさい。〈栃木県〉

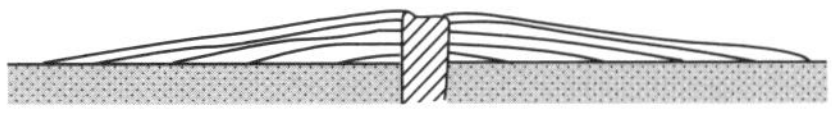

ア　マグマのねばり気が強く，激しい噴火をした。
イ　マグマのねばり気が強く，おだやかな噴火をした。
ウ　マグマのねばり気が弱く，激しい噴火をした。
エ　マグマのねばり気が弱く，おだやかな噴火をした。

[　　]

5 知識・理解 次の火山と火成岩についての文を読み，あとの問いに答えなさい。〈佐賀県〉

> 火山が噴火すると，火口から火山ガスといっしょに火山灰や軽石などがふき出たり，溶岩が流れ出たりする。これらのように，噴火によって地下からふき出された物質をまとめて（　　　）という。

(1) 文中の下線部火山ガスのおもな成分として適当なものを，次の**ア**～**オ**から2つ選べ。
ア　酸素　　**イ**　窒素　　**ウ**　二酸化炭素　　**エ**　水素　　**オ**　水蒸気

[　　　　　　　　]

(2) 文中の（　　　）に適する語句を書け。

[　　　　　　　　]

6 でる!

右の図は，ある場所で観察した地層を模式的に示したものである。次の問いに答えなさい。〈鹿児島県〉

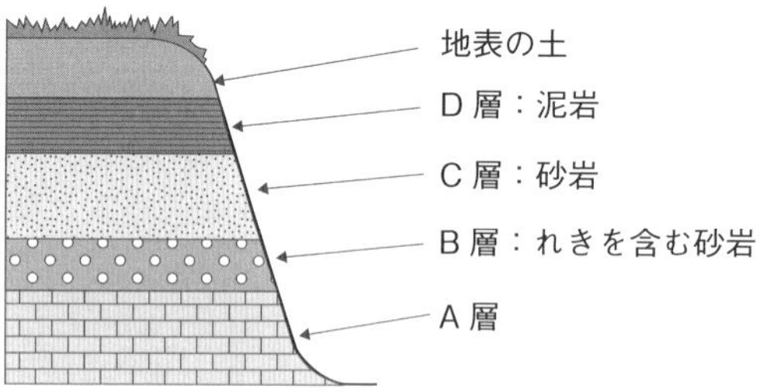

(1) 知識・理解 A層は，サンゴの死がいが堆積して固まってできた岩石の層である。この岩石に，うすい塩酸をかけたところ，二酸化炭素が発生した。この岩石名を書け。

[　　　　　　　　]

(2) 知識・理解 サンゴは示相化石としてあつかわれるが，A層に含まれるサンゴは古生代の示準化石でもあることがわかった。示準化石に最も適する生物の特徴はどれか。

ア　せまい範囲にすみ，短い期間栄えた。　**イ**　せまい範囲にすみ，長い期間栄えた。

ウ　広い範囲にすみ，短い期間栄えた。　**エ**　広い範囲にすみ，長い期間栄えた。

[　　　]

(3) 思考 B層，C層，D層は，異なる時代に流水で運ばれた砂や泥などが海底で堆積した地層である。堆積したとき，海岸線から最も遠い海底であったと考えられる層はどれか。また，その理由を書け。

層 [　　　]

理由 [　　　　　　　　]

7

知識・理解 右の図は，観測地点A，Bの地震計で同じ地震によるゆれを記録したものである。観測地点と震源との距離について述べたものとして最も適切なものを，次の**ア**～**エ**から選びなさい。〈東京都〉

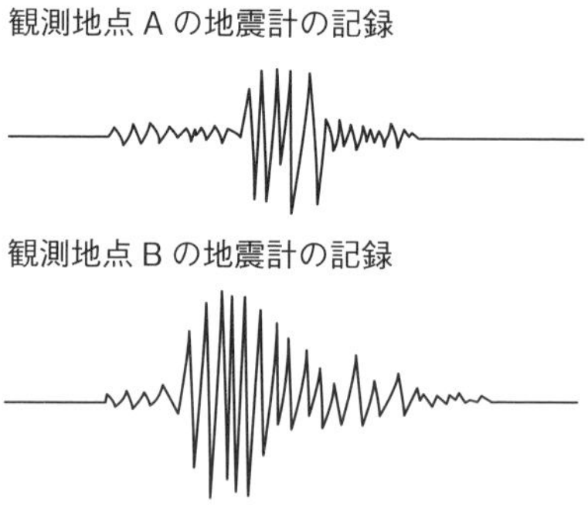

ア　観測地点Aの方が観測地点Bより振幅（振動の幅）が小さいことから，観測地点Aの方が観測地点Bより震源から遠いことがわかる。

イ　観測地点Aの方が観測地点Bより振幅（振動の幅）が小さいことから，観測地点Bの方が観測地点Aより震源から遠いことがわかる。

ウ　観測地点Aの方が観測地点Bより初期微動継続時間が長いことから，観測地点Aの方が観測地点Bより震源から遠いことがわかる。

エ　観測地点Aの方が観測地点Bより初期微動継続時間が長いことから，観測地点Bの方が観測地点Aより震源から遠いことがわかる。

[　　　]

8 日本付近で起こる地震について，次の問いに答えなさい。〈島根県〉

(1) 知識・理解 日本列島では，震源が地下 30km よりも浅い地震が多く起こっている。このような浅い場所で大地震が起こる原因に最も関係の深い語として適当なものを，次の**ア**～**エ**から選べ。

ア 津波　**イ** 活断層　**ウ** 侵食　**エ** 高潮　[　　　]

(2) 思考 次の図は，日本付近で地震が起こるしくみの模式図である。図を参考にして，プレート境界で大地震が発生するしくみを「大陸プレート」という語を用いて簡単に答え

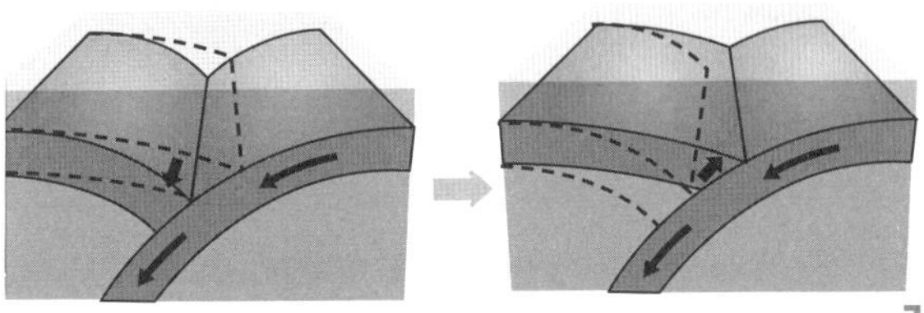

[　　　　　　　　]

□は、□てゆく人だ。

寺間と震源
したもので
県〉
と，ある地
さくゆれ，
と。次の文
里由を説明
（ ④ ）

図1

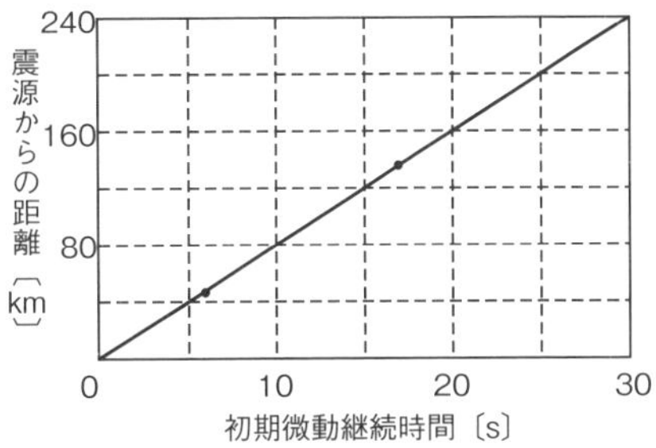

期微動，あとに続く大きなゆれを（ ① ）といい，
初期微動を伝える波より伝わる速さが（ ② ）ためで
が（ ④ ）より遅れて伝わることと同じ理由である。

[　　　] ② [　　　] ③ [　　　] ④ [　　　]

(2) 思考 図1から，初期微動継続時間と震源からの距離との間にはどのような関係があるといえるか，簡潔に書け。

[　　　　　　　　]

(3) 思考 図2のA～Cは，3つの地点で観測されたこの地震のゆれの記録である。A～Cを震源に近い地点のものから順に並べ，記号で書け。[　　→　　→　　]

図2

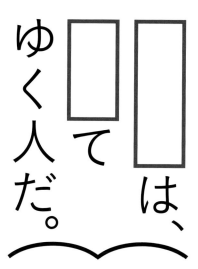

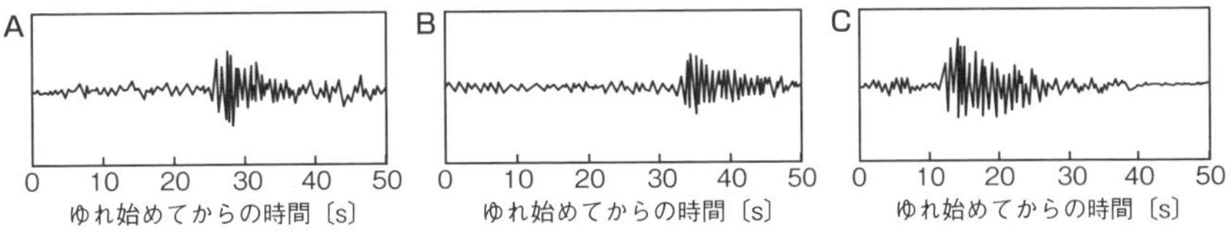

天気とその変化

要点まとめ

1 気象観測と大気圧

1 気象観測
2 大気圧

■ **天気図**　天気，気圧，風力，風向などを天気図記号を使って地図上に記入したもの。
■ **雲量と天気**　快晴…0～1, 晴れ…2～8, くもり…9～10
■ **圧力**　単位面積あたりに垂直にはたらく力の大きさ。

$$圧力〔Pa\ (N/m^2)〕= \frac{面を垂直におす力の大きさ〔N〕}{力がはたらく面積〔m^2〕}$$

例 天気図記号
風向：北東，風力：4，天気：晴れ

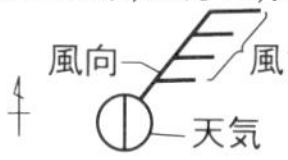

なお，天気予報では「快晴」は「晴れ」として扱われる。

■ **大気圧**　大気によって生じる圧力。標高が高くなるほど，大気圧は小さくなる。
1気圧＝1013hPa(ヘクトパスカル)，1hPa＝100Pa

2 大気中の水蒸気

1 飽和水蒸気量と気温
2 湿度と気温の変化
3 露点と雲のでき方

■ **飽和水蒸気量**　$1m^3$の空気中に含むことのできる最大の水蒸気量のこと。
飽和水蒸気量は，気温が上がると大きくなり，気温が下がると小さくなる。
■ **湿度**　空気の湿りぐあいを，飽和水蒸気量の何％にあたるかで表す。

$$湿度〔\%〕= \frac{空気1m^3中に含まれる水蒸気の量〔g/m^3〕}{その気温での飽和水蒸気量〔g/m^3〕} \times 100$$

■ **湿度と気温**　晴れ…気温が上がると湿度が下がる。　**雨・くもり**…変化が小さい。
■ **露点**　空気中の水蒸気が飽和して凝結し，水滴になり始めるときの温度。
■ **雲のでき方**　①水蒸気を含んだ空気が上昇⇨②膨張して温度が下がり露点に達する⇨③ちりなどを核に水蒸気が凝結し，水滴や氷の粒になり上空に浮かぶ。

3 気圧と前線

1 気圧と風
2 前線と天気

■ **高気圧**　まわりよりも**気圧が高い**⇨風が**外にふき出す**⇨**下降気流**⇨**晴れる**
■ **低気圧**　まわりよりも**気圧が低い**⇨風が**内にふき込む**⇨**上昇気流**⇨**雲が発生**
・温暖前線［▲▲▲］・寒冷前線［▼▼▼］
・停滞前線［▲▼▲▼］・閉そく前線［▲▲▲▲］
■ **温暖前線**　暖気が寒気の上にはい上がる。**乱層雲**が発達し，**広い範囲**に**おだやかな雨**が**長時間**降る。

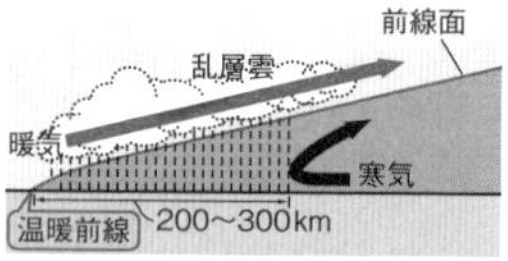

■ **寒冷前線**　寒気が暖気の下にもぐり込む。**積乱雲**が発達し，**せまい範囲**に**激しい雨**が**短時間**降る。

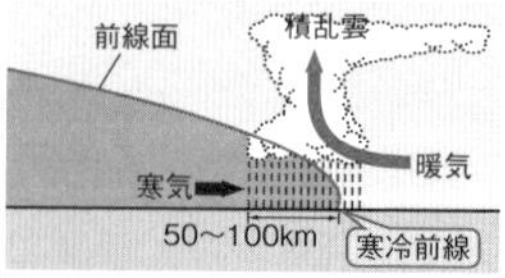

4 日本の天気

1 季節と気団

■ **冬**…シベリア気団の影響。**西高東低**の気圧配置⇨**北西の季節風**。日本海側で雪。
■ **夏**…小笠原気団の影響。**南高北低**の気圧配置⇨**南東の季節風**。蒸し暑い。
■ **春と秋**…**移動性高気圧**によって，天気の良い日と悪い日が周期的におとずれる。
■ **梅雨と秋雨**…**オホーツク海気団**と**小笠原気団**の影響。**停滞前線**ができ長雨が続く。
■ **台風**…熱帯低気圧のうち，最大風速が約17.2m/s以上に発達したもの。

解答・解説➡別冊 P.48

基礎力チェック

ここに載っている問題は基本的な内容です。必ず解けるようにしておきましょう。

1 気象観測と大気圧

1 雲量が空全体の2～8のとき，天気は快晴，晴れ，くもりのどれか。また，その天気記号をかけ。

[天気　　　　　　天気記号　　　　　　]

2 面をおす力の大きさが大きくなると圧力はどうなるか。 [　　　　　　]

3 図1のような物体がある。この物体の重さが4Nのとき，面Xを下にして置いたときの物体による圧力を求めよ。

[　　　　　　]

図1

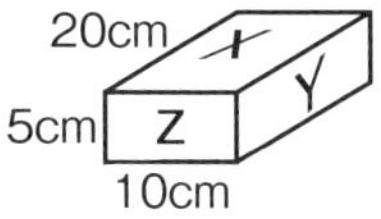

4 標高が高くなるほど，大気圧の大きさはどうなるか。

[　　　　　　]

2 大気中の水蒸気

1 気温が高くなるほど，飽和水蒸気量はどうなるか。 [　　　　　　]

2 空気中の水蒸気が飽和して凝結し，水滴になる温度を何というか。

[　　　　　　]

3 気圧と前線

1 暖気団と寒気団がぶつかると，その境界面にできるのは何か。[　　　　　　]

2 図2の天気図のXは，高気圧か低気圧か。

[　　　　　　]

図2

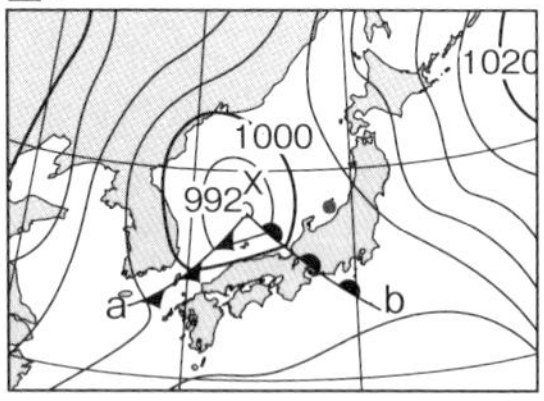

3 図2で，a，bの前線をそれぞれ何というか。

a [　　　　　　]　b [　　　　　　]

4 暖気団と寒気団の勢力がつり合い，同じ場所に長くとどまる前線を何というか。 [　　　　　　]

4 日本の天気

1 大気が停滞している場所の影響を受けて，広い範囲に温度も湿度も一様な大きな空気のかたまりになったものを何というか。 [　　　　　　]

2 日本の冬の典型的な気圧配置を何というか。 [　　　　　　]

3 日本の夏に影響をおよぼす気団を何気団というか。 [　　　　　　]

解答・解説➡別冊 P.48

実践問題

実際の問題形式で知識を定着させましょう。

1 でる!

知識・理解 天気図記号について，次の問いに答えなさい。

(1) 降水がなく，雲の量が空全体の6割をしめていた。このときの天気の天気記号として正しいのはどれか。次の**ア**～**エ**から選べ。 [　　　]

ア ◎　**イ** ⦶　**ウ** ○　**エ** ●

(2) ある地点での天気は「くもり」で，「煙突のけむりが南西にたなびいて，風力は3」であった。この気象情報を右の解答欄に天気図記号で表せ。

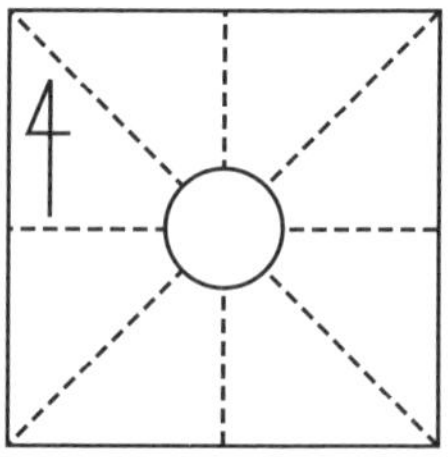

2 でる!

知識・理解 右の図は，乾湿計の一部を拡大して表したもので，表は，湿度表の一部である。次の問いに答えなさい。

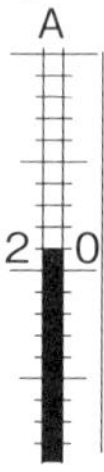

乾球の示度〔℃〕	乾球と湿球の示度の差〔℃〕						
	2.5	3.0	3.5	4.0	4.5	5.0	5.5
23	79	75	71	67	63	59	55
22	78	74	70	66	62	58	54
21	77	73	69	65	61	57	53
20	77	72	68	64	60	56	52
19	76	72	67	63	59	54	50
18	75	71	66	62	57	53	49

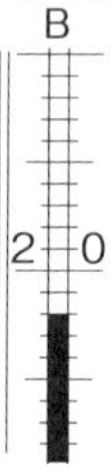

(1) A，Bは乾球・湿球のそれぞれどちらか。

A [　　　]　B [　　　]

(2) 乾湿計から，気温と湿度を求めよ。

気温 [　　　]　湿度 [　　　]

3

知識・理解 天気図について，次の問いに答えなさい。

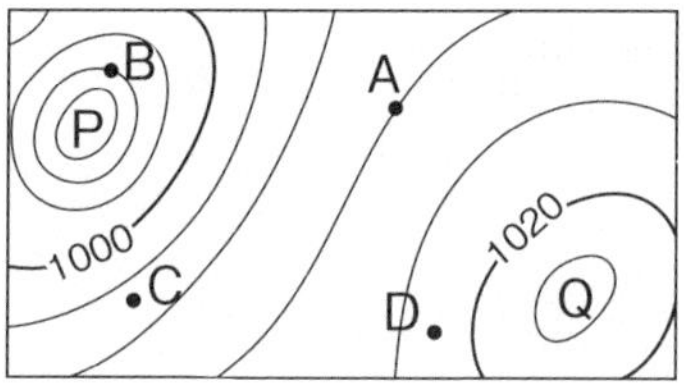

(1) 図の等圧線は，何hPaごとに引かれているか。

[　　　]

(2) A地点の気圧は何hPaか。

[　　　]

(3) 低気圧は，P，Qのどちらか。 [　　　]

(4) 図のA～Dの地点で，最も風が強くふいているのはどの地点と考えられるか。記号で答えよ。

[　　　]

4 でる!

思考 右の図は，ある地点で観測された連続した3日間の気温と湿度の変化を表している。次の問いに答えなさい。

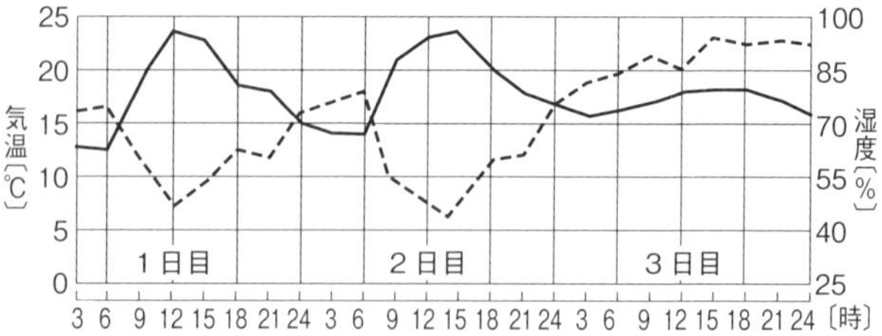

(1) 天気が雨だったと考えられるのは何日目か。

[　　　]

(2) 1日目の9時と3日目の15時の気温はともに18℃であった。空気1m³中に含まれている水蒸気量が多かったのは，1日目の9時か，3日目の15時か。

[　　　]

(3) 思考 気温が同じで，露点が高くなったとき，湿度は高くなるか，低くなるか。

[　　　]

5
差がつく

実験・観察 右の図のように，少量の水を入れたフラスコと大型の注射器とをゴム管でつなぎ，注射器をおしたり引いたりしたところ，ピストンをすばやく引くとフラスコの内側がくもり，ピストンをおすとくもりは消えた。次の問いに答えなさい。

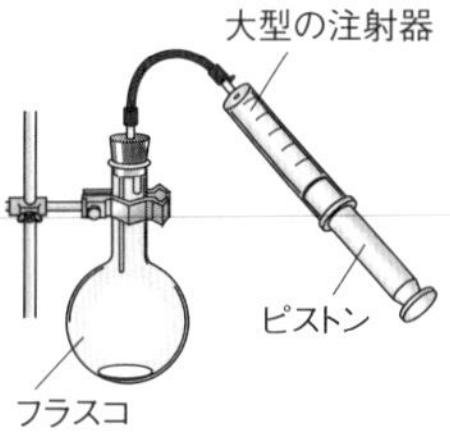

(1) フラスコの中には，少量の水のほかに何を入れるとよいか。
[　　　　]

(2) ピストンを引くと，フラスコの中の水蒸気は何に変わったか。
[　　　　]

(3) ピストンを引いて，くもったときの温度を何というか。
[　　　　]

(4) ピストンを引いたときの空気の変化に最も近い変化が起きているのは，上昇気流か，下降気流か。
[　　　　]

6

思考 右の図は，気温と飽和水蒸気量との関係を表したグラフである。A～Eは，気温と空気 $1m^3$ 中に含まれる水蒸気量を表したものである。次の問いに答えなさい。

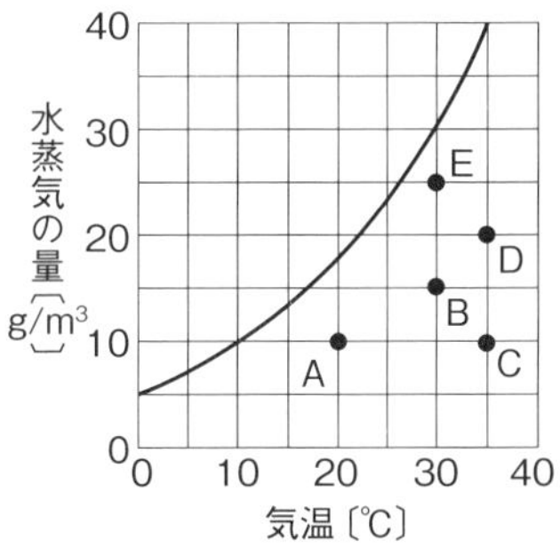

(1) A～Eのうち，湿度が最も高いのはどの空気か。
[　　　　]

(2) A～Eのうち，露点の等しい空気はどれとどれか。
[　　　と　　　]

(3) Bの空気の湿度は何％か。
[　　　　]

(4) Dの空気 $1m^3$ を10℃まで冷やすと，何gの水蒸気が水滴になるか。
[　　　　]

7
でる!

知識・理解 右の図のような質量400gの直方体がある。100gの物体にはたらく重力の大きさを1Nとして，次の問いに答えなさい。

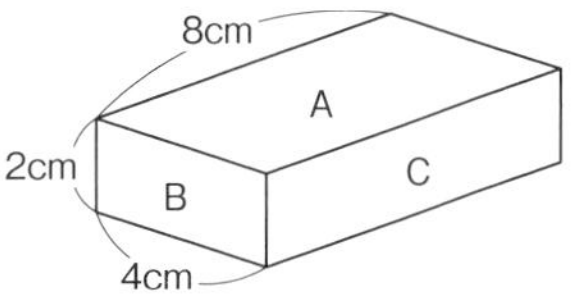

(1) 水平な床の上に図の直方体を置くとき，A面，B面，C面のどの面を下にして置いたときが，直方体から床にはたらく圧力が最も大きいか。
[　　　　]

(2) A面を下にして置いたとき，直方体から床にはたらく圧力は何Paか。
[　　　　]

(3) A面を下にして置き，その上にある物体をのせたら，床にはたらく圧力が4000Paになった。上にのせた物体の質量は何gか。
[　　　　]

8 でる!

知識・理解 **図1**は，前線の断面を模式的に表したものである。図中のａ～ｄは，暖気または寒気を表している。**図2**は，日本付近の高気圧と低気圧の大気の動きを表している。次の問いに答えなさい。

図1

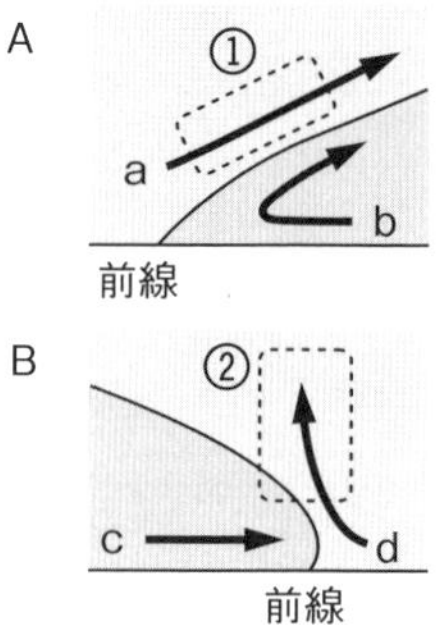

(1) 図1で，寒冷前線を表しているのは，Ａ，Ｂのどちらか。

[　　　]

(2) 図1で，暖気を表しているのは，ａ～ｄのどれとどれか。

[　　　と　　　]

(3) 図1で，Ａの①，Ｂの②付近にできる雲は何か。次の**ア**～**エ**からそれぞれ選べ。

ア　巻積雲　**イ**　積乱雲　**ウ**　巻層雲　**エ**　乱層雲

①[　　　]　②[　　　]

図2

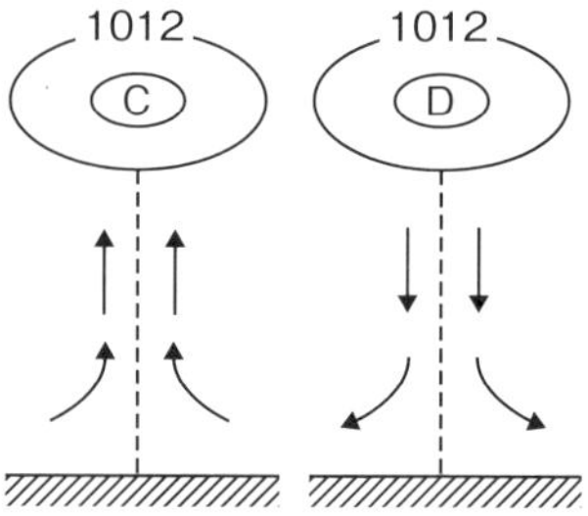

(4) 図2で，高気圧を表しているのは，Ｃ，Ｄのどちらか。

[　　　]

(5) 日本付近の高気圧の地表付近の大気の動きを表しているのはどれか。次の**ア**～**エ**から選べ。

[　　　]

9 差がつく

知識・理解 右の図は，ある日の日本付近の天気図である。次の問いに答えなさい。

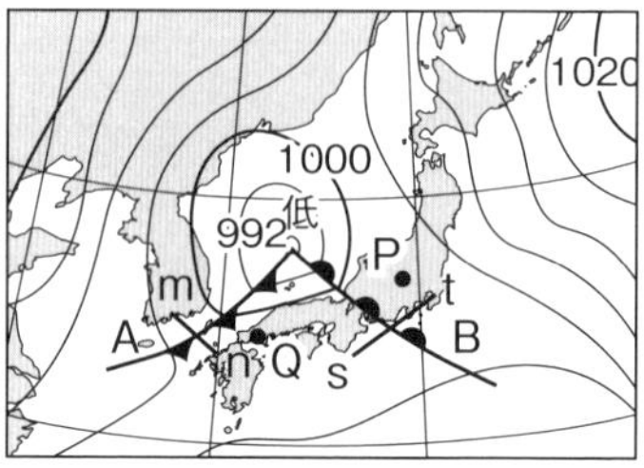

(1) 図のＡ，Ｂは，それぞれ何という前線か。

Ａ[　　　　　]　Ｂ[　　　　　]

(2) Ａ，Ｂの前線付近の大気の断面のようすを表したものはどれか。それぞれ次の**ア**～**エ**から選べ。

①Ａの前線のｍ－ｎの断面　[　　　]

②Ｂの前線のｓ－ｔの断面　[　　　]

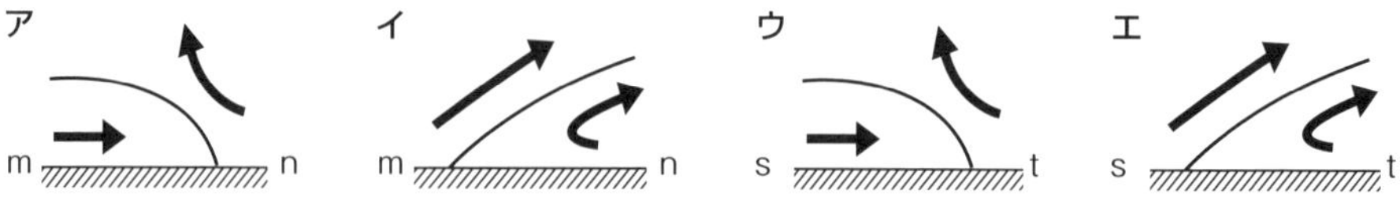

(3) 思考 Ｐ・Ｑ地点で，それぞれ前線Ｂ・Ａが通過する前後は，どのような天気になるか。次の**ア**～**エ**からそれぞれ選べ。　Ｐ地点[　　　]　Ｑ地点[　　　]

ア　前線が近づくとおだやかな雨が降り，通過後は気温が上昇し，天候が回復した。
イ　前線が近づくと風が北よりに変わり，通過後は気温が下がり，雨が降り始めた。
ウ　前線が近づくと風が南よりに変わり，通過後は気温が上がり，雨が激しく降った。
エ　前線が近づくと激しい雨が降り始め，通過後は気温が低下し，天候は回復した。

10
差がつく

知識・理解 次の図は，日本付近の4月18日から21日までの午前9時の天気図である。あとの問いに答えなさい。

ア
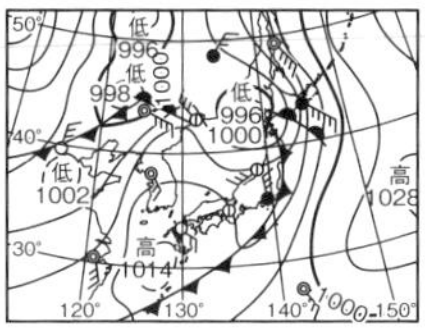

イ
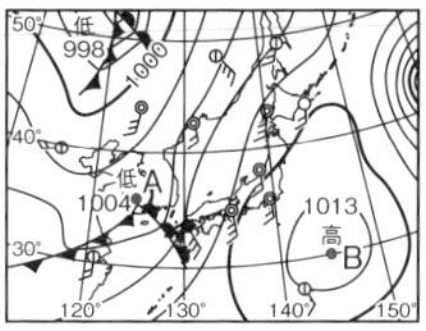

ウ
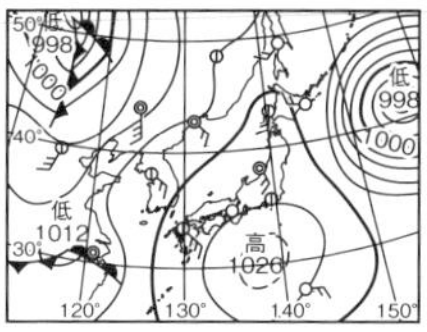

エ
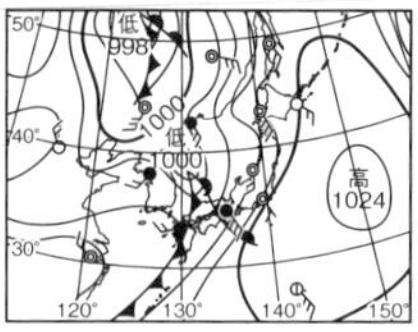

0　1000〔km〕

(1) 図**ア**～**エ**を，日付順に並べかえよ。[　　　→　　　→　　　→　　　]

(2) 思考 次の文は，ある日の大阪地方の天気の変化をまとめたものである。天気図の**ア**～**エ**のいつの日のものか。[　　　]

「午前中はおだやかな雨が降ったが，昼には風が南よりに変わり，雨がやんだ。夕方になると，激しい雨が降り，その後，風は北よりに変わり，晴れになった。」

(3) 日本付近の天気は，何の影響で西から東へ移り変わるか。簡単に書け。

[　　　　　　　　　　　　]

11

知識・理解 右の図は，日本付近のある季節の特徴的な天気図である。次の問いに答えなさい。

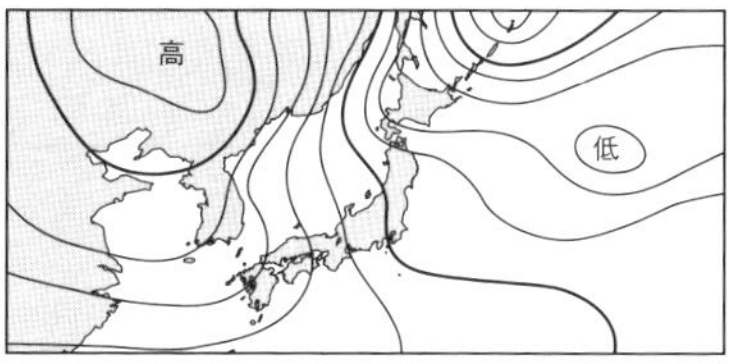

(1) 天気図はどの季節のものか。

[　　　]

(2) この季節には日本ではどの方角から季節風がふくか。

[　　　]

(3) この季節に日本に影響をあたえている気団は何か。

[　　　　　]

(4) この天気図のような気圧配置が続くと，日本海側ではどのような天気になりやすいか。簡単に書け。

[　　　　　　　　　　　　]

12
でる!

知識・理解 右の図は，日本の天気に影響をおよぼす3つの気団を表したものである。次の問いに答えなさい。

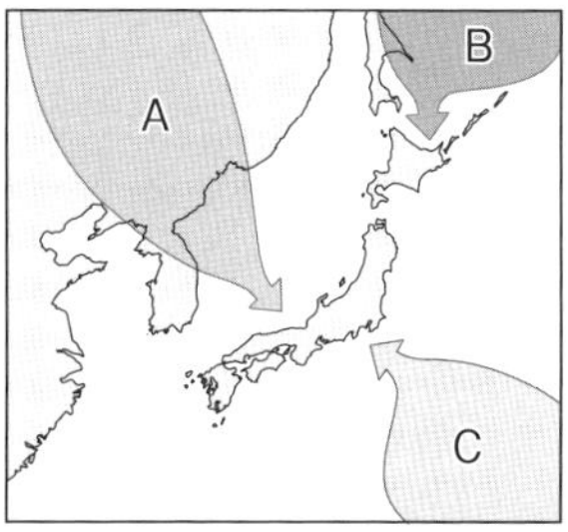

(1) 高緯度の気団A，Bに共通する特徴を，次の**ア**～**オ**から選べ。

ア　高温　　**イ**　温暖　　**ウ**　寒冷
エ　乾燥　　**オ**　湿潤　　[　　　]

(2) 夏に，高温で多湿の空気を送り込む気団はどれか。図のA～Cから選べ。

[　　　]

(3) 梅雨の時期，停滞前線は何気団と何気団の境にできるか。図のA～Cから選べ。

[　　　と　　　]

実力アップ問題

簡単な入試問題で力だめしをしてみましょう。

1 でる!

思考 身のまわりの気象について調べるために，大分県内のある場所Xで，午前9時に次の観測を行った。あとの問いに答えなさい。ただし，場所Xは，周囲に風を妨げる建物などの障害物がなく，空全体が見わたせる開けた場所で，海抜は約70mである。

〈大分県〉

図1

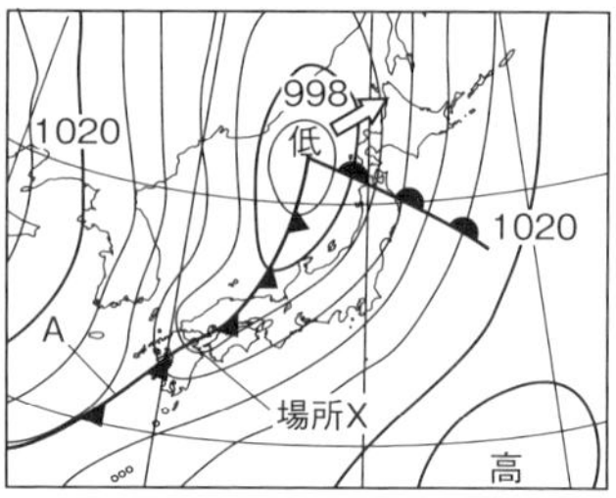

1 雲量を調べるために，空のようすを観察した。

2 気温および湿度を調べるために，乾湿計で乾球と湿球の示す温度を読んだ。

3 気圧・風向・風力を調べるために，それぞれアネロイド気圧計・風向計・風力計を用いて計測した。

図1は，この日の午前9時の天気図であり，矢印は低気圧の進む方向を示す。

表1は，観測結果をまとめたものである。

表1

雲量	乾球の示す温度〔℃〕	湿球の示す温度〔℃〕	気圧〔hPa〕	風向	風力
7	22	19	996	南東	2

(1) 実験・観察 観測結果より，この日の午前9時の天気・風向・風力を，天気記号と風向・風力の記号を用いてかけ。ただし，天気は，快晴・晴れ・くもりのいずれかを，雲量によって判断するものとする。

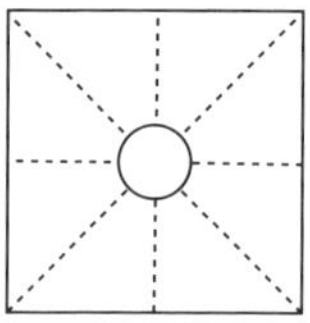

(2) **図1**で，場所Xは1004hPaの等圧線上にあるが，実際に観測された気圧は996hPaであった。その理由として適切なものはどれか，次の**ア**～**エ**から選べ。

ア 場所Xの上空に雲が多いから。

イ 場所Xの付近にAの前線があるから。

ウ 場所Xの周囲に風を妨げる障害物がないから。

エ 場所Xの海抜が約70mであるから。

[　　　]

(3) **表2**は乾湿計用湿度表の一部を示したものである。また，**図2**は，気温と飽和水蒸気量の関係をグラフに表したものである。①，②の問いに答えよ。

表2

乾球〔℃〕	乾球と湿球の差〔℃〕 0	1	2	3	4	5
24	100	91	83	75	68	60
23	100	91	83	75	67	59
22	100	91	82	74	66	58
21	100	91	82	73	65	57
20	100	91	81	73	64	56
19	100	90	81	72	63	54
18	100	90	80	71	62	53
17	100	90	80	70	61	51

①この日の午前9時の湿度は何%か。

[　　　]

②この日の午前9時の空気1m³中に含まれる水蒸気量は何gか。次の**ア**～**エ**から最も近いものを選べ。

ア 11g　**イ** 14g　**ウ** 17g　**エ** 20g

[　　　]

図2

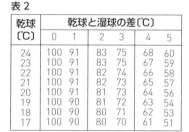

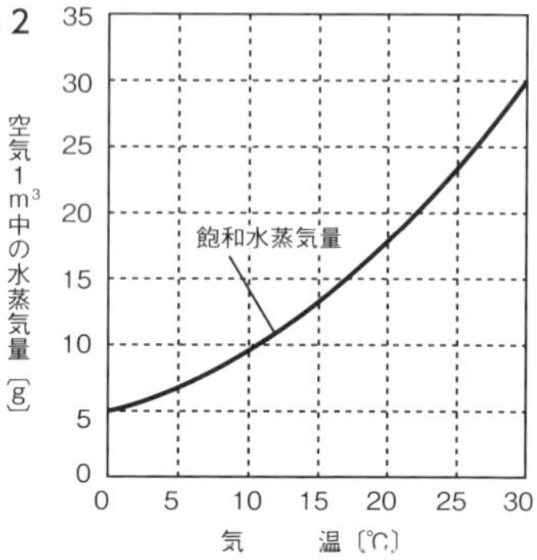

2 差がつく

雲のでき方を調べるために，右下の図のような装置を用いて実験を行った。左下の［　　］内は，その実験の手順と結果を示したものである。あとの問いに答えなさい。〈福岡県〉

〔手順〕
①フラスコ内を少量の水でぬらして，フラスコ内に少しふくらませてひもでしばったゴム風船と線香のけむりを入れる。
②注射器のピストンをすばやく引き，フラスコ内のようすと温度を調べる。
〔結果〕
・フラスコ内が白くくもり，ゴム風船がふくらんだ。
・フラスコ内の温度が下がった。

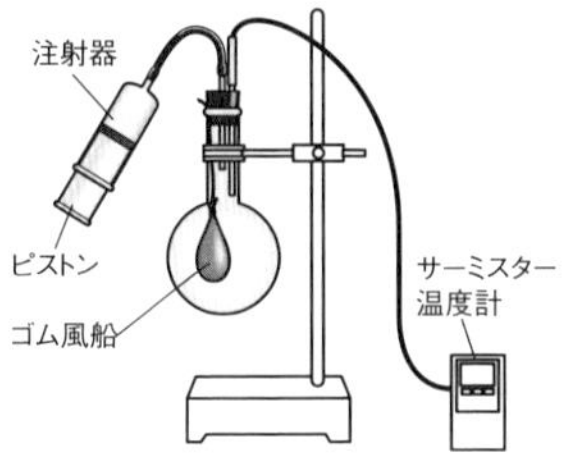

(1) 知識・理解 下の［　　］内は，この実験のまとめとして，洋(ひろし)さんが発表した内容の一部である。次の文中の（ **ア** ），（ **イ** ）に適切な語を入れよ。

注射器のピストンをすばやく引いたとき，ゴム風船がふくらんだことから，フラスコ内の気圧が低くなったことがわかります。そのとき，フラスコ内の空気の温度が下がって（ **ア** ）に達し，水蒸気は線香のけむりを（ **イ** ）として細かい水滴になり，フラスコ内が白くくもったのです。

ア［　　　　　　　　］ **イ**［　　　　　　　　］

(2) 思考 下の［　　］内は，実験後の洋さんと恵(めぐみ)さんと先生の会話の一部である。

洋「フラスコ内での雲のでき方はわかりました。自然界の雲はどのようにしてできるのですか。」
先生「空気のかたまりが上昇すると，a<u>上空にいくほど周囲の気圧が低くなる</u>ため，空気のかたまりが膨張し，フラスコ内と同じしくみで雲ができます。」
恵「空気のかたまりが上昇することによって，雲ができるのですね。」
先生「そうです。雲は，一般に上昇気流が生じるところにできます。例えば，b<u>太陽の光によって地表や海面があたためられ，空気のかたまりが上昇することにより雲ができます</u>。」

① 下線部aの理由を，「大気」という語を用いて簡潔に書け。

［　　　　　　　　　　　　　　　　］

② 下線部bのほかに，自然界で上昇気流によって雲ができる具体的な例を1つ，わかりやすく書け。なお，図を用いて書いてもよい。

［　　　　　　　　　　　　　　　　］

地学編
2 天気とその変化

3 **知識・理解** 沖縄県のある場所で2日間気象観測を行い，その間に前線が通過した。**図1**はその結果の一部をグラフにしたものである。**図2**のＡＢ，ＡＣは低気圧と前線付近の模式図である。あとの問いに答えなさい。〈沖縄県改〉

図1

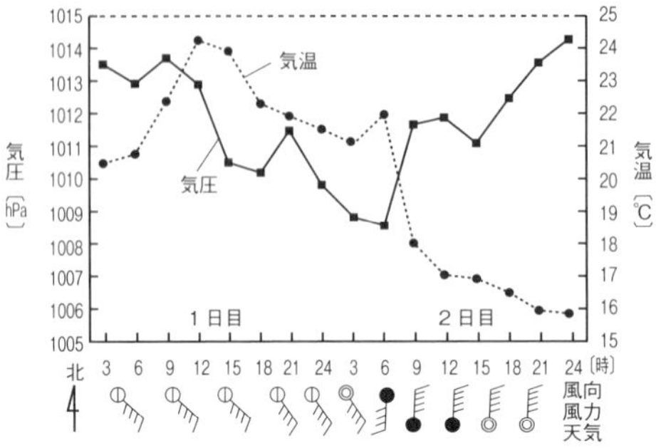

図2

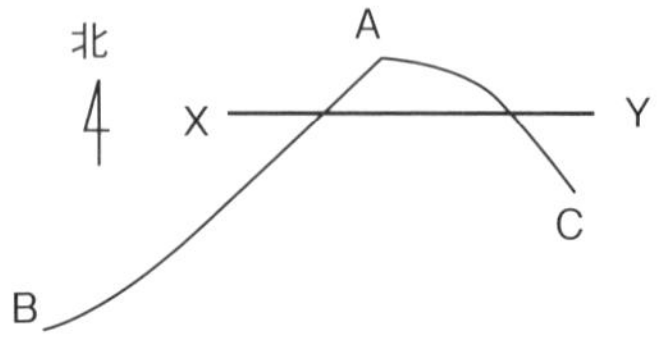

(1) 次の文は，観測を行った2日間の天気の変化を説明したものである。①〜⑥の（　　）に適する語句の組み合わせを，右下の表の**ア**〜**カ**から1つ選べ。

> **1日目**：（　①　）よりの風で天気は（　②　）だった。
> **2日目**：明け方前から（　③　）におおわれ，6時頃から雨となった。その後，（　④　）よりの風となり，気温は（　⑤　）した。夕方には，天気は（　⑥　）となった。

[　　　　]

	①	②	③	④	⑤	⑥
ア	北西	くもり	乱層雲	北	低下	快晴
イ	北西	快晴	積乱雲	南	上昇	晴れ
ウ	北西	晴れ	積乱雲	北	低下	くもり
エ	南東	くもり	積乱雲	北	低下	晴れ
オ	南東	快晴	乱層雲	南	上昇	快晴
カ	南東	晴れ	積乱雲	北	低下	くもり

(2) 上の観測期間中に通過したと考えられる前線は，**図2**のＡＢ，ＡＣどちらか。記号で答えよ。また，その前線名を漢字で書け。

記号 [　　　　]　前線名 [　　　　　　　　]

(3) (2)の前線は，どのようにしてできるか。次の**ア**〜**エ**から1つ選べ。

ア 温暖前線が寒冷前線に追いついてできる。
イ 寒冷前線が温暖前線に追いついてできる。
ウ 寒気と暖気が接触してできる。
エ 2つの気団の勢力がつり合って，動かないときにできる。

[　　　　]

(4) **図2**のＸ－Ｙ断面（太線）を南から見たときの寒気と暖気の動きとして正しいものを，次の**ア**〜**エ**から選べ。

ア　**イ**　**ウ**　**エ**

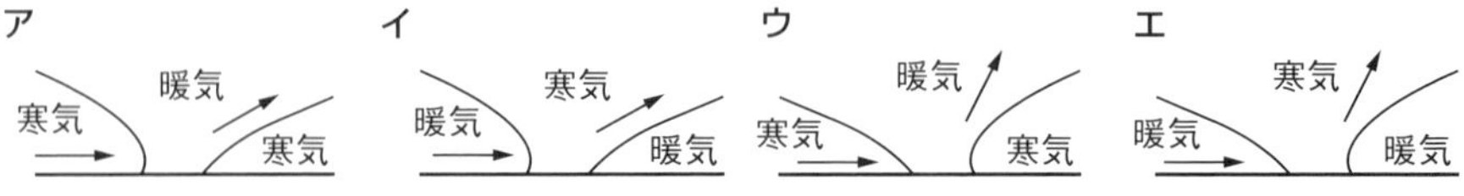

[　　　　]

4 差がつく

思考 圧力に関する次の実験について，あとの問いに答えなさい。〈宮城県改〉

図1

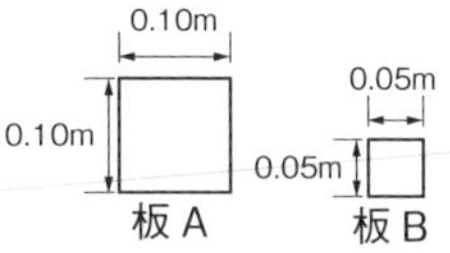

図2

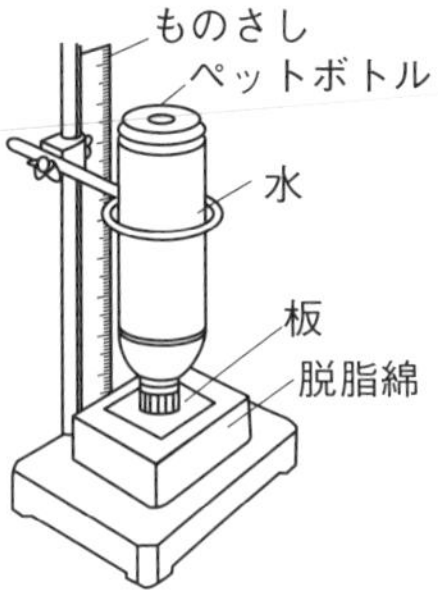

図3

〔実験1〕**図1**のような板**A**，**B**を用意し，板**A**を**図2**のように，脱脂綿の上に置き，水を入れた500gのペットボトルをさかさに立てて，脱脂綿のへこみ方を観察した。板**B**についても，同じ実験を行ったところ，脱脂綿のへこみは，板**B**にペットボトルを立てたときの方が大きくなった。

〔実験2〕電子てんびんを用いてスプレーの空き缶の重さをはかった。次に，**図3**のようにスプレーの空き缶に空気をつめ，重さをはかったところ，少しだけ重くなった。

(1) 実験1で，**図2**のように立てたとき，ペットボトルが板**A**から受ける力を，右の図に力の矢印で表せ。ただし，図の1目もりは1Nの力の大きさを表すものとする。

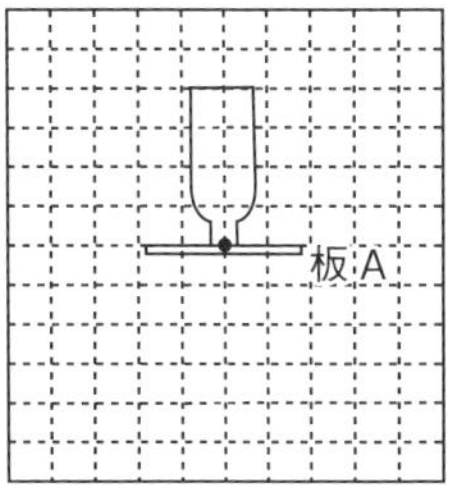

(2) 実験2の結果から，空気にも重さがあることがわかる。次の①，②の問いに答えよ。

①上空までの厚い空気の層に重力がはたらくことによって，地球上で生じている圧力を何というか。 [　　　　　　　　]

② ①の圧力を100000Paとすると，この圧力は板**B**に，500gのペットボトルを何本積み重ねたときの圧力と同じになるか。ただし，100gの物体にはたらく重力の大きさを1Nとする。 [　　　　　　　　]

5 差がつく

思考 **図1**は，ある日に日本付近で観測された気圧の結果をもとにかいた4hPaごとの等圧線と，いくつかの地点の風向・風力を表したものである。また，**図2**は春（4～5月）のある日の日本付近の天気図である。次の問いに答えなさい。〈福井県改〉

図1

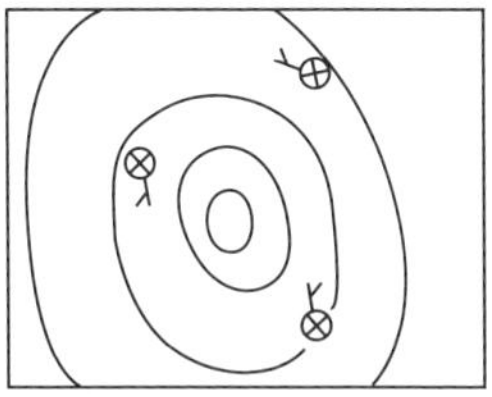

⊗は「天気不明」を表す記号

(1) **図1**で示されているのは，高気圧，低気圧のどちらと考えられるか。また，そう考えた理由を書け。 [　　　　　　　　]

理由 [　　　　　　　　]

図2

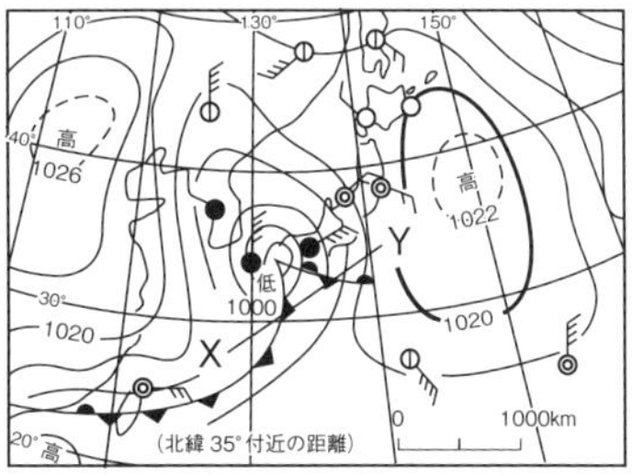

(2) **図2**の高気圧や低気圧が，1日に約1000kmの速さで東へ進むとすると，2日後の福井県の天気はどのようになると予想されるか。また，そう予想した理由を書け。

天気 [　　　　　　　　]

理由 [　　　　　　　　]

地球と宇宙

要点まとめ

1 地球の自転と天体の動き

1 地球の自転
- **地球の自転** 地球は地軸を中心に，北極側から見て反時計回りに1日に1回自転している。
- **自転の速さ** 地球は24時間で360°回転している。（1時間に約15°回転）
- **日周運動** 地球の自転によって起こる星や太陽の見かけの動きのこと→1時間に約15°ずつ東から西に動いて見える。

2 星の1日の動き
- **星の日周運動** 東の空…**右上にのぼる**。 南の空…**東から西へ水平に動く**。西の空…**右下に下りる**。 北の空…北極星を中心に**反時計回り**に動く。

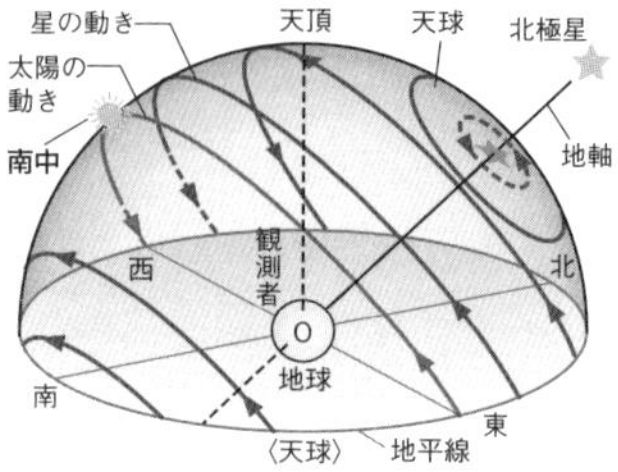

3 太陽の1日の動き
- **太陽の日周運動** 太陽は東の空からのぼり，南の空を通って，西の空にしずむ。
- **南中** 太陽などの**天体が真南にくること**。このときの高度（地平線からの角度）を**南中高度**という。
- **天球** 天空を球形の半円に見たてたもの。中心Oは観測者。

2 地球の公転と季節

1 地球の公転
- **地球の公転** 地球は，太陽のまわりを1年に1周している。（1か月で約30°）
- **公転の向き** 北極側から見ると，**反時計回り**で，自転の向きと同じ向き。

2 星の1年の動き
- **星の1年の動き** 同じ時刻に見える位置は，1日に約1°，1か月に約30°，**東から西へ動く**。同じ位置に見える時刻は，1日に約4分，1か月で約2時間早くなる。

3 太陽の1年の動き
- **太陽の1年の動き** 天球上を1か月に約30°**西から東へ動く**ように見える。
- **黄道** 天球上の太陽の見かけの通り道のこと。
- **季節が生じる原因** 地球が地軸を公転面に立てた垂線に対して**23.4°**傾いた状態で公転するため，太陽の南中高度や昼の長さが変化する。

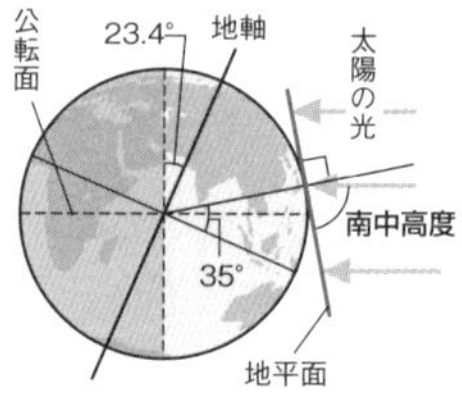

- **太陽の南中高度** 夏至…**最も高い** 冬至…**最も低い** 春分・秋分…**中間の高さ**
- **昼の長さ** 夏至…**最も長い** 冬至…**最も短い** 春分・秋分…昼と夜の長さが**同じ**。

3 太陽系と宇宙

1 太陽のようす
- 太陽は球形で直径が地球の約109倍。表面温度は約6000℃。
- **黒点** 黒く見える→**温度が低い**。黒点の移動→太陽の自転がわかる。

2 月のようすと見え方
- 月は地球の衛星。表面は岩石でおおわれ，クレーターがある。大気はない。
- **月の満ち欠け** 月は太陽の光を反射し，地球のまわりを公転するために起こる。

3 太陽系
- **内惑星** 地球より内側を公転する惑星。
→真夜中に見ることができない。満ち欠けする。（**水星・金星**）
- **外惑星** 地球より外側を公転する惑星。（**火星・木星・土星・天王星・海王星**）
- **金星の見え方** 内惑星のため，明け方（東）や夕方（西）にしか見えない。
- **太陽系のその他の天体** 衛星・小惑星・すい星

4 宇宙の広がり
- **恒星** みずから光をはなつ天体のこと。明るさは等級で表し，色は表面温度の違い。

解答・解説➡別冊 P.52

基礎力チェック

ここに掲載されている基本問題は必ず解けるようにしておきましょう。

1 地球の自転と天体の動き

1 地球が地軸を中心に，北極側から見て反時計回りに1日に1回転することを何というか。

[　　　　　　　　　　]

2 地球の自転によって起こる太陽や星の見かけの動きを，太陽や星の何というか。

[　　　　　　　　　　]

3 図1の①，②は星の動きを観測したものである。それぞれどの方角の空の星の動きか。　①[　　　　　　]　②[　　　　　　]

4 太陽や星が真南にくるときの高度を何というか。

[　　　　　　　　　　]

図1

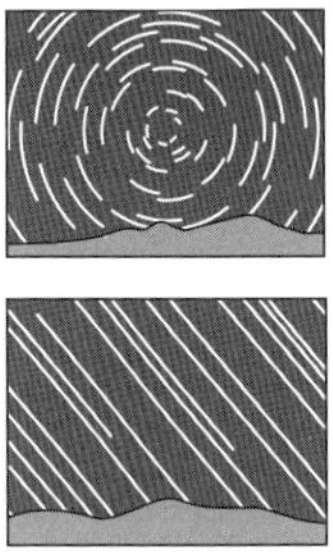

2 地球の公転と季節

1 地球の公転の速さは，1か月に約何度，1日で約何度動くか。

1か月 [　　　　　　]　1日 [　　　　　　]

2 図2で，公転の向きは，**ア**，**イ**のどちらか。 [　　　　]

3 図2で，地球がAの位置のとき，日本の季節はいつか。

[　　　　　　　　　　]

図2

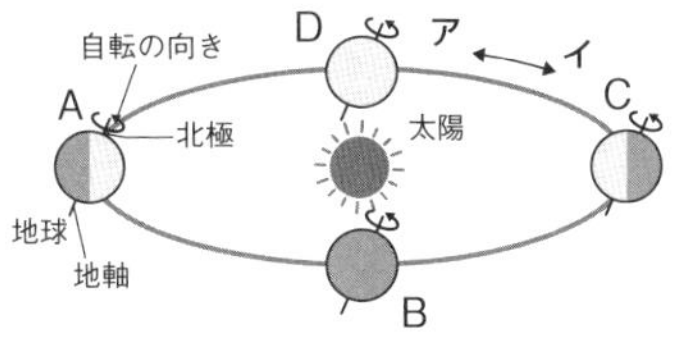

4 星座の間を西から東へ動く，太陽の見かけの通り道を何というか。

[　　　　　　　　　　]

5 季節が生じるのは，何が傾いた状態で公転しているからか。 [　　　　　　　　　　]

6 日本で，太陽の南中高度が1年で最も高い日を何というか。 [　　　　　　　　　　]

3 太陽系と宇宙

1 太陽の表面温度が低く，黒っぽく見える部分を何というか。 [　　　　　　　　　　]

2 惑星のうち，地球から真夜中に見ることができないのは，内惑星か，外惑星か。

[　　　　　　　　　　]

3 月，ハレーすい星，北極星，オリオン座，小惑星，天の川のうち，太陽系にある天体をすべて選べ。

[　　　　　　　　　　　　　　　]

4 地球から，太陽系以外の恒星までの距離は何という単位で表すか。

[　　　　　　　　　　]

実践問題

実際の問題形式で知識を定着させましょう。

1 でる!

知識・理解 右の図は，北極上空から地球を見たときの模式図である。次の問いに答えなさい。

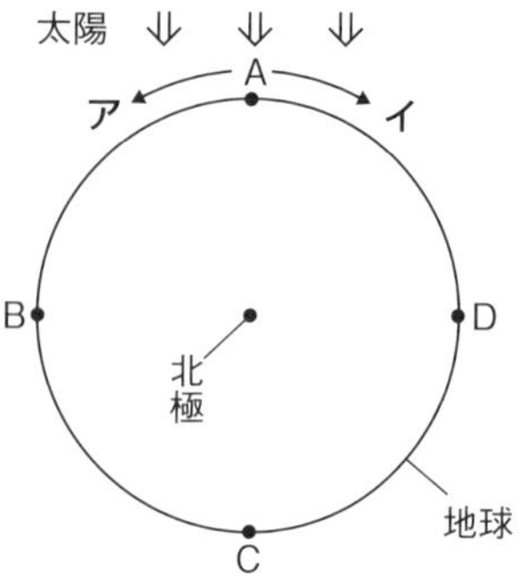

(1) 地球は，北極と南極を結ぶ線を中心に回転している。この線を何というか。[　　　]

(2) 地球の自転の向きは，ア，イどちらか。[　　　]

(3) 地球の自転の速さは，1時間に約何度か。[　　　]

(4) 図で，日の出と日の入りの位置にあるのは，A～Dのどの位置のときか。

日の出 [　　　] 日の入り [　　　]

2 でる!

知識・理解 右の図A，Bは，東京でのある方角の星の動きを表したものである。次の問いに答えなさい。

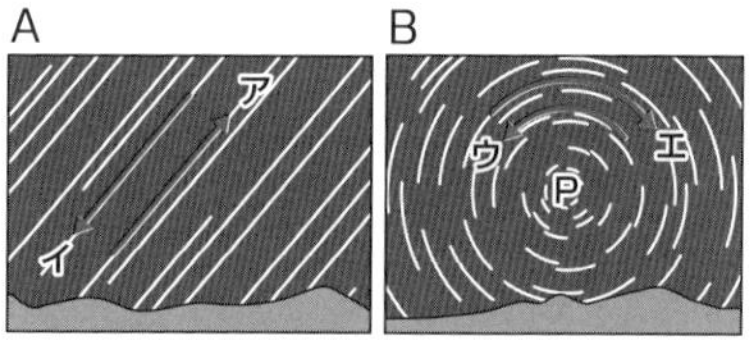

(1) それぞれどの方角の星の動きか。

A [　　　] B [　　　]

(2) 星は時間とともにそれぞれどちらに動くか。A [　　　] B [　　　]

(3) 図Bで，中心にあるほとんど動かない星Pを何というか。[　　　]

(4) 星や星座は，(3) の星を中心に1時間に何度動いて見えるか。[　　　]

3 でる!

実験・観察 右の図は，日本のある地点で，透明半球に1時間ごとに太陽の位置を記入し，それらをなめらかな線で結んだものである。点Oは透明半球の中心，点Pは太陽が最も高くなった位置である。次の問いに答えなさい。

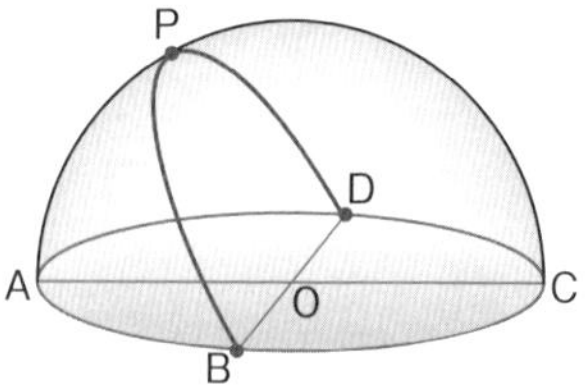

(1) 太陽の位置を記入するとき，サインペンの先の影がどの点に重なるようにするか。[　　　]

(2) 太陽が点Pにきたときを何というか。[　　　]

(3) (2) のときの高度はどの角度で表すか。図中の記号を用いて，∠XYZのように書け。[　　　]

(4) 図のように太陽が動くのは，なぜか。簡単に書け。

[　　　]

4 でる!

知識・理解 北緯36度の地点で，9月12日の22時に，カシオペヤ座がAの位置に観測された。次の問いに答えなさい。

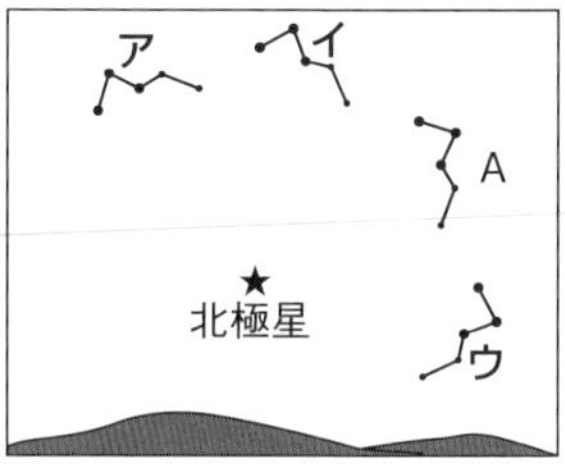

(1) カシオペヤ座は，9月12日の20時には**ア**～**ウ**のどの位置に見えたか。 [　　　]

(2) カシオペヤ座の動きに見られるように，地球の自転による星座や星の動きを何というか。 [　　　]

(3) 北極星がほとんど位置を変えないのはなぜか。次の**ア**～**エ**から選べ。 [　　　]

ア　天頂の延長線上にあるから。　**イ**　天の南極と北極を結ぶ線上にあるから。
ウ　地球の地軸の延長線上にあるから。　**エ**　地球の赤道の延長線上にあるから。

(4) 思考 この地点での北極星の高度は何度か。 [　　　]

5

知識・理解 1月20日の22時にBの位置にオリオン座が観察された。次の問いに答えなさい。

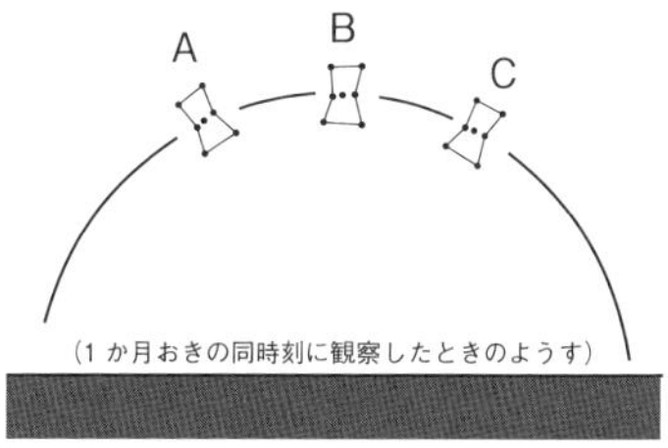

(1) どの方角を観察したものか。 [　　　]

(2) 2月20日の22時には，オリオン座はA，Cどちらに見えるか。 [　　　]

(3) 思考 22時にオリオン座がBの位置にあった日に，オリオン座がAの位置に見えるのは何時ごろか。 [　　　]

(4) オリオン座が同じ時刻に図のBと同じ位置に見えるのは，およそ何か月後か。 [　　　]

6 でる!

知識・理解 右の図は，6月，9月，12月に，日本のある地点で観測した太陽の通り道を表している。次の問いに答えなさい。

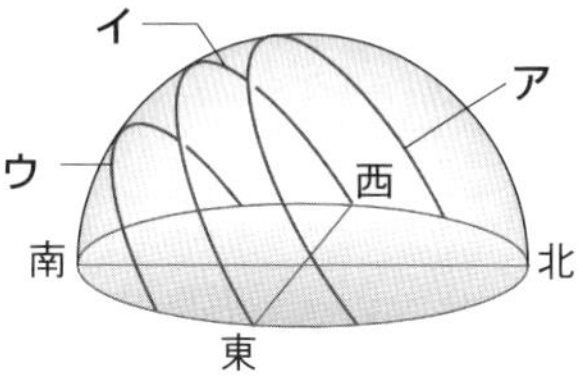

(1) 次の①，②の日の太陽の通り道を表しているものを，図の**ア**～**ウ**から選べ。また，その日を何というか。名前を書け。

①昼の長さが最も短い日　記号 [　　　]
名前 [　　　]

②南中高度が最も高い日　記号 [　　　]
名前 [　　　]

(2) 太陽の南中高度が変化する理由を，簡単に書け。

[　　　]

7

差がつく

実験・観察 図1は，日本のある地点における，ある年の太陽の南中高度を，図2は，昼夜の長さの変化を表したグラフである。図3は，この1年間の太陽の動きを透明半球上に表したものである。次の問いに答えなさい。

図1

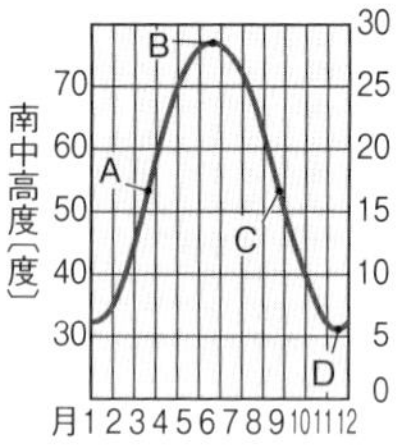

図2

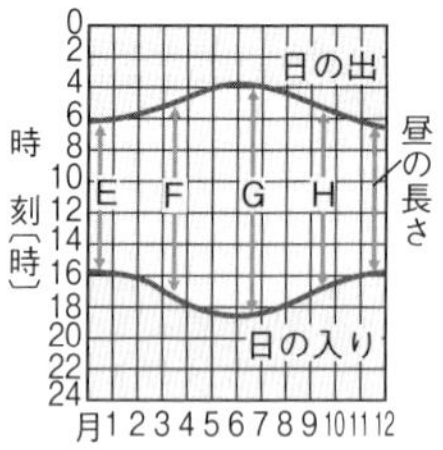

(1) 6月下旬のころの太陽の南中高度と，昼の長さを，図1，図2のA～Hからそれぞれ選べ。

太陽の南中高度 [　　　]

昼の長さ [　　　]

図3 I

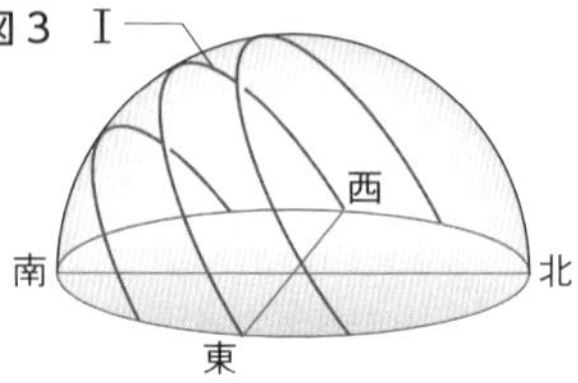

(2) 図3で，太陽の通り道がIのように真東から出て，真西にしずむときの日をそれぞれ何というか。

[　　　と　　　]

(3) 図1と図3から判断したもののうち，正しいものはどれか。次のア～エから選べ。

ア Aから Bに近づくにつれて，太陽の南中高度が低くなっていく。

イ Bから Cに近づくにつれて，太陽の南中高度が高くなっていく。

ウ Aから Bに近づくにつれて，日の出の方位が真東から北よりの東へ変わっていく。

エ Bから Cに近づくにつれて，日の入りの方位が真西から北よりの西へ変わっていく。

[　　　]

(4) 図1～図3のように，1年間の南中高度が変化したり，昼夜の長さが変化したり，太陽の動き方が変化するのはなぜか。次のア～エから選べ。

ア 地球が自転しながら公転するから。

イ 地球の公転軌道が完全な円ではないから。

ウ 地球の地軸が公転面に対して傾いた状態で公転しているから。

エ 地球と月との間に引力がはたらくから。

[　　　]

8

知識・理解 右の図は，地球の公転と天球上の太陽の見かけの通り道付近にある12星座を表している。次の問いに答えなさい。

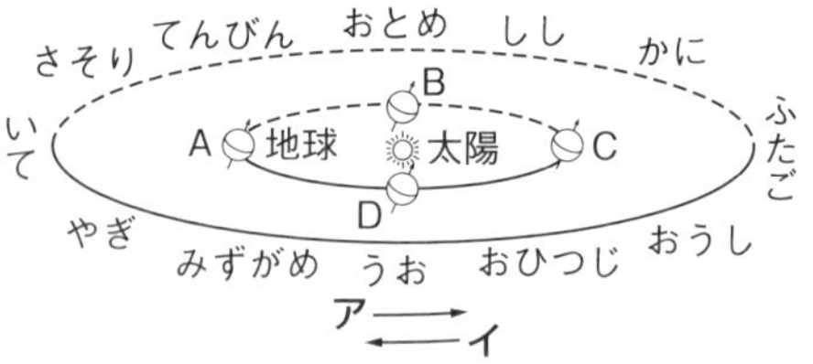

(1)「天球上の太陽の見かけの通り道」を何というか。

[　　　]

(2) 地球の公転の向きはア，イのどちらか。 [　　　]

(3) 日本で，いて座が真夜中に南中するのは，地球がA～Dのどの位置のときか。

[　　　]

(4) 地球がCの位置のとき，日本の季節はいつか。 [　　　]

(5) 季節によって，同じ時刻に見える星座が異なるのはなぜか。次のア～エから選べ。

ア 太陽が公転するから。　イ 星座が公転するから。

ウ 地球が自転するから。　エ 地球が公転するから。 [　　　]

9 差がつく

知識・理解 右の図は，太陽のまわりを公転する金星と地球の位置関係を模式的に表したものである。次の問いに答えなさい。

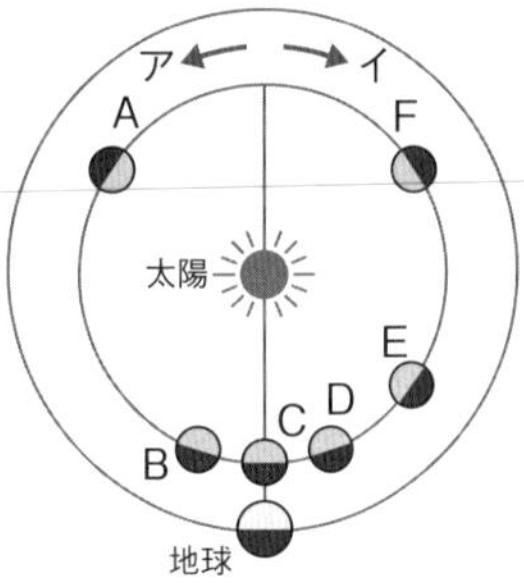

(1) 金星の公転の向きは**ア**，**イ**のどちらか。

[　　　]

(2) 金星がBの位置にあるときはどの方角に見えるか。

[　　　]

(3) 金星がDの位置にあるときはどの方角に見えるか。

[　　　]

(4) 思考 金星が図のB，E，Fの位置のとき，地球からはどのように見えるか。それぞれ次の**ア**～**カ**から選べ。

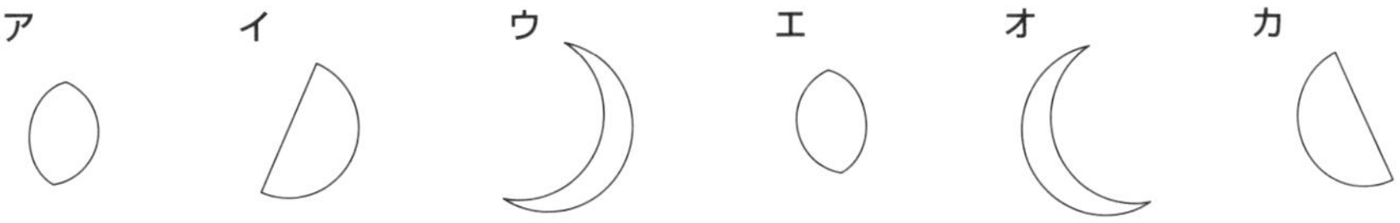

B [　　　] E [　　　] F [　　　]

(5) 思考 金星は，地球から真夜中には見ることができない。その理由として正しいものを次の**ア**～**エ**から選べ。

ア 金星は，地球に近づいたり，遠ざかったりするから。
イ 金星は，地球の内側を公転しているから。
ウ 金星は，地球の外側を公転しているから。
エ 金星は，公転の速さが速いから。

[　　　]

10

実験・観察 右の図は，太陽の黒点を観測するために必要な装置を表したものである。次の問いに答えなさい。

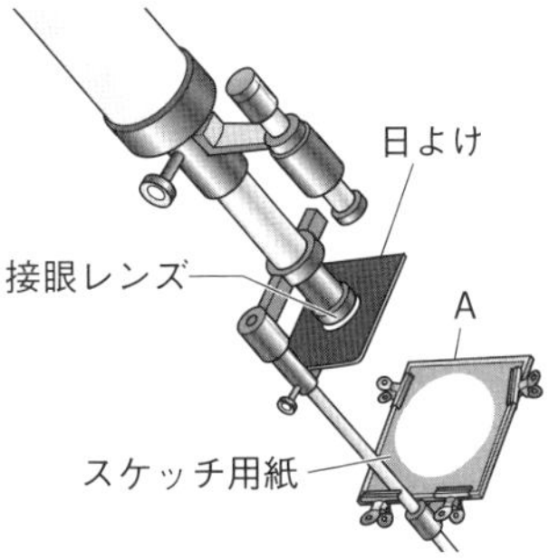

(1) 図のような，太陽の像を写すAの部分を何というか。

[　　　]

(2) 思考 観察を続けると，黒点の位置が日がたつにつれて移動することがわかる。これは，太陽がどんな運動をしている証拠か。

[　　　]

(3) 思考 黒点の位置が変わるにつれ，中央部では円形に見えた黒点が，周辺部ではだ円形に見えた。これは太陽がどんな形をしている証拠か。

[　　　]

11 知識・理解 右の図は，太陽・地球・月の位置関係を表したものである。次の問いに答えなさい。

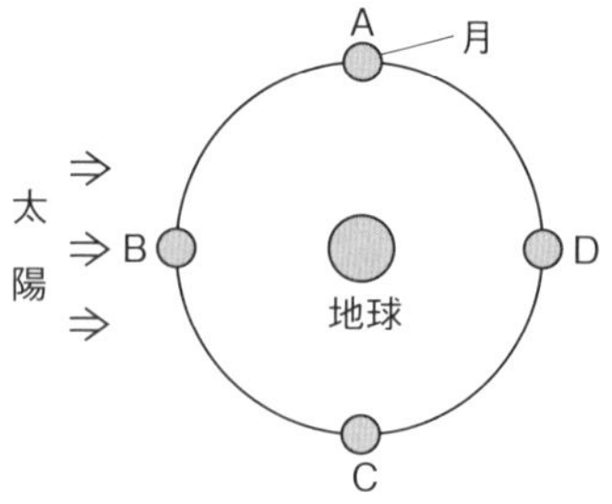

(1) 月の表面には，丸いくぼみがある。これを何というか。　[　　　　]

(2) 次の①，②のときの月の位置を，図のA～Dからそれぞれ選べ。また，そのときの月の名前を，それぞれ次の**ア**～**エ**から選べ。

ア 満月　**イ** 新月　**ウ** 半月　**エ** 三日月

①夕方，東の空からのぼる月　位置 [　　]　名前 [　　]

②日食が起こるときの月　位置 [　　]　名前 [　　]

(3) 月のように，惑星のまわりを公転する天体を何というか。

[　　　　]

12 知識・理解 天体について，次の問いに答えなさい。

(1) 星座を形づくる星について，①～③の問いに答えなさい。

①星座を形づくる星はどんな種類の星か。　[　　　　]

②星の明るさは何で表すか。　[　　　　]

③星の色が，赤色，黄色，オレンジ色，青白色のうち，表面温度が最も高いのは何色か。

[　　　　]

(2) 右の図は　太陽系が含まれる宇宙の想像図である。図のような星の集団について，①，②の問いに答えなさい。

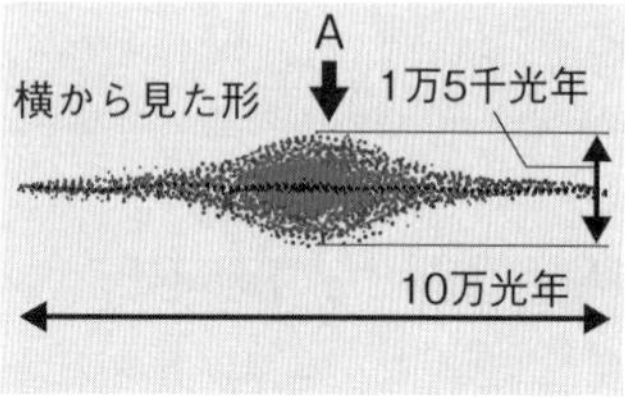

①図のような星の集団を何というか。

[　　　　]

②①を図のAの方向から見ると，どのようになっていると考えられるか。次の**ア**～**エ**から選べ。

ア 白く輝く円盤に見える。　**イ** 1つの輪のように見える。

ウ うずをまいた形に見える。　**エ** 中央が輝くだ円形に見える。　[　　]

(3) 太陽系の惑星や小天体について，①～③の問いに答えなさい。

①太陽系の惑星の中で最大で，濃い大気のある惑星は何か。

[　　　　]

②地球からは真夜中でも見ることができる惑星のうち，地球からの距離が最も近い惑星は何か。　[　　　　]

③氷の粒や，細かなちり，うすいガスなどからできている小天体で，細長いだ円軌道を公転している天体を何というか。　[　　　　]

実力アップ問題

簡単な入試問題で力だめしをしてみましょう。

1 でる!

実験・観察 ある日，太陽の表面の観察を行った。次の問いに答えなさい。〈沖縄県〉

(1) 図1は太陽の表面を観測したときの天体望遠鏡を示したものである。このときの操作として誤っているものを，次のア～エから選べ。

図1

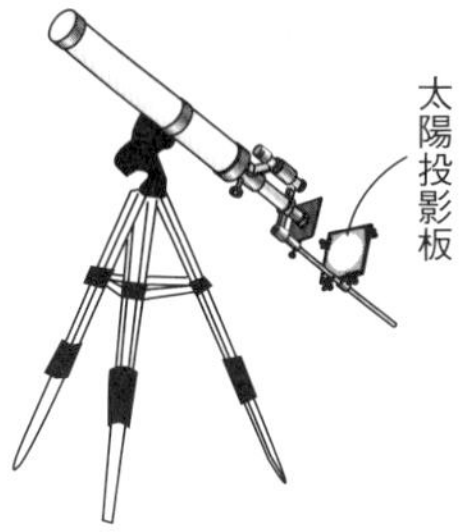

ア 平らな場所を選び，望遠鏡の三脚を固定する。
イ 肉眼で接眼レンズをのぞいて太陽の位置を確認する。
ウ 天体望遠鏡を太陽に向け，接眼レンズと太陽投射板の位置を調節し，太陽の像を記録用紙に投影する。
エ 記録用紙に映った黒い斑点をすばやくスケッチする。

(2) 知識・理解 太陽観測をさらに3日後，6日後のほぼ同じ時刻に行った。□の文と図2は，そのときの黒い斑点の動きと形の変化を記録したものである。黒い斑点の移動と形が変化する理由として最も適当なものを，下のア～エから選べ。

図2

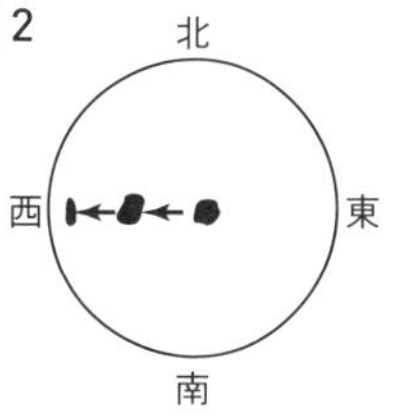

> 図2より，黒い斑点は太陽表面を中央部からしだいに周辺部に移動することがわかった。また，移動するとともに形がつぶれていくように変化していることもわかった。

ア 太陽が自転しており，太陽の形が球形であるため。
イ 地球が自転しており，地球の形が球形であるため。
ウ 観測のたびに，天体望遠鏡がずれてしまったため。
エ 太陽の前を月が通過したため。

[ ]

(3) 知識・理解 観測中に，記録用紙にうつった黒い斑点を何というか。漢字で答えよ。

[ ]

(4) 思考 (3)が黒く見える理由を，「温度」という語を使って書け。

[ ]

2

知識・理解 次の問いに答えなさい。〈栃木県改〉

(1) 真夜中に観測することができない惑星はどれか。次のア～エから選べ。

ア 火星 **イ** 木星 **ウ** 金星 **エ** 土星

[ ]

(2) 火星と木星の軌道の間を公転している多数の小さな天体を何というか。

[ ]

3
差がつく

2005年12月初旬のある日，静岡県内のある場所で，日没直後の西の空の観察を行ったところ，南西の方角に，金星と三日月形をした月が見えた。また，この金星を天体望遠鏡で観察したところ，金星も三日月形に見えた。**図1**は，このときに肉眼で見た，金星と月のようすをスケッチしたものである。次の問いに答えなさい。〈静岡県〉

図1

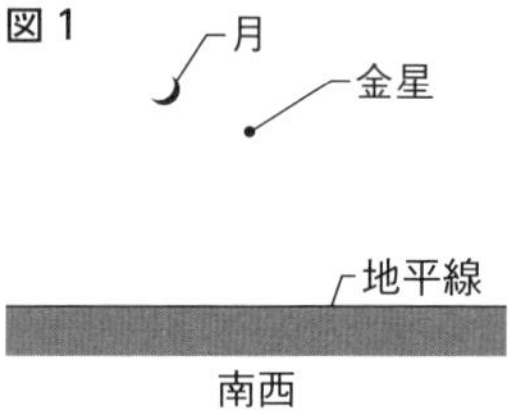

(1) 知識・理解 金星や地球のように，太陽のまわりを回っている天体は惑星と呼ばれる。これに対して，月のように惑星のまわりを回っている天体は，一般に何と呼ばれるか。その名称を書け。

[　　　　　　　　]

(2) 知識・理解 **図2**は，金星と地球のそれぞれの軌道を模式的に表したものである。**図1**のときの金星の位置は，**図2**の**ア**～**エ**の中のどれに最も近いか。

[　　　]

図2

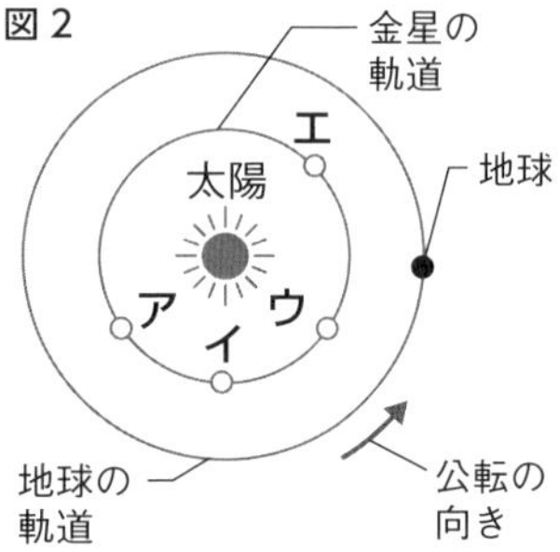

(3) 思考 天体望遠鏡を使って，金星の観測を毎月1回継続的に行ったところ，金星は満ち欠けして見えただけでなく，大きさも変化して見えた。金星の見かけの大きさが変化するのはなぜか。その理由を，地球と金星の運動に関連づけて，簡単に書け。

[　　　　　　　　　　　　　　　　　　　　]

4

右の表は，太陽系の惑星について，太陽からの平均距離，質量，密度を示したものである。各惑星の公転軌道は太陽を中心とする円であるとして，次の問いに答えなさい。〈山口県〉

惑星	太陽からの平均距離（地球＝1）	質量（地球＝1）	密度
水星	0.39	0.06	5.4
金星	0.72	0.82	5.2
地球	1.0	1.0	5.5
火星	1.5	0.11	4.0
木星	5.2	318	1.3
土星	9.6	95	0.69
天王星	19	15	1.3
海王星	30	17	1.6

表の「太陽からの平均距離」と「質量」は，地球を1とした値で示している。「密度」は，天体を構成する物質 $1cm^3$ あたりの質量〔g〕で示している。

(1) 思考 海王星の公転軌道を半径50cmの円でつくるとき，地球の公転軌道は半径何cmの円になるか。表をもとにして，四捨五入により小数第1位まで求めよ。

[　　　　　　]

(2) 知識・理解 表の各惑星は，地球に似ているグループ（地球型惑星）と木星に似ているグループ（木星型惑星）に分けることができる。地球に似ているグループは，木星に似ているグループと比べてどのような特徴があるか。次の**ア**～**エ**から選べ。

ア　質量も密度も小さい。　　**イ**　質量は小さいが，密度は大きい。
ウ　質量は大きいが，密度は小さい。　　**エ**　質量も密度も大きい。

[　　　]

5 ある日の20時，北の空に北斗七星が**図1**のaの位置に見えた。このとき南の空では，**図2**のようにオリオン座のリゲルが南中していた。その夜，しばらくしてから もう一度，北の空を見ると北斗七星は**図1**のbの位置に移動していた。次の問いに答えなさい。〈長崎県〉

図1

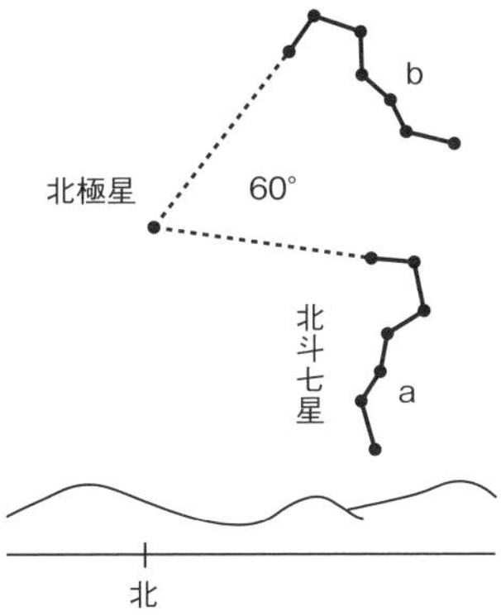

図2

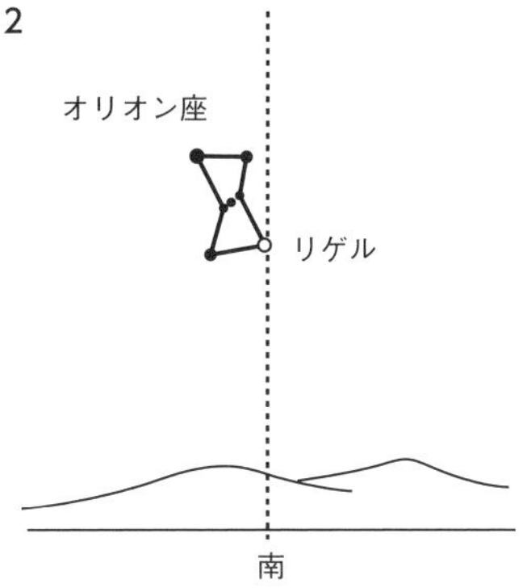

(1) 知識・理解 北斗七星が，**図1**のbの位置に見えたのは，20時から何時間後か。

[　　　　　　]

(2) 思考 北極星を観察すると，時間がたっても動かないように見える。その理由を書け。[　　　　　　]

(3) 知識・理解 1か月後に同じ場所で観察すると，リゲルが南中する時刻は何時か。次の**ア**～**エ**から選べ。

ア　18時　　**イ**　19時　　**ウ**　21時　　**エ**　22時　　[　　　]

6 差がつく

夏至の日の太陽について，次の問いに答えなさい。〈長崎県〉

(1) 知識・理解 夏至の日はどの月にあるか。次の**ア**～**エ**から選べ。

ア　6月　　**イ**　7月　　**ウ**　8月　　**エ**　9月　　[　　　]

(2) 実験・観察 **図1**は，夏至の日の地球を表している。地球上で，夏至の日に1日中，太陽光が当たらない部分を，**図1**に黒くぬりつぶして示せ。

図1

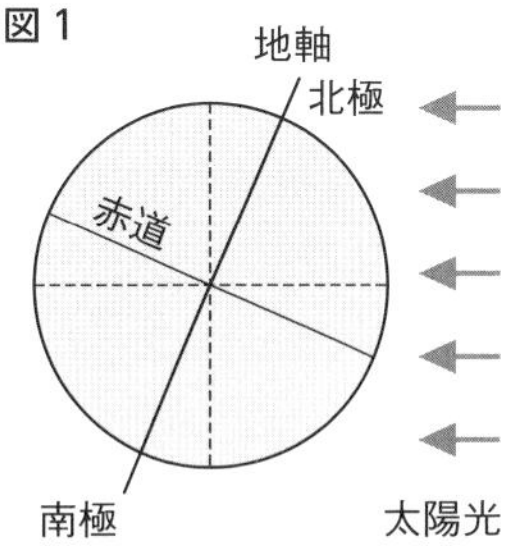

(3) 思考 **図2**は，北緯33°のある地点で，夏至の日の太陽が南中したときのようすを表している。この地点での太陽の南中高度は何度か。ただし，地球の地軸の傾きを23°とする。

[　　　　　　]

図2

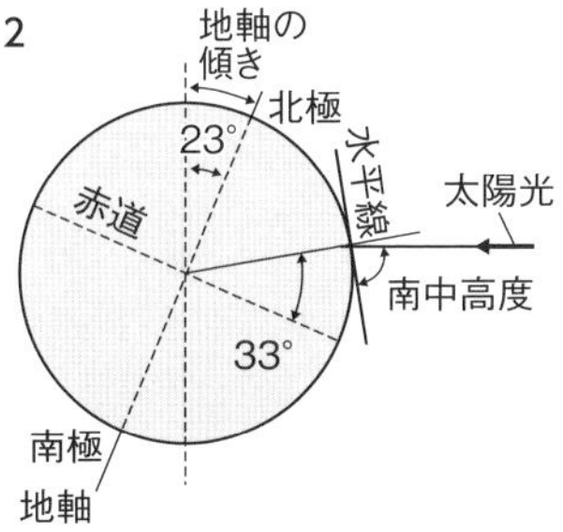

(4) 知識・理解 地球は，地軸が一定の角度で傾いたまま太陽のまわりを公転している。もし，地球の地軸が傾いていなかったらどうなるか。次の（　　）に適語を入れ，文を完成せよ。

（　　）の変化がなくなる。

[　　　　　　]

(5) 実験・観察 **図3**の点線は，長崎県内のある場所で，春分の日に観測した太陽の１日の道すじを天球上に示したものである。同じ場所で，夏至の日に観測した結果を，**図3**に実線でかき加えよ。

図3

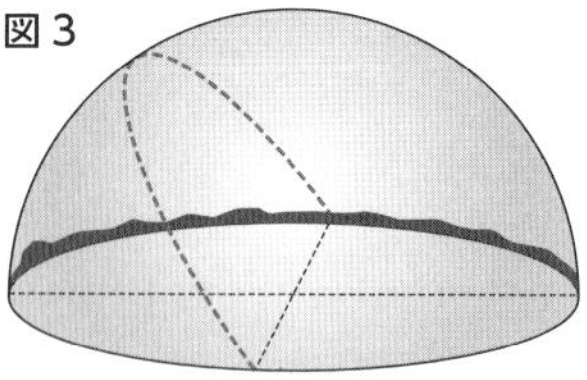

(6) 思 考 記録台紙に垂直に棒を立てて日時計をつくった。夏至の日に，長崎県内のある場所で，この日時計を水平な地面に置き，棒の影の先端の位置を朝から夕方まで1時間ごとに記録し，それをなめらかな線で結んだ。その結果として最も適当なものはどれか。**図4**の**ア**～**エ**から選べ。

[　　　]

図4

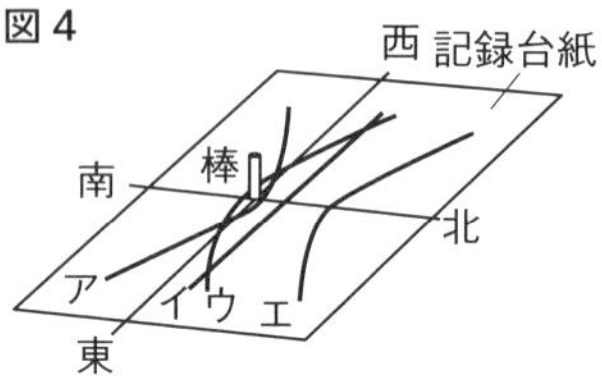

7 次の観察記録は，かおりさんが月を観察したときのものである。あとの問いに答えなさい。

〈宮城県〉

[観察記録] 8月12日午後8時（晴れ）

天体望遠鏡で見た月のスケッチ

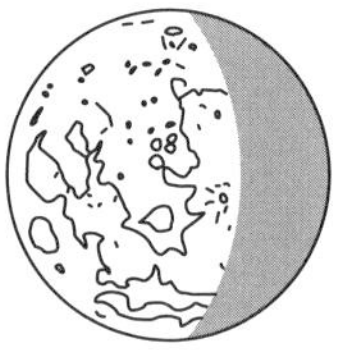

月の満ち欠けの形…半月よりはふくらんでいた。
明るさ…とても明るかった。
月面のふち…はっきり見えた。
クレーター…大きいものや小さいものがたくさん見えた。月の中央付近のものは円形で，周辺部のものはだ円形に見えた。

感想：天体望遠鏡で見るとクレーターがはっきり見えて，とてもきれいだった。

(1) 次の文は，月の観察からわかることについて述べたものである。文中の（ a ），（ b ）に入る最も適切なものを，あとの**ア**～**エ**からそれぞれ1つずつ選べ。

> 月の中央付近のクレーターは円形で，周辺部のクレーターはだ円に見えることから（ a ）ことがわかる。また，月が満ち欠けすることから（ b ）ことがわかる。

ア 月は球体である　**イ** 月には大気や水がない
ウ 月は地球より小さい　**エ** 月はみずから光をはなっていない

a [　　　]
b [　　　]

(2) かおりさんが観察したときの月の位置はどれか。正しいものを右図の**ア**～**エ**から選べ。

[　　　]

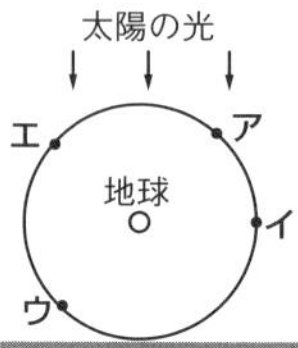

(3) 思 考 このとき，月から地球を見るとすれば，どのような形に見えるか。そのときの地球の形をかけ。ただし，観察記録のスケッチのように，欠けている部分は黒くぬりつぶすこと。

入試予想問題

第1回

解答・解説➡別冊 P.57

あらゆる内容が融合した問題に挑戦しましょう。

制限時間 60分

得点 点 / 100点

1 手回し発電機を用いて，次の実験1，2を行った。これについて，あとの問いに答えなさい。

〔18点〕

実験１

〔１〕**図１**のように，手回し発電機に抵抗５Ωの電熱線および電流計をつないで，回路をつくった。

〔２〕次に１秒間あたり１回の回転数でハンドルを反時計回り（**図１**の矢印の向き）にくり返し回転させ，回路に流れる電流の大きさを調べた。

図１

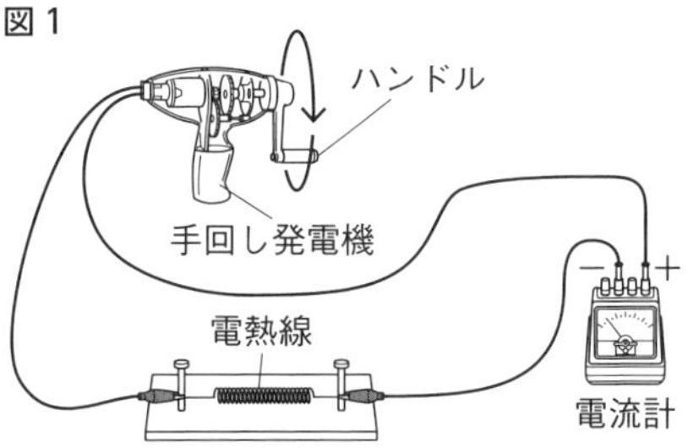

〔３〕ハンドルの１秒間あたりの回転数を2回，3回とふやし，それぞれ同じように電流の大きさを調べた。下の表はこのときの結果をまとめたものである。

1秒間あたりのハンドルの回転数〔回〕	1	2	3
電流の大きさ〔A〕	0.28	0.56	0.84

実験２

図２

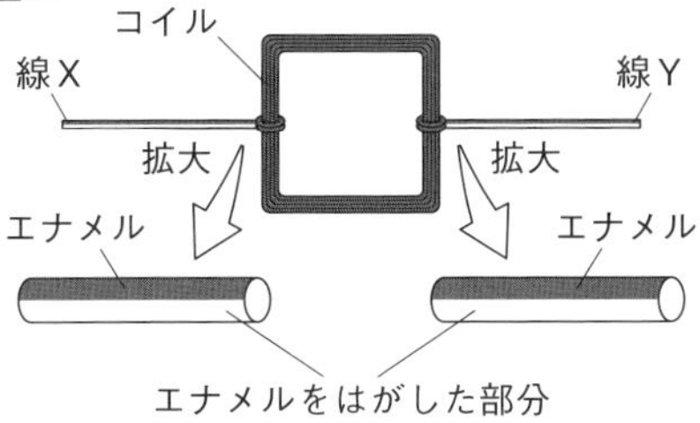

図３

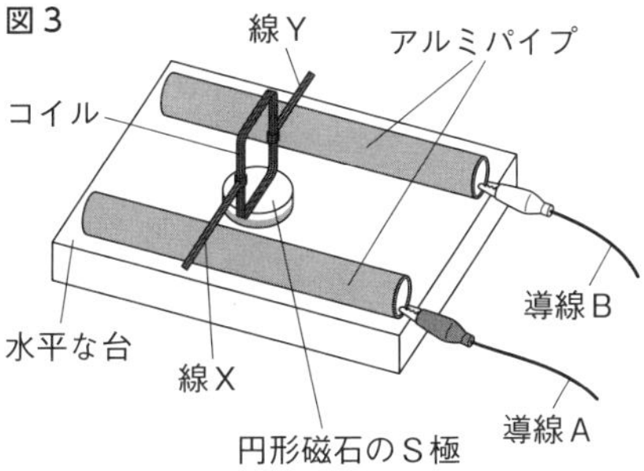

〔１〕１本のエナメル線を用意し，**図２**のようにエナメル線の両端を少し残して，正方形のコイルをつくり，残した線の下側半分のエナメルをそれぞれはがして，線X，Yとした。

〔２〕**図3**のように，水平な台の上に，導線A，Bをそれぞれつないだ２本のアルミパイプを固定し，S極を上にした円形磁石の真上にコイルを垂直にして，線X，Yをパイプにのせた。このとき，エナメルをはがした側を下にしておいた。

図４

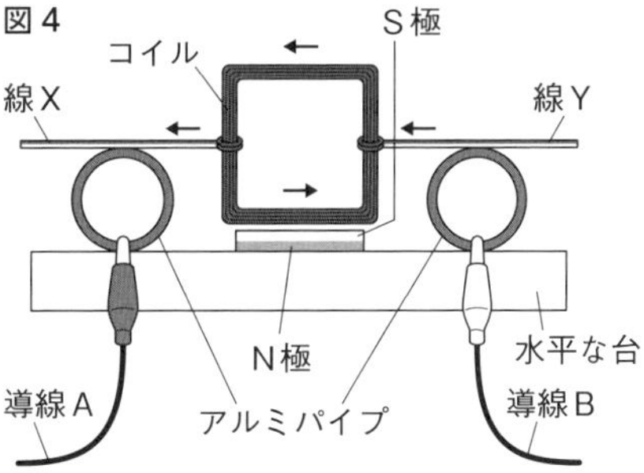

〔３〕導線A，Bに手回し発電機をつなぎ，ハンドルを反時計回りに回したところ，電流は**図4**の矢印（→）の向きに流れ，コイルは回転しながら移動した。

(1) 実験1について，1秒間にハンドルを2回転させたとき，電熱線に加わる電圧は何Vか。ただし，電熱線以外の抵抗は考えないものとする。〔2点〕

(2) 実験１について，**図１**の回路に抵抗５Ωの電熱線を**図５**のようにもう１つつなぎ，１秒間のハンドルの回転数を３回にしたとき，回路に流れる電流の大きさは何Aになるか。次の**ア**～**エ**から選べ。ただし，回転数が同じとき，手回し発電機が回路に加える電圧は，電熱線の数やつなぎ方に関係なく，変わらないものとする。〔3点〕

図５

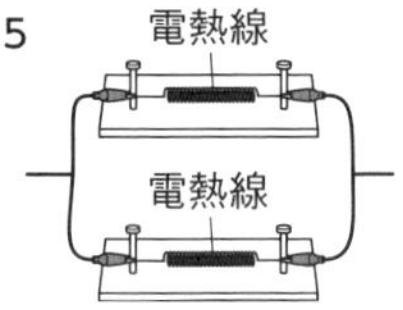

ア　0.28 A

イ　0.42 A

ウ　0.84 A

エ　1.68 A

(3) 実験２について，電流を流した瞬間のコイルの磁界の向きとして適切なものを，**図６**の**ア**～**エ**から選べ。〔3点〕

図６

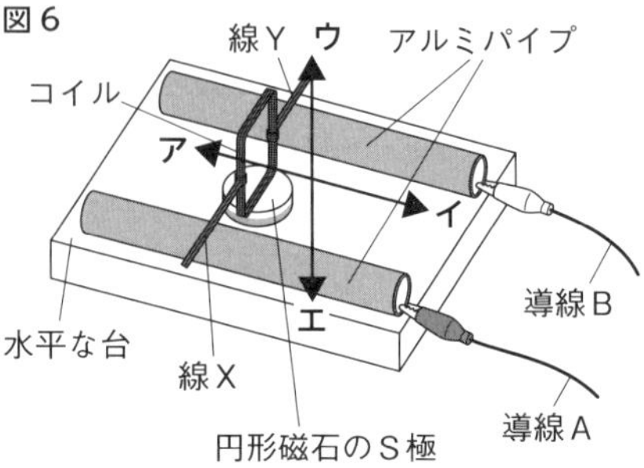

(4) 実験２について，**(3)** の結果を考えると，電流を流したときにコイルはどちらの方向に動くと考えられるか。**図６**の**ア**，**イ**から選べ。〔3点〕

(5) 実験２について，ハンドルを時計回りに回すと，回路に流れる電流の向きが逆になり，コイルは実験結果と逆向きに回転した。コイルを実験結果と逆向きに回転させるには，ハンドルを回す向きを逆にする以外で，どのような方法が考えられるか。ただし，導線A，Bとアルミパイプのつなぎ方，導線A，Bと手回し発電機のつなぎ方，コイルの置き方は変えないものとする。〔4点〕

(6) 実験２を行う際に，誤って線X，Yの上半分のエナメルもはがしてしまった。この状態で実験を行うと，コイルは垂直の状態からどのようになるか。最も適切なものを，次の**ア**～**エ**から選べ。〔3点〕

ア　垂直のまま，まったく回転しない。

イ　４分の１回転し，回転が止まる。

ウ　半回転し，回転が止まる。

エ　１回転し，回転が止まる。

2 鉄と硫黄を混ぜて加熱したときの変化を調べるため，次の実験1，2を行った。これについて，あとの問いに答えなさい。〔21点〕

実験1

〔1〕**図1**のように，鉄粉7.0gと硫黄4.0gを乳鉢（にゅうばち）に入れてよく混ぜ合わせた。その混合物の一部を試験管Aにとり，残りを試験管Bに入れた。

図1

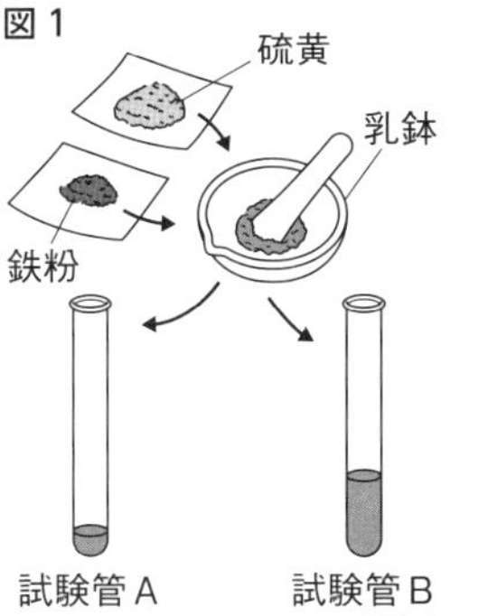

図2

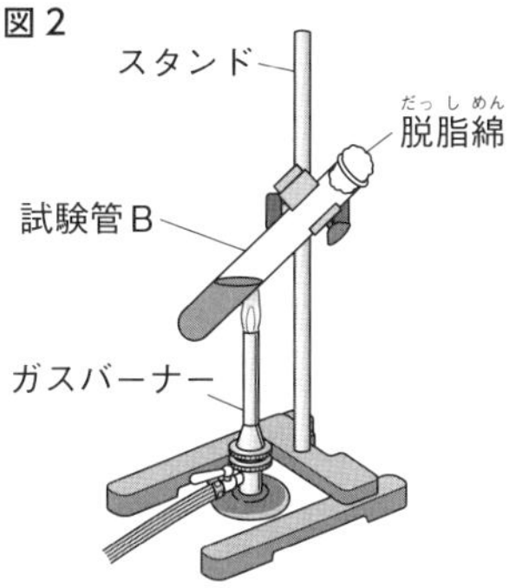

〔2〕**図2**のように，試験管Bに入れた混合物の上部を加熱し，混合物の上部が赤くなったところで加熱をやめた。加熱をやめたあとも反応が進んで鉄と硫黄は完全に反応し，黒い物質ができた。試験管Aはそのまま放置した。

図3

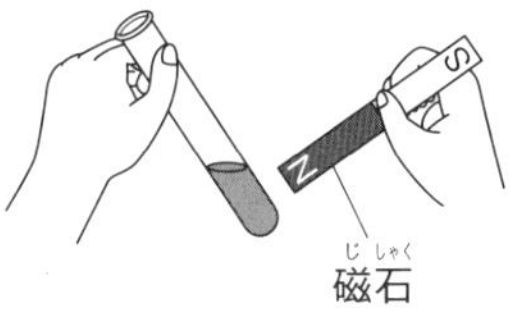

図4

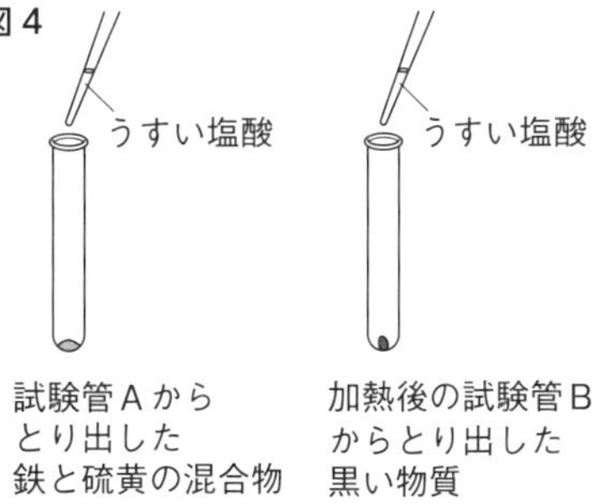

〔3〕試験管Bを十分に冷ましたあと，試験管A，Bに，**図3**のように，それぞれ$_a$<u>磁石を近づけて試験管内の物質が磁石に引きつけられるかどうかを調べた</u>。

〔4〕〔3〕の試験管A，B内の物質を少量ずつとり，それぞれ別の試験管に入れた。次に**図4**のように，それぞれの試験管にうすい塩酸を数滴入れたところ，$_b$<u>一方からはにおいのある気体が，もう一方からはにおいのない気体が発生した</u>。

実験2

試験管C〜Fを用意し，**表**に示した質量の鉄粉と硫黄をそれぞれよく混ぜ合わせて各試験管に入れた。次に実験1の〔2〕の試験管Bと同様に試験管C〜Fを加熱したところ，試験管C，D，Eの鉄と硫黄は完全に反応したが，試験管Fの鉄と硫黄は完全に反応せず，一方の物質が残った。

表

	試験管C	試験管D	試験管E	試験管F
鉄粉の質量	2.8g	4.2g	5.6g	8.4g
硫黄の質量	1.6g	2.4g	3.2g	4.4g

(1) 実験1について，〔2〕の反応を示した次の化学反応式の［①］，［②］に当てはまる化学式を答えよ。〔各2点〕

［①］ ＋ S → ［②］

(2) 実験1について，〔2〕の反応で加熱をやめたあとも反応が続いたのはなぜか。簡単に説明せよ。〔4点〕

(3) 実験1の下線部aについて，磁石に引きつけられたのは試験管Aか試験管Bのどちらか。〔2点〕

(4) 実験1の下線部bについて，次の問いに答えなさい。

① 発生した気体のにおいのかぎ方を簡単に説明せよ。〔4点〕

② においのある気体が発生したのは試験管A，試験管Bのどちらか。〔2点〕

③ 発生したにおいのない気体についての説明として適切なものを，次の**ア**～**エ**から選べ。〔2点〕

ア ものを燃やすはたらきがある。　**イ** 石灰水を白くにごらせる。

ウ 亜鉛にうすい塩酸をかけると発生する。　**エ** 水にとけやすい。

(5) 実験2について，試験管Fで鉄と硫黄をすべて完全に反応させるには，鉄と硫黄のどちらがあと何g必要か。〔3点・完答〕

3

消化酵素のはたらきを調べるために次のような実験を行った。これについて，あとの問いに答えなさい。ただし，各実験で準備したデンプン溶液の量と，加えただ液または水の量はそれぞれ同じである。〔23点〕

実験1

温度を5℃にしたデンプン溶液とうすめたヒトのだ液を試験管に入れて混ぜ合わせ，その温度で5分間放置したあと，少量のヨウ素液を加え，試験管内の色が青紫色になるかどうかを確認した。同様の実験を20℃，30℃，40℃，60℃のデンプン溶液でも行い，**表1**にその結果をまとめた。

表1

温度〔℃〕	5	20	30	40	60
色	+	−	−	−	+

+：青紫色になる。
−：青紫色にならない。

実験2

実験1で用いたうすめたヒトのだ液のかわりに，水を用いて同様の実験を行った。**表2**にその結果をまとめた。

表2

温度〔℃〕	5	20	30	40	60
色	+	+	+	+	+

+：青紫色になる。
−：青紫色にならない。

(1) 実験2について，次の問いに答えなさい。

① 実験1に加えて，実験2を行うことでわかることとして適切なものを，次の**ア**～**エ**から選べ。〔2点〕

ア デンプンがなくなったのはだ液があるためということ。

イ デンプンがなくなるのは温度の影響だということ。

ウ デンプンが麦芽糖に変わったこと。

エ デンプンは水によって麦芽糖に変わること。

② 実験2のような調べたい条件以外を同じにして行う実験を何というか。〔2点〕

(2) 実験1について，温度を30℃にしたときの試験管内の物質についてどのようなことがいえるか。最も適切なものを，次の**ア**～**エ**から選べ。〔2点〕

ア デンプンが含まれている。

イ 麦芽糖が含まれている。

ウ デンプンは含まれていない。

エ デンプンも麦芽糖も含まれていない。

(3) 実験1ではたらく消化酵素として最も適切なものを，次の**ア**～**エ**から選べ。〔2点〕

ア リパーゼ

イ アミラーゼ

ウ トリプシン

エ ペプシン

(4) 体内でデンプンが分解されると麦芽糖が生じる。次の文は，このことを確かめるために行う操作について説明したものである。これについて，あとの問いに答えなさい。

麦芽糖があるか確認したい試験管に ㋐ を加えて ㋑ と， ㋒ ができる。

① ㋐ にあてはまる試薬の名称を答えよ。〔3点〕

② ㋑ にあてはまる操作として適切なものを，次の**ア**～**エ**から選べ。〔3点〕

ア 試験管を強くふる

イ 0℃まで冷却する

ウ ストローで息を吹き込む

エ 沸騰石を入れて軽くふりながら加熱する

③ ㋒ にあてはまる語を答えよ。〔3点〕

(5) 分解された麦芽糖が吸収される過程を示した次の文中の□にあてはまる語を答えよ。〔各3点〕

麦芽糖は，さらにブドウ糖に分解されて小腸の ㋓ から吸収され， ㋔ に入り，肝臓を通ったあと全身に運ばれる。

4 右の図は，ある地震が発生した時刻からの，地点A～Cにおける地震計の記録を表したものである。この地震の震源からの距離は，地点Aは96km，地点Bは128kmである。図と表に示した①，②は地点A，Bで初期微動が始まった時刻を，③，④は地点A，Bで a初期微動に続く大きなゆれが始まった時刻をそれぞれ示している。なお，この地震のP波，S波は一定の速さで伝わるものとする。次の問いに答えなさい。〔18点〕

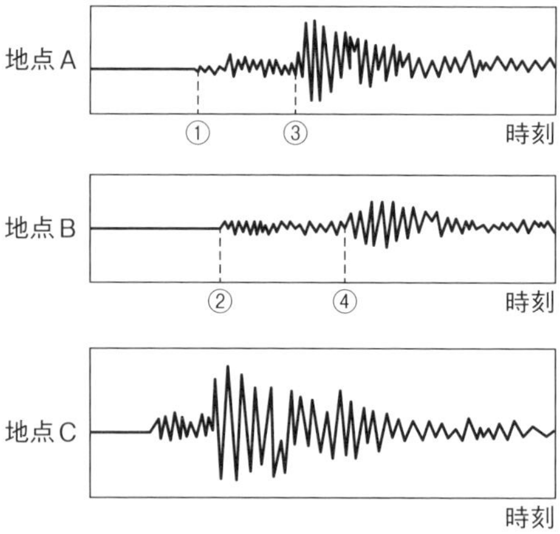

表

①	12時14分01秒
②	12時14分05秒
③	12時14分13秒
④	12時14分21秒

(1) 下線部aについて，初期微動のあとに始まる大きなゆれを何というか。〔2点〕

(2) 図の①～③，②～④で示される時間を何というか。〔2点〕

(3) 図と表から，震源からの距離が40kmの地点での **(2)** の時間を求めよ。〔3点〕

(4) 図と表から，この地震が発生した時刻を求めよ。〔3点〕

(5) 地点Cの震源からの距離として最も適切なものを次の**ア**～**エ**から選べ。ただし，地点A，B，Cにおいて土地のつくりやようすにちがいはないものとする。〔3点〕

ア 60km
イ 100km
ウ 120km
エ 140km

(6) 最大震度が5弱以上と予想される地震が発生したときには気象庁から緊急地震速報が発表される。緊急地震速報は地震が発生したときに，震源に近い地震計でP波を感知し，その情報をもとに瞬時に各地のS波の到達時刻やゆれの大きさを予測して，可能な限りすばやく知らせるシステムである。これに関連して，次の問いに答えなさい。

① 地震の大きさを表す指標には震度のほかにマグニチュードがある。震度とマグニチュードについて説明した文としてまちがっているものを，次の**ア**～**エ**から選べ。〔2点〕

ア 震度は地震のゆれの大きさを表しており，一般に震源に近いほど大きくなる。
イ マグニチュードは地震の規模を表しており，一般に震源に近いほど大きくなる。
ウ 人が立っていることができず，はわないと動けない程度のゆれは震度6強以上である。
エ マグニチュードが大きい地震ほど地震によって放出されたエネルギーは大きい。

② 図に表される地震において，震源から16kmの距離にある地震計でP波を感知し，その5秒後に緊急地震速報が発表された。緊急地震速報が発表されてから12秒後にS波が到着するのは震源から何kmの地点か。ただし，緊急地震速報は発生と同時に各地に伝わるものとする。〔3点〕

5 次の問いに答えなさい。〔20点〕

(1) 右の図の装置を用いて，酸化銀を加熱して発生した気体を集めた。集めた気体に火のついた線香を入れると，線香が炎を上げて燃えた。加熱した試験管が冷めてから，中に残った白い物質をとり出した。次の①，②に答えなさい。

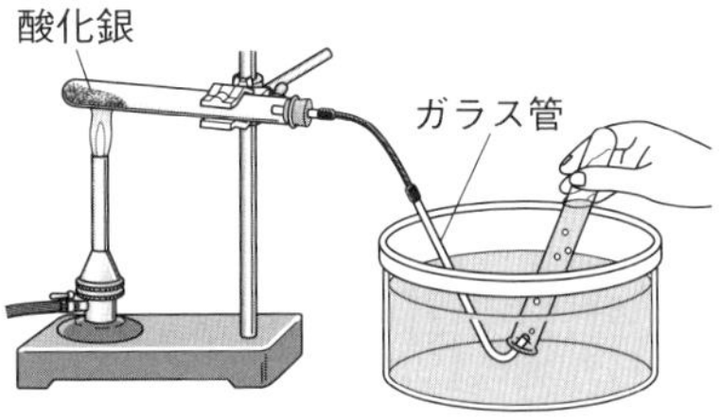

① 加熱してできた白い物質の性質についての説明として<u>まちがっている</u>ものを，次の**ア**～**エ**から選べ。〔2点〕

ア みがくと光沢が出る。

イ 電気を通す。

ウ たたくとのばすことができる。

エ 水より密度が小さい。

② この実験で見られた酸化銀の変化のようすを表した次の化学反応式の[　　]にあてはまる化学式を答えよ。〔3点完答〕

[あ] → [い] ＋ O_2

(2) ビーカーに入れたうすい塩酸20cm^{3}にBTB溶液を加えたところ黄色になった。このビーカーにうすい水酸化ナトリウム水溶液を32cm^{3}加えてよくかき混ぜたところ，緑色になった。次に，この混合液を加熱して水をすべて蒸発させると，<u>白色の粉末</u>0.48gが得られた。これについて次の①，②に答えなさい。

① 下線部の白色の粉末の化学式を答えよ。〔2点〕

② この操作で用いたものと同じうすい塩酸とうすい水酸化ナトリウム水溶液を40cm^{3}ずつ混ぜ合わせ，混合液を加熱して水をすべて蒸発させた。このとき，得られる下線の白色の粉末の質量は何gか。次の**ア**～**エ**から選べ。〔3点〕

ア 0.52g

イ 0.60g

ウ 0.72g

エ 0.80g

(3) あるばねにいろいろな質量のおもりをつるして，ばねののびを測定した。右の図は測定した結果をもとに，ばねののびが，ばねに加える力の大きさに比例する関係を表したものである。次の①，②に答えなさい。ただし，100g の物体にはたらく重力の大きさを1N とする。

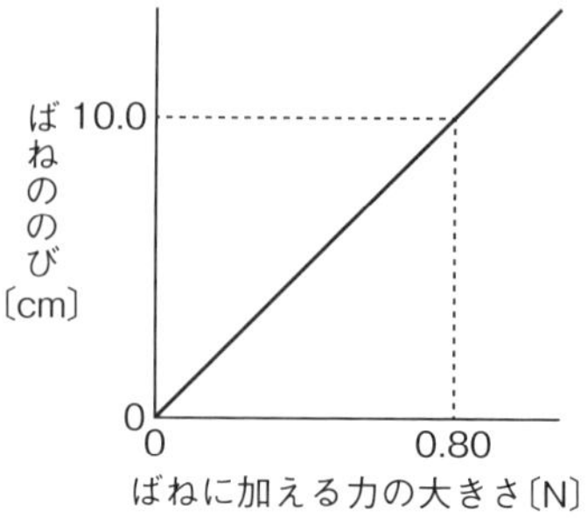

① 下線部のような関係を表す法則を何というか。〔2点〕

② つるしたおもりの質量が 120g のとき，ばねののびは何 cm となるか。次の**ア**～**エ**から選べ。〔3点〕

ア 12.0cm　**イ** 15.0cm　**ウ** 18.0cm　**エ** 20.0cm

(4) **図1**のように，台車をなめらかな斜面上に置いて，手で止めておいた。静かに手をはなすと台車は斜面上を運動した。このときの台車の運動のようすを，1秒間に 50 打点する記録タイマーで記録した。**図2**は，記録テープの一部を，時間の経過順に5打点ごとに切って紙にはりつけたものである。

図1

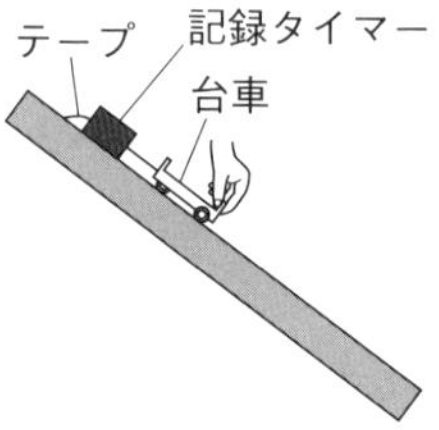

図2

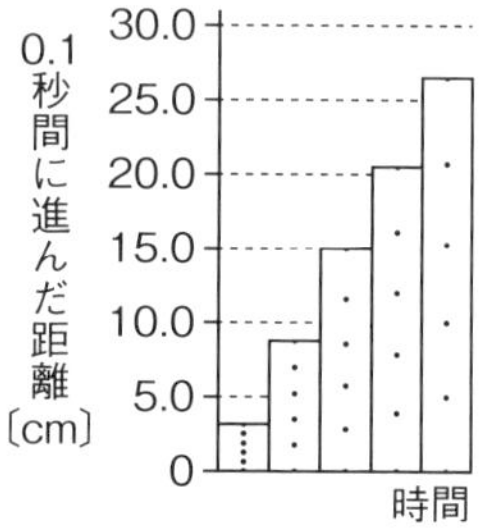

また，下の表は，手をはなしてから経過した時間と，手をはなした位置からの移動距離を表したものである。次の①，②に答えなさい。

経過した時間〔s〕	0	0.1	0.2	0.3	0.4	0.5
移動距離〔cm〕	0	2.9	11.7	26.4	46.9	73.3

① 斜面を運動している状態の台車にはたらく重力を分解した図として適切なものを，次の**ア**～**エ**から選べ。〔2点〕

ア

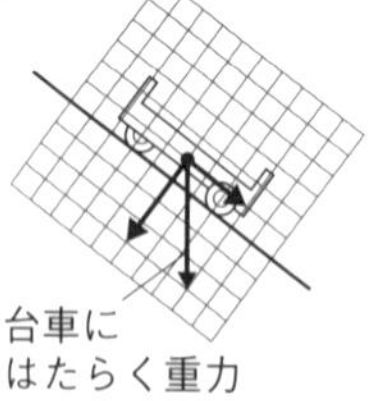

イ

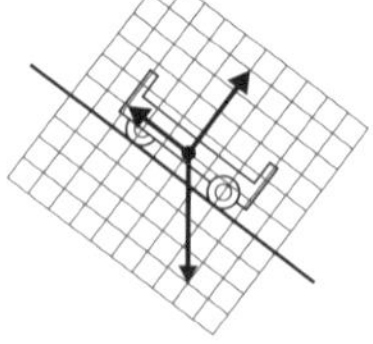

ウ

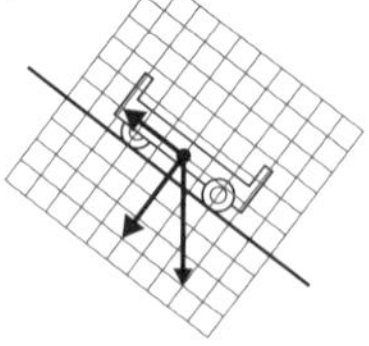

エ

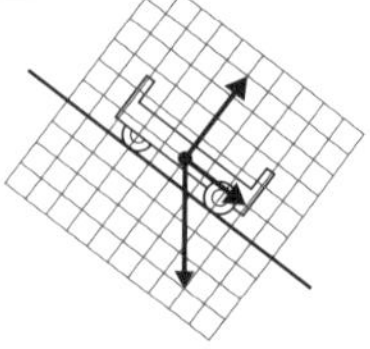

② 表の結果を考えて，経過した時間と台車の移動距離との関係を表したグラフとして適切なものを，次の**ア**～**エ**から選べ。〔3点〕

ア

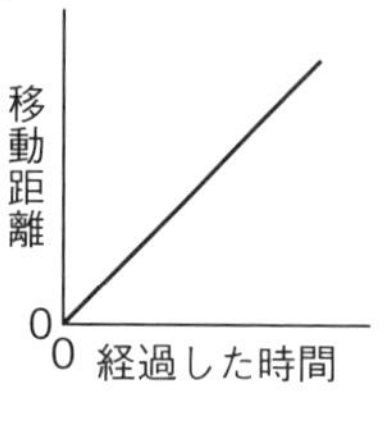

イ

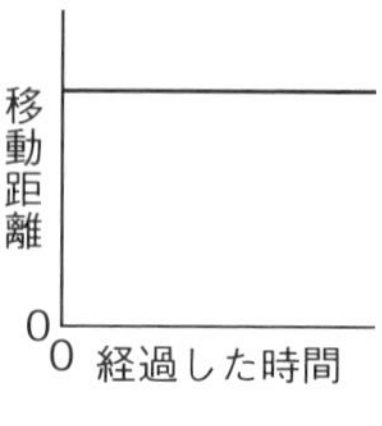

ウ

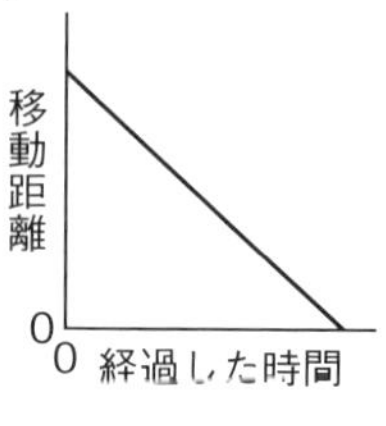

エ

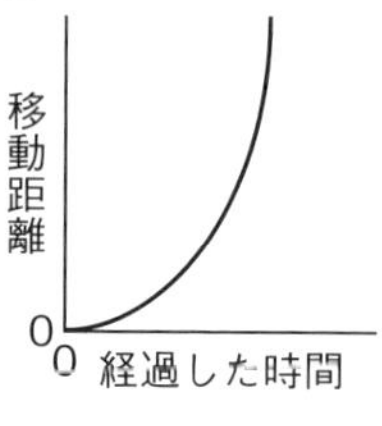

入試予想問題
第2回

解答・解説⇒別冊P.59

あらゆる内容が融合した問題に挑戦しましょう。

制限時間	得点
60分	点/100点

1 音や光の性質を調べる次の実験を行った。これについてあとの問いに答えなさい。〔19点〕

実験1

図1のように，校舎に向かってたいこを鳴らし，その音が校舎に反射して聞こえるまでの時間を測定した。まず**図2**のA地点でたいこを鳴らし，音が反射して聞こえるまでの時間を測定すると0.46秒だった。次に校舎からさらに6.8mはなれたB地点で同様に測定すると，0.50秒だった。

図1

実験2

図3のように，ろうそくの炎を虫めがねで見た。また，**図4**のようにろうそくを虫めがねに近づけてろうそくの炎をもう1度虫めがねで見た。

図2

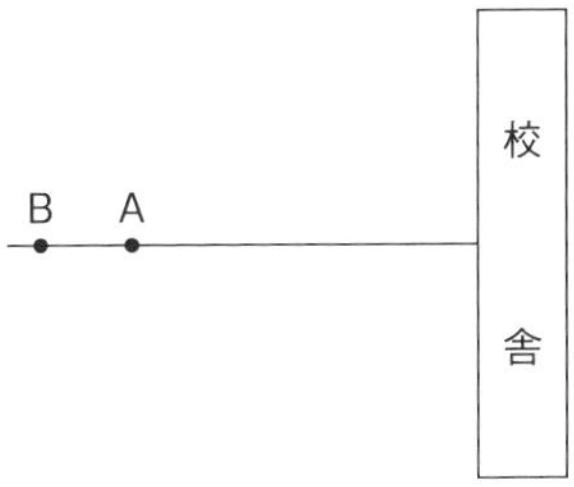

図3

図4

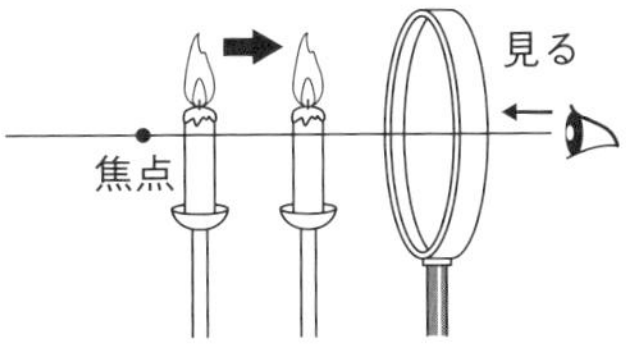

(1) 音の性質に関する次の文の（　　）にあてはまる適当な言葉を，あとの**ア**～**エ**からそれぞれ選べ。〔2点×2〕

音は，物体の振動が伝わることでまわりに伝わっていく。振動数が多いほど音は（　①　）なり，振幅が小さいほど音は（　②　）なる。

ア　高く

イ　低く

ウ　大きく

エ　小さく

(2) 実験1の結果から，音が空気中を伝わる速さは何m/sか。〔3点〕

(3) 実験1の結果から，B地点は校舎から何mはなれているか。〔3点〕

(4) 実験2で，虫めがねを通して見たろうそくの炎の像は，実際に光が集まってできた像ではない。このような像を何というか。〔3点〕

(5) (4) で答えた像と同じ性質の像ができるものを，次の**ア**～**ウ**から選べ。〔3点〕

ア　プロジェクター（映写機）がスクリーンにうつす景色の像

イ　天体望遠鏡を用いて太陽投影板にうつした太陽の像

ウ　鏡にうつっている像

(6) 図4のように，焦点より虫めがねに近いところに置いたろうそくをさらに虫めがねに近づけると，見える像はどのようになるか。次の**ア**～**エ**から選べ。〔3点〕

図5

図6

ア　図5のように像は大きくなる。

イ　図6のように像は小さくなる。

ウ　像の大きさは変わらない。

エ　像は見えなくなる。

2

酸とアルカリの性質を調べる実験を行った。これについてあとの問いに答えなさい。〔17点〕

実験1

水道水でぬらしたろ紙に，赤色リトマス紙AとB，青色リトマス紙CとDをのせた。ろ紙に電極をとりつけて図の装置をつくり，中央のろ紙Eにうすい塩酸をしみこませ，電流を流した。

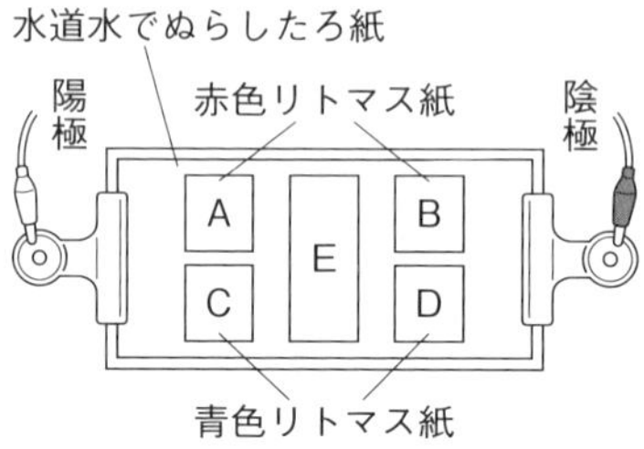

実験2

水酸化バリウム水溶液20cm^{3}が入った5個のビーカーP～Tにうすい硫酸をそれぞれ10cm^3，20cm^3，30cm^3，40cm^3，50cm^{3}加えたところ，すべてのビーカーで白い物質が生じた。pHメーターでP～Tの混合液のpH値を調べたあと，ビーカーP～Tの混合液をそれぞれろ過し，白い物質とろ液に分けた。白い物質は乾燥させて質量を測定し，ろ液は色を確認した。次の表は実験の結果をまとめたものである。

ビーカー	P	Q	R	S	T
加えたうすい硫酸の体積〔cm^3〕	10	20	30	40	50
乾燥させた白い物質の質量〔g〕	0.5	1.0	1.5	2.0	2.0

(1) 実験１で，色が変化したリトマス紙はどれか。A ～ Dから選べ。〔3点〕

(2) 実験１で，リトマス紙の色が変化した原因となるイオンは何か。イオンの名称を書け。〔2点〕

(3) 実験２のように，酸とアルカリが反応するときに共通して生じる物質がある。その物質を化学式で答えよ。〔3点〕

(4) 実験２で，ビーカーＰとビーカーＴの混合液のpH値の大小を比べるとどうなるか。次の**ア**～**ウ**から選べ。〔3点〕

ア　ビーカーＰのほうがビーカーＴより大きい。
イ　ビーカーＴのほうがビーカーＰより大きい。
ウ　ビーカーＰとビーカーＴで等しい。

(5) 実験２で，ビーカーＰ～Ｔの混合液のうち，pH値が７になったものがあった。その混合液をＰ～Ｔから選べ。〔3点〕

(6) 実験２で用いたうすい硫酸24cm^{3}と水酸化バリウム水溶液20cm^{3}をビーカーに入れて混合液をつくり，ろ過してとり出した白い物質を乾燥させると，質量は何ｇになるか。〔3点〕

3

遺伝のしくみをインターネットで調べていると，右の図のようなマツバボタンの花の色の遺伝に関する図を見つけた。説明には，赤い花をさかせる純系のマツバボタンの花粉を，白い花をさかせる純系のめしべに受粉させると，子はすべて赤い花になり，次に子の種子を育てて自家受粉させると，孫では赤い花と白い花がさいた，と書かれてあった。次の問いに答えなさい。〔17点〕

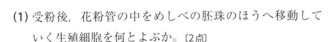

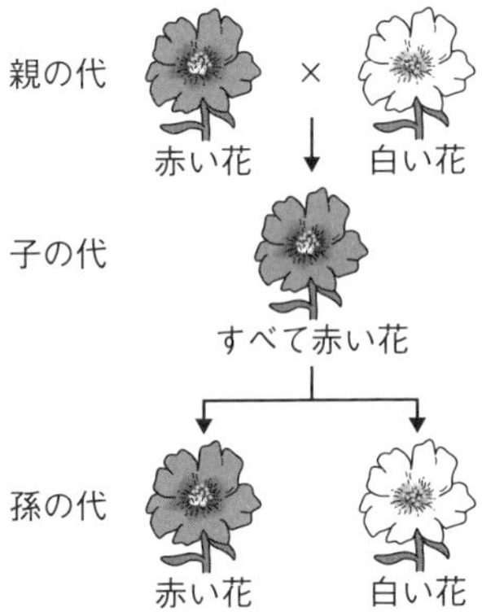

(1) 受粉後，花粉管の中をめしべの胚珠のほうへ移動していく生殖細胞を何とよぶか。〔2点〕

(2) (1) の生殖細胞がつくられるとき，染色体の数がもとの細胞の染色体の数の半分になる分裂が起きる。この分裂を何というか。漢字４字で答えよ。〔3点〕

赤い花をさかせる遺伝子をＡ，白い花をさかせる遺伝子をａとする。また，純系の赤い花をさかせるマツバボタンがもつ遺伝子をＡＡ，純系の白い花をさかせるマツバボタンがもつ遺伝子をaaとする。

(3) 孫の代の種子がもつ遺伝子の組み合わせとして考えられるものをすべて表しているのはどれか。次の**ア**～**エ**から選べ。〔3点〕

ア　AA，Aa

イ　AA，Aa，aa

ウ　AA，aa

エ　Aa，aa

(4) 孫の代の赤い花と白い花の個体数の比（赤花：白花）はおよそ何対何になると考えられるか。次の**ア**～**エ**から選べ。〔3点〕

ア　1：1

イ　1：3

ウ　2：1

エ　3：1

(5) 遺伝子は細胞の染色体の中にあるが，その遺伝子の本体の物質を何というか。その名称をアルファベット3文字で答えよ。〔3点〕

(6) 子の代の赤い花の花粉を，純系の白い花に受粉させてできた種子をまいて育てると，赤い花と白い花の個体数の比（赤花：白花）はおよそ何対何になると考えられるか。次の**ア**～**エ**から選べ。〔3点〕

ア　1：1

イ　1：3

ウ　2：1

エ　3：1

4　天気に関するあとの問いに答えなさい。〔24点〕

図1

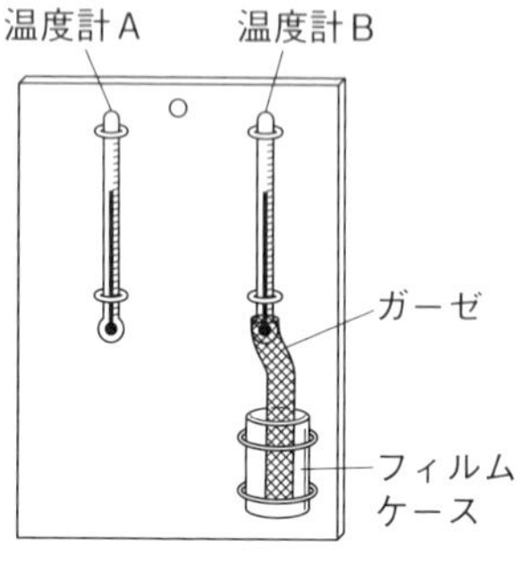

表1

【乾湿計用湿度表〔%〕】

乾球の読み〔℃〕	乾球と湿球の目もりの読みの差〔℃〕							
	0	1	2	3	4	5	6	7
20	100	91	81	73	64	56	48	40
18	100	90	80	71	62	53	44	36
16	100	89	79	69	59	50	41	32
14	100	89	78	67	57	46	37	27
12	100	88	76	65	53	43	32	22
10	100	87	74	62	50	38	27	16
8	100	86	72	59	46	33	20	8

図1のように温度計Bの球形の液だめにガーゼをまき，そのガーゼのもう一方のはしをフィルムケースに入れた水につけた。この装置を教室にしばらく置いたあと，温度計Aと温度計Bの示度と**表1**の乾湿計用湿度表から気温が18℃で，湿度が62%であることがわかった。

(1) このときの温度計A，温度計Bの示す温度を，**図2**に図示せよ。なお，**図2**の左はしの例は気温15℃の場合を表している。〔3点〕

図2

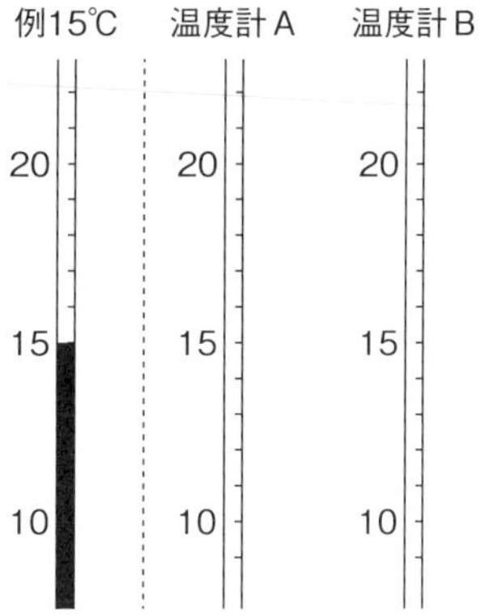

(2) 温度計A，温度計Bを置いた教室は，縦10m，横8m，床から天井までの高さが2.5mである。この温度を測定したとき，教室全体の空気は何gの水蒸気を含んでいたか，小数第1位を四捨五入して整数で求めよ。ただし，その教室は空き部屋で，机やイスなどは置いておらず，教室にいた人の体積も無視する。また，必要であれば，下の**表2**の数値を利用せよ。〔3点〕

表2　気温別の1 m^3の空気中に含むことのできる最大の水蒸気量〔g〕

気温〔℃〕	水蒸気量〔g〕	気温〔℃〕	水蒸気量〔g〕	気温〔℃〕	水蒸気量〔g〕	気温〔℃〕	水蒸気量〔g〕	気温〔℃〕	水蒸気量〔g〕
1	5.2	8	8.3	15	12.8	22	19.4	29	28.8
2	5.6	9	8.8	16	13.6	23	20.6	30	30.4
3	5.9	10	9.4	17	14.5	24	21.8	31	32.1
4	6.4	11	10.0	18	15.4	25	23.1	32	33.8
5	6.8	12	10.7	19	16.3	26	24.4	33	35.7
6	7.3	13	11.4	20	17.3	27	25.8	34	37.6
7	7.8	14	12.1	21	18.3	28	27.2	35	39.6

図3は，近畿地方のある地点Pで，ある日の18時から翌日の8時まで行った気象観測の記録の一部である。また**図4**は，この観測を行っているときの日本付近の21時における気圧と前線の分布を示したものである。

図3

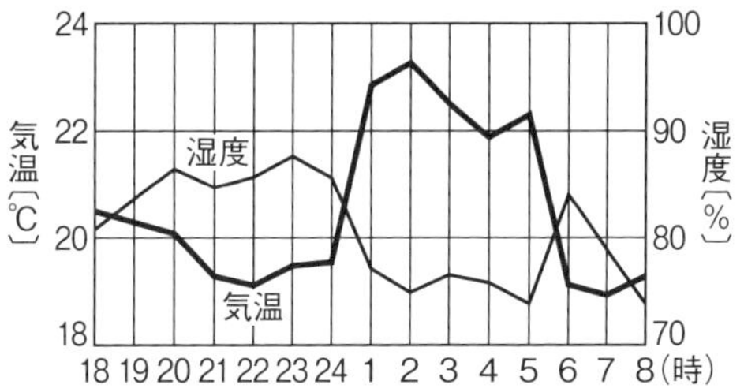

(3) この観測中に，P地点を**図4**の前線Aと前線Bが通過した。**図3**より考えて，前線Aと前線BがP地点を通過した時刻を次の**ア**～**エ**からそれぞれ選べ。〔3点×2〕

ア　19時ごろ
イ　24時ごろ
ウ　3時ごろ
エ　5時ごろ

図4

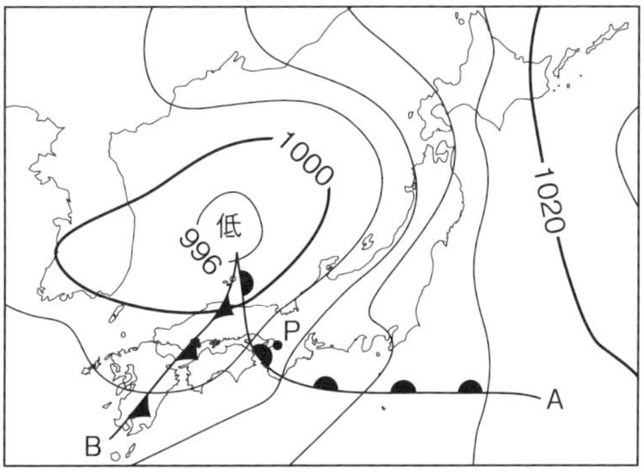

入試予想問題
第2回

(4) 次の文が前線A付近の現象を表すように，文中の［　］から適しているものをそれぞれ選べ。〔3点×3〕

前線A付近では，暖気が寒気の上を，①［**ア**　急激に　**イ**　ゆっくり］はい上がり，②［**ウ**　積乱雲　**エ**　乱層雲］が発生しやすくなっている。そのため，③［**オ**　穏やかな雨が降り続く　**カ**　にわか雨が降りやすい］。

次の**図5**のA～Dは，日本の夏，秋，冬，梅雨のいずれかの時期の天気図を表している。

図5

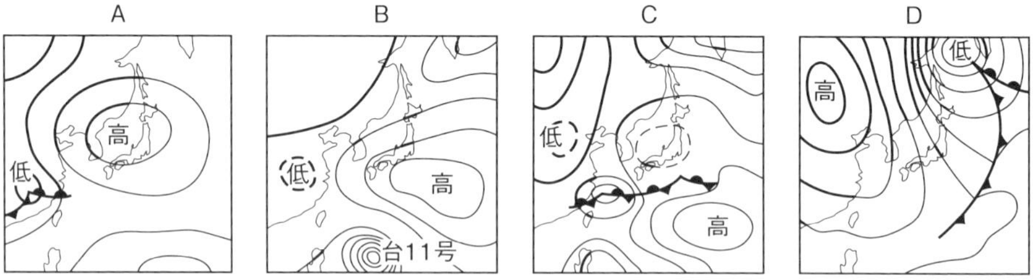

(5) A～Dの天気図の中で，冬によく見られる天気図はどれか，1つ選べ。また，その天気図の気圧配置を何というか，漢字4文字で答えよ。〔3点（完答）〕

5

翔太郎さんとはるかさんが，花だんに植えたホウセンカに水をやりながら，次のような会話をしている。会話文を読んであとの問いに答えなさい。〔23点〕

翔太郎：5月の連休前に植えたホウセンカが本当によく育ったね。

はるか：そうね。芽が出たときは本当に小さかったね。確か a子葉は2枚だったよね。

翔太郎：そうだったね。ホウセンカは乾燥に弱いから，土がカラカラにならないよう水やりに注意したよ。

はるか：日当たりのよい場所に植えて b肥料もやったし。やっともうじき花がさくみたい。

翔太郎：楽しみだなあ。

はるか：でも，いつもまいている水は，ホウセンカの体の中をどう移動していくのかな。

翔太郎：うん。根は無理かもしれないけれど，c茎や葉はなんとか調べられないかなあ。

(1) 下線部aのように発芽したときに子葉が2枚ある植物をまとめて何というか，漢字4文字で答えよ。〔2点〕

(2) 下線部bの肥料は，植物が成長するのに大切だが，種子の発芽には必要ではない。このように，植物の成長には必要だが，種子の発芽に必要ではないものを，肥料以外に1つ答えよ。〔3点〕

下線部③を調べるために**図 1** のようにホウセンカの葉をつけたままの茎を1本用意し，水を入れた三角フラスコにさしておいた。しばらく待つと，フラスコの水は確かに減っているが，ホウセンカの茎や葉に水が行きわたったのかどうかはわからなかった。そこで，水の行き先がはっきりわかるように観察の方法を2点変更した。変更したのは，dホウセンカの茎や葉以外から水が空気中に逃げていかないようにすることと，eホウセンカの茎や葉のなかの水の通り道をはっきりと観察できるようにすることであった。

図 1

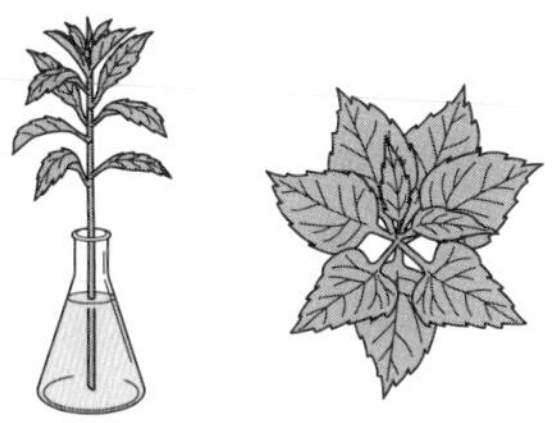

その後，20分ほど置いておいたところ，茎の下のはしから，茎の上のほうや葉にも水が行きわたるようすが観察されたので，茎をうすく輪切りにして，双眼実体顕微鏡を使って観察した。

(3) ホウセンカを上から見ると，**図 1** のように葉どうしがあまり重ならないようになっている。その理由を書け。〔3点〕

(4) 下線部d，eの観察方法の変更について，どのように変更したのか，具体的な方法を説明せよ。ただし，dには「油」という語を，eには「赤インク」という語を用いること。

〔3点×2〕

(5) **図 2** は，双眼実体顕微鏡で観察したホウセンカの茎と，植物図鑑にのっていたトウモロコシの茎を模式的に表したものである。どちらの図がホウセンカの茎かを判断して，ホウセンカの水の通り道としてはるかさんが観察した部分を黒くぬりつぶせ。〔3点〕

図 2

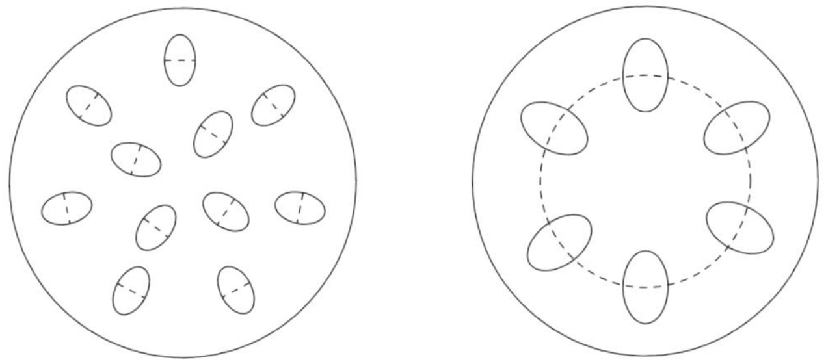

(6) 葉に達した水は，一部は光合成に使われ，また一部は水蒸気になって空気中に出ていく。次の①，②に答えなさい。

① 水のほかに光合成に使われる原料を答えよ。また，光合成が行われる場所の名称を答えよ。〔3点（完答）〕

② おもに葉から水蒸気が空気中に出ていく現象を何というか。〔3点〕

旺文社
中学
総合的研究
三訂版

問題集

理科

解答
解説

旺文社

1 物理編 光と音

基礎力チェック

問題➡本冊 P.9

解答

1 光

1 (入射角) ∠b　(屈折角) ∠c

2 全反射　3 ウ　4 焦点

5 実像　6 虚像　7 ウ

2 音

1 空気　2 ア　3 大きくなる。

4 高くなる。　5 伝わらない。

実践問題

問題➡本冊 P.10～12

解答

1 (1) c　(2) ウ　(3) 全反射

2 (1) b　(2) d　(3) aとe

3 (1) 2人　(2) AとD　(3) C　(4) 虚像
(5) ア

4 (1) 焦点　(2) 焦点距離
(3) 点Bに置いたとき

5 (1) 実像　(2) 虚像　(3) エ

6 (1)

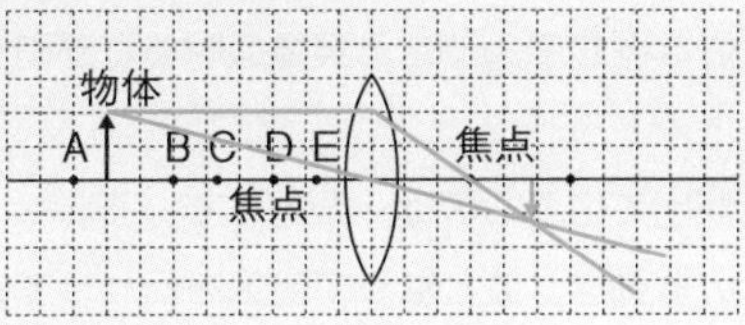

(2) A　(3) B　(4) イ

7 (1) 振動している。　(2) 空気
(3) 鳴らない。

8 (1) B　(2) D　(3) イ　(4) ア

9 (1) イ　(2) オとカ　(3) アとエ　(4) カ
(5) 太い弦

解説

1

(1) 光は，水や空気など一様な物質の中は直進するが，違う物質を通るときはその境界面で光が屈折する。水中から空気中に進む光は，境界面 (水面) に近づくように屈折する。

(2) 光が水中から空気中に進むとき，屈折角は入射角より大きくなる。(入射角＜屈折角)

(3) 入射角がある角度より大きくなると，光は空気中に出ていけなくなる。この角度を臨界角といい，水の場合は約48°である。この全反射を利用したものに光ファイバーなどがある。

ミス注意

空気中から水中やガラスへ光が進むときは，全反射は起こらない。

2

(1) 光が，空気中からガラス中に進むとき，屈折角は入射角より小さく，光が，ガラス中から空気中に進むとき，屈折角は入射角より大きくなる。

(2) プリズムはガラスでできているので，屈折のようすは (1) と同様に，ガラスに入るときは屈折角が小さくなるように屈折し，空気中に出るときは屈折角が大きくなるように屈折する。プリズムで光の進路を大きく変えることができる。

(3) 光の一部は，半円ガラスの半円側で反射するが残りの光は屈折して進む。屈折のようすは，半円ガラスでも，(1)・(2) と同様に，ガラスに入るときは，屈折角が小さくなるように屈折し，半円ガラスの平面側から空気中に出るときは，屈折角が大きくなるように屈折する。

3

(1) 鏡にうつったＡさんを見ることができるのは，下の図の色のついた部分にいる人である。

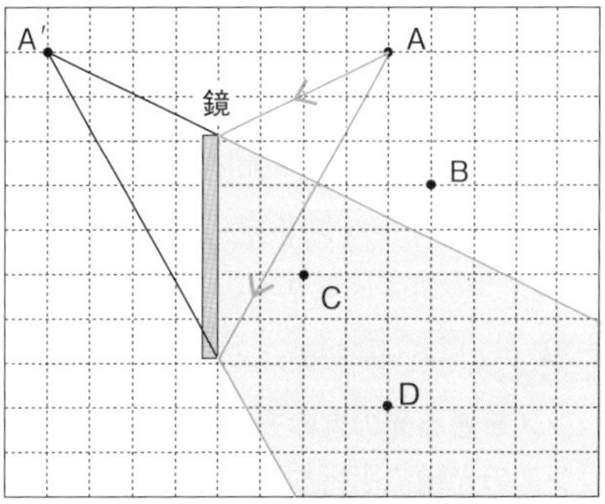

(2) 鏡で反射した光が自分にもどってこない位置にいる人は，鏡にうつった自分の像を見ることができない。

(3) Ｃさんの位置では，鏡で反射した他の３人の像を見ることができる。

(4) 鏡にうつった像は，光が集まってできた像ではないので，虚像である。

(5) 鏡には，頭の先から出た光も，足の先から出た光も，鏡で反射して目に届くので，全身をうつす鏡の大きさは，自分の身長の半分あればよいことがわかる。

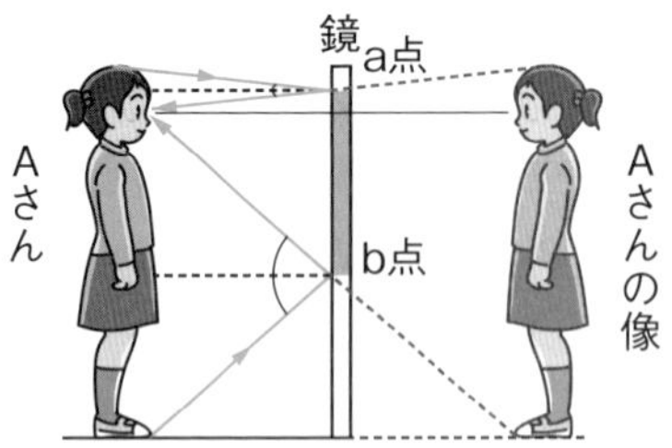

4

(1)，(2) 凸レンズの光軸に平行に入った光が，1 点に集まる点を焦点といい，凸レンズの中心から焦点までの距離を焦点距離という。

(3) 凸レンズの焦点が点 G なので，物体側の焦点は点 C。物体が焦点より遠くなるほど，像は小さく，凸レンズの近くに結ばれる。

5

(1) ろうそくからの光が集まってできるスクリーンにうつる像を実像という。このとき，像は，物体と上下左右が逆向きの像（倒立の実像という）になる。

(2) 凸レンズを通して見える像で，実際のろうそくより大きな上下左右が同じ向きの像（正立の虚像という）が見える。虚像は，ろうそくからの光が集まっていないので，スクリーンにはうつらない。

(3) 実像 ⇨ スクリーンにうつる
物体と上下左右が逆向きの像
虚像 ⇨ スクリーンにうつらない
物体と上下左右が同じ向きの像

6

(1) 凸レンズの光軸に平行な光は，凸レンズを通過後，焦点を通るように屈折する。凸レンズの中心を通る光は，そのまま直進する。

ミス注意

●凸レンズを通る光の進み方
①凸レンズの光軸に平行な光
→屈折して凸レンズの反対側の焦点を通る。
②凸レンズの中心を通る光
→屈折せずに直進する。
③凸レンズの手前の焦点を通る光
→屈折して光軸に平行に進む。

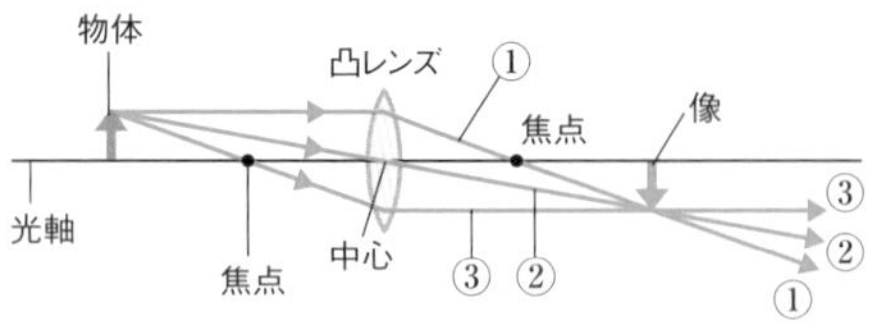

(2) 物体を焦点距離の 2 倍の位置より遠い位置に置いたとき，物体より小さな実像ができる。

(3) 物体を焦点距離の 2 倍の位置に置いたとき，物体と同じ大きさの実像ができる。

ミス注意

●物体の位置と実像のでき方
物体が焦点距離の 2 倍より遠い位置

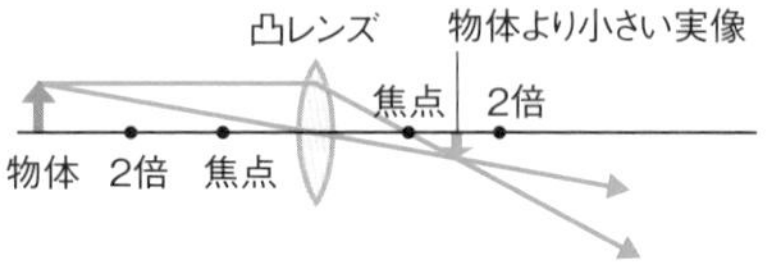

物体が焦点距離の 2 倍の位置

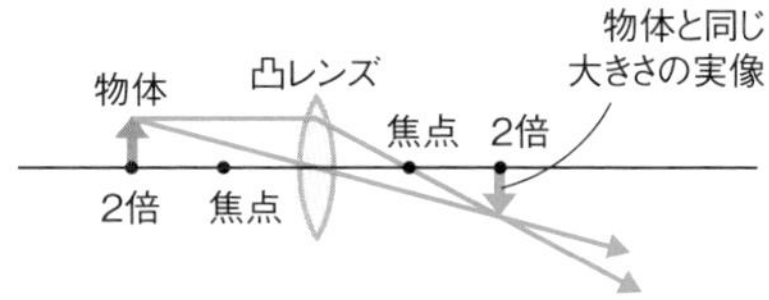

物体が焦点と焦点距離の 2 倍の間の位置

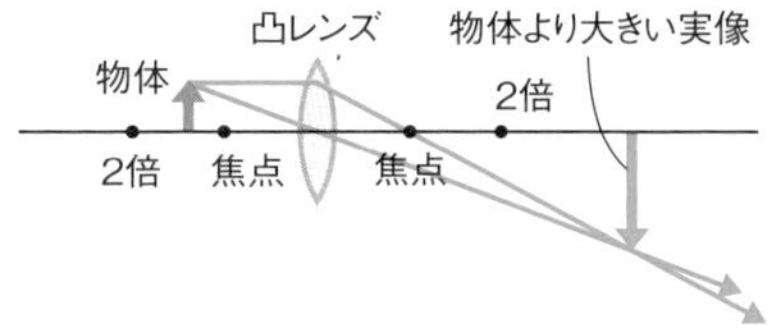

(4) 凸レンズを通る光の量が少なくなるので，像の大きさは同じで，できる実像の明るさが暗くなる。

7

(1) 音が出ているものは，振動している。

(2) 音の振動は，波となって空気を伝わっていく。

(3) 間に大きな板を置くと，A のおんさの振動による波が B のおんさまで伝わらないため，B のおんさは鳴らない。

8

(1)，(4) 振動数が多いものほど音が高い。波の数が多いものほど，振動数が多いことを表している。

(2)，(3) 振幅が大きいほど音が大きい。波の高さが高いものほど，振幅が大きいことを表している。

9

(1) アとイでは，弦の直径と長さが等しく，おもりの数だけが違っている。おもりの数が多いほど，弦の張り方が強くなり，音は高くなる。よって，**イ**の方が高い音が出る。

(2) 弦の長さ以外の条件が同じになっているもので比べる。**オ**と**カ**は，弦の直径とおもりの数が同じで弦の長さだけが違っている。

(3) 弦の太さ（弦の直径）以外の条件が同じになっているもので比べる。**ア**と**エ**は，弦の長さとおもりの数が同じで弦の直径だけが違っている。

(4) 音の高低は，弦の太さ，長さ，弦を張る強さに関係する。弦の太さが太いほど，長さが長いほど，弦を張る強さが弱いほど低い音になる。よって，**カ**が最も低い音が出る。

(5) 弦を太くするほど，音が低くなる。

ミス注意

●音の高低

	高い音	低い音
弦の長さ	弦が短い	弦が長い
弦の太さ	弦が細い	弦が太い
弦を張る強さ	強く張る	弱く張る

実力アップ問題

問題 ➡ 本冊 P.13～15

解答

1 (1) ウ，カ
(2) 屈折する光がなくなり，光がすべて反射するようになるから。

2 イ，オ

3 (1) 屈折角　(2) ウ

4 ウ

5 (1) イ
(2) ①ア　②虚像
③距離は短くなり，像は大きくなる。

6 (1) 振幅（ゆれ幅）
(2) (例)

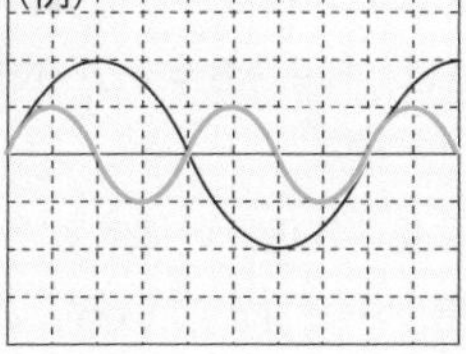

7 エ

8 15回

解説

1

(1) レンズと空気の境界面で，光の一部は反射し，一部は屈折して進む。光が反射するときは，入射角と反射角が等しくなる。レンズから空気中へ光が進むとき，入射角＜屈折角となるので，境界面に近づくように，光は屈折して進む。

(2) 光がレンズから空気中に進むとき，入射角がある角度より大きくなると，光は空気中に出ていかなくなり，光がすべて反射する（全反射）。矢印の向きに半円形レンズを回転させていくと，しだいに入射角が大きくなる。

2

ア…光ファイバー内を光が全反射して，進んでいく。**イ**…水中から空気中へ光が進むときは，光が屈折するので，水中のものが浮き上がって見える。**ウ**…窓ガラスに自分の顔が反射している。**エ**…光の直進と関連が深い現象。**オ**…凸レンズによって光が屈折することで，拡大した像が見える。ルーペで見える像を虚像という。

3

(1) 境界面に垂直な線に対して，屈折光がつくる角を屈折角という。

(2) 右の図のように，空気中から水中のガラス玉を見ると，浮き上がって見える。したがって，水がなくなると，ガラス玉が見える位置は底に近い方向にずれる。

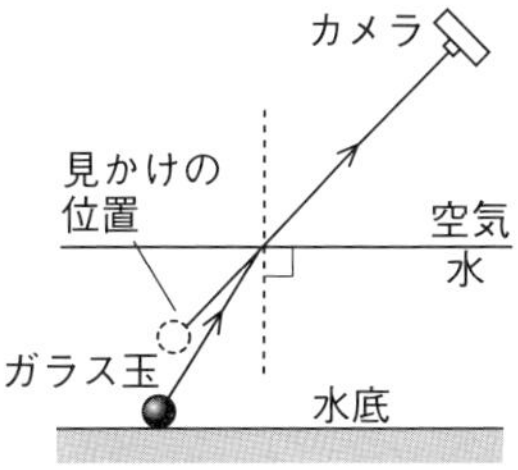

4

光源（ろうそく）を焦点距離の 2 倍の位置に置いたとき，実像は光源と反対側の焦点距離の 2 倍の位置にできる。このとき，できる実像の大きさは実物と同じになる。

5

(1) 鏡が 1 枚のときは，**ア**のように見える。鏡を 2 枚合わせると，物体から出た光が 2 回反射して目に届くので，**イ**のように見える。

(2) ①，②拡大された正立の像が見える。これは虚像である。

ミス注意

凸レンズを通して見える虚像は，向きが変わらない。実際に光が集まってできる実像は，上下左右が逆になる。

③物体を焦点と凸レンズの間に置いたとき，虚像が見える。焦点距離の短いレンズに変えると，虚像ができるときの物体の位置は，凸レンズに近づく。また，焦点距離が短くなると，できる

虚像の大きさは大きくなる。

●焦点距離が長い場合

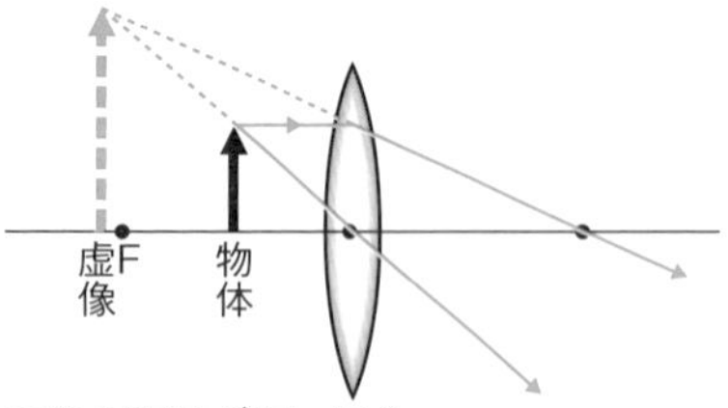

●焦点距離が短い場合

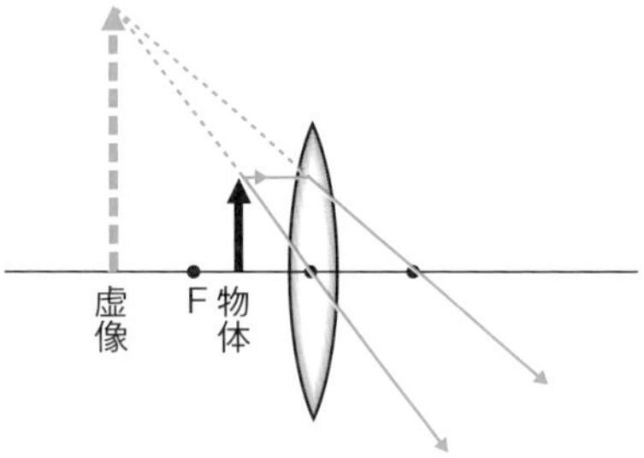

6

(1) 振幅が大きいほど，音が大きい。

(2) 小さい音ほど振幅が小さい。また，音が高いほど，振動数が多い。したがって，図の音より小さくて高い音の波形は，図の波形よりも波の高さが低く，山から次の山までの長さが短くなる。

7

振動が次々と伝わっていくことで，音が伝わる。振動するものがあれば，音は伝わる。真空中では，音を伝えるものがないので，音は伝わらない。

8

アが1回振動する間に，**イ**は1.5回振動している。したがって，**ア**が10回振動する間に，**イ**は1.5×10＝15 (回)振動する。

2 物理編 力

基礎力チェック

問題➡本冊 P.17

解答

1 力とは

1 重力　2 摩擦力　3 作用点
4 10N　5 60g　6 15cm

2 水圧と浮力

1 水圧　2 大きくなる。
3 ア　4 浮力　5 0.5N

実践問題

問題➡本冊 P.18

解答

1 (1) N極　(2) 1.2N

2 (1) 比例　(2) 17cm　(3) 0.2N　(4) 0.2N

3 (1) イ　(2) 0.2N

解説

1

(1) 同じ極どうしはしりぞけ合い，違う極どうしは引き合う。N極を近づけたとき，近づけた極からはなれるように動いたのだから，Ⓐは N 極だったと考えられる。

(2) 浮力＝空気中での重さ－水中での重さ　で求められる。質量 500g の物体にはたらく重力は 5N だから，この物体を水に入れたときに物体にはたらいた浮力の大きさは，5－3.8＝1.2〔N〕である。

2

(1) おもりの質量を 2 倍，3 倍，…にすると，ばねののびは 2 倍，3 倍，…となっている。これより，ばねののびはばねを引く力の大きさに比例していることがわかる。

(2) おもりの質量が 20g のとき，ばねののびは 2cm だから，50g のときのばねののびを $x$cm とすると，20：2＝50：x　x＝5〔cm〕となる。何もつるしていないときのばねの長さは 12cm だから，求めるばねの長さは，12＋5＝17〔cm〕となる。

(3) ばねの長さが15cmのときのばねののびは，15 － 12＝3〔cm〕　ばねののびが 3cm になるときのばねにはたらく力の大きさは，0.3N。50g のおもりにはたらく重力の大きさは 0.5N だから，手がおもりから受ける力は，0.5 − 0.3 = 0.2〔N〕となる。

(4) このときのばねののびは，19 − 12 = 7〔cm〕 ばねののびが7cmになるときのばねにはたらく力の大きさは，0.7N。50gのおもりにはたらく重力の大きさは0.5Nだから，手がばねを引く力は，0.7 − 0.5 = 0.2〔N〕となる。

3

(1) 水圧は物体の面に垂直にはたらく。また，水の深さに比例して大きくなる。

ミス注意

水圧は水の深さに比例して大きくなるので，深い部分ほど大きな水圧がかかる。

(2) 空気中ではばねばかりの値は1.5N，水中では1.3Nなので，はたらく浮力の大きさは，
1.5 − 1.3 = 0.2〔N〕となる。

実力アップ問題

問題 ➡ 本冊 P.19

解答

1 (1) 0.1N (2) オ
(3) あ 船にはたらく重力 い 1.5

2 (1) 100g (2) 0.4N

解説

1

(1) a の位置（空気中）で 0.5N であったばねばかりの値が物体の一部を沈めたことで 0.4N となっている。したがって，はたらいた浮力の大きさは，0.5N − 0.4N = 0.1N。

(2) 浮力は物体がおしのけた水の量（物体の体積）に比例して大きくなる。全体をしずめたときにはたらく浮力の大きさは物体 X で 0.2N，物体 Y で 0.2N，物体 Z で 0.1N である。よって最も体積が小さいのは物体 Z となる。物体 X と物体 Z ではどちらも水の外でのばねばかりは 0.5N を示したので，質量は等しいとわかる。密度は物体の質量 / 物体の体積で求められるので，物体 Z の密度が最も大きいと考えられる。

(3) 鉄の船が浮いているのは船にはたらく重力の大きさと浮力がつり合っているためである。おもりがしずんでしまっているのに船が浮かんでいるのは，同じ質量でも船のほうがおもりよりもはるかにおしのけている水の量（体積）が大きいためである。船は水に浮き静止していることから，船にはたらいている浮力と船にはたらく重力はつり合っているので，1.5N である。

2

(1) 木片 A が机からはなれたとき，ばねには木片 A にはたらく重力と同じ大きさの力がはたらく。したがって，木片 A の質量は 100g。

(2) 木片 A を水に浮かべたときの重さと空気中での木片 A の重さの差が，木片 A にはたらく浮力の大きさである。したがって，浮力の大きさは，
1 − 0.6 = 0.4〔N〕である。

ミス注意

物体が水に浮かんでいるときにも浮力がはたらいている。
また，物体をすべて水の中に沈めたとき，物体にはたらく浮力の大きさは，沈めた深さには関係なく一定である。
●深さに関係なく浮力が一定の理由
上面にはたらく水の圧力と底面にはたらく水の圧力の差が浮力となる。深さが変わっても差は変わらない。

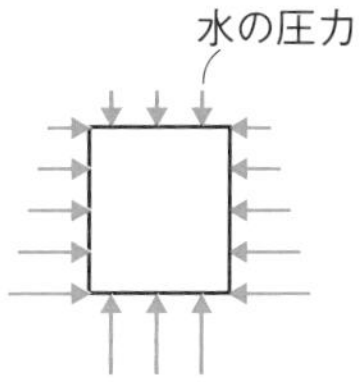

3 物理編 電気と磁気

基礎力チェック

問題➡本冊 P.21

解答

1 電流

1 ア　2 直列回路　3 5V
4 10V　5 0.5A　6 1A
7 2A　8 6000J

2 磁界

1 磁界　2 A…イ　B…エ　3 エ
4 電磁誘導　5 イ　6 交流

実践問題

問題➡本冊 P.22～24

解答

1 (1) 40Ω　(2) 2.1V
(3) 20mA

2 (1) 磁界の向き…南
電流の向き…②
(2) ア

3 (1) 120J　(2) 9倍
(3) A (→) B (→) D (→) C

4 (1) 電磁誘導　(2) ＋側　(3) －側
(4) ウ　(5) 大きくなる。

5 (1) 電子線（陰極線）　(2) 電子
(3) A極…－　B極…＋　C極…＋　D極…－
(4) ウ

6 (1) ウ　(2) ア　(3) ウ
(4) ①強さ　②周波数　③ヘルツ　④Hz

解説

1

(1) 抵抗〔Ω〕＝電圧〔V〕÷電流〔A〕 より，
2.0〔V〕÷0.05〔A〕＝40〔Ω〕

(2) 直列回路の全体の抵抗は，各抵抗の和になるので，全体の抵抗は，40＋30＝70〔Ω〕
よって，電圧は，70〔Ω〕×0.03〔A〕＝2.1〔V〕

(3) 並列回路では，各抵抗にかかる電圧は等しい。また，各電熱線を流れる電流の和が，回路全体を流れる電流になる。よって，電熱線aに流れる電流は，1.6〔V〕÷40〔Ω〕＝0.04〔A〕＝40〔mA〕となる。これより，P点を流れる電流は，
60－40＝20〔mA〕になる。

2

(1) 磁針のN極がさす向きが磁界の向きなので，磁界の向きは南向きになる。コイルに流れる電流の向きと磁界の向きは，下の図のような関係がある。磁界の向きに合わせて，コイルをにぎると電流の向きは②の向きになる。

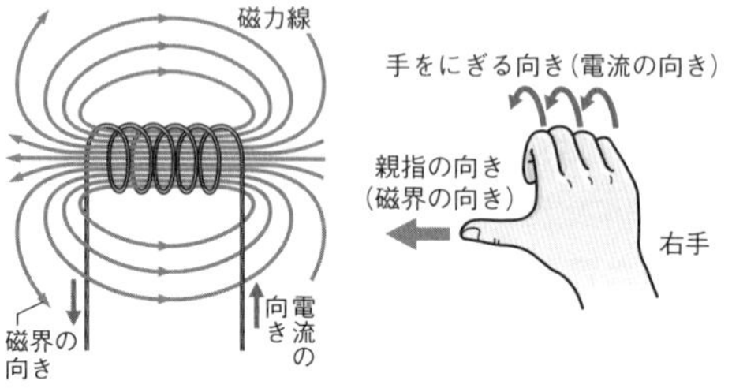

(2) 導線のまわりの磁界は，右の図のようになる。これより，鉄粉の模様はアのようになる。

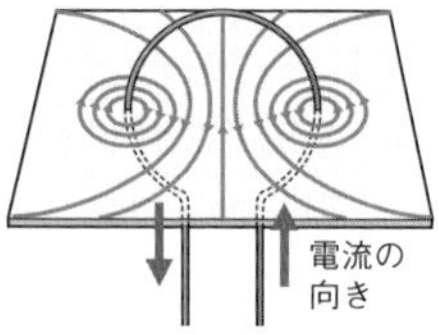

3

(1) 熱量〔J〕＝電力〔W〕×時間〔s〕　図1で，全体の抵抗は10＋20＝30〔Ω〕だから，回路に流れる電流は，6〔V〕÷30〔Ω〕＝0.2〔A〕よって，電熱線Aにかかる電圧は，10〔Ω〕×0.2〔A〕＝2〔V〕これより，電熱線Aの電力は2〔V〕×0.2〔A〕＝0.4〔W〕となり，熱量は0.4〔W〕×(5×60)〔s〕＝120〔J〕となる。

ミス注意

熱量と電力量の単位は同じで，求め方も同じである。

(2) 発生する熱量は，電力に比例する。図2は並列回路なので，電熱線Cには6Vの電圧がかかる。よって，電熱線Cに流れる電流は，
6〔V〕÷10〔Ω〕＝0.6〔A〕となり，
電力は6〔V〕×0.6〔A〕＝3.6〔W〕となる。
電熱線Aの電力は(1)より，0.4Wだから，
電熱線Cの電力は，電熱線Aの電力の3.6÷0.4＝9〔倍〕である。

(3) 電熱線から発生する熱量が大きいほど，水の温度上昇が大きいので，各電熱線の電力の大きさを比べればよい。電熱線Dは電圧線Cより抵抗が大きいので，電力は，電熱線C＞電熱線Dとなる。また，電熱線Dには，電熱線A，Bよりもかかる電圧が大きいので，電熱線D＞電熱線A，電熱線D＞電

熱線Bとなる。電熱線AとBでは，流れる電流が等しく，かかる電圧は抵抗の大きい電熱線Bの方が大きいので，電熱線B＞電熱線Aとなる。よって，熱量が小さい順に，A→B→D→Cとなる。

4

(1) コイルの中の磁界が変化することによって，電圧が生じることを**電磁誘導**という。電磁誘導によってコイルに流れる電流を**誘導電流**という。

(2) コイルを棒磁石から遠ざけるということは，棒磁石をコイルから遠ざけることと同じことである。つまり，図1のときと同じである。

(3) 棒磁石のN極を下にして，棒磁石をコイルから遠ざけると，図1のときと逆の向きに誘導電流が流れる。

ミス注意

コイルから遠ざける（または近づける）磁石の極を逆にすると，誘導電流の向きは逆になる。また，磁石の同じ極を近づけるときと遠ざけるときとでも誘導電流の向きは逆になる。
棒磁石を，コイルの中で静止させたままのときは，誘導電流は流れない。

(4) はじめは，コイルにN極を近づけたときと同じなので，図1のときと同じ向きに誘導電流が流れる。磁石がコイルの中央に来たとき，検流計の針は0を示し，その後，N極がコイルから遠ざかるときは，はじめと逆の向きに誘導電流が流れる。

(5) コイルの中の磁界の変化が大きいほど，誘導電流の大きさは大きくなる。

5

(1) ～ (3)　**電子線**は電子の流れで，－極から＋極に向かって移動する。**電子**は－の電気をもった粒子で，＋極の方に曲がる。

(4) C，Dの極を逆にすると，電子線の曲がり方が逆になる。

6

(1) **交流**は，電流の向きや強さがたえず変わる。そのため，2つの発光ダイオードが交互に点滅する。

(2) **直流**は，電流の向きや強さが一定である。そのため，1つの発光ダイオードだけが点灯する。

(3) オシロスコープで，交流と直流のようすを調べると，交流では，波のように振動しているようすが観察でき，電池のような直流は**ア**のようになる。

(4) 家庭へ送られている電流は交流で，東日本は50Hz，西日本は60Hzである。

実力アップ問題

問題➡本冊 P.25～27

解答

1 (1) ①大きな電流が流れるから。
②電流の大きさが予測できないから

(2) グラフ…

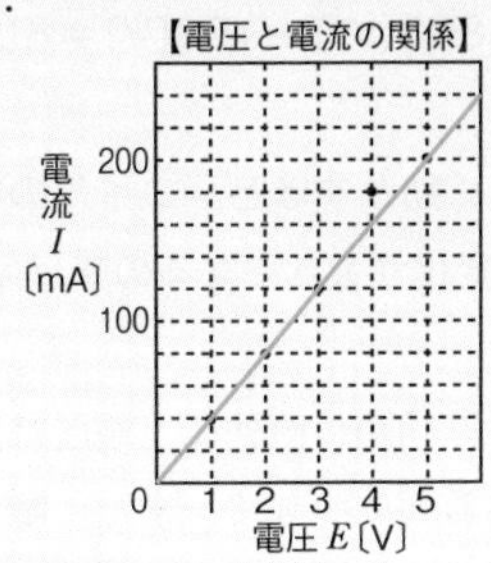

語句…比例

(3) 8A

2 棒磁石（コイル）を速く動かす。

3 (1) ウ

(2) 電熱線A…20Ω　電熱線B…40Ω

(3) 2倍

(4) 1.35Wh

(5) ①0.1A　②6V
③大きな電流が流れて，電流計がこわれるおそれがあるから。

(6) エ

4 (1)

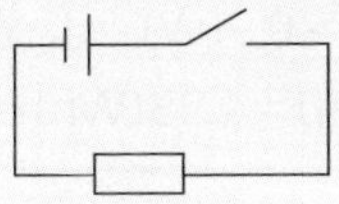

(2) 電気抵抗が小さく，電流を通しやすいから。

(3) 10800J

(4) ウ

(5) a…並　b…直　c…ウ

解説

1

(1) ① 電流計を並列につなぐと電流計に大きな電流が流れる。そのため，電流計の針が振れすぎて，電流計がこわれてしまうことがある。

② 電流の大きさが予測できないときは，まず5Aの端子につなぐ。針の振れが小さいときは，500mA，50mAの順につなぎかえる。

(2) グラフは原点を通る直線になるので，電流は電圧に比例することがわかる。

ミス注意

電流と電圧の関係のグラフで，傾きは電流の流れやすさを表す。抵抗は，電流の流れにくさなので，傾きが小さいほど抵抗が大きいことを表す。

(3) **電力〔W〕＝電圧〔V〕×電流〔A〕** より，電流の大きさは，800〔W〕÷100〔V〕＝8〔A〕

2

棒磁石を速く動かすほど，コイルの中の単位時間あたりの磁界の変化が大きくなるので，誘導電流が強くなる。

3

(1) 電流計は回路に直列に，電圧計ははかろうとする部分に並列につなぐ。また，電源の＋極側からの導線を電流計や電圧計の＋端子につなぐ。

(2) **抵抗＝電圧÷電流**　で求める。電熱線 A の抵抗は 6〔V〕÷0.3〔A〕＝20〔Ω〕，電熱線 B の抵抗は 8〔V〕÷0.2〔A〕＝40〔Ω〕である。

(3) 図 2 で，4V の電圧をかけたとき，電熱線 A には 0.2A，電熱線 B には 0.1A の電流が流れている。よって，電熱線 A には，電熱線 B の 2 倍の電流が流れていることがわかる。

(4) **電力〔W〕＝電圧〔V〕×電流〔A〕，電力量〔Wh〕＝電力〔W〕×時間〔h〕** である。電熱線 B に電圧を 6V かけたとき，0.15A の電流が流れているから，電力は 6〔V〕× 0.15〔A〕＝ 0.9〔W〕　よって，電力量は，0.9〔W〕× 1.5〔時〕＝ 1.35〔Wh〕となる。

ミス注意

電力量の単位には，「Wh」のほかに「J」(ジュール)がある。1J は，1W の電力を 1 秒間使ったときの電力量である。

(5) ①500mA 端子を使っているので，1 目もりは 10mA を表している。よって，図 4 は 100mA ＝0.1A を示している。

②図 3 は直列回路なので，流れる電流の強さはどの部分でも同じである。また，直列回路の抵抗は各抵抗の和になるから，20＋40＝60〔Ω〕である。よって，電源の電圧は，
0.1〔A〕×60〔Ω〕＝6〔V〕となる。

③電流計を使うとき，はじめは 5A 端子を使い，針の振れが小さいときは，500mA，50mA の順につなぎかえていく。

(6) 並列回路では，各電熱線にかかる電圧は電源の電圧に等しい。図 2 より，電熱線 A，B に同じ電圧をかけたとき，電熱線 A には電熱線 B の 2 倍の電流が流れることがわかる。

4

(1) それぞれの電気用図記号は，次の通りである。

電源装置　　スイッチ　　ヒーター

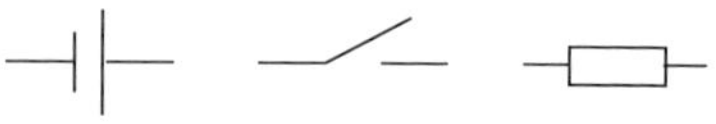

(2) 銅は電気抵抗が小さく電流を通しやすいので，導線として使われている。

(3) **熱量〔J〕＝電力〔W〕×時間〔s〕** より，
18〔W〕×(10×60)〔s〕＝10800〔J〕

(4) **ア**…18W のヒーターでは 10 分間で水温を約 17℃上昇させているので，正しい。

イ…同じ時間で比べると，18W のヒーターの方が 6W のヒーターより水温が上がっていることから，18W のヒーターの方が速く水温を上昇させることができる。よって，正しい。

ウ…どちらのヒーターも加熱時間が長いほど，発生する熱量が大きく，水温が上昇している。よって，まちがっている。

エ…加熱時間が長いほど水温の差が大きくなっているので，正しい。

(5) 直列回路の全体の抵抗は，各抵抗の和になるから，
6＋2＝8〔Ω〕
よって，流れる電流は，6〔V〕÷8〔Ω〕＝0.75〔A〕
並列回路では，各電熱線にかかる電圧は，電源の電圧と等しくなるから，6W のヒーターに流れる電流は，6〔V〕÷6〔Ω〕＝1〔A〕。18W のヒーターに流れる電流は 6〔V〕÷ 2〔Ω〕＝ 3〔A〕となり，回路全体に流れる電流は，1＋3＝4〔A〕になる。
よって，並列の方が，直列の4÷0.75＝5.33…〔倍〕の電流が流れることがわかる。

4 物理編 運動とエネルギー

基礎力チェック

問題 ➡ 本冊 P.30

解答

1 物体の運動

1 エ　2 5m/s　3 30cm/s

4 大きくなる。　5 等速直線運動

6 慣性の法則

2 仕事とエネルギー

1 20J　2 仕事の原理　3 2W

4 運動エネルギー　5 C

6 力学的エネルギー

7 力学的エネルギー保存の法則

実践問題

問題 ➡ 本冊 P.31 ～ 36

解答

1 (1) イ　(2) B，D

2 (1) イ　(2) 12.5cm/s

3 (1) 摩擦力　(2) 2N　(3) 0.4J
(4) 0.08W

4 (1) 運動した時間　(2) 0.1 秒間　(3) f，g，h
(4) 等速直線運動　(5) 90cm/s
(6) イ　(7) ウ

5

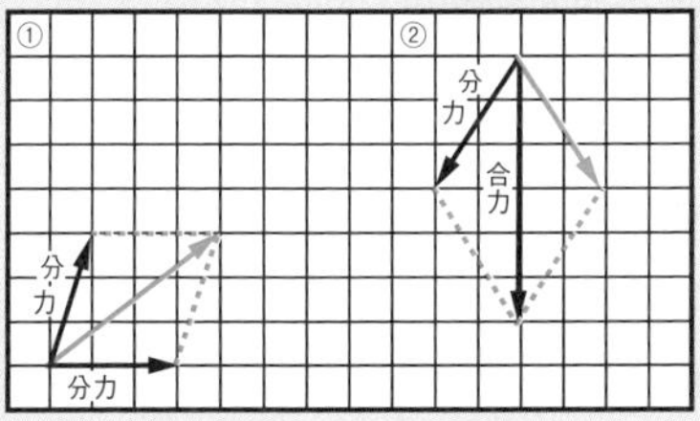

6 (1) C　(2) AとC　(3) $x=y$，$y=z$
(4) 0.24J　(5) 0.08W

7 (1) 4m　(2) 50N　(3) 200J
(4) 仕事の原理

8 (1) イ　(2) ウ　(3) 等速直線運動
(4) ア　(5) ア

9 (1) ボートA…ア　ボートB…イ
(2) ①反対　②同じ
(3) エ

10 (1) 3倍　(2) 2.5倍　(3) 12cm
(4) ア　(5) イ
(6) (台車の位置エネルギーは，) 台車の質量が大きいほど，高さが高いほど大きい。

11 (1)

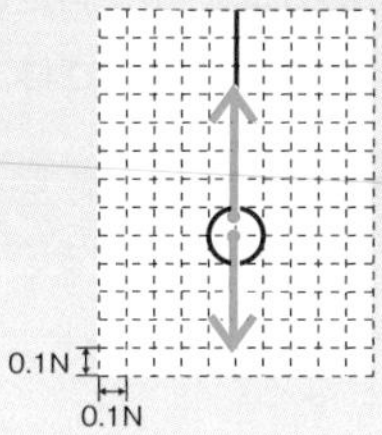

(3) ③

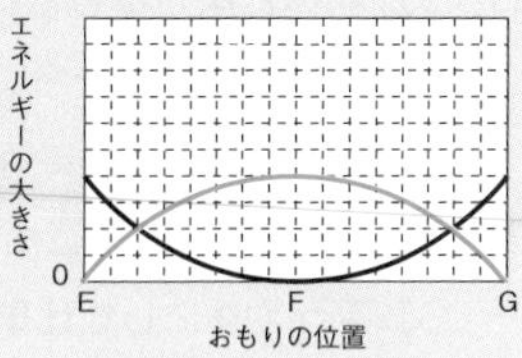

(2) 0.08J
(3) ①B
② (おもりをはなす高さ) を変えてもおもりが端から端まで運動する時間は変わらない。

解説

1

(1) A の矢印は下向きで，作用点は天井とばねの接点なので，ばねが天井を引く力を表している。

(2) つり合う 2 力は，1 つの物体にはたらき，力の向きが逆で，力の大きさが同じである。B はばねが金属球を引く力，D は地球が金属球を引く力 (金属球にはたらく重力) で，この 2 力がつり合っているため，金属球は静止している。

ミス注意

BとC (金属球がばねを引く力) も力の向きが逆で，力の大きさが等しいが，この 2 力は 2 つの物体にはたらく力で，作用・反作用の関係にある。つり合う2力ではないことに注意する。

2

(1) 等速直線運動の記録テープでは，点と点の間隔がどこも等しい。等速直線運動では，距離は時間に比例するので，距離と時間の関係のグラフは原点を通る直線になる。

(2) 点Aから点Bまで10打点打たれているので，この間の時間は，$\frac{1}{50}\times 10=0.2$〔s〕　よって，平均の速さは，2.5〔cm〕÷0.2〔s〕＝12.5〔cm/s〕となる。

ミス注意

記録タイマーは，東日本では 1 秒間に 50 打点，西日本では 1 秒間に 60 打点である。1 秒間に 50 打点のときは 5 打点で 0.1 秒，1 秒間に 60 打点のときは 6 打点で 0.1 秒になる。

3

(1)，(2) 物体と床が接している部分に，動く向きと逆向きに摩擦力がはたらく。摩擦力の大きさは，物体を引く力の大きさに等しい。

(3) 2N の力で物体を 0.2m（20cm）動かしたのだから，手が物体にした仕事は，
2〔N〕× 0.2〔m〕= 0.4〔J〕となる。

ミス注意

仕事〔J〕＝物体に加えた力の大きさ〔N〕×物体が力の向きに動いた距離〔m〕　床の上に置いた物体を引いたりおしたりしたときの，物体にした仕事を求めるときの物体に加えた力の大きさは，物体にはたらく摩擦力になる。

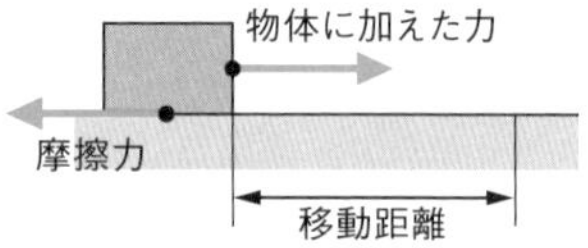

物体をもったまま横に移動した場合は，物体にした仕事は0になる。

(4) 仕事率〔W〕＝仕事〔J〕÷時間〔s〕より，
0.4〔J〕÷ 5〔s〕= 0.08〔W〕となる。

4

(1)，(2) 横軸は台車が運動した時間を表している。テープ 1 本の長さは $\frac{1}{50}$ × 5 = 0.1〔秒間〕に移動した距離を表している。

(3)，(4) 水平面を移動するときの台車は等速直線運動をする。したがって，点と点の間隔が等しくなっているときが BC 間を動いているときと考えられる。

(5) p から q まで 10 打点なので，時間は 0.2 秒間。この間に 9.0 × 2 = 18.0〔cm〕動いている。よって，平均の速さは，18.0〔cm〕÷ 0.2〔s〕= 90〔cm/s〕

(6) 台車にはたらく斜面方向の力の大きさは一定なので，一定の割合で台車の速さが速くなっていく。

(7) 斜面の傾きを変えても，はじめの台車の高さが同じ場合，台車がはじめにもっている位置エネルギーは変わらない。したがって，斜面を下りきったときの運動エネルギーも変わらないので，台車の速さは変わらない。

ミス注意

斜面の傾きが大きくなると，台車にはたらく斜面方向の力の大きさが大きくなり，速さの変わり方が大きくなるので，同じ高さで台車をはなした場合，斜面を下りきるまでの時間は短くなる。しかし，下りきったときの台車の速さは変わらない。

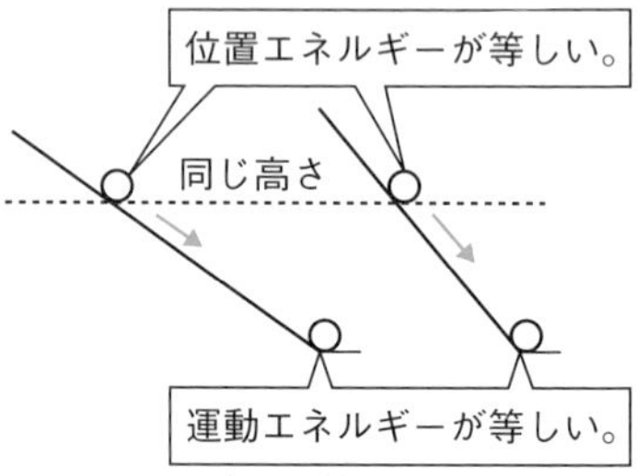

台車をはなす高さを高くすると，水平面上を走る速さは速くなる。

5

①，②ともに，まず矢印の先端が作用点から横に何目もり，縦に何目もりあるかに着目する。分力の矢印の先端と合力の矢印の先端を結ぶと，平行四辺形になる。

6

(1) 台車にはたらく重力を表している矢印は C で，C の力は斜面に垂直な方向の力 D と斜面にそって下向きの力Bに分解できる。

(2) 力 F とつり合う力は力 B である。力 B がどの 2 つの力の合力になっているか考える。2 つの力の合力は，右の図のように平行四辺形の対角線になる。よって，力 B は力 A と力 Cの合力であることがわかる。

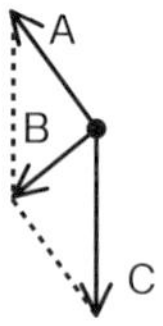

(3) 台車にはたらく斜面にそった力の大きさは，斜面上のどの位置でも変わらない。

(4) 台車を，斜面を使って引き上げても，直接もち上げても台車にした仕事の大きさは変わらない。
よって，台車を直接 12cm（0.12m）の高さまでもち上げたときの仕事の大きさを考えればよい。
台車の質量は 200g だから，台車にはたらく重力の大きさは2N。よって，求める仕事の大きさは，
2〔N〕× 0.12〔m〕= 0.24〔J〕となる。

(5) 仕事率〔W〕＝仕事〔J〕÷時間〔s〕より，
0.24〔J〕÷ 3〔s〕= 0.08〔W〕

7

(1)，(2)，(4) 動滑車を 1 個使うと，力の大きさは $\frac{1}{2}$ で

すむが，ひもを引く長さが2倍になる。したがって，仕事の大きさは，動滑車を使わずに直接もち上げる場合と変わらない。このことを仕事の原理という。

ミス注意

定滑車を使った場合は，力の大きさも動かす距離も，直接もち上げるときと変わらない。もち上げる向きと力の向きが逆になる。

(3) 10kg の物体にはたらく重力の大きさは 100N。(1)，(2) より，50〔N〕×4〔m〕= 200〔J〕となる。仕事の原理から，次のように直接もち上げた場合の仕事の大きさを求めてもよい。
100〔N〕×2〔m〕= 200〔J〕

8

(1)～(3) 電車が動き出してから t_1 秒までの間は，電車はしだいに速くなっている。t_1 ～ t_2 秒の間は等速直線運動をしている。慣性の法則により，おもりは同じ位置に静止しようとするため，進行方向と逆の方向に動く。電車が等速直線運動をはじめると，おもりはもとの位置にもどる。

(4) おもりはそのまま等速直線運動をしようとするため，進行方向と同じ方向に動く。

(5) t_1 ～ t_2 秒の間は，おもりも等速直線運動をしているので，進行方向に力ははたらいていない。
よって，ひもを切るとおもりは真下に落ちる。

ミス注意

等速直線運動をしている物体にはたらく力は，右の図のようになっていて，2力はつり合っている。

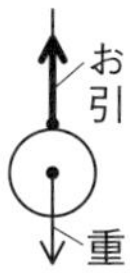

9

(1)，(2) ボートBはおされたことで，㋑の向きに動く。ボートAは，ボートBをおした力と同じ大きさで逆向きの力を，ボートBから受けるので，㋐の向きに動く。このような力を作用・反作用という。

ミス注意

作用・反作用は，2つの物体にはたらく力で，つり合う2力の関係ではない。

(3) **ア**…水の中では物体に，上向きの力である浮力が生じる。**イ**…自転車にはたらく重力の分力である斜面にそって下向きの力がはたらくため，斜面を下る自転車の速さはしだいに速くなっていく。**ウ**…慣性の法則により，たたいた木片の上の木片は真下に落ちる。**エ**…壁をおすと，壁から逆向きの力を受けるため，おした人は壁からはなれる。これは，図の結果と同じしくみで起こる現象である。

10

(1) 図2のAで，木片の移動距離は，高さ4cmのとき2cm，12cm のとき 6cm になっている。このことから，6÷2 = 3〔倍〕になっていることがわかる。

(2) 図2で，高さが8cmのときのAとDの木片の移動距離を読みとると，Aが4cm，Dが10cmになっている。このことから，10÷4 = 2.5〔倍〕になっていることがわかる。

(3) (1) より，台車をはなす高さと木片の移動距離は比例関係にあることがわかる。図2のCで，高さが8cmのときの木片の移動距離は8cmなので，木片が 12cm 移動するときの高さを $x$cm とすると，8：8 = x：12より，x = 12〔cm〕になる。

(4) 斜面上を下る台車は，一定の割合で速さが速くなっていく。水平面では等速直線運動をする。したがって，**ア**のようなグラフになる。

(5) 台車が水平面上を運動しているときは，運動方向に力ははたらいていない。はたらいている2力（重力と垂直抗力）はつり合っている。また，垂直抗力の実際の作用点は車輪と床が接する部分である。

(6) 台車がもつ位置エネルギーの大きさは，木片の移動距離の大小でわかる。台車の質量が大きいほど，台車をはなす高さが高いほど，木片の移動距離が大きいことがわかる。

ミス注意

物体がもつ位置エネルギーは，質量や高さに比例する。

11

(1) おもりには，重力と糸がおもりを引く力の2つの力がはたらいている。この2力はつり合っている。

(2) 40g のおもりにはたらく重力の大きさは 0.4N。よって，求める仕事の大きさは，
0.4〔N〕×0.2〔m〕= 0.08〔J〕

(3) ①おもりがP点の真下にきたとき，速さが最も速くなる。このとき，おもりがもつ運動エネルギーが最大になっている。
②ふりこが1往復する時間（周期）は，糸の長さが短いほど短くなる。おもりをはなす高さやおもりの質量は関係しない。よって，図3と図4で端から端まで振れる時間は変わらない。

ミス注意

図３と図４では，図４の方が，はじめのおもりの位置が基準面に対して高いので，おもりがもつ位置エネルギーは図４の方が大きい。よって，おもりがＰ点の真下にきたときの速さは，図４の方が速い。
しかし，糸の長さが等しいので，図３と図４のおもりが１往復する時間は等しい。

③ＥからＦまでは，しだいに位置エネルギーが減り，運動エネルギーが増えていく。ＦからＧまでは，しだいに位置エネルギーが増え，運動エネルギーが減っていく。位置エネルギーと運動エネルギーの和は，つねに一定である。

実力アップ問題

問題 ➡ 本冊 P.37 ～ 39

解答

1 方向…ア　性質…慣性

2 (1) イ　(2) 5N　(3) 1J

3 ア

4 (1) ウ　(2) 0.1 秒 (間)
(3) 斜面の角度が大きいほど力学台車にはたらく斜面と平行な方向の力が大きくなるため。

5 エ

6 (1) 等速直線運動　(2) ウ　(3) イ
(4) 位置エネルギーと運動エネルギーの和は一定であるので，Ｄ点，Ｈ点以降ではつねに位置エネルギーの小さい小球ｂの方が運動エネルギーが大きく，速さが速いから。

解説

1

つり革は，バスが走っている方向にそのままの速さで動こうとするので，バスが急ブレーキをかけると，進んでいた向きの方につり革が動く。これは物体のもつ**慣性**によるものである。

2

(1) 分力ａと糸が台車を引く力がつり合っているために，台車は静止している。糸が台車を引く力の大きさは，おもりにはたらく重力の大きさに等しい。
(2) 0.5kg＝500g　500gのおもりにはたらく重力の大きさは5N。
(3) 台車が斜面にそって0.2m下がると，おもりは0.2m上がる。よって，求める仕事は，
5〔N〕×0.2〔m〕＝1〔J〕

3

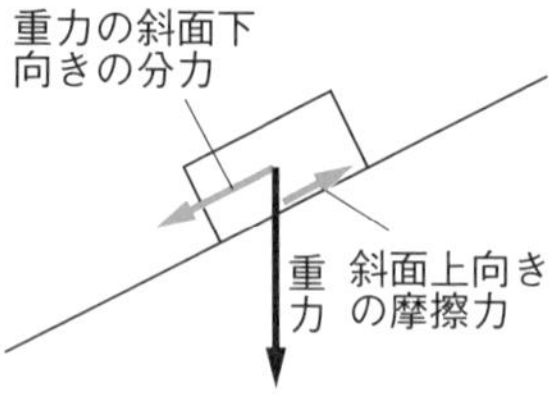

摩擦のある斜面を物体が下るとき，進む向きと同じ向きに，物体にはたらく重力の斜面方向の分力がはたらいている。また，摩擦力は運動の向きと逆向きにはたらく。

4

(1) はかりは3.8Nを示している。100gの物体にはたらく重力の大きさが1Nだから，3.8Nの重力がはたらく物体の質量は，380gである。
(2) テープは６打点ごとに切ってある。６打点するのにかかる時間は，$\frac{1}{60}\times 6 = 0.1$〔s〕である。
(3) 斜面の角度が大きくなるほど，力学台車にはたらく重力の斜面方向の分力が大きくなる。そのため，速さのふえ方が大きくなる。

ミス注意

斜面の角度が変わっても，台車にはたらく重力の大きさは変わらない。

5

ＳさんがＫさんのボートをおすと，Ｋさんのボートは右に動く。このとき，ＳさんはＫさんのボートから左向きの同じ大きさの力を受けるので，Ｓさんのボートは左に動く。この２つの力の関係を作用・反作用という。

6

(1) 小球が水平面上を運動しているときは，等速直線運動をする。
(2) 斜面上の小球には斜面方向に下向きの力がはたらいていて，この力の大きさは一定である。
(3) 小球ａはＤ点の高さで水平面を進むが，小球ｂはＤ点と同じ高さのＨ点を通過後も，斜面を下るので，速さが増していく。小球ｂが進むコースでは，Ｉ点から水平になっていて，このときの高さがＦ点と等しい。つまり，Ｆ点を通過したときに小球ａがもっていた運動エネルギーと，Ｉ点を通過したときに小球ｂがもっていた運動エネルギーが等しい。よって，Ｆ点での小球ａとＩ点での小球ｂの速さは等しい。これより，正しいグラフは**イ**である。
(4) Ｈ点以降は，小球ｂの方が小球ａより運動エネルギーが大きいので，速さが速い。そのため，右端に到着する時間は，小球ｂの方が早い。

5 物理編 いろいろなエネルギー・科学技術と人間

基礎力チェック

問題➡本冊P.42～43

解答

1 エネルギー

1 光エネルギー　2 電気エネルギー
3 熱エネルギー　4 音エネルギー
5 弾性エネルギー　6 化学エネルギー
7 ①位置　②運動
8 エネルギー保存の法則

2 エネルギー資源の利用

1 化石燃料　2 二酸化炭素
3 熱　4 運動エネルギー
5 位置　6 原子力発電
7 ダムが利用されるので，広大な土地が必要となり，立地条件に制約がある。
8 火力発電　9 燃料電池発電
10 水　11 バイオマス
12 コージェネレーションシステム
13 地熱発電

実践問題

問題➡本冊P.44～46

解答

1 (1) 光電池　(2) ①ア　②ウ
(3) ウ

2 (1) A…化学　B…音
(2) ①エ　②カ　③イ　④キ

3 (1) ①位置　②運動　③タービン（発電機）
(2) 熱エネルギー
(3) 化石燃料
(4) ①地球温暖化
②地球から宇宙に出ていく熱を吸収し，とじこめる。
③温室効果ガス
(5) 二酸化硫黄（窒素酸化物）

4 (1) エ　(2) 核エネルギー　(3) ウ

5 (1) A…オ　B…エ　C…ア
(2) ウ，エ

6 (1) 利用できないエネルギー
(2) 排熱を利用する
(3) コージェネレーションシステム
(4) 8000kJ
(5) (例) テレビや照明をこまめに消す。

解説

1

(1)，(2) 光電池は，光エネルギーを電気エネルギーに変える。図１の実験では，電気エネルギーが運動エネルギーに変わり，おもりをもち上げることで，おもりの位置エネルギーへと移り変わっている。

(3) 図２では，おもりのもつ位置エネルギーによって，電動機を回転させて電気エネルギーに変わっている。

2

(1) 化学変化によってエネルギーをとり出せる状態にある物質がもつエネルギーを化学エネルギーという。光合成によってつくり出された有機物は，呼吸によってとり入れた酸素と反応させることでエネルギーをとり出している。

(2) ①物体と物体を摩擦させると熱が発生する。②火力発電では，石油などを燃やした熱によって，タービンを回し，発電している。③光電池は，光エネルギーを直接電気エネルギーに変える。④マイクロフォンは，音エネルギーを磁石の振動に変えて，最終的に電気エネルギーに変えている。

3

(1)，(2) 水力発電では，タービン（発電機）を回すのに，水を落下させて得られる運動エネルギーを利用している。火力発電や原子力発電では，熱エネルギーにより水を水蒸気に変化させてタービンを回している。

(3)，(4) 火力発電では，化石燃料を燃やすことで，二酸化炭素が大量に発生する。二酸化炭素の増加は，地球の温暖化の原因と考えられている。

(5) 二酸化硫黄や窒素酸化物が，雨水にとけて強い酸性を示す雨を**酸性雨**という。酸性雨は植物や湖沼の生物に大きな影響をあたえる。

ミス注意

二酸化炭素→地球温暖化の原因
二酸化硫黄，窒素酸化物→酸性雨の原因
フロン→オゾン層の破壊

4

(1)，(2) 原子力発電は，原子を核分裂させたときに出る熱エネルギーを利用している。

(3) アは冷媒などに使われていたフロンについてである。エの二酸化炭素は地球温暖化を引き起こすと考えられている。

5

(1) A～Cは，どれも枯渇することがなく，再生可能なエネルギーとして注目されている。

(2) ア…原子力発電にはあてはまるが，ほかの発電方法にはあてはまらない。

イ…太陽光発電では，天気の影響を受ける。また，バイオマスは，作物の残りかすなどを使うので，供給量が安定しにくい。

ウ…地熱発電や太陽光発電では，火力発電のように二酸化炭素を出すこともなく，また廃棄物の処理の問題もない。バイオマス発電では，燃焼させて発生した二酸化炭素を，植物が再び吸収することで，大気中の二酸化炭素は増えないと考えられている。

エ…A～Cのどれも枯渇する心配がない。

オ…地熱発電では，設置する場所が限定される。

ミス注意

再生可能エネルギーは，資源の枯渇がなく，環境にも影響を与えない利点があるが，発電量が少なく，現在の電力のほとんどは従来の火力発電，水力発電，原子力発電でまかなわれている。

6

(1)～(3) 利用されないで出されていた熱を，給湯や暖房などに使うことで，有効活用しようとしたシステムを**コージェネレーションシステム**という。

(4) 利用される電気エネルギーは30％なので，3000kWが30％にあたる。このシステム全体で利用されるエネルギーは，80％なので8000kWになる。1〔J〕÷1〔s〕＝1〔W〕なので，求める答えは8000kJになる。

(5) 解答例のほかに，「コンセントを抜く」，「暖房の温度設定を低くする」などもある。

実力アップ問題

問題➡本冊P.47～48

解答

1 (1) イ　(2) ア　(3) 電気→熱

2 光

3 (1) エ　(2) オ　(3) イ

解説

1

①の光合成によって，光エネルギーが化学エネルギーに変わる。

②のガスコンロでは，化学エネルギーが熱エネルギーに変わる。

③では，光エネルギーが電気エネルギーに変わり，運動エネルギーに変わる。

④では，化学エネルギー→熱エネルギー→運動エネルギー→電気エネルギーの順に変わる。

(2) 化学エネルギー→電気エネルギー→光エネルギーの順に変わるものを選ぶ。

アの乾電池では，化学エネルギーが電気エネルギーに変わる。

イでは化学エネルギーが光エネルギーや熱エネルギーに変わっている。

ウでは熱エネルギー→運動エネルギー→電気エネルギーに変わる。

エでは運動エネルギー→電気エネルギーに変わる。

2

光合成では，光エネルギーを利用して，デンプンなどの栄養分をつくり出している。

3

(1) 1890年代からある燃料は石炭，1940年代から石油の消費量が増加していき，1970年代から原子力が使われるようになった。

(2) 枯渇することなく，何度でも再利用できるエネルギーを**再生可能エネルギー**とよんでいる。

(3) 必要な風力発電機の数は，$\frac{290000}{500}$ 基だから，必要な土地の面積は，$0.06\times\frac{290000}{500}$ 〔km^2〕となる。

基礎力チェック

問題 ➡ 本冊 P.52

解答

1 いろいろな物質

1 イ，ウ　2 1.6g/cm^3

2 物質の状態変化

1 ア…固体　イ…気体　ウ…液体

2 ①沸点　②融点

3 混合物　4 示さない。

3 気体の性質

1 酸素…ア，エ，オ　水素…ア，エ，カ，ケ
二酸化炭素…ア，ウ，キ

2 アンモニア

4 水溶液の性質

1 溶質　2 20%　3 再結晶

実践問題

問題 ➡ 本冊 P.53～57

解答

1 (1) 0.8g/cm^3
(2) ①112.5cm^3　②ウ

2 (1) 7.0cm^3
(2) 0.9g/cm^3
(3) 質量…ウ　体積…イ　密度…ア
(4) ウ

3 (1) 空気調節ねじ　(2) ア　(3) イ
(4) ア→イ→ウ

4 (1) 水素　(2) C　(3) A　(4) ア
(5) 集め方…上方置換法
性質…水にとけやすく，空気より密度が小さい（軽い）。

5 (1) ウ　(2) 再結晶
(3) 水溶液を加熱して，水を蒸発させる。

6 (1) ①20%　②85g　(2) ウ　(3) ウ

7 (1) ㋐　(2) ア
(3) 2g（の分銅を）1g（の分銅に変える。）

8 (1) 混合物が急に沸騰するのを防ぐため。
(2) イ　(3) イ　(4) ウ

9 (1) ウ　(2) 同じ　(3) ア
(4) ウ

10 (1) ウ　(2) ア
(3) 固体のロウの方が液体のロウより密度が大きいから。

解説

1

(1) 密度は，質量〔g〕÷体積〔cm^3〕で求めることができる。よって，40〔g〕÷50〔cm^3〕＝0.8〔g/cm^3〕

(2) ①液体B50gの体積は，図から50cm^3。
液体A 50gの体積を$x$cm^{3}とすると，
40：50＝50：x　x＝62.5〔cm^3〕
よって，液体の体積は50＋62.5＝112.5〔cm^3〕
②液体Aの密度は，(1)より0.8g/cm^3，液体Bの密度は，50〔g〕÷50〔cm^3〕＝1〔g/cm^3〕
密度が小さい方が上になることと，①より液体Aの方が液体Bより体積が大きいことから，ビーカーのようすは，**ウ**のようになると考えられる。

2

(1) メスシリンダーは67.0cm^{3}を示している。よって，7.0cm^{3}減らせばよい。

ミス注意
メスシリンダーで，体積を読みとるとき，目もりの10分の1まで目分量で読む。

(2) 氷の質量は，水と氷の質量64.5gから水の質量60.0gを引いて，64.5－60.0＝4.5〔g〕となる。
氷の体積は，水と氷の体積65.0cm^{3}から水の体積60.0cm^{3}を引いて，65.0－60.0＝5.0〔cm^3〕となる。よって，氷の密度は，
4.5÷5.0＝0.9〔g/cm^3〕となる。

(3) 問題から，質量は変わっていないことがわかる。また，体積は小さくなっていることがわかる。質量が変わらず，体積が小さくなっているので，密度は大きくなる。

(4) **ア**～**エ**の中ではドライアイス（固体）が気体になっている**ウ**が状態変化である。**ア**，**イ**，**エ**は物質が別の物質になる変化（化学変化）である。

3

(1) Aのねじは空気調節ねじ，Bのねじはガス調節ねじである。

(2)，(3) Aのねじをゆるめると，ガスに空気が入る。すると，炎の温度が高くなり，炎の色が青くなる。

(4) ガスバーナーに火をつけるときと逆の操作をして火を消す。

4

(1) 火を近づけると，ポンと音をたてて燃えるのは，水素の性質。

(2) 二酸化マンガンにオキシドールを加えたときに発

生する気体は，酸素。酸素は物質が燃焼するときに使われる。

(3) それぞれの集気びんの中の気体は，A…水素，B…二酸化炭素，C…酸素，D…アンモニア。この中で最も軽い気体は水素。

(4)，(5) アンモニアは水にとけやすく，空気より密度が小さい（軽い）ため，**ア**の上方置換法で集める。

ミス注意

気体を集めるには，ほかに2つ方法がある。イの下方置換法は水にとけやすく，空気より密度が大きい（重い）気体を集めるのに適している。もう1つはウの水上置換法で，水にとけにくい気体を集めるのに適している。

5

(1) 10gの水にとける物質の質量は，100gの水にとける質量の$\frac{1}{10}$である。40℃のときとけ残りがあったことから，40℃のときの溶解度は40g未満，60℃のときすべてとけたことから，60℃のときの溶解度は40g以上であることがわかる。よって，ミョウバンを表すグラフは**ウ**と考えられる。

(2)，(3) 固体の物質が多くとけている温度の高い溶液を冷やしていくと，とけきれなくなった物質が結晶となって出てくる。水溶液を加熱して水を蒸発させても結晶をとり出すことができる。

ミス注意

温度が変化しても，とける量がほとんど変わらない物質（食塩など）は，(2)のような方法では，結晶をあまりとり出すことができない。このような物質の水溶液から固体をとり出すには，水を蒸発させる。

6

(1) ①濃度（質量パーセント濃度）は，溶質の質量÷溶液の質量×100で求められるので，
25÷（100＋25）×100＝20〔%〕となる。
②表より，とける物質Aの最大量は110gなので，
110－25＝85〔g〕をさらにとかすことができる。

(2) どちらの飽和水溶液も20℃まで冷やすと，とけきれなくなった物質が固体として出てくる。とけきれなくなる量はそれぞれ，A…110－35＝75〔g〕，B…37－35＝2〔g〕となるので，Aの方が多く結晶が出てくる。

(3) ろ過のしかたは，ガラス棒にそって液をそそぎ，ろうとのあしの先の長い方をビーカーの内側につける。

ミス注意

ろ過では，液体にとけていない物質がろ紙に残る。とけている物質はろ紙を通過する。

7

(1) 左に傾いているので，Aの調節ねじを㋐の向きに動かす。

(2)，(3) 上皿てんびんで物質の質量をはかるとき，分銅は重いものからのせる。分銅が重すぎたら，その次に重いものに変える。

ミス注意

針が左右に同じ幅で振れていれば，つり合っている。針が止まるまで待たなくてよい。

8

(1) 突然沸騰すること（突沸という）を防ぐために，沸騰石を入れる。

(2) 混合液では，一定の沸点を示さない。純粋な物質では，沸点は決まっている。

(3) 水の沸点とエタノールの沸点はそれぞれ違っている。エタノールの方が水より沸点が低いので，4分後に出てくる気体はほとんどがエタノールである。水も蒸発しているので，少量の水が含まれていることに注意する。

(4) エタノールと水の体積がふえているので，温度の上がり方が，図2のときよりゆるやかになり，沸騰し始めるまでの時間が長くなると考えられる。よって，**ウ**のようなグラフになると考えられる。

9

(1) 0℃になると水が氷になり始める。水がすべて氷になるまで，冷やしても温度が下がらない。水がすべてこおると，再び温度が下がり始めるので，すべてこおったのは，図2からおよそ11分後であることがわかる。

(2) 固体から液体に変化するときの温度を融点という。液体から固体に変化するときの温度は融点に等しい。液体から固体に変化するときの温度を凝固点ともいう。融点と凝固点は同じ温度である。

(3) 昇華は固体が気体（または気体が固体）になること。融解は固体が液体になること。蒸発は液体が気体になる現象である。

(4) 状態変化では，体積は変化するが，質量は変化しない。また，状態変化によってすがたが変わるが，別の物質に変わってはいない。

10

(1) ロウが液体から固体に変化すると，体積が小さくなるので，真ん中がへこんだようになる。

ミス注意

ふつう，気体→液体→固体と状態変化すると体積が小さくなっていくが，水は例外で，液体のとき最も体積が小さく，液体から固体に変化するときは体積が大きくなる。

(2)，(3) ロウは液体から固体に変化すると，密度が大きくなる。そのため，固体のロウを液体のロウの中に入れると，底にしずむ。

実力アップ問題

問題➡本冊 P.58～61

解答

1 (1) 炭素　(2) 有機物　(3) 砂糖

2 (1) ウ

(2) ろ過して出てきた液を蒸発させても，何も残らなかったから。

(3) 方法…水溶液の温度を下げる。

理由…（C の液をろ過して出てきた液は，）飽和水溶液なので，温度を下げると，とけきれなくなった硝酸カリウムが固体となって出てくるから。

3 (1) A…二酸化炭素　B…酸素　C…水素　D…アンモニア

(2) 装置内の空気が混ざっているから。

(3) (気体Dは) 水にとけやすく，空気より軽い性質があるから。

(4) A…ア　D…イ

(5) ①消える。　②ア

4 (1) 酸素…液体　エタノール…固体

(2) ア

5 (1) 水の密度より小さい。

(2) エ

(3) ロウ…小さくなる。　水…大きくなる。

6 (1) A，C　(2) 1.4g　(3) $0.8g/cm^3$

(4) 1本目の方が多い。

(5) P…ウ　Q…ア　R…オ

解説

1

(1)，(2) 砂糖やデンプンなど炭素を含む**有機物**を加熱すると，こげて炭ができる。

(3) 実験1より，Bは食塩であることがわかる。また，実験2より，Cはデンプンであることがわかる。よって，Aは砂糖。

ミス注意

●砂糖，デンプン，食塩の特徴

	粒の大きさ	水にとかす	加熱する
砂糖	大きい	よくとける	こげる
デンプン	細かい	とけない	こげる
食塩	大きい	よくとける	変化なし

2

(1) 操作1，2から食塩のとけ残りがないことがわかる。これより，ろ過する前の液とろ過して出てきた液にとけている食塩の質量は変わらない。よって，こさは変わらない。

(2) 水にとけているものはろ紙を通過する。ろ紙を通過した液を蒸発させたときに何も残らなかったことから，デンプンは水にとけていないことがわかる。

(3) C の液はとけ残りがあったので，ろ過して出てきた液は**飽和水溶液**になっている。ふつう，固体がとけた水溶液は，水の温度が高いほどとける固体の質量が多いので，飽和水溶液を冷やすととけきれなくなった物質が固体となって出てくる。

3

(2) はじめは，フラスコや試験管内の空気が出てくる。

(3) 気体Dはアンモニア。アンモニアは水にとけやすく空気より密度が小さい（軽い）ため，上方置換法で集める。

(4) 気体Aは二酸化炭素，気体Dはアンモニアで，二酸化炭素がとけた水溶液（炭酸水）は酸性，アンモニアがとけた水溶液はアルカリ性を示す。よって，Aでは青色リトマス紙が赤色に変化し，Dでは赤色リトマス紙が青色に変化する。

ミス注意

酸性→青色リトマス紙を赤色にする。
アルカリ性→赤色リトマス紙を青色にする。

(5) ①二酸化炭素には，ものを燃やすはたらきがないので，線香の火が消える。

②**ア**では二酸化炭素が，**イ**では水素が，**ウ**ではアンモニアが発生する。

4

(1) －196℃は，酸素の場合，融点と沸点の間，エタノールの場合，融点より低い。このことから，－196℃のとき，酸素は液体，エタノールは固体であることがわかる。

(2) 物質をつくる粒子は，固体のときは規則正しく並んでいるが，液体のときは不規則に並んでいる。また，気体のときは，1つ1つの粒子が動きまわっている。

ミス注意

状態変化によって，物質をつくる粒子の大きさが大きくなったり，小さくなったりはしない。

5

(1) 同じ体積にして，質量を比べたとき，ロウの方が水より質量が小さかったことから，ロウの方が水より密度が小さいことがわかる。

(2) 液体から固体に変化すると，ロウの場合は体積が小さくなり，水の場合は体積が大きくなる。よって，**エ**のようになる。

(3) 質量が変わらず体積が大きくなると，密度は小さくなり，質量が変わらず体積が小さくなると，密度は大きくなる。

6

(1) 水5.0gにとける物質の質量は，水100gにとける物質の質量の $\frac{5}{100}$ $(=\frac{1}{20})$ なので，実験1で加えた物質の質量を20倍して，表の数値と比べるとよい。加えた物質の質量をそれぞれ20倍すると，塩化ナトリウムは30g，ミョウバンは40g，硝酸カリウムは60gとなる。よって，全部とけるのは，塩化ナトリウムと硝酸カリウムである。

ミス注意

水5.0gにとける物質の質量は，水100gにとける物質の質量の $\frac{5}{100}$ であることから，表の数値を $\frac{5}{100}$ にして考えることもできるが，計算が解説にある方法より複雑になる。なるべく計算が簡単になるようにして解くようにしたい。

(2) 水100gにとかした場合で考えて，その数値を $\frac{1}{20}$ にするとよい。60－31.6＝28.4〔g〕より，水5gの場合は，28.4〔g〕× $\frac{1}{20}$ ＝1.42〔g〕

［別解］ 20℃の水5.0gにとける硝酸カリウムの質量は，1.58gより，3.0－1.58＝1.42〔g〕と求めてもよい。

(3) 水の質量は，15〔cm^3〕×1.0〔g/cm^3〕＝15.0〔g〕よって，エタノールの質量は，19.0－15.0＝4.0〔g〕となり，密度は，4.0〔g〕÷5〔cm^3〕＝0.8〔g/cm^3〕となる。

(4) 水よりもエタノールの方が沸点が低いため，はじめエタノールがおもに気体となって出てくる。

(5) 水にとけない砂はろ過によってとり出すことができる。蒸留によって，塩化ナトリウム水溶液から純粋な水をとり出すことができる。塩化ナトリウム水溶液の水を蒸発させることで，水にとけていた塩化ナトリウムをとり出すことができる。

2 化学編 原子・分子と化学変化(1)

基礎力チェック

問題 ➡ 本冊 P.64

解答

1 物質の分解

1 物理変化…ア，ウ　化学変化…イ

2 分解

2 物質と原子・分子

1 分子

2 ①二酸化炭素　②水　③塩化水素　④アンモニア

3 混合物…ウ，オ　化合物…ア，カ　単体…イ，エ

3 化学変化と原子・分子

1 ①鉄（と）酸素　②硫黄（と）鉄

2 燃焼

3 $2H_2 + O_2 \rightarrow 2H_2O$

4 化学変化と質量

1 質量保存の法則

2 1.0g

3 10.0g

実践問題

問題➡本冊 P.65～69

解答

1 (1)

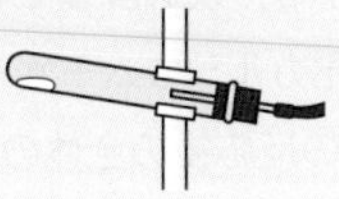

(2) 炭酸ナトリウム　(3) 水

(4) C，H，O

2 (1) ア　(2) イ

(3) 酸素（気体）が発生したため，小さくなった。

(4) Ag_2O

3 (1) ウ　(2) A極…H_2　B極…O_2

(3) A極…イ　B極…ア

(4) 2：1

4 (1) ⊗⊗

(2) $2Mg + O_2 \rightarrow 2MgO$

(3) $Mg + 2HCl \rightarrow MgCl_2 + H_2$

5 (1) 反応によって熱が発生したから。

(2) 硫化鉄

(3) $Fe + S \rightarrow FeS$

(4) 試験管B…イ

試験管D…エ

6 (1) ①ア　②イ　③イ

(2) 酸化鉄

7 (1) イ　(2) イ　(3) ウ

8 (1) $30cm^3$　(2) 0.2g

(3)

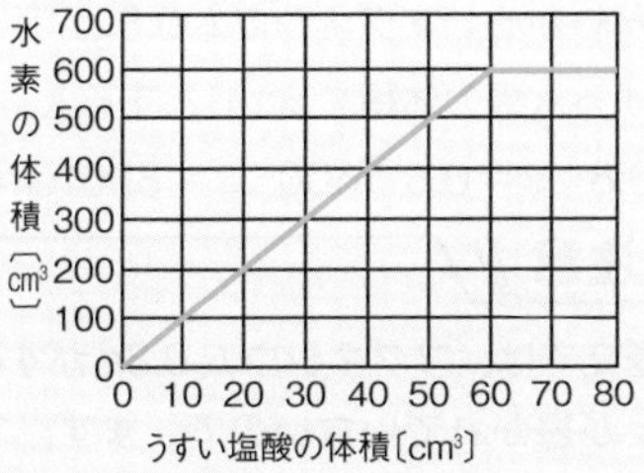

(4) イ

9 (1) 銅粉がすべて酸化された（酸素と結びついた）から。

(2) イ

(3) 2.5g

(4) ①2Cu　②2CuO

10 (1) MgO

(2) ①0.6g　②0.4g

(3) 3：8

解説

1

(1) ～ (3) 炭酸水素ナトリウムを加熱すると，炭酸ナトリウムと二酸化炭素と水に分解する。できた水が加熱部分に流れ込むと，試験管が割れることがあるので，試験管の口の方を少し下げて加熱し，水が加熱部分に流れないようにする。

(4) 石灰水を白くにごらせる気体Aは二酸化炭素，液体Cは水で，二酸化炭素は炭素と酸素の化合物，水は水素と酸素の化合物である。よって，炭酸水素ナトリウムは，少なくとも炭素原子，水素原子，酸素原子からできていることがわかる。

2

(1) 酸化銀は黒色をした物質で，酸化銀を加熱すると，銀と酸素に分解する。このときできた銀は白色をしているが，みがくと銀白色の金属光沢が出る。

(2) 試験管に残った物質は銀である。銀は金属であることから，**イ**のような性質をもつ。**ウ**のようにうすい塩酸にとけて気体が発生するのは，鉄，マグネシウム，亜鉛，アルミニウムなどの金属。また，**エ**のように水酸化ナトリウム水溶液にとけて気体が発生する金属は，アルミニウム，亜鉛などの一部の金属である。

ミス注意

●金属の性質
①電気や熱を伝えやすい。
②みがくと金属光沢が出る。
③うすくのばしたり，引きのばしたりすることができる。

磁石に引きつけられるのは，鉄など一部の金属の性質で，すべての金属にはあてはまらないことに注意。

(3) 発生した酸素の質量分だけ，加熱後の質量は小さくなる。

(4) モデル図をもとに化学反応式を書くと，
$2Ag_2O \rightarrow 4Ag + O_2$　となる。

ミス注意

・化学反応式では，左辺と右辺で原子の種類と数をそろえる。
・銀は分子をつくらないので，Ag_4 とはしない。
・また，酸素は酸素原子2個が結びついて酸素分子をつくるので，O_2 とする。
　O_2→酸素分子1個　　2O→酸素原子2個

3

(1) 水を電気分解するときは，電流を通しやすいように，水に水酸化ナトリウムや硫酸をとかす。

(2)，(4) 水を電気分解すると，陰極（－極）からは**水素**が，陽極（＋極）からは**酸素**が発生する。その体積比は，水素：酸素＝2：1となる。

(3) 水素は気体自身が燃える。酸素はものを燃やすはたらきがある。水素も酸素も無臭の気体である。

4

(1)，(2) 酸素は，酸素原子が2個結びついて酸素分子をつくっている。化学反応式で表すと，

$2Mg + O_2 \rightarrow 2MgO$

(3) モデルをそれぞれ化学式にすると，

$Mg + 2HCl \rightarrow MgCl_2 + H_2$　となる。

5

(1) 鉄と硫黄が結びつくとき，熱が発生する。途中で加熱するのをやめても，発生した熱によって反応が進む。

(2)，(3) 鉄と硫黄が結びつくと，**硫化鉄**ができる。このときの化学変化を化学反応式で表すと，

$Fe + S \rightarrow FeS$　となる。

(4) 試験管Bでは，鉄と硫黄は反応していないので，鉄と硫黄の混合物である。これにうすい塩酸を加えると，鉄と塩酸が反応して水素が発生する。水素は無臭で，空気中で燃えて水ができる。試験管Dでは，鉄と硫黄の化合物である硫化鉄ができている。硫化鉄にうすい塩酸を加えると，硫化水素という，たまごのくさったようなにおいのする気体が発生する。

6

(1)，(2) 灰色のスチールウール（鉄）を加熱すると酸化鉄ができる。鉄が酸化鉄に変化すると，結びついた酸素の質量の分だけ質量が大きくなる。酸化鉄は黒色の物質で，手でさわるとぼろぼろとくずれる。

ミス注意

酸化鉄は，鉄とは違う性質をもつ別の物質である。

●鉄と酸化鉄の違い

	鉄	酸化鉄
色	灰色	黒色
手ざわり	かたい	もろい
磁石につくか	つく	つかない
電気を通すか	通す	通さない

7

(1) 石灰石と塩酸が反応すると，二酸化炭素が発生する。このときの反応は，次のようになる。

石灰石＋塩酸→塩化カルシウム＋水＋二酸化炭素

(2)，(3) 石灰石と塩酸の反応後の全体の質量は，発生した二酸化炭素の質量分だけ小さくなる。しかし，密閉した容器内で同じ実験を行うと，反応前と反応後での質量は変わらない。

8

(1) 塩酸の体積が$30cm^3$以上のとき，発生した水素の体積が変化していない。つまり，塩酸の体積が$30cm^3$のとき，マグネシウム0.6gがすべて反応していることがわかる。

(2) 塩酸$20cm^3$と反応するマグネシウムの質量をxgとすると，$20 : x = 30 : 0.6$　$x = 0.4$〔g〕となる。よって，反応しないで残るマグネシウムの質量は，$0.6 - 0.4 = 0.2$〔g〕となる。

(3) 塩酸に水を加えて体積を2倍にすると，塩酸の濃度は$\frac{1}{2}$になる。したがって，マグネシウム0.6gをすべて反応させるための塩酸の体積は，はじめの実験のときの2倍になる。

(4) まず，塩酸$40cm^3$と反応するマグネシウムの質量ygを考える。$40 : y = 30 : 0.6$　$y = 0.8$〔g〕

よって，マグネシウム0.8gがすべて反応することがわかる。マグネシウム0.8gが反応したとき発生する水素の体積を$z cm^3$とすると，

$0.8 : z = 0.6 : 600$　$z = 800$〔cm^3〕となる。

ミス注意

問題文では，マグネシウム0.8gがすべて反応したことが書かれていないので，まず，マグネシウム0.8gがすべて反応するかどうかを，確かめる必要がある。

9

(1) 銅と結びつく酸素の質量の割合は決まっている。

(2) 銅が酸素と結びつけるように，よくかき混ぜる。銅が空気とふれ合っていないと，銅は反応しない。

(3) 銅0.8gを加熱すると，1.0gの酸化銅ができている。求める酸化銅の質量をxgとすると，

$2.0 : x = 0.8 : 1.0$　$x = 2.5$〔g〕となる。

(4) 銅＋酸素→酸化銅　という化学変化が起きている。化学反応式で表すときは，左辺と右辺で，原子の種類と数が変わらないように係数をつける。

10

(1) マグネシウムと酸素が反応して酸化マグネシウムができる。化学反応式で表すと,
$2Mg + O_2 \rightarrow 2MgO$　となる。

(2) 図 2 より，0.6g のマグネシウムを加熱したとき，1.0g の酸化マグネシウムができていることがわかる。このとき，反応した酸素の質量は，
1.0 − 0.6 = 0.4〔g〕である。

(3) (2) より，マグネシウムと酸素が結びつくときの，マグネシウムと酸素の質量比は, 0.6：0.4 = 3：2 であることがわかる。また，図 2 より，銅と酸素が結びつくときの，銅と酸素の質量比は，
0.8:(1.0 − 0.8) = 8:2であることがわかる。よって，同じ質量の酸素と結びつくマグネシウムと銅の質量比は，3：8になることがわかる。

実力アップ問題

問題 ➡ 本冊 P.70～73

解答

1 (1) ア，エ
(2) ウ，オ
(3) ①筒の中の混合気体が減ったから。
②水分子…4個　化学式…O_2

2 ①エ　②ア

3 (1) 化学式…O_2　記号…オ
(2)

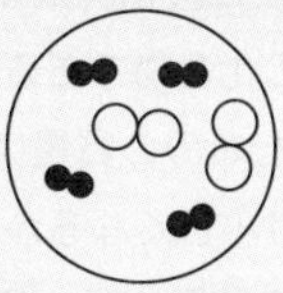

(3) エ

4 (1) ウ
(2) エ

5 (1) 炭酸水素ナトリウムがすべて分解したから。
(2)

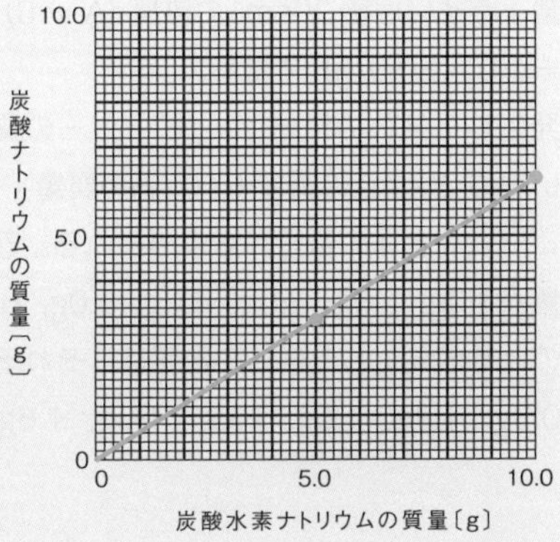

(3) 5.4g

6 (1) (はじめに集めた気体には,) 加熱した試験管の中などにあった空気が多く含まれているから。
(2) 27：2

7 (1) CO_2
(2) オ
(3) 80.0g
(4)

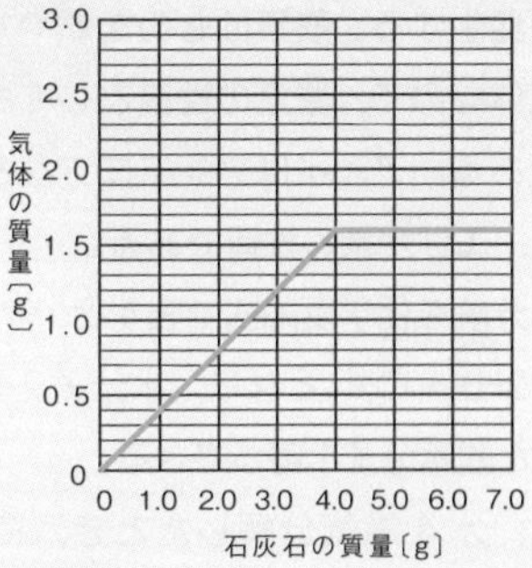

(5) 0.8g

解説

1

(1) 炭酸水素ナトリウムを加熱すると，炭酸ナトリウムと水と二酸化炭素に分解する。二酸化炭素は，石灰水を白くにごらせる。**ア**，**エ**では二酸化炭素が発生する。**イ**では酸素，**ウ**では水素，**オ**ではアンモニアが発生する。

(2) 分解は，1 つの物質が 2 つ以上の物質に分かれる化学変化である。**ウ**と**オ**が分解。**ア**は銅の酸化，**イ**は水が液体から気体へ変化する状態変化，**エ**は酸とアルカリを混ぜ合わせると水ができる反応（中和という）である。

(3) ①水素と酸素が結びつき，水になったため，筒内の気圧が下がり，水そうの水が筒の中に入った。
②水素と酸素が結びつく反応を，化学反応式で表すと次のようになる。
$2H_2 + O_2 \rightarrow 2H_2O$
これより，水素分子 2 個に対して酸素分子 1 個が結びついて，水分子 2 個ができることがわかる。よって，水素分子 4 個は，酸素分子 2 個と反応し，水分子 4 個ができるから，酸素分子 1 個が残る。

2

ガラス管を加熱すると，ガラス管内の空気が膨張し，ガラス管とゴム管にあった酸素がメスシリンダーに送

られる。そのため，メスシリンダー内の水面が下降する。しばらくすると，鉄が燃焼を始め，酸素と結びついて酸化鉄に変化していく。ガラス管内の酸素が減ると，メスシリンダー内の酸素がガラス管に移動するので，メスシリンダー内の水面は上昇する。

3

(1) 水を電気分解すると，＋極側から酸素，－極側から水素が発生する。酸素はものを燃やすはたらきがある気体なので，酸素の性質としてあてはまるのは**オ**である。**ア**，**イ**はアンモニアなど，**ウ**は二酸化炭素，**エ**は水素の性質である。

(2) 水の電気分解を化学反応式で表すと，
$2H_2O \rightarrow 2H_2 + O_2$　となり，水分子２個から水素分子２個と酸素分子１個ができる。

(3) (2) より，水を電気分解したとき，できる水素分子と酸素分子の数の比は２：１になる。これは，発生した水素と酸素の体積の比に等しくなっている。このことより，気体の体積はそれに含まれる分子の数に比例すると考えられる。

4

(1) 加熱しているときに硫黄が飛び出さないように，脱脂綿でゆるく栓をしている。

(2) 硫化鉄は鉄原子と硫黄原子が１：１の割合で結びついてできた化合物である。分子をつくらない化合物の化学式は，その物質をつくる原子の最も簡単な整数の割合になっている。

ミス注意

●分子をつくる化合物の化学式…分子をつくっている原子の数を表している。
【例】水 H_2O…水分子は水素原子２個と酸素原子１個からできている。

●分子をつくらない化合物の化学式…物質をつくっている原子の数の割合を表している。
【例】塩化ナトリウム NaCl…塩化ナトリウムはナトリウム原子と塩素原子が１：１の割合で結びついている。

5

(1)，(2) 炭酸水素ナトリウムを加熱すると，炭酸ナトリウムと水と二酸化炭素に分解する。図のような装置で実験すると，二酸化炭素と水は空気中に出ていき，あとに炭酸ナトリウムが残る。加熱しても，質量が変化しなくなったときの質量が，残った炭酸ナトリウムの質量である。表から，炭酸水素ナトリウム 5.00g からは 3.15g，10.00g からは 6.30g の炭酸ナトリウムが生じていることがわかる。生じる炭酸ナトリウムの質量は，炭酸水素ナトリウムの質量に比例する。

(3) 10.0g の炭酸水素ナトリウムがすべて分解したときできる水と二酸化炭素の質量の和は，
10.0 − 6.30 = 3.70〔g〕である。１回目の加熱が終わったときにできた水と二酸化炭素の質量の和は，10.0 − 8.29 = 1.71〔g〕である。分解してできる水と二酸化炭素の質量の和が 1.71g になるときの炭酸水素ナトリウムの質量を xg とおくと，
x：1.71 = 10.00：3.70　x = 4.62…〔g〕これより，分解されずに残っている炭酸水素ナトリウムの質量は，10.00 − 4.6 = 5.4〔g〕である。

ミス注意

加熱したあとの質量が変化しなくなったとき，炭酸水素ナトリウムは，すべて分解している。

6

(2) 銀 1.35g と結びついていた酸素の質量を求めると，
1.45 − 1.35 = 0.1〔g〕　これより，銀と酸素の質量比は，1.35：0.1 = 27：2になる。

7

(1) 塩酸と石灰石が反応すると二酸化炭素が発生する。二酸化炭素は炭素と酸素の化合物である。

(2) 反応後にビーカーに残ったものの質量は，発生した二酸化炭素の質量分だけ小さくなるから，
塩酸の質量 (B) ＋石灰石の質量 (C) －発生した気体 (二酸化炭素) の質量 (D)　で求められる。

(3) ビーカーの質量＋うすい塩酸 $20cm^3$ の質量＋石灰石 1.0g の質量＝ 81.0〔g〕だから，ビーカーの質量＋うすい塩酸 $20cm^3$ の質量 (A ＋ B) は，81.0 − 1.0 = 80.0〔g〕である。

(4) 発生した気体の質量は，(ビーカーの質量＋うすい塩酸 $20cm^3$ の質量＋石灰石の質量) − 反応後のビーカー全体の質量　で求められる。石灰石の質量が 1.0g，2.0g，3.0g，4.0g，5.0g，6.0g，7.0g のときの発生した気体の質量は，それぞれ，0.4g，0.8g，1.2g，1.6g，1.6g，1.6g，1.6g となる。

ミス注意

石灰石の質量が 2.0g のときの（ビーカーの質量＋うすい塩酸 20cm³ の質量＋石灰石の質量）は，
80.0＋2.0＝82.0〔g〕，石灰石の質量が 3.0g のときの（ビーカーの質量＋うすい塩酸 20cm³ の質量＋石灰石の質量）は，
80.0＋3.0＝83.0〔g〕になることに注意する。

(5) 石灰石 4.0g とうすい塩酸 20cm³ が過不足なく反応している。石灰石の質量が 6.0g のとき，2.0g の石灰石が未反応である。石灰石 2.0g をすべて反応させたときに発生する気体は，(4) のグラフより 0.8g である。

3 化学編 原子・分子と化学変化(2)

基礎力チェック

問題 ➡ 本冊 P.75

解答

1 酸化と還元

1 酸化　2 酸化物　3 還元　4 炭素

5 $2CuO + C \rightarrow 2Cu + CO_2$

6 ア…還元　イ…酸化

7 水素

2 化学変化とエネルギー

1 発熱反応…ア，イ　吸熱反応…ウ，エ

2 アンモニア　3 放出する。

4 下降する。　5 化学エネルギー

6 酸素　7 酸化鉄

実践問題

問題 ➡ 本冊 P.76～79

解答

1 (1) ①水　②二酸化炭素
(2) 水素原子，炭素原子　(3) 有機物
(4) ①化学　②熱

2 (1) ア　(2) イ　(3) ①酸素　②低く〔小さく〕

3 (1) 酸化　(2) 燃焼
(3)
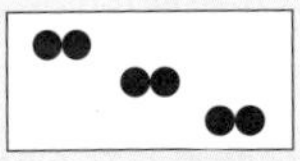
(4) ア

4 (1) ①アンモニア　②NH_3
(2) 発生するアンモニアのにおいを弱めるため。
(3) イ　(4) イ　(5) イ

5 (1) 酸素　(2) 酸化鉄　(3) ア
(4) ペンキをぬる。〔メッキをする。〕

6 (1) 酸化物　(2) 出ない。
(3) ①酸化銀　②銀　③弱い

7 (1) 酸化鉄　(2) 還元　(3) 二酸化炭素

8 (1) Cu　(2) イ　(3) 2.8g　(4) エ
(5) ア　(6) エ

解説

1

(1) 下線部①より塩化コバルト紙が青色から赤色に変わったので，水ができたことがわかる。下線部②からは，石灰水が白くにごったので，二酸化炭素ができたことがわかる。

(2) エタノールを燃焼して，酸素 O_2 と反応させると，水 H_2O と二酸化炭素 CO_2 ができた。よって，エタノールは，水素原子と，炭素原子をもっていることがわかる。

(3) 炭素を含む化合物を有機物という。有機物は，炭素以外に水素も含む。有機物には，ほかに，メタンやプロパンなどがある。

(4) 化学エネルギーとは，化学変化によって放出したり，吸収したりするエネルギーのこと。

2

(1) 鉄が酸化するときに，熱を発生させる発熱反応が起こる。

(2)，(3) ペットボトルにふたをすると，ペットボトル内には空気が入らない。この実験では鉄と酸素が反応するため，酸素の量が減る。それにより，大気圧よりペットボトル内の気圧が低くなり，外側からの圧力で，ペットボトルはへこむ。

3

(1) 物質が酸素と結びつくことを酸化といい，できた物質を酸化物という。

(2) 熱や光を出して激しく酸素と結びつく反応を，とくに燃焼という。

ミス注意

●酸化の例
・燃焼…熱や光を出す激しい酸化
・さび…熱や光を出さないおだやかな酸化

(3) マグネシウムと酸素が結びついてできた酸化マグネシウムは，酸素とマグネシウムの原子の数の割合が 1：1 である。右辺の酸素の数と同じ数の●

をかく。ただし，酸素は，酸素原子２個が結びついて酸素分子をつくることに注意する。

(4) できた物質は酸化マグネシウムで，白い粉末。金属とは違う性質をもった物質である。

4

(1) 問題文に窒素原子（N）１個，水素原子（H）３個からできているとあるので，アンモニアがあてはまる。アンモニアの化学式はNH_3。

(2) アンモニアは水によくとける。ろ紙の水に，アンモニアがとけて，においが弱まる。

(3)，(4) この化学変化では，まわりから熱をうばう吸熱反応が起こっている。

(5) 冷却パックの中の物質は，水にとけるときに熱を必要として吸熱反応を起こす。

ミス注意

・発熱反応…反応後，温度が上がる。
・吸熱反応…反応後，温度が下がる。

5

(1) ゆっくりと金属が酸化することを，金属がさびるという。

(2) 鉄と酸素が結びついて酸化鉄になる。

ミス注意

鉄がさびるのはおだやかな酸化で，スチールウールを加熱したときのように熱や光を出す燃焼は激しい酸化である。

(3) 結びついた酸素の分だけ質量が大きくなる。

(4) 金属と酸素がふれ合わなければさびない。金属の表面にペンキをぬって，金属が空気とふれ合わないようにすると，さびを防ぐことができる。ほかにさびにくい金属を鉄などのさびやすい金属の表面につける（メッキ）ことでも，さびを防ぐことができる。

6

(2) 銅は，激しく熱や光を出さずに酸素と結びつく。

(3) 酸化銅や酸化鉄は，加熱しても分解しないが，酸化銀は加熱すると，銀と酸素に分解する。このことから，鉄，銅，銀の中では，銀が最も酸素との結びつきが弱いと考えられる。

7

(1)，(2) 鉄鉱石は鉄の酸化物で，コークスや石灰石を使って，還元させることで鉄をとり出すことができる。

(3) コークスや石灰石に含まれる炭素が酸化鉄から酸素をうばっているので，二酸化炭素が最も多く発生する。

8

(1)，(2) このときの化学変化を，化学反応式で表すと，$2CuO + C \rightarrow 2Cu + CO_2$　となる。
赤色の物質は銅である。酸化銅が還元されて銅になった。

(3) 図２より，酸化銅の質量と試験管に残った物質の質量は比例関係にある。酸化銅 1.0g のとき試験管に残った物質は 0.8g だから，3.5g の酸化銅を加熱したとき試験管に残る物質の質量をxg とすると，
$1.0 : 0.8 = 3.5 : x$　$x = 2.8$〔g〕

(4) 発生した気体は二酸化炭素である。二酸化炭素には，ものを燃やすはたらきがない。**ア**は酸素，**イ**は塩素，**ウ**は水素の性質である。

(5) 石灰石にうすい塩酸を加えると，二酸化炭素が発生する。**イ**では硫化水素，**ウ**では水素，**エ**ではアンモニアが発生する。

(6) ガラス管を抜かないで火を消すと，石灰水が逆流する危険性がある。

実力アップ問題

問題 ➡ 本冊 P.80 ～ 83

解答

1 (1) MgO　(2) イ

2 (1) ウ
(2) $2Mg + CO_2 \rightarrow 2MgO + C$
(3) 35個
(4) 酸化物から酸素をうばう化学変化。

3 (1) 発生する気体が水によくとけるから。
(2) 鉄が酸化されて酸素が減ったために，ペットボトルの中の圧力が大気圧よりも小さくなったから。
(3) ①実験２　②実験１
③熱を周囲からうばう化学変化

4 (1) ア　(2) 化学
(3) ポリエチレン袋の中の酸素がなくなり，化学変化が起きなくなったから。

5 (1) ウ　(2) ○●○
(3) 石灰水が逆流し，加熱した試験管が急激に冷やされるから。

(4) 0.96g (5) カ

6 (1) にごらない。 (2) エ

(3) ①塩化コバルト紙 ②赤〔桃〕

(4) 酸化銅…イ 水素…ア

(5) ①Cu ②H_2O

7 (1) $2CuO + C \rightarrow 2Cu + CO_2$

(2) 1.60g

解説

1

(1) 酸化マグネシウムを化学式で表すと，MgOとなる。

(2) 携帯用カイロを振って，中の物質を混ぜることで化学反応が起こり，発熱する。

2

(2) モデル図を参考にすると，◎がマグネシウムMg，○が酸素O，●が炭素Cとわかるので化学反応式は，

$2Mg + CO_2 \rightarrow 2MgO + C$

(3) 図からマグネシウム原子2個のとき，黒い固体の原子（炭素原子）が1個できることがわかる。よって，マグネシウム原子70個からできる炭素原子は35個になる。

3

(1) 実験1で発生する気体はアンモニア。アンモニアは水にとけやすい性質をもっている。

(2) 実験2では，鉄が酸化されて酸化鉄になっている。酸化で酸素が減るとペットボトル内の気圧は低くなる。このとき外の大気圧の方が高くなるので，ペットボトルは押されてへこむ。

(3) 実験1では吸熱反応，実験2では発熱反応が起こっている。

4

(1) 携帯用カイロの中に含まれているのは，鉄（Fe）の粉。

(2) 携帯用カイロ内で化学反応を起こし，発熱している。

(3) ポリエチレン袋の中の限られた酸素がなくなるまで反応し続ける。酸素がなくなると，酸化が起こらなくなる。

ミス注意

携帯用カイロは，鉄と酸素が結びつくときに発生する熱を利用したものである。したがって，酸素がないと，熱は発生しない。ポリエチレン袋から出して，酸素とふれさせると，再び反応が起こり，熱が発生する。

5

(1) 銀の性質は，みがくと光り，たたくとうすく広がる。また，金属の中でもよく電気を通す。磁石にはつかない。

(2) 実験2より，発生した気体は石灰水を白くにごらせるので二酸化炭素。二酸化炭素の化学式はCO_2。よって，モデルは○●○と表すことができる。

(3) 逆流した石灰水が，加熱していた試験管に流れ込むと，試験管が急激な温度変化で割れてしまうことがある。

(4) 酸化銅0.80gと炭素0.06gが過不足なく反応するから，酸化銅1.20gと過不足なく反応する炭素の質量は，$0.06 \times \frac{1.20}{0.80} = 0.09$〔g〕 よって，酸化銅1.20gがすべて反応することがわかる。酸化銅1.20gが反応してできる銅の質量をxgとすると，$1.20 : x = 0.80 : 0.64$ $x = 0.96$〔g〕となる。

(5) 問題から，加熱しただけで酸素を出してしまう酸化銀より，酸化銅の方が酸素との結びつきが強いことがわかる。また，炭素は酸化銅から酸素をうばうので，炭素が最も酸素と結びつきやすいことがわかる。よって，**カ**が適当である。

6

(1) 発生した気体は二酸化炭素ではないので，石灰水はにごらない。

(2) 酸化銅の黒色から銅の赤色に変化した。

(3) 水であるかどうか確かめるには塩化コバルト紙が最適である。塩化コバルト紙に水をつけると，青色から赤（桃）色に変わる。

(4) 酸化銅は酸素をうばわれ，還元されて銅になる。また，水素は酸素を受けとり，酸化されて水になる。

(5) 銅の化学式はCu，水の化学式はH_2O。化学式をそのままあてはめると，左辺と右辺で原子の種類と数が等しくなる。

7

(1) 酸化銅の化学式はCuO，炭素の化学式はC，また，二酸化炭素の化学式はCO_2，銅の化学式はCu。左辺と右辺で原子の種類と数が等しくなるように，係数をつける。

(2) 図2より，炭素が0.3gであるとき，4.00gの酸化銅が3.2gの銅に変化している。これより，炭素が0.15gのとき，反応する酸化銅の質量は，

$4.00 \times \frac{1}{2} = 2.00$〔g〕 2.00gの酸化銅が還元して銅になると，その質量は，

$2.00 \times \frac{3.2}{4.00} = 1.60$〔g〕である。

ミス注意

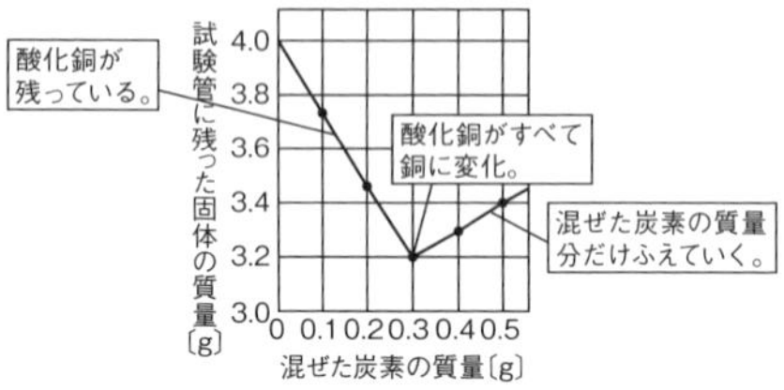

4 化学編 水溶液とイオン

基礎力チェック

問題 ➡ 本冊 P.86

解答

1 水溶液と電流

1 イ，エ

2 水溶液とイオン

1 陽子　2 イオン

3 $NaOH \rightarrow Na^{+} + OH^{-}$

3 酸・アルカリ

1 赤色　2 青色

3 酸性…ア，エ　アルカリ性…イ，ウ

4 中性

4 中和と塩

1 塩

2 化学式…NaCl

名称…塩化ナトリウム〔食塩〕

5 電池のしくみ

1 エ　2 燃料電池

実践問題

問題 ➡ 本冊 P.87～92

解答

1 (1) ア，エ，オ　(2) 電解質　(3) ウ

(4) ①陽イオン　②陰イオン　③電子

2 ①ア　②ウ

3 (1) ①○　②×　③×　④△　⑤○　⑥△

(2) ①イ　②イ　③ア　④ア　⑤エ　⑥ア

4 (1) H_2　(2) イ，ウ

(3) ①水素　②酸　(4) 陰極

5 (1) 水酸化物イオン　(2) ウ

6 (1) イ　(2) OH^{-}が陽極に移動したから。

7 (1) 黄色　(2) イ

(3) 塩化ナトリウム〔食塩〕

(4) 酸…Cl^{-}　アルカリ…Na^{+}

8 (1) ア　(2) イ　(3) エ

9 (1) エ　(2) エ　(3) 10cm^3　(4) 10cm^3

10 (1) 塩化水素

(2) 陽イオン…水素イオン

陰イオン…塩化物イオン

(3) ●…H^{+}　○…Cl^{-}　(4) 電子

(5) 陽極…Cl_2　陰極…H_2

11 (1) 銅板　(2) イオン　(3) ア，ウ

(4) 逆になる。

12 (1) 亜鉛板　(2) イ

13 (1) 化学エネルギー　(2) $2H_2 + O_2 \longrightarrow 2H_2O$

(3) (例) 二酸化炭素が出ないから。〔水しか発生しないから。〕

14 (1) ① Cu^{2+}　② Cl^{-}　(2) 銅　(3) イオン

(4) うすくなった。

(5) 水溶液中の銅イオンが少なくなったから。

解説

1

(1) 砂糖やエタノールは非電解質。

(2) 塩化ナトリウム (食塩) や塩化水素などは電解質。

(3) 電解質は，水にとけると陽イオン，陰イオンに分かれる。また，非電解質は，水溶液中で分子のまま存在している。

(4) 右の図のように，＋極に移動した陰イオンが電子を放出する。電子は－極に移動し，陽イオンに与えられる。

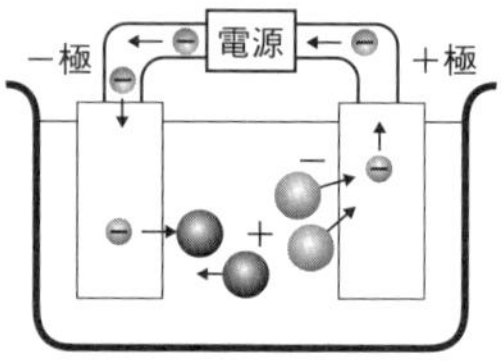

2

アは原子核，イは電子殻，ウは電子を表している。

3

(1) 酸性の水溶液は，マグネシウム，鉄などの金属と反応して水素が発生する。また，酸性の水溶液にフェノールフタレイン溶液を入れても変色しない。反応して赤色になる水溶液はアルカリ性の水溶液である。においのある・なし，色のある・なしは，酸性，アルカリ性に関係がない。

(2) 酸性の水溶液は，青色リトマス紙を赤色にし，BTB 溶液を黄色にする。アルカリ性の水溶液は，赤色リトマス紙を青色にし，BTB 溶液を青色にする。

4

(1)，(2) 塩酸にマグネシウムや鉄やアルミニウムを入れると，水素が発生する。

(3) 水溶液の中で電離して，水素イオンH^+となる水素原子を含む化合物を酸という。

(4) 水素イオンは陽イオンなので，陰極に移動し，電子を受けとって水素原子になる。水素原子が２個結びついて水素分子となる。

ミス注意

●塩酸の電気分解

陰極のようす　　　陽極のようす

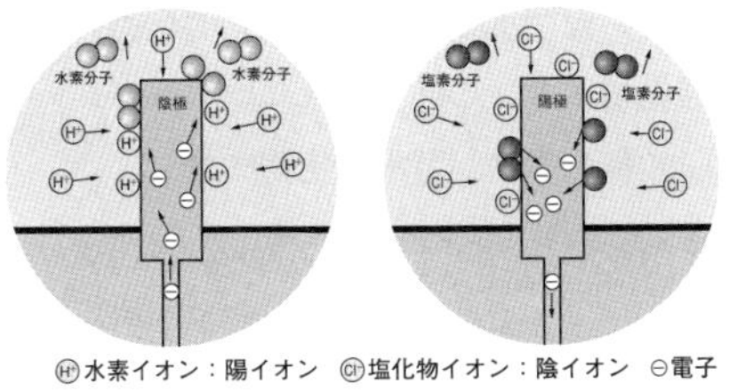

5

(1) 水溶液の中で電離すると，水酸化物イオンOH^-ができる化合物をアルカリ（塩基）という。アルカリがとけている水溶液をアルカリ性の水溶液という。

(2) アルカリ性の水溶液の電離を表している式には，OH^-が含まれている。また，H^+が含まれているのは，酸性の水溶液の電離を表した式である。

6

(1)，(2) 水酸化ナトリウムの電離を化学反応式で表すと，

$NaOH \rightarrow Na^+ + OH^-$

となる。このOH^-が陽極に引きよせられるので，陽極側にある赤色リトマス紙が反応して青色になる。

7

(1) 水酸化ナトリウム水溶液と反応させる前のうすい塩酸は酸性なので，BTB溶液は黄色になる。

(2) 水溶液が緑色になったということは，水溶液が中性になったことを表している。よって，水素イオンH^+も水酸化物イオンOH^-も存在していない。

(3)，(4) 塩酸の陰イオンCl^-と，水酸化ナトリウム水溶液の陽イオンNa^+は，水溶液中では結びつかず，水を蒸発させると，塩化ナトリウム NaCl の結晶が出てくる。

8

はじめはアルカリ性であるが，塩酸を加えると，水酸化ナトリウムの水酸化物イオンOH^-が水素イオンH^+と反応し水になる。塩酸を加え続けると水素イオンH^+と水酸化物イオンOH^-が反応し続け水酸化物イオンOH^-が減っていく。水溶液が中性を示したあとは，水酸化物イオンOH^-はなくなり，反応しない塩酸の水素イオンH^+が存在するようになる。

(1) 水溶液が青色を示しているので，アルカリ性の水溶液。よって，水酸化物イオンOH^-が存在している。塩酸を加えているので，塩化物イオンCl^-も水溶液中に存在している。

(2) 水溶液が緑色を示しているので，中性の水溶液。よって，水素イオンH^+も水酸化物イオンOH^-も存在していない。

(3) 水溶液が黄色を示しているので，酸性の水溶液。よって，水素イオンH^+が存在する。

9

(1) Bのとき中性。塩酸を$20cm^3$より多く加えても，塩酸の水素イオンH^+と反応する水酸化物イオンOH^-が存在しないので，反応しない水素イオンH^+が存在する。よって，水溶液は黄色になる。

(2) 水素イオンH^+と水酸化物イオンOH^-が徐々に反応して水になっていき，水酸化物イオンOH^-が反応しきると水ができなくなる。よって，**エ**のグラフが正しい。

(3) 水酸化ナトリウム水溶液の体積を$\frac{1}{2}$にすると，中和に必要な塩酸の体積も$\frac{1}{2}$となる。

(4) できた水酸化ナトリウム水溶液はもとの濃度の$\frac{1}{2}$になっているが，含まれているOH^-の量は (3) と同じなので，必要な塩酸の量は (3) と同じ$10cm^3$。

10

(1) 塩化水素のとけた水溶液を塩酸という。

(2) 塩化水素の電離は，

$HCl \rightarrow H^+ + Cl^-$と表すことができる。$H^+$が水素イオン，$Cl^-$が塩化物イオン。

(3) ○は陽極に引きよせられているので陰イオン，●は陰極に引きよせられているので陽イオンである。

(4)，(5) 電子を放出したイオン，電子を受けとったイオンは，それぞれ原子になる。さらに原子が２つ結びついて水素分子と塩素分子になり，気体が発生する。陽極では塩素が発生するので，強いにおいがある。

11

(1) ２種類の金属のどちらが＋極，－極になるかは，組み合わせる金属により決まる。この実験では，亜鉛板が－極，銅板が＋極になる。

(2) イオンは電気を帯びた粒子。原子が電子を失って

＋の電気を帯びたものを陽イオン，また，電子を受けとって－の電気を帯びたものを陰イオンという。

(3) **イ**のグレープフルーツの汁は電解質の水溶液なので電流が流れる。
また，電解質の水溶液の中に，2 種類の異なった金属を入れると，金属の間に電圧が生じ，電池ができる。よって，**ウ**は 2 枚とも同じ金属になってしまうので電池にはならない。

(4) 銅板と亜鉛板を逆につなぐと，電流の向きが逆になるので，モーターの回り方も逆になる。

12

(1) ダニエル電池を通電させると，亜鉛板がとけ出す。

(2) 亜鉛が Zn^{2+} となってとけ出すときに電子が放出され，その電子は導線を通って銅板に移動する。

13

(1) 化学エネルギーとは，物質が化学変化によって放出したり，吸収したりするエネルギーのこと。このときは，電気エネルギーによって水が分解されたことで化学エネルギーに変換されている。

(3) 燃料電池とは，水素と酸素から水をつくる過程で電気エネルギーをとり出す装置のこと。化石燃料は，燃やすと二酸化炭素が発生する。二酸化炭素は温室効果をもたらして，地球温暖化が進むと考えられている。

14

(1) 塩化銅 $CuCl_2$ を水にとかすと，銅イオン Cu^{2+} と塩化物イオン Cl^- に電離する。

ミス注意

> **塩化銅は，銅原子の電子 2 個が 1 個ずつ塩素原子に与えられる。式に表すときは，出入りする電子の数を等しくする。**
> $Cu \rightarrow Cu^{2+}$
> $Cl \rightarrow Cl^-$，$Cl \rightarrow Cl^-$ $(2Cl^-)$

(2) 陰極に金属の銅が付着し，陽極では気体の塩素が発生する。

(3) 電流を流し続けると，水溶液中のイオンが少なくなり，電流も弱くなる。イオンがなくなると，電流が流れなくなる。

(4)，(5) 塩化銅水溶液は，銅イオンによって青色をしている。電流を流し続けることにより，水溶液中のイオンが減っていくので溶液の青色はだんだんうすくなっていく。

実力アップ問題

問題 ➡ 本冊 P.93 ～ 96

解答

1 イ

2 (1) 記号…A
名称…（化学）電池
(2) 電子オルゴール〔モーター，豆電球〕

3 (1) 青
(2) ①電解質がとけていること。
②中性の水溶液であること。
(3) 化学変化…中和
化学反応式…$H^+ + OH^- \longrightarrow H_2O$
(4) C の方がアルカリ性が強い。〔C の方が水酸化物イオン OH^- が多い。〕

4 (1) ①水素イオン　②水酸化物イオン
(2) フェノールフタレイン溶液
(3)
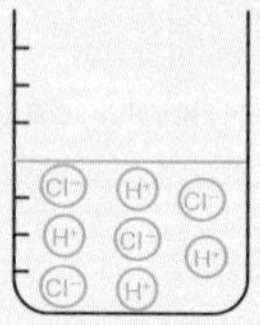

(4) 2倍
(5) 名称…塩化ナトリウム　濃度…3%
(6) 塩酸…①イ　②ア　③ア
水酸化ナトリウム水溶液…①ア　②ア　③イ

5 (1) 名称…酸素　方法…火のついた線香を入れてみて，炎を出して燃えるかどうか調べる。
(2) $2H_2O \longrightarrow 2H_2 + O_2$
(3) 水酸化ナトリウムが水溶液中で電離しているために，電流が流れやすくなる。

6 (1)
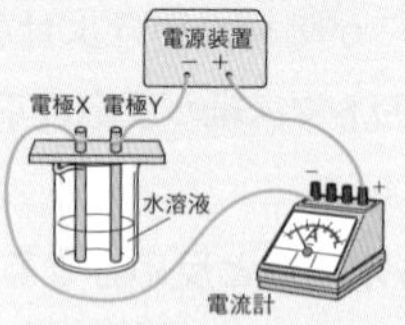

(2) $2HCl \longrightarrow H_2 + Cl_2$
(3) ア…塩化物イオン　イ…X　(4) 電離

解説

1

海水には電流が流れているので電解質がとけているとわかる。電解質は水にとけると陽イオンと陰イオンに分かれる。

2

(1) 電解質水溶液に，2 種類の金属を入れて導線でつなぐと，電流をとり出すことができる。

3

(1) フェノールフタレイン溶液を加えると赤色に変色しているので，アルカリ性であることがわかる。よって，BTB溶液は青色に変化する。

(2) ①電流を通しているので電解質が水にとけていることがわかる。

②イ～エの結果で変化が表れないので，中性であることがわかる。

(3) 中和では，水素イオンH^+と水酸化物イオンOH^-が反応して水H_2Oができる。

4

(1) 中和では酸とアルカリの水溶液が反応して塩と水ができる。

(2) 指示薬を入れて塩酸が反応せず無色の水溶液のままで，水酸化ナトリウム水溶液を加え続けるとうすい赤色に変化しているので，フェノールフタレイン溶液が使われていると考えられる。

(3) 水溶液AとCは，水素イオンH^+と水酸化物イオンOH^-が2つずつ存在する。水溶液BはAの2倍の濃度になっているので，完全に中和するためには，塩酸の量をCの2倍の体積にして，H^+の数を2倍にしなければならない。

(4) 実験で用いた塩酸10cm^{3}を完全に中和させるのに使った水酸化ナトリウム水溶液は15cm^3。濃度の違う塩酸10cm^{3}を完全に中和させるのに必要な水酸化ナトリウム水溶液は30cm^3。よって，この塩酸の濃度は，実験で用いた塩酸の30÷15＝2〔倍〕となる。

(5) 塩酸と水酸化ナトリウムの化学反応式は，

$HCl + NaOH \longrightarrow H_2O + NaCl$

となる。NaClは塩化ナトリウム。

濃度は(溶質の質量)÷(溶液の質量)×100で求められるので，1.2÷40×100＝3〔%〕

(6) 酸性の水溶液は青色リトマス紙を赤くし，アルカリ性の水溶液は赤色リトマス紙を青くする。また，マグネシウムなどの金属に反応して気体（水素）を発生させるのは，酸性の水溶液の性質。どちらの水溶液も水にとかすとイオンに分かれるので，電流を流すことができる。

5

(1)，(2) 水の電気分解である。陽極からは酸素が，陰極からは水素が発生する。

(3) 水酸化ナトリウムは電解質。水酸化ナトリウムをとかして，水に電流が流れやすくする。

6

(2) 結果から，両方の電極から気体が出ているので，塩化銅ではない。次に，鼻につんとくるにおいがしているので塩素が出ているとわかることから，水溶液の溶質は塩化水素であることがわかる。塩酸の電気分解を表す化学反応式は

$2HCl \longrightarrow H_2 + Cl_2$

ミス注意

水酸化ナトリウム水溶液を電気分解すると，水素と酸素が発生する。水素，酸素は無臭の気体である。

(3) 塩化物イオンCl^-が陽極に移動し，電子を放出して塩素が発生するので，陽極であるXで発生する。

(4) 砂糖は水にとけてもイオンにならず分子のまま存在する非電解質。

1 生物編 生物の観察

基礎力チェック

問題➡本冊 P.99

解答

1 観察器具の使い方

1 イ　　2 双眼実体顕微鏡

3 ステージ

4 ウ（→）ア（→）イ（→）エ

5 ①暗くなる。　②せまくなる。

6 スライドガラス（と）カバーガラス

7 逆に見える。

8 ①ミジンコ　②ミドリムシ

2 野外観察のしかた

1 ①良く　②悪く

2 ①かかず　②点

実践問題

問題➡本冊 P.100

解答

1 ①エ　②ウ

2 (1) ア（→）ウ（→）イ　(2) ウ

3 (1) A…接眼レンズ　B…レボルバー
　C…対物レンズ　D…ステージ
　E…調節ねじ　F…反射鏡
(2) A　(3) 200倍　(4) ア　(5) ゾウリムシ

解説

1

① 採集してきたタンポポを手にもち，タンポポを動かしてピントをあわせる。

② 葉にいるこん虫を見るときは，ルーペを目に近づけたまま，頭を動かしてピントをあわせる。

2

(2) 双眼実体顕微鏡には，立体的に観察できる，上下左右がさかさにならないなどの特徴がある。

ミス注意

●双眼実体顕微鏡と顕微鏡の特徴
双眼実体顕微鏡：プレパラートをつくる必要がなく，立体的に観察できる。
顕微鏡：プレパラートをつくり，小さく厚みのうすいものを，高倍率で観察できる。

3

(1) 図1の顕微鏡はステージ上下式顕微鏡（調節ねじを回してステージを上下させてピントをあわせる）で，ほかに，鏡筒上下式顕微鏡（調節ねじを回して鏡筒を上下させてピントをあわせる）がある。対物レンズのレンズを変えるときは，レボルバーを回転させる。

(2) 接眼レンズを先にとりつけるのは，ほこりやごみが鏡筒の中に入るのを防ぐためである。レンズをはずすときは，逆の順序で行う。

(3) 接眼レンズの倍率と対物レンズの倍率をかけた数値が拡大倍率となる。よって，10×20＝200〔倍〕となる。はじめは低倍率で観察し，しだいに倍率をあげて観察する。

ミス注意

はじめは低倍率，しだいに倍率をあげて観察。
⇨高倍率では見える範囲がせまく，観察物をさがしにくいため。

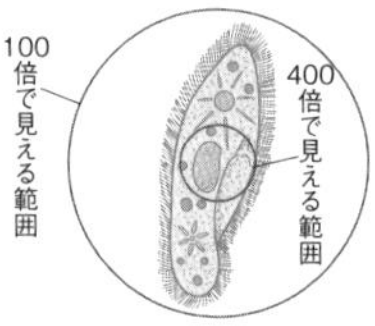

ミス注意

接眼レンズの長さは，倍率が高いほど短い。
対物レンズの長さは，倍率が高いほど長い。

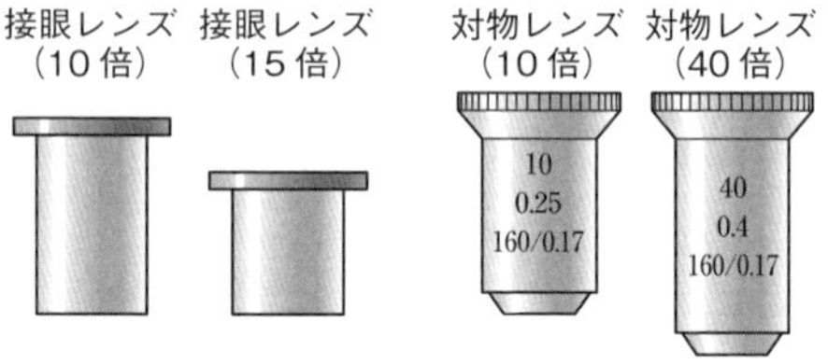

(4) （光学）顕微鏡の視野に見える像は，ふつう上下左右が逆に見えるので，観察物の像を動かしたいときは，像を動かしたい向きと逆向きにプレパラートを動かす。

ミス注意

右上の観察物を視野の中央（左下）で見たいとき⇨プレパラートは右上に動かす。

(5) ゾウリムシは，表面全体にせん毛をもち，せん毛を動かして動きまわる単細胞生物である。

実力アップ問題

問題➡本冊 P.101

解答

1 (1) (プレパラートを) 右に動かす。(6字)
(2) ウ

2 記号…b　言葉…左上

3 B (→) C (→) A

解説

1

(1) 顕微鏡では，ふつう上下左右が逆に見える。顕微鏡で観察したとき，右端に見えているものを中央に移動するには，プレパラートを右に動かすとよい。

(2) 倍率を高くすると，見える範囲がせまくなる。この場合，40倍から400倍にしているので，中央の線の太さが，10倍の太さになって見える。

2

視野で左上に見えていたものは，倍率を高くすると，さらに左上の方に見える。

ミス注意

顕微鏡を高倍率にすると，見える範囲がせまくなり，視野が暗くなるので，しぼりなどで明るさを調節する。

3

操作手順は，まず，反射鏡などを調節して視野全体が明るくなるようにする。次に，真横から見ながら，対物レンズを観察するものにできるだけ近づける。ピントをあわせるときは，観察するものと対物レンズがはなれるように調節ねじを回す。

また，ピントをあわせるとき，対物レンズを観察するものに近づけるように調節ねじを回していくと，対物レンズが観察するものにぶつかって，レンズを傷つけたり，プレパラートをこわすことがあるので，絶対にしない。

2 生物編 植物の生活と種類

基礎力チェック

問題➡本冊 P.103

解答

1 植物のからだのつくりとはたらき

1 めしべ　2 受精　3 種子
4 根毛
5 a…道管　b…師管　6 維管束
7 双子葉類
8 光合成　9 葉緑体
10 呼吸　11 蒸散

2 植物の分類

1 裸子植物　2 単子葉類
3 主根と側根

実践問題

問題➡本冊 P.104～106

1 (1) ①ウ　②ア　(2) A…エ　B…オ
(3) イ

2 (1) ①おしべ　②めしべ　③花弁
④がく　⑤子房　⑥胚珠
(2) 子房　(3) 胚珠

3 (1) A　(2) めばな　(3) 胚珠　(4) ない。

4 (1) 根毛
(2) 水と水にとけた養分〔肥料〕
(3) 道管

5 (1) 葉緑体　(2) 光合成
(3) 名前…師管　記号…C
(4) 維管束　(5) 気孔
(6) 昼間

6 (1) デンプン
(2) 葉の緑色をぬくため。
(3) ヨウ素液
(4) 葉緑体がなく，光合成ができなかったから。

7 (1) 装置の口から水が蒸発するのを防ぐため。
(2) 0.90g　(3) ①蒸散　②水蒸気〔気体〕
(4) 道管

8 (1) B　(2) 青色　(3) 呼吸
(4) 色…青紫色　はたらき…光合成

9 (1) 裸子植物　(2) ア　(3) B　(4) ウ

10 (1) B　(2) C　(3) A

解説

1

(1) タンポポは，図１のような小さい花がたくさん集まって１つの花のようになっている。**ア**はめしべ，**イ**は花弁，**ウ**はおしべ，**エ**はがく，**オ**は子房である。**子房**は成長すると果実になり，中にある**胚珠**は種子になる。

(2) 図２のＡはがく，Ｂは子房が成長した果実で，中に種子がある。受粉したあとのタンポポの種子は，図２のようになって，風に乗り散らばっていく。

2

(1) サクラの花には，１本の**めしべ**を中心に，**おしべ**，**花弁**，**がく**が順についている。⑤は子房で，子房の中に⑥の胚珠がある。

(2)，(3) 子房は成長して果実に，胚珠は成長して種子になる。

3

(1)～(3) 図２は，図１のＡ（めばなの集まり）の一部を拡大したもので，図２のａは胚珠である。

(4) マツには子房がなく，胚珠がむき出しでりん片についている。

ミス注意

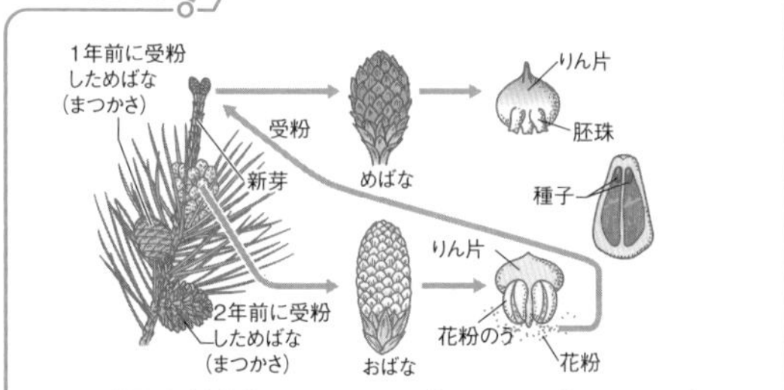

マツ（裸子植物）には，子房がなく，胚珠はむき出し。

4

(1) **根毛**は，根の表皮細胞の一部が細長く突き出たもので，毛のように見える。

(2) 根毛は，根の表面積を大きくして，水や養分（水にとけた肥料）を吸収するのに都合のよいつくりになっている。

(3) 根から吸収された水や養分は，根の**道管**から茎の道管を通って全体に運ばれる。根の断面を見ると，道管と師管が交互に並んでいる。

5

(1) 葉緑体が緑色に見えるのは，葉緑素（クロロフィル）を多量に含んでいるからである。葉緑素は光のエネルギーを吸収する色素である。

(2) **葉緑体**では，光合成が行われる。光合成は二酸化炭素と水を材料に，光のエネルギーによって，デンプンなどの栄養分をつくるはたらきで，このとき酸素もできる。

(3) 光合成でつくられたデンプンは，水にとける糖になり，**師管**を通って全体に運ばれる。師管は図１の葉では裏側の方に，図２の茎では表面に近い方に集まっている。

ミス注意

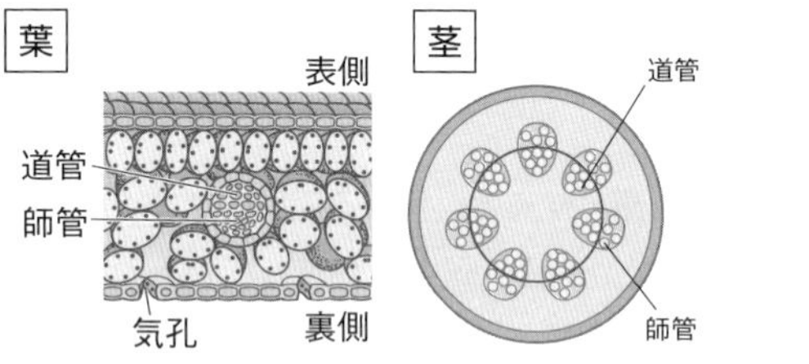

師管は，葉では裏側の方，茎では表面近く。
道管は，葉では表側の方，茎では中心の方。

(4) **師管**の集まった部分を師部，**道管**の集まった部分を木部といい，師部と木部をあわせた部分を**維管束**という。

(5)，(6) 気孔からは，光合成や呼吸で二酸化炭素や酸素が出入りし，蒸散で水（水蒸気）が出る。光合成には光が必要であり，蒸散も昼間さかんになるので，気孔は昼間の方が開いている。

ミス注意

光合成は昼間行われるが，呼吸は昼間だけでなく，１日中行われている。

6

(1)，(3) 葉緑体がある緑色の葉では，光合成によってデンプンがつくられる。デンプンは，ヨウ素反応で青紫色になる。

(2) 葉緑素はアルコールにとけ出し，葉は脱色される。この操作は，ヨウ素反応を見やすくするために行うものである。

(4) ふの部分には葉緑体がないので，光合成ができない。

ミス注意

光合成は，葉の細胞にある葉緑体で行われ，葉緑体のないふの部分では行われない。

7

(1) 装置の口から水が蒸発してしまうと，蒸散による水の減少かどうかわからなくなる。

(2) a は葉と茎からの蒸散量，b は茎からの蒸散量だから，葉からの蒸散量は，a－b で求められる。

(3)，(4) 根からとり入れられた水は，根・茎・葉にある道管を通って運ばれ，おもに葉の裏にある気孔から水蒸気となって出される。この現象を**蒸散**という。蒸散によって，根からの水の吸収が促進され，水にとけた養分（肥料分）の吸収も促され，植物のからだの維持もできる。

8

(1)，(3) B ではアルミニウムはくで日光がさえぎられて光合成が行われないので，呼吸によって出る二酸化炭素が多くなる。

(2) A では，はじめの呼気の二酸化炭素のほか，呼吸によってできた二酸化炭素も，光合成で使われるので少なくなり，試験管内の BTB 溶液は青色に変わる。

(4) 水草には葉緑体があり，そこで光合成が行われ，デンプンなどの栄養分がつくられる。デンプンはヨウ素液に反応して青紫色になる。

9

(1) 子房がなく，胚珠がむき出しの植物のなかまを**裸子植物**という。

(2) 図 2 のアは**単子葉類**（維管束が散在），イは**双子葉類**（維管束が輪状）の茎の断面である。

(3) 根の形の特徴は，双子葉類は主根と側根，単子葉類はひげ根である。

ミス注意

●双子葉類と単子葉類の違い
双子葉類：根は**主根**と**側根**，維管束は輪状，葉脈は網状脈
単子葉類：根は**ひげ根**，維管束は散在，葉脈は平行脈

(4) イチョウ，エンドウ，イネは種子をつくる種子植物だが，スギナは種子をつくらず，胞子をつくってなかまをふやす。

10

アブラナは**被子植物**，スギは**裸子植物**，イヌワラビは**シダ植物**，ゼニゴケは**コケ植物**である。

(1) 種子植物の被子植物や裸子植物は**種子**でふえるなかまであり，シダ植物やコケ植物は**胞子**でふえるなかまである。

(2) シダ植物のからだのつくりは，根・茎・葉からなり，維管束がある。コケ植物は根・茎・葉の区別がはっきりせず，維管束がない。

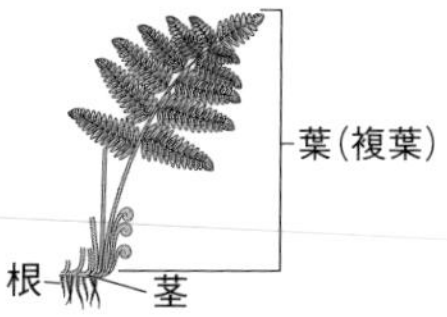

(3) 胚珠が子房の中にある植物を被子植物という。子房がなく，胚珠がむき出しになっている植物を**裸子植物**という。

実力アップ問題

問題➡ 本冊 P.107～109

解答

1 (1) ① c，d　② イ，ウ
(2) ① 孔辺細胞
② 呼吸よりも光合成で出入りする気体の量が多いから。
(3) アとエ，イとウ

2 (1) タンポポの葉がない場合と比較をするため。
(2) 試験管 A…光合成によって，二酸化炭素が使われたから。
試験管 C…呼吸によって，二酸化炭素が出されたから。

3 (1) イ
(2) Ⅰ…ク　Ⅱ…カ　Ⅲ…キ

4 (1) 植物を入れず，空気だけを入れた袋を暗い場所に置く実験
(2) 光合成でとり入れる二酸化炭素の量の方が，呼吸によって出す二酸化炭素の量より多いから。
(3) ① 道管　② 気孔
(4) ア…水　イ…エネルギー

解説

1

(1) ① a はがく，b は花弁，c はおしべ，d はめしべ。おしべの先のやくでつくられた花粉が，めしべの柱頭について受粉が行われると，胚珠が成長して種子になる。

② 双子葉類は，花弁のつき方で 2 つに分けることができる。アブラナ，エンドウ，サクラのように花弁が 1 枚 1 枚はなれている花を**離弁花**，アサガオ，タンポポ，ツツジのように花弁のもとが 1 つにくっついている花を**合弁花**という。

(2) 気孔は，酸素や二酸化炭素の出入り口，水蒸気の

出口となっている。植物もつねに酸素をとり入れて二酸化炭素を出す呼吸を行っているが，光が当たっているときは，光合成がさかんに行われるため，二酸化炭素をとり入れて酸素を出しているように見える。また，光が当たっている昼間は，蒸散もさかんに行っているので，気孔から出ていく水蒸気の量も多い。

(3) **ア**は葉の裏側と茎で，**イ**は葉の表側と茎で，**ウ**は葉の表側と裏側と茎で，**エ**は茎で蒸散が行われる。したがって，**ア**と**エ**の差，または**イ**と**ウ**の差が葉の裏側からの蒸散量になる。

2

(1) 石灰水を入れたときの変化が，タンポポの葉のはたらきによることをはっきりさせる。

(2) 二酸化炭素があると，石灰水が白くにごる。光の当たったＡでは二酸化炭素が少なくなっている。光の当たらなかったＣでは二酸化炭素が生じている。このことより，Ａでは光合成によって二酸化炭素が使われたことがわかり，Ｃでは呼吸によって二酸化炭素が出されたことがわかる。

ミス注意

石灰水は，二酸化炭素の有無を調べることができるが，この実験から，酸素の量の変化については調べることができない。

3

(1) Ａの部分はおしべ。ｂの花の**ア**はめしべ，**イ**はおしべ，**ウ**はがく，**エ**は子房である。

(2) 図１のａは葉脈が平行であることから**単子葉類**，ｂは葉脈が網目状であることから**双子葉類**である。よって，Ⅲには**キ**が当てはまる。ｃでは胚珠がむき出しであることから，**裸子植物**である。ｄはシダ植物の胞子のう，ｅはゼニゴケである。シダ植物とコケ植物は**胞子**でなかまをふやす。シダ植物には根・茎・葉の区別があり，維管束があるが，コケ植物には根・茎・葉の区別がなく，維管束がないので，Ⅱには**カ**があてはまる。裸子植物には子房がないので，Ⅰには**ク**があてはまる。

4

(1) 対照実験は，ある条件の影響を明らかにしようとする実験で，目的とする条件以外は，同じ条件で行う。ここでは，二酸化炭素と酸素の量の変化が植物のはたらきで起こったことを明らかにするのであるから，植物を入れないものが対照実験である。

(2) Ｂでは，呼吸よりも光合成がさかんに行われている。

(3) 根からとり入れた水が通る管を**道管**，葉でつくられた栄養分が通る管を**師管**という。

3 生物編 動物の生活と種類

基礎力チェック

問題 ➡ 本冊 P.111

解答

1 動物のからだのしくみとはたらき

1 感覚器官　2 運動神経　3 反射
4 柔毛　5 ①毛細血管　②リンパ管
6 すい液　7 ベネジクト液　8 肺胞
9 ヘモグロビン　10 肝臓　11 じん臓
12 単細胞生物　13 植物の細胞

2 動物の分類と進化

1 せきつい動物　2 えら　3 胎生

実践問題

問題 ➡ 本冊 P.112～114

解答

1 (1) a…細胞膜　b…核
(2) 酢酸カーミン液〔酢酸オルセイン液〕
(3) c　(4) c，d，e

2 (1) (記号) F　(名称) 網膜
(2) (記号) B　(名称) 虹彩
(3) ① G　② L　(4) 感覚器官

3 (1) せきずい
(2) E…感覚神経　F…運動神経
(3) G (→) E (→) B (→) F (→) H　(4) 反射

4 (1) 記号…E　名称…胃
(2) A，F，G
(3) 脂肪酸，モノグリセリド
(4) (記号) G　(名称) 小腸
(5) (記号) B　(名称) 肝臓

5 (1) ① B　② C　(2) ア　(3) キ
(4) カ　(5) a…輸尿管　b…ぼうこう
(6) 余分な塩分，余分な水分，尿素
(7) 肝臓

6 (1) 気管支　(2) 肺胞　(3) 毛細血管
(4) ①血しょう　②二酸化炭素
③赤血球　④酸素

7 (1) えら　(2) 肺
(3) D
(4) E
(5) A…ウ　B…オ　C…イ　D…ア　E…エ

8 (1) ①魚類　②両生類　⑤鳥類　⑥ハ虫類
(2) ア，エ

解説

1

(1) 細胞は一般に，核と細胞質からできていて，細胞質のいちばん外側は，細胞膜というう すい膜になっている。細胞膜は，植物の細胞，動物の細胞ともに共通に見られる。

(2) 核は，ふつう細胞に1個あり，染色体を含んでいる。染色体は，染色液である酢酸カーミン液や酢酸オルセイン液で染めて観察する。

(3) 光合成は，葉緑体で行われる反応である。

(4) c の葉緑体，d の細胞壁は，植物の細胞にだけ見られる。また，ふつう e の液胞は，動物の細胞には見られない。

2

(1) 網膜は，光を感じる細胞（視細胞）が集まってできている膜で，網膜で受けとった刺激は，視神経を通り脳に送られる。

(2) 虹彩の中央にある瞳孔の大きさを変えることによって，目の中に入る光の量を調節している。

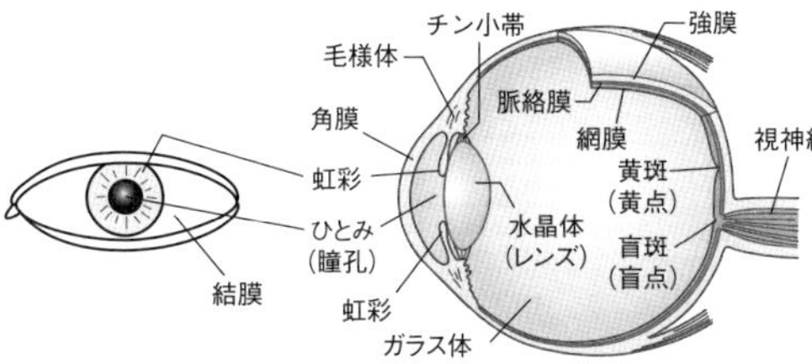

(3) ①外部の音の振動を中耳に伝えるはたらきをしているのは鼓膜である。
②うずまき管には，中に振動を感じる聴細胞があり，音の情報を聴神経に伝えるはたらきをしている。

ミス注意

音の振動は，鼓膜（音の振動を中耳に伝える）⇨耳小骨（鼓膜からの振動を増幅する）⇨うずまき管（聴細胞があり，音の情報を聴神経に伝える），と伝わる。

ミス注意

●耳のつくり
半規管：からだの回転を感じる。
前庭：からだの平衡（傾き）を感じる。

(4) ヒトの感覚器官には，目「視覚」，耳「聴覚，平衡感覚」，鼻「嗅覚」，舌「味覚」，皮膚「皮膚感覚」がある。

3

(1) せきずいは，背骨の中を走っている神経細胞の束で，脳と末しょう神経の連絡経路でもあり，反射の中枢でもある。

(2) Eは，感覚器官からの信号を脳やせきずいに送る**感覚神経**。Fは，脳やせきずいからの信号を筋肉などに送る**運動神経**である。

(3)，(4) 緊急を要する場合などに起こる**反射**は，刺激の信号がせきずいから脳に送られると同時に，直接せきずいから運動神経に信号が送られ，無意識に反応が起こる。

4

(1) タンパク質は，まず胃の中で胃液中のペプシンによって分解され，次に，すい液で分解され，最後に，小腸でアミノ酸に分解され吸収される。

(2) デンプンは，まず口の中でだ液のアミラーゼによって分解され，次に，すい液で分解され，最後に，小腸でブドウ糖に分解され吸収される。

(3) 脂肪は，まず胆汁のはたらきで水と混ざりやすくなり，さらに，すい液のリパーゼによって脂肪酸とモノグリセリドに分解され，小腸から吸収される。

ミス注意

デンプン…だ液・すい液・小腸の壁の消化酵素
タンパク質…胃液・すい液・小腸の壁の消化酵素
脂肪…（胆汁）・すい液
*胆汁は，消化酵素は含まないが，脂肪の消化を助けるはたらきがある。

(4) 小腸の内壁には，多数の柔毛があり，ここで栄養分が吸収される。

ミス注意

ブドウ糖…柔毛の毛細血管に入る。
アミノ酸…柔毛の毛細血管に入る。
脂肪酸とモノグリセリド…柔毛から吸収された後再び脂肪となり，リンパ管に入る。

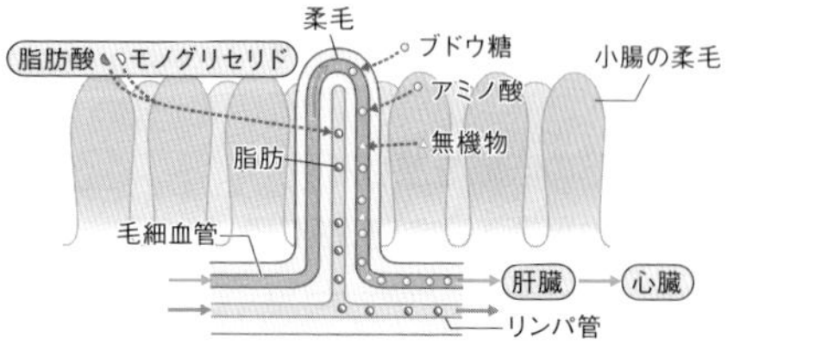

(5) 肝臓では，吸収された栄養分をグリコーゲンや脂肪などとしてたくわえ，必要なときに血液中に放出している。

5

(1) ①肺循環は，右心室→肺動脈→肺→肺静脈→左心房と循環するので，肺を流れる血液はBの向きに流れている。
②体循環は，左心室→大動脈→全身→大静脈→右心房と循環するので，全身を流れる血液はCの向きに流れている。

(2) 酸素は呼吸によってとりこまれるので，肺を通った血液が，最も多く酸素を含んでいる。

(3) 血液中に吸収された栄養分は，小腸から肝臓に送られる。そのため小腸と肝臓を結ぶ静脈（肝門脈または門脈という）を流れる血液が最も栄養分を含んでいる。

(4) じん臓では，血液で運ばれてきた尿素などの不要物をこしとって尿をつくっているので，じん臓からの静脈には，二酸化炭素以外の不要物が最も少ない血液が流れている。

(5) じん臓でつくられた尿は，輸尿管に送られ，ぼうこうに一時的にためられてから，体外に排出される。

(6) じん臓で，ブドウ糖やアミノ酸はすべて再吸収されるので，ふつう排出されない。また，余分な塩分や水分は，大部分がじん臓で尿中に排出され，一部は汗腺から汗として体外に出る。

(7) アンモニアは毒性が強いので，肝臓で害の少ない**尿素**につくり変えられる。尿素は，アンモニアと二酸化炭素からつくられる。

ミス注意

アンモニアを害の少ない尿素に変えているのは，じん臓ではなく，肝臓である。

6

(1) 肺は，肺胞などが膜に包まれたものである。口や気管の奥が枝分かれして，Aの気管支につながっており，鼻から気管を通った空気は，気管支を通って肺胞に送られる。

(2)，(3) 気管支の先は，**肺胞**という小さな袋になっていて，毛細血管がはりめぐらされている。肺胞によって表面積が大きくなり，効率よくガス交換ができるようになっている。

(4) 肺で行われる呼吸（ガス交換）は，酸素を吸収し，二酸化炭素を出すことである。

とり入れられた酸素は，血液中の赤血球に含まれるヘモグロビンと結合してからだの各部の細胞まで運ばれる。また，細胞でも呼吸しており，酸素を使ってエネルギーをとり出し，水と二酸化炭素が生じている。この細胞の呼吸で生じた二酸化炭素は，血液中の血しょうにとけて運ばれ，肺から体外に出される。

ミス注意

酸素と二酸化炭素を運ぶ血液成分は，
酸素：赤血球のヘモグロビンと結びついて運ばれる。
二酸化炭素：血しょうにとけて運ばれる。

7

(1)，(2) 水中で生活する魚類の呼吸器官は，えらである。両生類は，子のときは水中で生活するのでえらと皮膚で，親になると陸上で生活することもあり，肺と皮膚で呼吸する。

(3) 体表が羽毛でおおわれているのは鳥類で，魚類とハ虫類はうろこ，両生類はしめったうすい皮膚，ホ乳類は毛でおおわれている。

(4) 卵ではなく子をうむのはホ乳類である。うまれた子は，親の乳で育てる。

(5) ペンギンは鳥類，ヤモリはハ虫類，イワシは魚類，クジラはホ乳類，イモリは両生類である。特徴のある動物は確実に分類できるようにしておこう。

8

(1) 約４億５千万年前に現れた最初のせきつい動物は水中生活する魚類で，しだいに陸上に適応した両生類へと進化した。その後，両生類から乾燥に強く，一生を陸上で生活することができるハ虫類やホ乳類が進化した。始祖鳥のように，鳥類とハ虫類の両方の特徴をもつ生物が存在していたことから，鳥類はハ虫類から進化してきたと推測される。

(2) 両生類は，水分を通し湿り気のあるうすい皮膚でおおわれていて，乾燥には弱い。ハ虫類になると，水をあまり通さないうろこでからだがおおわれ，乾燥に強くなった。
また，体表がうろこやしめったうすい皮膚でおおわれている動物は，寒くなると活動できなくなってしまうが，体表が羽毛や毛でおおわれている動物は寒くても活発に活動できる利点がある。
このように，乾燥と温度変化から身を守ることが，陸上で生活するための生命維持には重要な問題である。

実力アップ問題

問題 ➡ 本冊 P.115～117

解答

1 (1) イ
(2) ①縮み　②ゆるむ　③関節

2 (1) ウ　(2) ①リンパ管　②胆汁
(3) 名称…（細胞の）呼吸〔内呼吸〕
説明…酸素を使って栄養分を二酸化炭素と水に分解し，エネルギーをとり出している。

3 (1) だ液がなければ，デンプンは変化しないことを確かめるため。
(2) ヨウ素液…デンプン
ベネジクト液…ブドウ糖やブドウ糖がいくつか結合したもの
(3) だ液は，5℃と 80℃に比べて 40℃でよくはたらき，デンプンをブドウ糖やブドウ糖がいくつか結合したものに分解する。

4 (1) 体表が乾燥を防ぐように変化した。〔骨格が体重を支えられるようにじょうぶになった。〕
(2) せきつい動物は，同じ祖先から分かれて進化してきた。〔せきつい動物の前あしは，はたらきに適した形に変化してきた。〕

5 (1) Ⅰ…ア　Ⅱ…エ
(2) 子はえら呼吸と皮膚呼吸，親は肺呼吸と皮膚呼吸である。
(3) ①ものが立体的に見える。
②草食動物…視野が広いので，敵に気づきやすい。
肉食動物…距離感がわかる範囲が広いので，獲物を捕らえやすい。

6 (胎児のヘモグロビンは，母親のヘモグロビンと比べ，) 酸素と結合しやすい。

解説

1

(1) **ア**…ひとみの大きさは，明るさに応じて無意識に変わる。**イ**…反射では，脳に信号が伝わる前に無意識に反応が起こるが，感覚器官で受けとった信号は脳にも伝えられる。**ウ**…反射では，刺激を受けてから反応までの時間が短い。**エ**…感覚器官で受けとった刺激の信号は，感覚神経を通って脳やせきずいに伝わる。

(2) 骨についている筋肉は対になっていて，一方が縮み，一方がゆるむことで，関節の部分で曲がる。

ミス注意

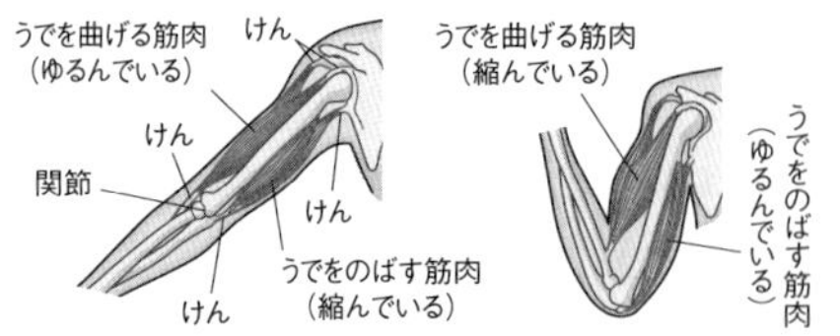

2

(1) ヘモグロビンは赤血球に含まれている。

ミス注意

赤血球…酸素を運ぶ。
白血球…体外からの細菌を殺す。
血しょう…栄養分や二酸化炭素などの不要物を運ぶ。
血小板…出血したとき，血液をかためる。

(2) Xはリンパ管。リンパ管には，脂肪が分解されてできた脂肪酸やモノグリセリドが，再び脂肪に合成されて吸収される。肝臓でつくられる胆汁は，脂肪の分解を助けるはたらきがある。胆汁には，消化酵素は含まれていない。

ミス注意

小腸の柔毛の毛細血管に，炭水化物が分解されてできたブドウ糖や，タンパク質が分解されてできたアミノ酸が入る。

(3) 呼吸によって，有機物を分解して生きていくためのエネルギーをとり出している。

3

(1) デンプンの変化は，だ液のはたらきによるものであることをはっきりさせるために，B，D，Fを用意する。このような実験を対照実験という。

(3) Cだけがデンプンがなくなり，ブドウ糖がいくつか結合したものができていることがわかる。CとDの比較から，だ液がデンプンを分解したことがわかる。また，AやEとCの比較から，だ液は40℃のときによくはたらき，5℃や80℃のときにははたらかないことがわかる。

4

(1) 陸上の生活に適したからだのつくりに進化していった。

(2) 同じものから変化したと考えられる器官を，相同器官という。これは，生物が共通の祖先から進化してきたことを示す証拠の1つとなる。

5

(1) Ⅰ…ホ乳類のみ**胎生**で，ほかはすべて**卵生**である。
Ⅱ…ホ乳類と鳥類は体表が毛や羽毛でおおわれており，外界の温度に関係なく，体温がほぼ一定に保たれる（**恒温動物**）。ほかはすべて体表は毛や羽毛におおわれておらず，外界の温度変化にともなって体温が変化する（**変温動物**）。

(2) 両生類は，子のときは水の中で生活し，えらと皮膚で呼吸をする。親になると陸上で生活するようになり，肺と皮膚で呼吸するようになる。

(3) 草食動物の方が肉食動物より，視野が広いが，立体的に見える範囲はせまい。立体的に見える範囲が広い方が，獲物までの距離感がわかる範囲が広いので獲物を捕らえやすい。

6

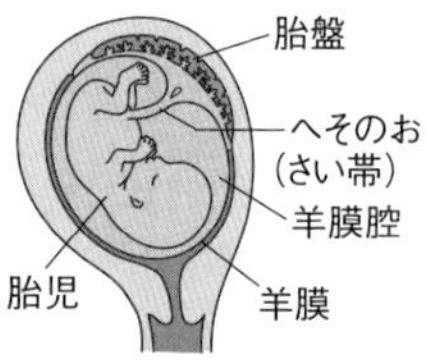

母親の血液中の赤血球（ヘモグロビン）によって運ばれてきた酸素は，胎盤で母親の血液中からはなされる。このはなされた酸素を胎児が受けとる。母親のヘモグロビンよりも胎児のヘモグロビンの方が酸素と結びつきやすくなければ，胎児がこの酸素を受けとることができない。

4 生物編 生物の連続性

基礎力チェック

問題 ➡ 本冊 P.119

解答

1 細胞分裂と成長

1 (カ→) ウ (→) イ (→) エ (→) ア (→) オ

2 染色体

3 酢酸カーミン液〔酢酸オルセイン液〕 4 ウ

2 生物のふえ方と遺伝

1 有性生殖 2 無性生殖

3 花粉管 4 ①胚 ②種子

5 発生 6 遺伝子

7 染色体 8 減数分裂

9 潜性 (の形質) 10 分離の法則

実践問題

問題 ➡ 本冊 P.120～121

解答

1 (1) (ア→) カ (→) イ (→) ウ (→) オ (→) エ
(2) 核 (3) 染色体 (4) 赤色

2 (1) (例) 細胞を1つ1つはなれやすくするため。
(2) ウ (3) A

3 (1) 花粉管 (2) 受精卵 (3) 遺伝子
(4) 種子 (5) 有性生殖

4 (1) b (→) c (→) d (→) a (2) 13本
(3) 減数分裂 (4) 胚
(5) 両方の親の形質を受けつぐ。
(6) 両方の親の遺伝子を受けつぐから。

5 (1) 染色体 (2) 顕性 (の形質) (3) イ
(4) 1 : 1

解説

1

(1) 細胞分裂の過程は，しっかり覚えておこう！

●細胞分裂のようす (動物の細胞。植物の細胞は本冊P.118参照)

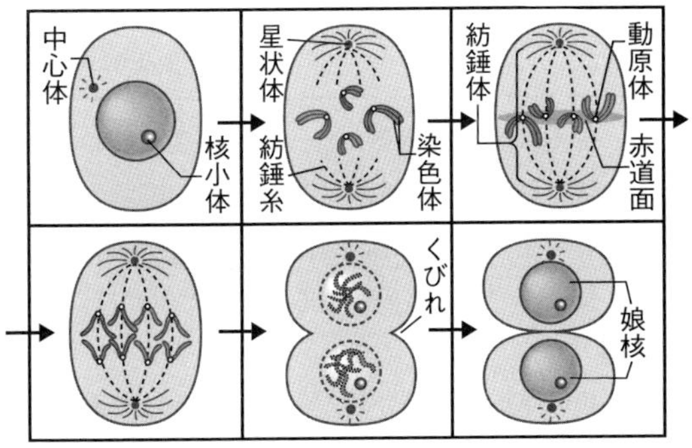

(2)，(3) a は核で，細胞分裂のとき，b の染色体が現れる。染色体には遺伝子がある。

ミス注意

細胞分裂のとき，核が消え，染色体が現れる。染色体は，それぞれ 2 つに分かれ，2 つの細胞ができる。

(4) 染色体 (染色体を含む核も) は，酢酸カーミン液や酢酸オルセイン液で赤く染まる。

2

(1) うすい塩酸中であたためると，細胞がはなれやすくなり，観察しやすくなる。

(2) 根の先端は根冠といい，根を保護する部分であり，成長はしない。最も細胞分裂がさかんに行われるのは，根冠の少し上の部分である。

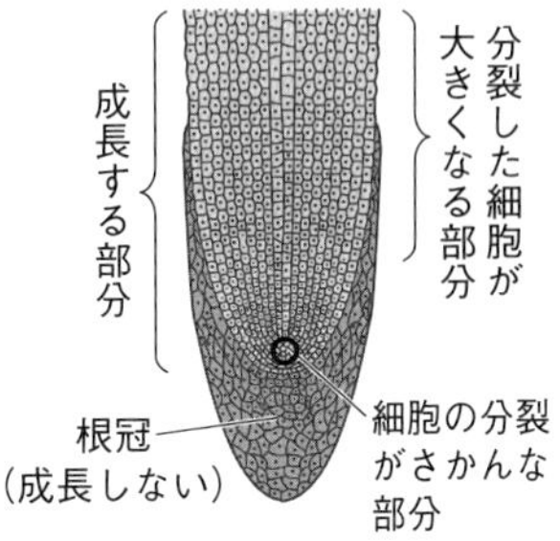

(3) 根の先端付近では，細胞分裂がさかんに行われているので，分裂する過程のようすを観察することができる。

3

(1)，(2) めしべの柱頭に花粉がつくと (受粉)，花粉から花粉管がのびて胚珠の中の卵細胞まで届き，受精が起こり，受精卵になる。

ミス注意

精細胞 (精子) の核
卵細胞 (卵) の核 …… 合体 ⇨ 受精卵

受精卵 ………… 細胞分裂 ⇨ 胚

(3) 精細胞の核にも卵細胞の核にも染色体があり，その染色体の中には遺伝子がある。

(4) 受精卵は細胞分裂をくり返して，胚になり，胚珠は成熟，発達して種子になる。

(5) 生殖のために特別につくられた卵細胞や卵，精細胞や精子が，受精することによって子孫を残すふえ方を有性生殖という。
有性生殖には，両方の親の遺伝子を受けつぎ，また，親と少し違った形質の子をつくることで，多様な形質の個体をつくることができるという意義をもっている。

4

(1) 1個の細胞である受精卵は，細胞分裂（卵割）をくり返し，多細胞の胚になる。
カエルの受精卵は，1回目の卵割で2個の細胞になり，2回目の卵割で4個の細胞になる。

(2) 染色体が複製されて，もととまったく同じ染色体構成の細胞ができる体細胞分裂と異なり，両方の親から染色体を半数ずつもらって受精卵ができるので，カエルの場合，精子の核からも卵の核からも13本ずつの染色体を受けつぎ，体細胞と同じ26本の染色体になる。

(3) 両方の親から染色体を受けついでも，染色体数が2倍にならないのは，親の体内で精子や卵がつくられるとき，精子も卵も染色体の本数が親の体細胞の半分の数になる細胞分裂が行われるからである。
このような生殖細胞をつくるときの細胞分裂を**減数分裂**という。

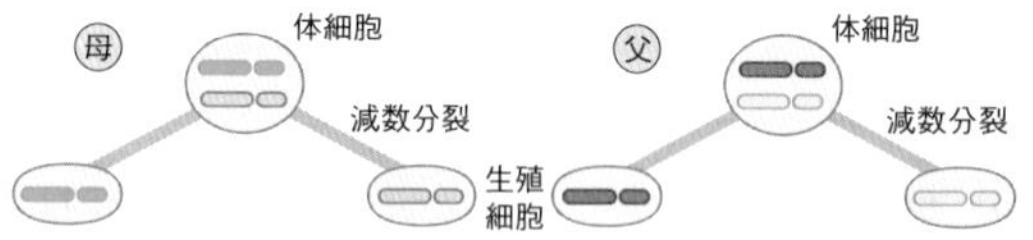

ミス注意

減数分裂…染色体の数がもとの細胞の半分になる。

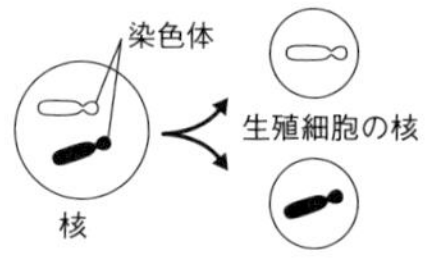

体細胞分裂…染色体の数はもとの細胞と変わらない。

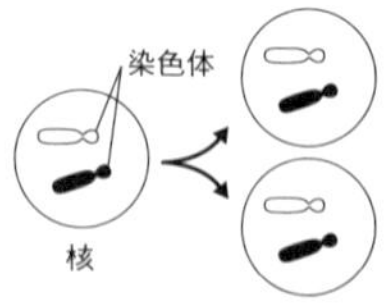

(4) 動物では，受精卵の分裂開始から，自分で食物をとることができる個体となる前までを胚という。

(5)，(6) 有性生殖では，受精のときに両方の親の染色体の半数ずつを受けついで受精卵となるため，両方の親の遺伝子がかかわり，両方の親の形質が受けつがれる。

5

(1) 細胞の核の中には染色体があり，染色体には親の形質を子に伝える遺伝子がある。

(2) 対立形質をもつ純系どうしをかけ合わせたとき，子に現れる形質を顕性形質，現れない形質を潜性形質という。

(3) ③どうしをかけ合わせて得られたのが，丸い種子：しわの種子＝〔AA・Aa〕：〔aa〕＝3：1より，①の遺伝子の型はAA，②の遺伝子の型はaa，その子である③の遺伝子の型はAaであることがわかる。

(4) (3)より，③の遺伝子Aaと②の遺伝子aaをかけ合わせてできる子は，Aa：aa＝1：1の割合となる。

実力アップ問題

問題 ➡ 本冊 P.122～123

解答

1 (1) それぞれの細胞が大きくなる。
(2) 減数分裂では染色体の数が半分になる。

2 (1) D→B→A→C　(2) エ　(3) エ

3 (1) あ…イ　い…ア　う…ア
(2) ウ

4 (1) ウ　(2) エ　(3) ウ

解説

1

(1) 根の先端付近で細胞分裂がさかんに行われ，少し上の部分ではふえた細胞がもとの大きさにまで成長する。このようにして根がのびていく。

ミス注意

細胞は，分裂が終わるともとの大きさまで成長し，また分裂をする。これをくり返すことで成長していく。

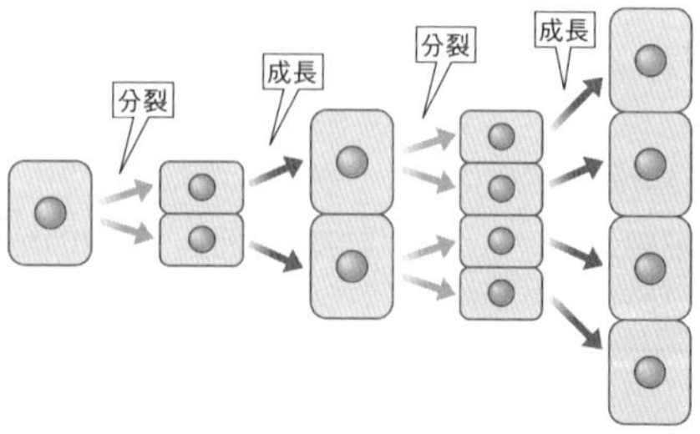

(2) 生殖細胞ができるとき，減数分裂が行われる。減数分裂では，染色体の数がもとの細胞の半分になる。生殖細胞の核が合体してできる受精により，受精卵の染色体の数はもとの数と同じになる。

2

(1) 核の中に染色体がしだいにはっきりと現れる。→

染色体が太く短くなって赤道面に並ぶ。→染色体が両端に分かれる。→分かれた染色体は細い糸のようなかたまりとなり，やがて見えなくなり核となる。→しきりができて2つの細胞になる。

(2)，(3) 根の先端付近で細胞分裂がさかんに行われているので，根の先端付近がさかんにのびる。

3

(1) オオカナダモは無性生殖でふやすことができる。無性生殖では，遺伝子が変わらないので，もとの個体とまったく同じ形質になる。

(2) **ウ**以外は，受精による生殖で有性生殖である。

ミス注意

有性生殖では，子は親と違う遺伝子の組み合わせとなることがあるため，親と違った形質になることがある。

4

(1) 丸い種子をつくり続けているエンドウがもつ遺伝子の組み合わせはＡＡ，しわのある種子をつくり続けているエンドウがもつ遺伝子の組み合わせはaaで，これらを受粉させてできた子がもつ遺伝子の組み合わせはすべてAaである。Aaの組み合わせをもつエンドウの卵細胞はＡとａのどちらかになり，その割合は1：1になる。

(2) 子の代の卵細胞，精細胞の遺伝子は，どちらもＡとａで，その割合は1：1である。したがって，受精によってできる孫の遺伝子の組み合わせは，AA，Aa，Aa，aaとなり，AAとAaとaaの割合は，1：2：1になる。

(3) (2) より，孫の代の遺伝子の組み合わせは，AA：Aa：aa＝1：2：1になるので，子の遺伝子の組み合わせと同じAaをもつ種子は，全体の$\frac{1}{2}$になる。よって，$1680 \times \frac{1}{2} = 840$〔個〕となる。

5 生物編 自然と人間

基礎力チェック

問題 ➡ 本冊P.125

解答

1 生物のつながりと自然界

1 食物連鎖　2 生産者　3 オオカミ

4 ①生物Ａ　②生物Ｃ

5 分解者

6 二酸化炭素（と）水〔アンモニア〕

7 ①二酸化炭素　②酸素　8 生物Ｂ

9 有機物

2 自然と人間

1 二酸化炭素　2 オゾン層

3 フロン（ガス）

実践問題

問題 ➡ 本冊P.126～127

解答

1 (1) 食物連鎖
(2) 生産者…緑色植物　はたらき…光合成
(3) ワシ　(4) ヘビ

2 (1) Ａ　(2) Ｂ，Ｃ　(3) 分解者
(4) 無機物

3 (1) 気体Ａ…酸素　気体Ｂ…二酸化炭素
(2) イ　(3) 光合成
(4) 太陽のエネルギー〔光エネルギー〕

4 (1) 青紫　(2) Ａ
(3) ①菌類・細菌類　②分解者
(4) 無機物〔二酸化炭素や水など〕

5 (1) 化石　(2) $C + O_2 \rightarrow CO_2$
(3) エ　(4) 酸性雨

6 (1) 南極　(2) フロン（ガス）
(3) (例) 地表に達する紫外線の量が増え，皮膚がんの発生の増加や農作物の減少が起こる。

解説

1

(1)「食べる・食べられる」という食べ物による生物どうしのつながりを**食物連鎖**という。

(2) 植物は，光合成を行って有機物を「つくる」ので，**生産者**とよばれている。

(3) ある地域の生態系を構成する生物の個体数を調べると，「植物→草食動物→小型の肉食動物→大型の肉食動物」という個体数のピラミッドができる。

ここでは，ワシが最も少ない。

(4) カエルの個体数が減少すると，捕食者であるヘビのえさが不足するので，最も早く影響が出ると考えられる。

2

(1) 落ち葉や枯れ枝などは，有機物をつくった生産者の一部分である。

(2) ダンゴムシやトビムシは，落ち葉などを食べて消化し，さらに細かくくだいてふんとして出す土壌動物。クモやムカデは，それらの小動物を食べる土壌動物である。ともに**消費者**である。

(3)，(4) 消費者のうち，動植物の死がいやふんに含まれる有機物を無機物に「分解」するものを**分解者**という。

ミス注意

カビ，キノコなどの菌類・細菌類だけでなく，落ち葉や死がい，ふんなどを食べ消化し，細かくする土壌動物も分解者である。

3

(1) すべての生物は，呼吸しており，酸素をとり入れ，二酸化炭素を出しているので，気体Aは酸素，気体Bは二酸化炭素だとわかる。

(2) 生物Cは生産者，生物D，E，Fは消費者，生物Fは分解者である。矢印aの物質の流れは，生産者から消費者，分解者へと移動する有機物の流れである。

(3) 生物Cは生産者である。矢印bの二酸化炭素（気体B）をとり入れて，酸素（気体A）を出すはたらきは，光合成である。

(4) すべての生物は，有機物のエネルギーを利用して活動している。このエネルギーのもとは，生産者が光合成のときに有機物の中にとり込んだ太陽のエネルギーである。

4

(1) Cでは，水とデンプン溶液なので，変化しない。よって，デンプンは，ヨウ素液に反応して青紫色になる。

(2)～(4) Aでは，落ち葉や土についていた菌類，細菌類などの分解者が，デンプンを無機物（二酸化炭素や水など）に分解している。

5

(1) 過去の動植物の死がいなどが変化してできた石油・石炭・天然ガスなどを**化石燃料**という。

(2) 化石燃料は，過去の動植物の有機物であり，炭素を含んでいる。炭素は燃焼（酸素と反応すること）すると，二酸化炭素が発生する。

(3) 化石燃料の大量消費により，二酸化炭素の排出量が近年急激に増加している。二酸化炭素には，地表から宇宙空間に出ていく熱を吸収するはたらき（温室効果という）があり，地球温暖化のおもな原因になっていると考えられている。

ミス注意

二酸化炭素の増加 ⇨ 地球の温暖化 ⇨ 気温の上昇／海面の上昇

(4) 化石燃料を燃やすと，二酸化炭素のほか，酸性雨や大気汚染の原因である窒素酸化物や二酸化硫黄が発生する。

ミス注意

酸性雨の原因は，化石燃料を燃やして出る二酸化硫黄や窒素酸化物による大気汚染である。

6

(1) **オゾン**は，酸素に紫外線が当たるとでき，またできたオゾンには，紫外線を吸収するはたらきがある。1980年代前半に，南極大陸の上空にオゾンホールがあることがわかり，その後，北極や北半球の高・中緯度地域でもオゾン濃度の激減した部分が観測されている。

(2) コンピュータなどの精密機械の洗浄や冷蔵庫の冷媒に使用されてきたフロン（フロンガス）が，オゾン層破壊の原因とされている。

(3) オゾン層は，生物にとって有害な紫外線が地表に届くのを防いでいるが，オゾンホールができると，多量の紫外線が地表に届くようになり，皮膚がんの発生の増加や遺伝子への影響，農作物の減少なども心配されている。

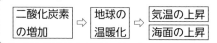

実力アップ問題

問題➡本冊 P.128

解答

1 (1) ①光合成　②呼吸　(2) 生産者

(3) 有機物を無機物にまで分解する。

(4) イ，オ　(5) 食物連鎖　(6) A＞B＞C

(7) 捕食者（食うもの）が被食者（食われるもの）より多くなると，えさ不足となり，捕食者が減少する。また，一般的に捕食者は被食者より大型であるから。

(8) ウ

2 菌類・細菌類は呼吸ができず，有機物の分解が止まってしまうから。

解説

1

(1)，(2) 生物Aは植物で，有機物をつくり出すことから生産者とよばれている。植物は光合成によって二酸化炭素をとり入れている。また，すべての生物は，呼吸によって二酸化炭素を出している。

(3)，(4) 生物Dは土の中の小動物，カビやキノコなどの菌類・細菌類のなかまで，有機物を無機物にまで分解するはたらきをしていることから，分解者とよばれている。

(5) 生物A，B，Cは食べる・食べられるの関係でつながっている。このような関係を食物連鎖という。

(6)，(7) 一般に食べられる植物や動物の方が食べる動物より数が多い。

(8) 生物Aがふえると，生物Bのえさがふえるため，生物Bの数がふえる。生物Bがふえると，食べられる生物Aの数が減る。すると，えさ不足のために生物Bの数も減る。

2

菌類や細菌類は，川の水に含まれる有機物を無機物に分解している。このはたらきにより，川の水は浄化される。しかし，汚水が流れ込み，菌類や細菌類の数がふえ，これらの生物の呼吸によって，水中の酸素が使われて少なくなると，菌類や細菌類は生きることができなくなる。このため，浄化作用が失われてしまう。

1 地学編 大地の変化

基礎力チェック

問題 ➡ 本冊 P.131

解答

1 地震のゆれと地震波

1 震源
2 a…初期微動　b…主要動
3 a…P波　b…S波
4 (地震の波の) 伝わる速さが違うから。

2 火山と火成岩

1 ねばり気　2 深成岩
3 斑状組織　4 石英 (と) 長石
5 ①火山岩　②深成岩

3 地層と堆積岩

1 運搬作用　2 れき岩　3 柱状図
4 示相化石　5 しゅう曲

実践問題

問題 ➡ 本冊 P.132～135

解答

1 (1) 震央　(2) c
(3) X…初期微動　Y…主要動
(4) 初期微動継続時間　(5) Y　(6) 震度

2 (1) a…P波　b…S波　(2) 4km/s
(3) 比例の関係がある。
(4) 75秒間　(5) ウ　(6) マグニチュード

3 (1)

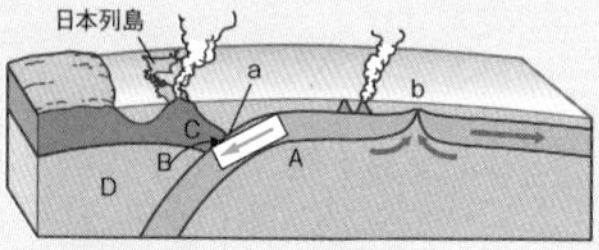

(2) a…海溝　b…海嶺
(3) ①海洋　②大陸　③大陸　(4) B

4 (1) C (→) B (→) A　(2) C　(3) A
(4) 水蒸気

5 (1) A…ア　B…イ
(2) X…石基　Y…斑晶
(3) 等粒状組織

6 (1) 斑状組織
(2) (地下深くで) ゆっくり冷えてできた。
(3) a　(4) イ　(5) 花こう岩

7 (1) 記号…B，D，E
分類の基準…粒の大きさ
(2) A　(3) C，F

8 (1) 露頭　(2) 角ばっている。
(3) 侵食作用 (・) 運搬作用 (・) 堆積作用
(4) 浅くなった。

9 (1) 堆積岩
(2) かつて，火山の噴火があった。
(3) イ　(4) 示準化石

10 (1) ①隆起　②沈降
(2) ①断層　②しゅう曲
(3) 活断層

11 (1) かぎ層　(2) d
(3) 暖かくて浅い海
(4) うすい塩酸をかけると二酸化炭素が発生する。

解説

1

(1) 地震が発生した場所Aを震源，震源の真上の地表面の地点Bを震央という。地震が起こると，地震波は，右の図のように，震源からほぼ同心円状に広がるように伝わる。

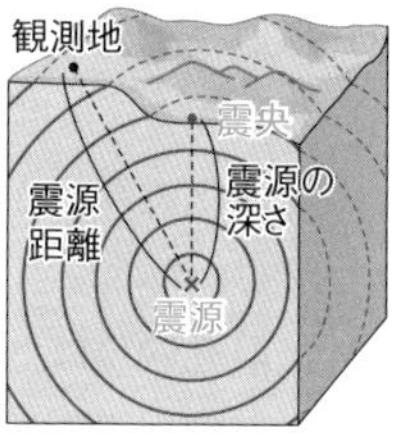

(2) 震源から震央までの距離aは，震源の深さである。震源距離は，震源から観測地点までの距離cをいう。

(3) Xのゆれは初期微動といい，はじめに伝わる小さなゆれであり，Yのゆれは主要動といい，Xのゆれに続いて起こる大きなゆれである。

(4) 初期微動が起こってから，主要動が起こるまでの時間dを初期微動継続時間といい，震源からの距離 (震源距離) が遠くなるほど長くなる。

(5) 初期微動Xは，P波 (縦波) による小さなゆれで，続いて伝わる主要動Yは，S波 (横波) によって起こる振幅の大きなゆれである。

ミス注意

●地震計の記録

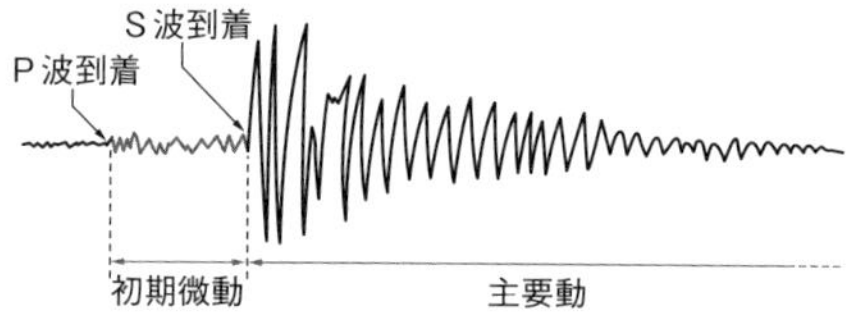

(6) 地震のゆれの大きさは，震度計で測定し，震度で表す。震度階級は0～7の10段階 (震度5と震度6はそれぞれ弱と強がある) に分けられている。

ミス注意

震度…地震のゆれの程度を示す。1つの地震で，場所によって違う。
マグニチュード…地震の規模を示す。1つの地震で，1つの値が決まる。

2

(1) 初期微動aは，P波（縦波）が伝わることによって起こり，主要動bは，S波（横波）が伝わることによって起こる。

(2) 図2のグラフは，縦軸が時間で，横軸が距離を表していることに注意する。bのゆれを表すグラフは，遅く伝わる上の直線である。
グラフより，600km伝わるのに150秒かかっているので，bのゆれ（S波）の速さは，
600÷150＝4〔km/s〕

(3) 震源から遠くなるほど，初期微動継続時間は長くなる。

ミス注意

震源までの距離は，初期微動継続時間に比例する。

(4) 震源からの距離が600kmの地点の，P波が到着してから，S波が到着するまでの時間だから，グラフより，150－75＝75〔s〕

(5) 図1より，初期微動継続時間が50秒なので，図2のグラフから，2つのグラフの差が50秒になるところを探すと，400kmの地点と読みとれる。

(6) 地震の規模（エネルギー量の大きさ）を表す尺度はマグニチュードである。マグニチュードの値が1増えると，地震の放出するエネルギー量は約32倍になり，2増えると，32×32で約1000倍になる。

3

(1) 地球表面は，10数個のプレートに分けられ，さらに，大陸プレートと海洋プレートに大別される。海嶺（図のb）では，海洋プレートが形成され，拡大するように動く。

(2) 地震の発生しやすい場所は，海嶺や海溝などのプレートの境目である。図のaは海溝で，プレートがほかのプレートとぶつかり，下にしずみ込む，海底の深い溝である。図のbは海嶺で，プレートが形成される場所で，海底の大山脈である。

(3) 海洋プレートが大陸プレートをひきずり込むとひずみが生じ，ひずみが限界に達すると，ひきずり込まれていた大陸プレートがはね上がり，大地震が発生する。このような地震をプレート境界地震という。

ミス注意

地震のおもな原因は，①地殻のひずみによる断層の形成，②プレートのひずみによる反発，③火山活動など。

(4) 日本列島付近では，内陸の震源の浅い地震は活断層による場合が多い。海溝ぞいの大地震は，海洋プレートが大陸プレートをひきずり込みながらしずみ込み，その反発で大地震が起こると考えられている。

ミス注意

日本付近で発生する地震が太平洋側に多く，日本海側は少ない理由 ⇨ 太平洋側にプレートの境目があること。

4

(1) マグマのねばりけが強いと溶岩ドームや鐘状火山（図C）（昭和新山や箱根駒ヶ岳など），中ぐらいのねばりけでは成層火山（図B）（富士山や浅間山など），ねばりけが弱いとたて状火山（図A）（マウナロアなど）の形の火山になる。

(2) ねばりけが強いマグマは二酸化ケイ素の割合が多く，白っぽい溶岩になる。反対に二酸化ケイ素の割合が少ないとねばりけの弱い，黒っぽい溶岩になる。なお，黒っぽい溶岩ほど噴出時の温度が高い（1200℃以上）。

(3) マグマのねばりけが強いと，爆発的な噴火をし，ねばりけが弱いと，爆発が弱いか，ほとんど爆発せずに溶岩が静かに流れ出す噴火をする。

(4) 火山ガス（気体）は，噴火のときにふき出す水蒸気が主成分である。ほかに，二酸化炭素，二酸化硫黄，硫化水素などを含んでいる。

5

(1) マグマが冷えて固まった岩石を火成岩といい，冷え方の違いから，火山岩と深成岩に分けられる。図1の**ア**のような地上に噴出して短時間に冷えて固まると，やや大きい結晶がところどころにあって，その間を小さな結晶やガラス質がうめるようなつくり（図2のA）の火山岩になる。
一方，図1の**イ**のような地下の深いところでゆっくり冷えて固まると，同じぐらいの鉱物の結晶がすき間なく並んだつくり（図2のB）の深成岩に

なる。

(2) 図2のAは，地上に噴出して短時間に冷えて固まってできた火山岩である。火山岩は，鉱物が完全に結晶せず，Xのような，石基とよばれる小さな結晶やガラス質の部分と，Yのような，斑晶とよばれるやや大きな結晶の部分からなる。このような火山岩の組織を**斑状組織**という。

(3) 図2のBは，地下の深いところでゆっくり冷えて固まってできた深成岩である。深成岩は，同じぐらいの大きさの結晶がすき間なく並んだ**等粒状組織**である。

ミス注意

火山岩：斑晶と石基がある ⇨ 斑状組織
深成岩：ほぼ同じ大きさの結晶⇨等粒状組織

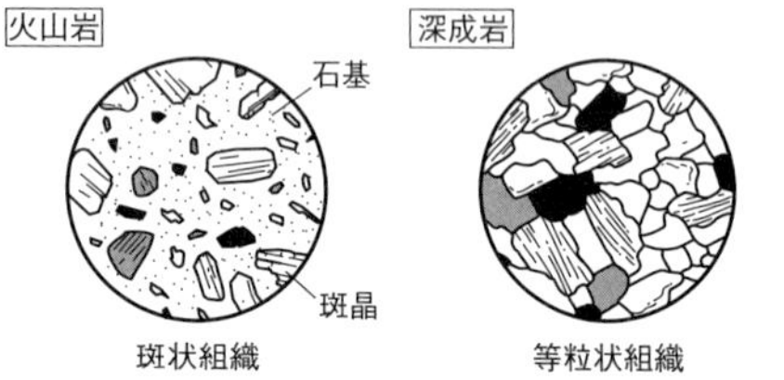

6

(1) 図1のAは，斑状組織なので火山岩，Bは，等粒状組織なので深成岩である。

(2) 図1のBのように，結晶が同じ大きさに成長するためには，高温の状態で長い年月が必要である。

(3) 深成岩には，花こう岩・閃緑岩・斑れい岩などがある。

(4) 造岩鉱物は，種類によって，色・割れ方（へき開）・形（結晶形）・硬度・密度などが異なる。長石も石英も白っぽいが，石英は，結晶は六角柱状だが，不規則に割れる（へき開がない）。

ミス注意

●おもな造岩鉱物の特徴
無色鉱物：石英・長石
有色鉱物：黒雲母・角閃石・輝石・カンラン石

(5) 深成岩のうち，花こう岩が最も白っぽく，斑れい岩が最も黒っぽい岩石である。

7

(1) **れき岩・砂岩・泥岩**が，土砂が堆積してできた堆積岩である。れき岩は，粒の直径が2mm以上のれきが，砂岩は，粒が$\frac{1}{16}$～2mmの砂が，泥岩は，粒が$\frac{1}{16}$mm以下の泥（粘土）が堆積したものである。これらの堆積岩は，流水のはたらきによるもので，粒が丸みを帯びている。

(2) 火山灰などの火山噴出物が堆積してできた岩石は，**凝灰岩**である。

(3) 生物の死がいが堆積してできた岩石には，**石灰岩**と**チャート**がある。石灰岩は，サンゴやフズリナのような石灰質の殻をもつ生物が，チャートは，ケイソウや放散虫などのケイ酸質の殻をもつ生物が堆積してできた岩石である。

8

(1) 海底などにできた地層が，大地の変動によって地上で観察できるようになった崖などを**露頭**という。

(2) a層の火山灰層は，流水のはたらきによらないため，粒は丸みを帯びていない。

(3) れき（小石など）や砂，粘土（泥）の層は，川の流水のはたらき，侵食作用・運搬作用・堆積作用の3作用によってできた地層である。

(4) 粒の大きいものから堆積するので，同じ位置で見ると，粒の大きなれきが堆積したときが最も岸に近いときである。積もり方が，粘土→砂→れきの順なので，しだいに岸に近づいた，つまり浅くなったことがわかる。

9

(1) 海底で堆積した堆積物は，長い年月の間におし固められ，堆積岩となる。

(2) 凝灰岩は，火山灰などの火山噴出物が堆積してできた堆積岩なので，当時火山の噴火があったことがわかる。

(3)，(4) 三葉虫は，節足動物に似た化石動物で，古生代のカンブリア紀に繁栄した**示準化石**である。

ミス注意

示準化石：地層ができた年代を決めることができる化石
示相化石：生物が生活していた自然環境がわかる化石

10

(1) 陸地の上昇を隆起といい，隆起によって海岸段丘や河岸段丘などの地形がつくられる。また，陸地の下降を沈降といい，沈降によってリアス海岸や多島海などの地形がつくられる。

(2) 地層に横から圧力が加わると，波打ったように曲げられる。これをしゅう曲という。また，地層や岩石に切れめができてずれ，くい違ったものを断層という。断層には，引っぱられてできる正断層，圧縮されてできる逆断層，水平にずれてできる横ずれ断層などがある。

(3) 比較的最近（約 160 万年前以降）に活動したことのある断層で，今後も活動する可能性が高いと考えられている断層を活断層という。
活断層の近くでは，地震の被害を受ける可能性が高いと考えられている。

11

(1) 露頭で見られる地層や，柱状図で地層を対比するときには，それぞれの地層に共通する火山灰の層や化石を含む層などを目印にするのが有効である。この層をかぎ層という。

(2) 地点 A で p 層の上の地層は，泥の層であり，下の層は火山灰層，さらにその下はサンゴの化石を含む層だから，これらの層をかぎ層として対比させると，地点Bではd層であることがわかる。

(3) サンゴ礁をつくるサンゴは，現在は，暖かくて浅い海にすんでいる。このことから，サンゴの化石を含む地層の堆積当時も同じような環境であったと考えられる。

(4) 石灰岩は，炭酸カルシウムでできているので，うすい塩酸をかけると，二酸化炭素の泡が発生する。

実力アップ問題

問題 ➡ 本冊 P.136 ～ 139

解答

1 (1) ウ　(2) 柱状図

2 (1) 斑状組織　(2) エ

3 (1) 堆積岩
(2) 生物の遺がいが積もってできた。

4 エ

5 (1) ウ，オ　(2) 火山噴出物

6 (1) 石灰岩　(2) ウ
(3) 層…D
理由…D層の粒の大きさが最も小さいから。

7 ウ

8 (1) イ
(2) 大陸プレートがひずみにたえ切れなくなり，反発してもどるときに地震が起こる。

9 (1) ①主要動　②遅い　③音　④光
(2) 初期微動継続時間と震源からの距離は比例する。
(3) C (→) A (→) B

解説

1

(1) 全体から細かいところに近づいていく。まず，地層全体のようすを見る。次に地層に近づいてそれぞれの層がどうなっているかを調べる。最後に地層に化石があるか調べる。

(2) 地層の重なりを 1 本の柱のように表した図を，柱状図という。

> **ミス注意**
> 柱状図では，それぞれの地層の厚さの割合を実際の地層の厚さと対応させる。

2

(1) 細かい粒の中に大きな結晶が散らばっているつくりを斑状組織という。

> **ミス注意**
> 斑状組織の大きな結晶を斑晶，小さな結晶やガラス質の部分を石基という。

(2) 花こう岩はマグマが地下の深いところで，ゆっくり固まってできる岩石。

3

(1) 堆積岩は，流水の作用でできた堆積物が圧力によっておし固められてできたもの。流水によって運ばれた砂などの粒は角がとれて丸みを帯びている。

(2) 石灰岩はおもに炭酸カルシウムでできていて，塩酸をかけると二酸化炭素が発生して泡が出る。

4

激しい爆発をする火山はマグマのねばりけの強い火山，おだやかに噴火するのはねばりけの弱い火山。また，マグマのねばりけが強いほど火山の傾斜が急になる。図に適切な文は**エ**。この問題の火山の形で代表的なものに，キラウエアやマウナロアなどがある。

5

(1) 火山ガスの主成分は水蒸気，ほかに二酸化炭素な

ども含まれる。

(2) 火山の爆発のときに，地表に噴出されるものを火山噴出物といい，火山ガス，溶岩も火山噴出物である。

6

(1) 石灰岩は生物や海水中の石灰分が固まったものである。

(2) 示準化石としての条件は，①分布していた範囲の広い生物，②生存期間が短かった生物。

ミス注意

特定の環境でしか生息できない生物の化石は，示相化石となる。

(3) 地層の粒が小さいほど海岸から遠いので，D層があてはまる。

7

初期微動継続時間は，図の大きな波のくる前のところを表している。初期微動継続時間は，震源から遠いほど長いので，図より，**ウ**があてはまる。

8

(1) 活断層とは，過去に生じた断層でエネルギーが蓄積されているもの。ずれが生じ，再び活動が予想される。

(2) 図を見ると，海洋プレートが大陸プレートの下にもぐり込み，海洋プレートに引きずられ大陸プレートにひずみができる。そのひずみにたえ切れず大陸プレートが反発して，地震が発生する。

9

(1) 初期微動は，地震の波のP波が約6～8km/sの速さで届くと起こる。また，主要動は，地震の波のS波が約3～5km/sで届くと起こる。P波とS波を比べると，S波の方が遅い。

(2) 初期微動継続時間はP波が到着してS波が到着するまでの時間のこと。震源から遠いほど長い。

(3) 初期微動継続時間に注目すると，Cが最も短く，Bが最も長いので，震源に近い順にC，A，Bとなる。

2 地学編 天気とその変化

基礎力チェック

問題➡本冊P.141

解答

1 気象観測と大気圧

1 天気…晴れ　天気記号…⦶　2 大きくなる。

3 200pa (N/m^2)　4 小さくなる。

2 大気中の水蒸気

1 大きくなる。　2 露点

3 気圧と前線

1 前線面　2 低気圧

3 a…寒冷前線　b…温暖前線

4 停滞前線

4 日本の天気

1 気団　2 西高東低　3 小笠原気団

実践問題

問題➡本冊P.142～145

解答

1 (1) イ

(2)

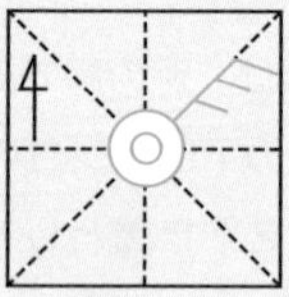

2 (1) A…乾球　B…湿球

(2) 気温…21.0℃

湿度…73%

3 (1) 4hPa　(2) 1012hPa

(3) P　(4) B

4 (1) 3日目　(2) 3日目の15時

(3) 高くなる。

5 (1) (線香の) けむり　(2) 水滴

(3) 露点　(4) 上昇気流

6 (1) E　(2) A (と) C　(3) 50%

(4) 10g

7 (1) B面　(2) 1250Pa (N/m^2)

(3) 880g

8 (1) B　(2) a (と) d　(3) ①エ　②イ

(4) D　(5) ウ

9 (1) A…寒冷前線　B…温暖前線

(2) ①ア　②エ

(3) P地点…ア　Q地点…エ

10 (1) ウ (→) イ (→) エ (→) ア　(2) エ

(3) 上空をふく強い西風〔偏西風〕

11 (1) 冬　(2) 北西　(3) シベリア気団
(4) 雪や雨の日が続く。

12 (1) ウ　(2) C　(3) B (と) C

解説

1

(1) 天気は，空全体にしめる雲の量で決める。降水がなく，雲の量が空全体の2～8のときは晴れである。

(2) 風向は，風のふいてくる方向をいい，矢羽根をふいてくる方向にする。また，風力は矢羽根の本数で表す。

2

(1) A は乾球といい，ふつうの温度計でその示度は気温を表す。B は湿球といい，球部の布を水で湿らせてある。

(2) 乾湿計と湿度表を使って，次のようにして求める。

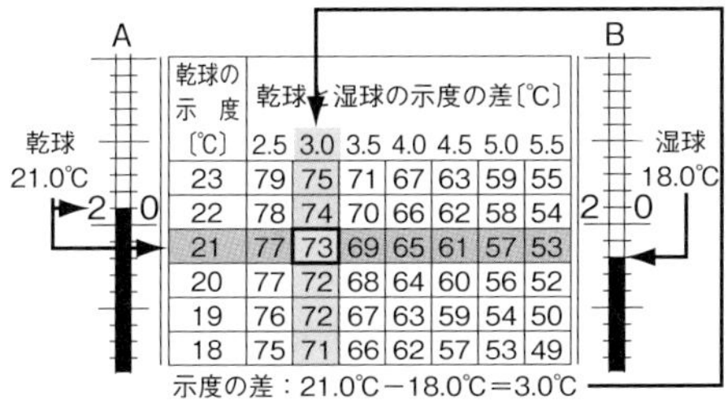

乾球の示度〔℃〕	乾球と湿球の示度の差〔℃〕						
	2.5	3.0	3.5	4.0	4.5	5.0	5.5
23	79	75	71	67	63	59	55
22	78	74	70	66	62	58	54
21	77	73	69	65	61	57	53
20	77	72	68	64	60	56	52
19	76	72	67	63	59	54	50
18	75	71	66	62	57	53	49

示度の差：21.0℃－18.0℃＝3.0℃

3

(1) 同じ気圧のところをなめらかな線で結んだ線が等圧線である。図の等圧線1000hPaと1020hPaから，等圧線は4hPaごとに引かれていることがわかる。

(2) A地点は，1000hPaの等圧線から3本目にあるので，1000＋4×3＝1012hPa。

(3) (2)より，Qは，中心に向かうほど気圧が高くなっているので高気圧とわかる。

ミス注意

高気圧：まわりより中心の気圧が高い。
低気圧：まわりより中心の気圧が低い。

(4) 等圧線の間隔がせまいほど，気圧の差が大きいので，強い風がふいている。

4

(1) 天気の悪い日は，日較差はふつう小さく，湿度が高い。また，日照がないので，最高気温になる時刻が12～14時とは限らない。

(2) 気温が同じなら，空気中の水蒸気量が大きい日ほど，湿度が高い。

(3) 露点は，空気中の水蒸気が凝結して水滴になり始める温度のことである。同じ気温でも露点が高いということは，空気中に含まれる水蒸気量が多いことを示すので，湿度は高くなる。

5

(1) この実験は，雲のでき方を調べる実験である。細かい粒を核として凝結するので，実験するときは，線香のけむりなどを入れておく。

(2)，(3) ピストンをすばやく引くと，フラスコ内の気圧が下がり，中の空気が膨張する。膨張すると，空気の温度が下がり，温度が**露点**以下になり水滴ができ始める。

(4) 水蒸気を含んだ空気が上昇すると，膨張して温度が下がるので，水蒸気が水滴に変わる。

ミス注意

雲ができるのに必要な要素は
①空気中の水蒸気　②凝結核　③上昇気流

6

(1) 湿度は，空気中に含まれる水蒸気の量が，その気温での飽和水蒸気量の何％にあたるかで表すので，空気中に含まれる水蒸気量が飽和水蒸気量に近いほど湿度が高い。よって，E が最も湿度が高いと考えられる。Eの空気の湿度は，
25〔g/m^3〕÷30〔g/m^3〕×100＝83.3…〔%〕

ミス注意

湿度は，空気中に含まれる水蒸気の量が，その気温での飽和水蒸気量の何％にあたるかで表す。

(2) 露点は水蒸気の量によって決まる。A と C の空気の温度は違うが，水蒸気量がともに10g/m^{3}であり，気温が10℃になると，どちらも凝結し始める。つまり，露点がともに10℃である。

(3) グラフより，30℃のときの飽和水蒸気量は30g/m^3，B の空気の水蒸気量は15g/m^{3}なので，湿度は15〔g/m^3〕÷30〔g/m^3〕×100＝50より，50%

(4) 10℃の飽和水蒸気量は10g/m^{3}である。D の空気は20g/m^{3}の水蒸気を含んでいるので，10℃まで冷やすと，20〔g/m^3〕－10〔g/m^3〕＝10〔g/m^3〕が空気中に含みきれなくなって水滴になる。

7

(1) 力の大きさが同じとき，圧力は面積に反比例する。したがって，面積がいちばん小さい面を下にしたときが，圧力が最も大きい。

ミス注意

面を垂直におす力の大きさは，床と接する面積が変わっても変わらない。

(2) A面の面積は，$8 \times 4 = 32$〔cm^2〕

$1m^2 = 10000cm^2$だから，$32cm^2 = \frac{32}{10000}m^2$

となる。よって，求める圧力は，

4〔N〕$\div \frac{32}{10000}$〔m^2〕$= 1250$〔Pa〕となる。

ミス注意

圧力の単位Pa＝N/m^2なので，面積の単位を「m^2」にすることを忘れないようにしよう！

(3) 圧力が4000Paになるときの力の大きさは，

4000〔Pa〕$\times \frac{32}{10000} = 12.8$〔N〕よって，

上にのせた物体にはたらく重力の大きさは，

$12.8 - 4 = 8.8$〔N〕　これより，質量は880g。

［別解］　面積が同じとき，圧力は力の大きさに比例する。このことを利用すると，圧力は (2) のときの $4000 \div 1250 = 3.2$〔倍〕になっているので，力の大きさは，4Nの3.2倍の12.8Nであることがわかる。以下は，同じようにして求めると，のせた物体の質量は880gであることがわかる。

8

(1)，(2) 温暖前線は，暖気が寒気に向かって進むときにできる前線で，下の図のAのaの暖気がbの寒気の上をはい上がっていく。

寒冷前線は，寒気が暖気に向かって進むときにできる前線で，下の図のBのcの寒気が，暖気dの下にもぐり込んでいる。

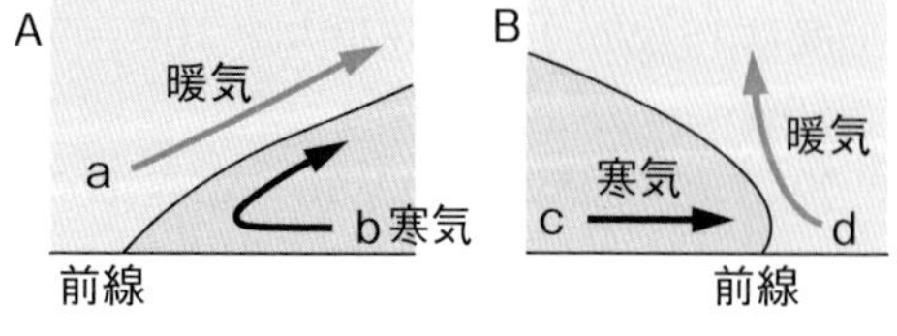

(3) 温暖前線では，暖気がゆるやかに寒気の上をはい上がっていくので，層状の雲（乱層雲や高層雲など）が広い範囲で発達する。

寒冷前線では，寒気が暖気の下にもぐり込み，暖気を急激におし上げるので，積雲状の雲（積乱雲など）が発達する。

(4)，(5) 高気圧の上空は，下降気流を生じ，地上付近の風は，北半球では中心から時計回りにふき出す。低気圧の上空は，上昇気流を生じ，地上付近の風は，北半球では中心に向かって反時計回りに風がふき込んでいる。

9

(1) Aは寒冷前線。寒気が暖気に向かって進むときにできる前線で，低気圧の進行方向の後方にできる。Bは温暖前線。暖気が寒気に向かって進むときにできる前線で，低気圧の前方にできる。

(2) Aの寒冷前線では，寒気が暖気の下にもぐり込んで進むので**ア**，Bの温暖前線では，暖気が寒気の上をはい上がって進むので**エ**である。

(3) 温暖前線の前方にあるP地点では，前線が近づくと，おだやかな雨が広い範囲に長時間降り続く。また，寒冷前線の前方にあるQ地点では，前線が通過するとき，せまい範囲で強いにわか雨が降る。

10

(1) 日本付近に発生する温帯低気圧は，およそ西から東（北東）へ，1日では約500〜1000km，1時間に約20〜40kmほど移動しながらしだいに発達する。そのため天気図を見れば，数時間後や翌日の天気をある程度は予想できる。

ミス注意

日本付近では，天気の移り変わりは，上空をふいている偏西風（強い西よりの風）の影響で起こる。
⇨天気はおよそ西から東（北東）へ変化する。

(2) 天気の変化から，大阪地方で温暖前線と寒冷前線が通過したことが推測できる。天気図は，前線が大阪地方の近くにある**エ**と考えられる。

まず，午前中におだやかな雨が降っていたことから，温暖前線の通過前であることがわかる。昼には，風が南よりに変わり晴れになったことから，温暖前線が通過したことがわかる。

次に，夕方激しい雨が降ったことから，寒冷前線が通過していることがわかり，風が北よりに変わって晴れになったことから，寒冷前線が通過したことがわかる。

(3) 温帯低気圧や前線のほか，高気圧も西から東（北東）へ進むことが多い。このような移動が起こるのは，日本付近の上空をふいている西よりの風（偏西風という）の影響である。

11

(1) 大陸側に高気圧，太平洋側に低気圧がある西高東低の気圧配置なので，冬の天気図である。
また，高気圧と低気圧の気圧差が大きく，等圧線は南北に密集する（等圧線は縦じまに見える）。

(2) 冬は，北西の季節風がふく。等圧線からも，強い北西の風がふくことがわかる。

(3)，(4) 冬の天気は，シベリア気団〔寒冷・乾燥〕の勢力が増し，日本海側では雪や雨の日が多く，太平洋側では晴れて乾燥した日が続く。

ミス注意

冬…「西高東低型」気圧差が大きくなり，等圧線は南北方向になる(縦じま)。北西の季節風がふく。
夏…「南高北低型」になり，南から高温で湿った空気が流れ込む。南東の季節風がふく。

12

(1) Aのシベリア気団は〔寒冷・乾燥〕，Bのオホーツク海気団は〔寒冷・湿潤〕である。

(2) 日本の夏に影響をおよぼす高温・多湿の気団は，Cの小笠原気団である。

(3) 梅雨期の天気に影響を与える気団は，オホーツク海気団〔寒冷･湿潤〕と小笠原気団〔高温･多湿〕である。

実力アップ問題

問題 ➡ 本冊 P.146～149

解答

1 (1)

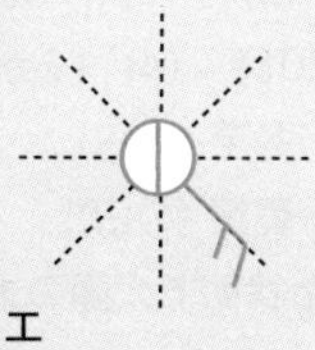

(2) エ
(3) ①74%　②イ

2 (1) ア…露点　イ…核（凝結核）
(2) ①大気の重さが小さくなるため。
② (例) 空気が山腹にそって上昇することによって雲ができる。

3 (1) カ　(2) 記号…AB　前線名…寒冷前線
(3) ウ　(4) ア

4 (1)

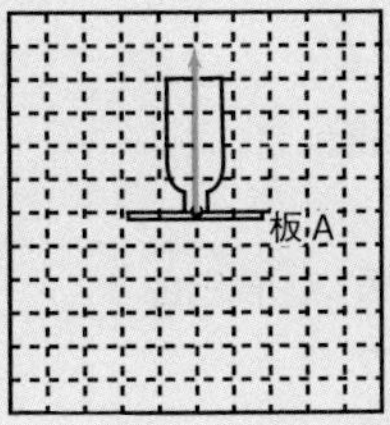

(2) ①大気圧（気圧）
② 50本

5 (1) 高気圧
理由…中心から時計回りに風がふき出しているから。
(2) 天気…晴れ
理由…2日後には，西の高気圧が移動してきて日本をおおうから。

解説

1

(1) 雲量が0～1は快晴，2～8は晴れ，9～10はくもり。

(2) 天気図の気圧は，海抜が0mの場合として計算し直されている。気圧は，海抜が高くなるほど低くなる。

(3) ①乾球の示す温度が22℃，湿球の示す温度が19℃だから，その差は22－19＝3〔℃〕　湿度表から，乾球が22℃で，差が3℃のところの数値を読む。
②22℃のときの飽和水蒸気量は，図2より約20g。湿度が74%だから，空気1m^3中に含まれる水蒸気量は，$20〔g〕\times\frac{74}{100}=14.8〔g〕$

2

(1) 気圧が下がると温度が下がる。露点に達すると，空気中の水蒸気が水滴になり始める。線香のけむりを核として，そのまわりに小さな水滴ができて白い雲になる。

(2) ①気圧は，大気の重さによる圧力で，標高が高いほど，その上にある大気の厚さがうすくなり，大気の重さも小さくなるので，気圧が小さくなる。
②寒気が暖気をおし上げて進むときに，上昇気流が生じて雲ができることもある。

3

(1) 図1より，1日目は南東よりの風がふいていて，天気は晴れであったことがわかる。2日目には，朝6～9時の間に南よりの風から北よりの風に変わり，気温が急に下がっていることがわかる。これより，寒冷前線が通過したと考えられる。寒冷前線は，寒気が暖気をおし上げて進むため，前線面に積乱雲などの垂直に発達した雲ができる。

ミス注意

積乱雲は，せまい範囲で，短時間に強い雨を降らす。

(2) 温帯低気圧は，低気圧の中心から南西方向に寒冷前線，南東方向に温暖前線ができる。

(3)，(4) 寒冷前線は寒気が暖気をおし上げて進み，温暖前線は暖気が寒気の上にはい上がって進む。温暖前線の前線面はなだらかである。

ミス注意

●寒冷前線

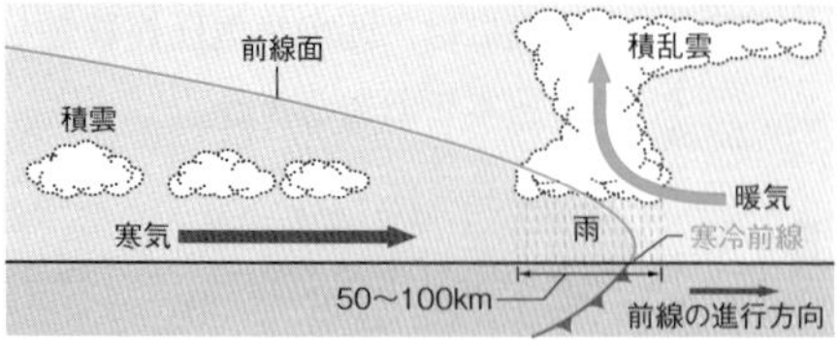

●温暖前線

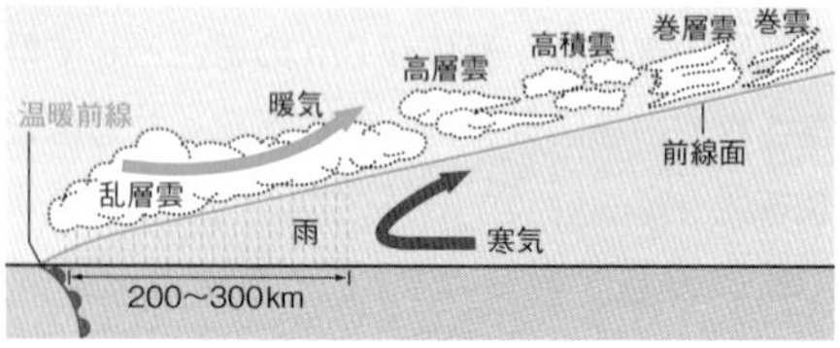

4

(1) ペットボトルの質量は 500g なので，ペットボトルが板 A をおす力の大きさは 5 N。5 N の力で板 A をおしたとき，ペットボトルは板 A から 5 N の力を受ける。ペットボトルが板 A をおす力の向きは下向きで，ペットボトルが板 A から受ける力の向きは上向きである。力を表す矢印の長さは，力の大きさに比例させるので，5 N の力を表す矢印は 5 目もり分の長さになる。

(2) ① 空気の重さによる圧力を気圧または大気圧という。

② 板 B の面積は，0.05〔m〕× 0.05〔m〕= 0.0025〔m^2〕 圧力が 100000Pa（100000N/m^2）になるときの力の大きさは，0.0025〔m^2〕× 100000〔N/m^2〕= 250〔N〕 よって，250 ÷ 5 = 50 より，50 本となる。

ミス注意

1Pa = 1N/m^2 である。ふつう大気圧の単位は「hPa」で表されることが多い。1hPa = 100Pa = 100N/m^2 である。

5

(1) 図 1 は中心から風がふき出していることがわかる。よって，高気圧と考えられる。低気圧では，中心に反時計回りに風がふき込んでいる。

(2) 温帯低気圧は東の方へ移動し，大陸にあった高気圧におおわれると考えられる。

3 地学編 地球と宇宙

基礎力チェック

問題 ➡ 本冊 P.151

解答

1 地球の自転と天体の動き

1 自転　2 日周運動

3 ①北の空　②西の空　4 南中高度

2 地球の公転と季節

1 1 か月…30 度　1 日…1 度　2 ア

3 夏　4 黄道　5 地軸　6 夏至

3 太陽系と宇宙

1 黒点　2 内惑星

3 月，ハレーすい星，小惑星　4 光年

実践問題

問題 ➡ 本冊 P.152 〜 156

解答

1 (1) 地軸　(2) ア　(3) 15 度
(4) 日の出…D　日の入り…B

2 (1) A…東　B…北
(2) A…ア　B…ウ
(3) 北極星　(4) 15 度

3 (1) 点 O　(2)（太陽の）南中
(3) ∠POA〔∠AOP〕
(4) 地球が自転しているから。

4 (1) ウ　(2) 日周運動　(3) ウ　(4) 36 度

5 (1) 南　(2) C　(3) 20 時　(4) 12 か月後

6 (1) ①記号…ウ　名前…冬至（の日）
②記号…ア　名前…夏至（の日）
(2) 地球が地軸を傾けた状態で太陽のまわりを公転しているから。

7 (1) 太陽の南中高度…B　昼の長さ…G
(2) 春分の日（と）秋分の日　(3) ウ　(4) ウ

8 (1) 黄道　(2) ア　(3) A　(4) 冬　(5) エ

9 (1) ア　(2) 西　(3) 東
(4) B…ウ　E…カ　F…エ　(5) イ

10 (1) 太陽投影板　(2) 自転　(3) 球形

11 (1) クレーター
(2) ①位置…D　名前…ア
②位置…B　名前…イ
(3) 衛星

12 (1) ①恒星　②等級　③青白色
(2) ①銀河系　②ウ
(3) ①木星　②火星　③すい星

解説

1

(1) 地球は，北極と南極を結ぶ線（地軸という）を中心にして1日に1回自転している。

(2) 地球の自転の向きは，北極側から見て，反時計回り（**ア**の向き）である。

(3) 1日に1回転（360°）回転するので，1時間では，360°÷24〔時間〕=15°である。

(4) 自転の向きが反時計回りなので，太陽に向かうDの位置が日の出，Bの位置が日の入りの位置である。

2

(1)～(3) Aは，星が東の地平線から出て，右上にのぼっていくように動いて見える「東の空」の動きである。Bは，北極星を中心に反時計回りに動いて見える「北の空」の動きである。これらの星の動きは，地球の自転による見かけの動きである。

(4) 1日に1回転（360°回転）するので，1時間では，360°÷24〔時間〕=15°動いて見える。

3

(1) 透明半球に太陽の動きを記入するとき，サインペンの先の影が，中心O（観測者の位置）に重なるようにして，半球上に印をつける。

(2) 太陽の日周運動では，太陽が真南にきたところ，高度が最も高くなったところPを，（太陽の）南中という。

(3) 太陽の南中高度は，∠POA（∠AOP）で表す。

(4) 太陽の日周運動は，地球の自転による見かけの動きである。

4

(1) カシオペヤ座は，北の空に見える星座なので，北極星を中心に反時計回りに回転して見える。22時にAの位置に見えたのだから，2時間前の20時には，30°手前の位置**ウ**に見える。

ミス注意

太陽や星（星座）の日周運動は，地球の自転による見かけの動きで，1日で1回転し，1日後ほぼ同じ位置に見える。

(2) 星や太陽が1時間に15°，1日で360°動き，天球を1周するように見える動きを日周運動という。日周運動は，地球の自転による見かけの動きである。

(3) 地球の自転軸である地軸をのばした天球上の位置のすぐ近くに北極星があるため，北極星はつねにほとんど同じ位置に見える。

(4) 北極星が見える高度は，北半球では，観測地点の緯度と等しい。
これは，北極星がはるか遠方にあるので，地軸の延長線と，観測地点から北極星までの線がほぼ平行になるため，観測地点の緯度と北極星が見える高度が等しくなるからである。

ミス注意

北極星は，地軸の延長線上にあるため，動かないように見える。北極星の高度は，観測地点の緯度に等しい。

5

(1) オリオン座は，冬，南の空に見える星座である。
オリオン座には，ベテルギウスとリゲルの2つの1等星がある。

(2) 地球は，太陽のまわりを公転しているため，同じ時刻に観測したとき，星は東から西へ，1日に約1°，1か月で約30°動いて見える（星の年周運動）。
よって，1月20日の22時に，Bの位置でオリオン座が観測されたのだから，1か月後の2月の同じ時刻には，約30°西よりのCの位置に見える。

(3) 同じ日の星の動きなので，1日で360°，1時間で15°動いて見える（星の日周運動）。
よって，22時にBの位置でオリオン座が観測された日の30°東よりの位置Aで観測されるのは2時間前の20時である。

(4) 星の年周運動は，1か月に約30°，1年で1周するので，オリオン座が同じ時刻に同じ位置に見えるのは，12か月後である。

6

(1) ①昼の長さが最も短い日は冬至で，太陽の動きは，真東から最も南よりを通る。冬至の日は，太陽の南中高度も最も低くなる。
②太陽の南中高度が最も高い日は夏至で，太陽の動きは，真東より最も北よりを通る。夏至の日は，最も昼の長さが長くなる。

(2) 太陽の南中高度が変化したり，昼の長さが変化したりするのは，地球が地軸を傾けた状態で公転しているからである。
次の図のように，地軸の傾きはいつも同じなので，地球と太陽の位置によって，地球への太陽の光の当たり方が変化する。

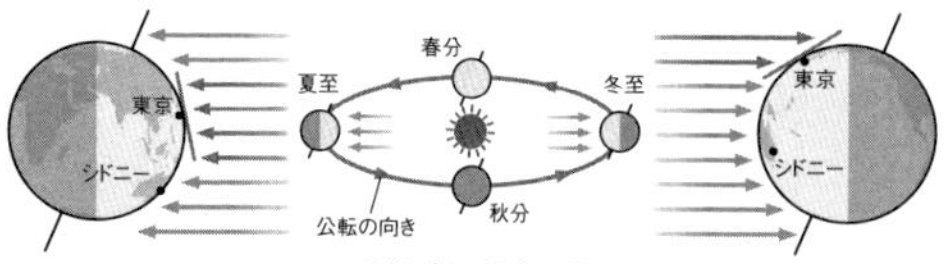

▲季節ごとの昼夜の長さ

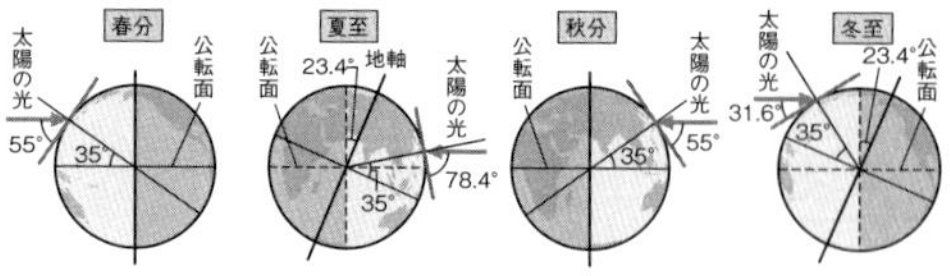

▲季節による南中高度の変化

7

(1) 6月下旬（夏至の日）のころの太陽の動きは，南中高度が最も高いところを通る。また，昼の長さが最も長い。

(2) 図３のＩのように，太陽が真東から出て，真西にしずむ日は，春分の日と秋分の日で，これらの日は，昼と夜の長さが同じになる。

(3) Ａは春分の日，Ｂは夏至の日，Ｃは秋分の日のころである。春分の日から夏至の日に近づくにつれて，日の出の位置が真東から北よりに変わる。また，南中高度も高くなって，昼の長さも長くなっていく。

(4) 太陽の南中高度が変化する，昼夜の長さや太陽の動きが変化するなど，季節が起こる原因は，地球が地軸を傾けた状態で公転しているからである。

8

(1) 天球上の太陽の通り道を**黄道**という。これは地球の公転による見かけの動きであるが，太陽に比べ，星座ははるかに遠くにあるため，太陽が星座の間を動いているように見えるのである。

(2) 公転の向きは，西から東（**ア**の向き）である。また，自転も公転も，北極側から見ると，反時計回りである。

(3) 太陽の方向と逆の方向にある星座は，真夜中に南の空に見える。

(4) 地球がＣの位置のときは，地軸の北極側が太陽とは反対の方向に傾いているため，日本では，太陽の南中高度が小さくなる冬である。

(5) 季節によって，夜空に見える星座が変わる。ある季節にはまったく見えない星座もある。これは，地球が太陽のまわりを公転しているために起こる現象である。

次の図は，ある恒星（星座）の光を地球の公転とともに表したものである。①～④は，季節の地球の位置で，すべてのときに，恒星は南に見えるが，見える時刻が異なる。つまり，太陽の位置との関係で，見える時刻が変化したり，見えない恒星ができたりするのである。

①では明け方に，②では真夜中に，③では夕方に見え，④では太陽の光で１日中見えない。

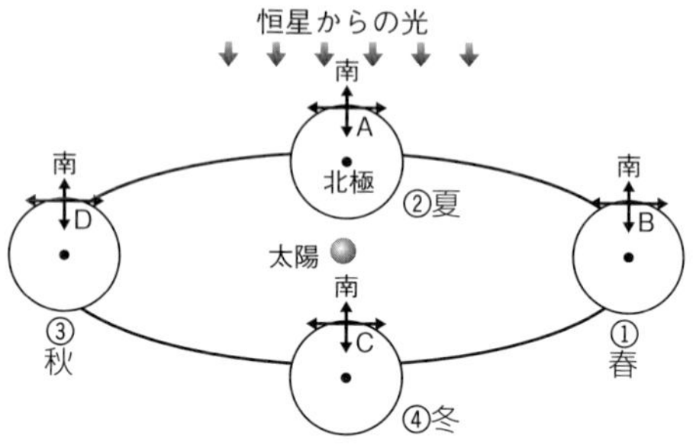

9

(1) 地球も金星も，公転の向きは，反時計回りである。

(2)，(3) 地球の自転の向きは，反時計回りなので，地球が夕方になるとき，金星Ｂが西の空に見え，金星Ｄは朝方，東の空に見える。

(4) 金星は太陽の光を反射してかがやくので，Ｂでは右側が光って見え，ＥとＦでは左側が光って見える。また，金星がＢの位置にあるときは，大きく見えるが欠け方も大きい。金星がＦの位置にあるときは，小さく少し欠けて見える。

(5) 金星のように，地球の内側の軌道を公転する惑星（内惑星）は，太陽と一定の角度以上はなれないため，真夜中には見ることができない。

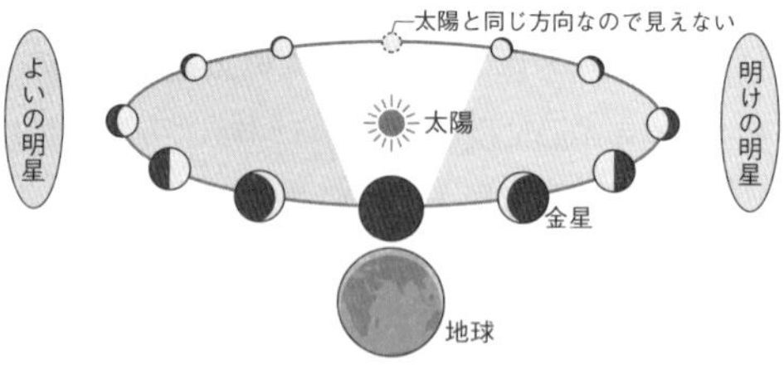

▲地球と金星の位置関係

ミス注意

内惑星：水星・金星
　満ち欠けして見え，太陽から一定の角度以上はなれないので，真夜中に見えない。

外惑星：火星・木星・土星・天王星・海王星
　太陽の反対の位置では一晩中見え，満ち欠けはほとんどなく，火星以外の見かけの大きさの変化はほとんどない。

10

(1) 望遠鏡に太陽投影板をとりつけ，白いスケッチ用紙に太陽の像をうつす。

(2)，(3) 黒点の観測で，黒点が東から西へ動くことから，「太陽が自転している」ことが，黒点が中央部では円形だが，周辺部ではだ円形に見えることから，「太陽は球形である」ことがわかる。

11

(1) 月面には，明るい部分（月の陸）と暗い部分（月の海）があり，クレーターとよばれる大小の円形のくぼ地がある。クレーターは，月の生成時にいん石が衝突してできたものと考えられているが，月には大気がないため，侵食されることなくそのままの姿で残っている。

(2) ①夕方，東の空からのぼる月は，D の位置のときで満月である。満月は，真夜中に南中する。

②日食（太陽と地球の間に月が入って，太陽が見えなくなる現象）のときの月は，Bの位置で，このときの月は新月である。

(3) 惑星のまわりを公転している天体を**衛星**という。月は地球の衛星で，地球の自転の向きと同じ向きに公転している。

12

(1) ①**恒星**は，みずから光をはなつ天体で，星座を構成する天体である。太陽系に最も近い恒星はケンタウルス座α星の伴星 C で，約 4.2 光年はなれている。（1 光年は，9.46×10^{12}km）

②恒星の明るさは，等級で表す。全天で特に明るい星を 1 等星とする。1 等級違うと，明るさは，約 2.5 倍違う。

③恒星の色は，表面温度の違いによる。高温の恒星は青白色，中間で黄色，低温では赤色である。

(2) 銀河系は，うずまき状をした，約 2000 億個の恒星の集団である。

(3) 太陽系には，太陽，惑星，小惑星，すい星，衛星がある。

①木星は，直径が地球の約 11 倍ある太陽系の惑星最大の天体である。おもに水素でできているため密度は小さい。

②地球から真夜中に見える惑星は，公転軌道が地球の外側である惑星（外惑星）で，このうち公転軌道が最も地球に近いのは，火星である。

③ハレーすい星が有名である。

実力アップ問題

問題 ➡ 本冊 P.157 ~ 160

解答

1 (1) イ　(2) ア　(3) 黒点

(4) 周囲に比べて温度が低いため。

2 (1) ウ　(2) 小惑星

3 (1) 衛星　(2) ウ

(3) 地球と金星の距離が公転により変化するため。

4 (1) 1.7cm　(2) イ

5 (1) 4時間後

(2) 北極星は地軸の延長線上に位置するから。

(3) ア

6 (1) ア

(2)

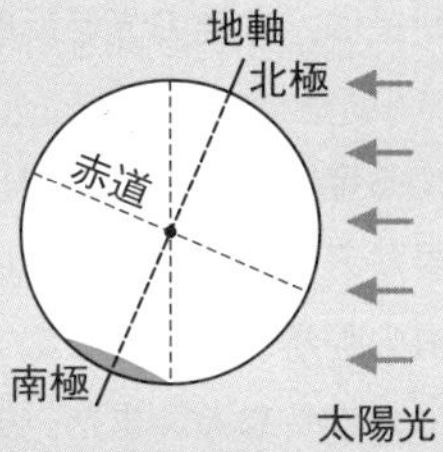

(3) 80°　(4) 季節

(5)

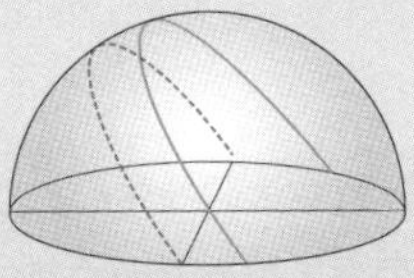

(6) ア

7 (1) a…ア　b…エ

(2) ウ

(3)

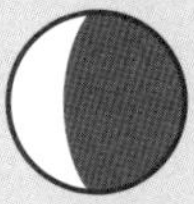

解説

1

(1) 目を傷めるので，絶対に太陽を肉眼で見たり，接眼レンズをのぞいて太陽を直接見たりしてはいけない。

(2)，(3) 黒い斑点を**黒点**という。太陽の黒点が移動するのは，太陽が自転しているからである。また，周辺部へいくほど黒点がつぶれて見えるのは，太陽が球形だからである。

(4) 黒点の温度は約 4000℃で，まわりの温度は約 6000℃である。黒点は，まわりより温度が低いため黒く見える。

2

(1) 地球より内側を公転している水星や金星は，朝方か夕方にしか見ることができず，真夜中に見ることはできない。

ミス注意

金星は，夕方には西の空に，朝方には東の空に見える。

(2) 惑星に比べて非常に小さい天体を小惑星といい，そのほとんどが，火星と木星の軌道の間で，太陽のまわりを公転している。

3

(1) 太陽のようにみずから光を出している天体を恒星という。惑星や衛星は，太陽の光を反射して輝いている。

(2)，(3) 日没後に見える金星は，図２の**ア**，**イ**，**ウ**の位置である。金星が**ア→イ→ウ**のように動くにつれて，地球と金星の距離が近くなるので，金星の見かけの大きさは大きくなる。また，欠け方も大きくなる。金星が三日月のように見えるのは，**ウ**の位置のとき。

4

(1) 太陽系の惑星は，どれも太陽を中心にして公転している。太陽からの海王星までの距離は，太陽から地球までの距離の 30 倍なので，地球の公転軌道の半径は，海王星の公転軌道の半径の$\frac{1}{30}$にな
よって，$50\times\frac{1}{30}=1.66\cdots$〔cm〕となる。

(2) 地球型惑星は固い岩石などでできているので，密度が大きい。木星型惑星は気体でできているので，密度が小さい。

5

(1) 1 日（24 時間）で約 1 回転するので，1 時間では，$360^\circ \div 24 = 15^\circ$動く。よって，$60^\circ$動く時間は，$60 \div 15 = 4$〔時間〕である。

(2) 北極星は，地球の地軸のほぼ延長線上にあるので，時間がたっても動かないように見える。

(3) 星が南中する時刻は1か月で，2時間ずつ早くなる。

6

(2) 夏至の日は南緯 67° より緯度が高い地域では，1 日中太陽の光が当たらない。

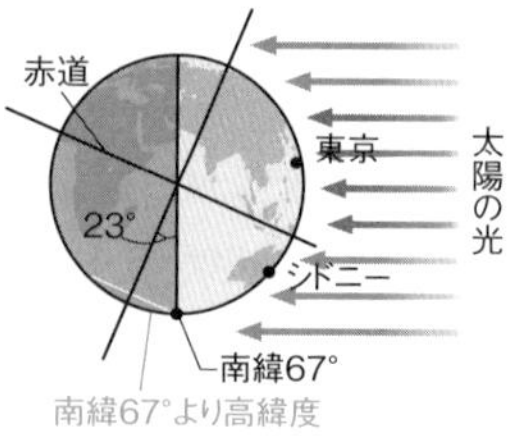

(3) 太陽光と水平線に垂直な線とがつくる角度は，$33^\circ - 23^\circ = 10^\circ$になる。よって，太陽の南中高度は，$90^\circ - 10^\circ = 80^\circ$になる。

(4) 地球の地軸の傾きがなくなると，1 年を通して太陽の当たり方が同じで，昼の長さも変わらない。そのため，季節の変化がなくなる。

(5) 夏至の日では，日の出，日の入りの位置が最も北よりになる。また，太陽の南中高度が 1 年で最も高くなる。
なお，太陽の 1 日の道すじは，1 年を通じて見ると平行である。

(6) 夏至の日は，朝方，太陽は真東より北よりにあるので，影は南西の方向にできる。南中高度は 1 年で最も高くなるので，南中時にできる影は 1 年で最も短くなる。

7

(1) 月が満ち欠けするのは，太陽の光の当たり方が変わるからである。

(2) 半月よりふくらんだ月が見えるのは，**ウ**の位置のときである。天体望遠鏡では上下左右が逆に見えるので，実際の月は右側が光って見える。**イ**の位置は，左側が光る半月である。

(3) 月から地球を見ると，月の光って見えていた部分が影になるように見える。

入試予想問題
第1回

問題 ➡ 本冊 P.161〜168

解答

1 (1) 2.8V　(2) エ　(3) イ　(4) イ
(5) (例) 円形磁石のN極とS極を反対にする。
(6) イ

解説

1

(1) ハンドルを1秒間に2回転させたとき，回路に流れた電流は0.56A，また電熱線の抵抗は5Ωなので，オームの法則から，電熱線に加わった電圧は0.56〔A〕×5〔Ω〕＝2.8〔V〕

(2) 1秒間に3回転ハンドルを回したとき，回路には0.84Aの電流が流れているので，このとき電熱線に加わる電圧は，オームの法則から0.84〔A〕×5〔Ω〕＝4.2〔V〕。また，同じ電熱線を2本並列につなぐと全体の抵抗は半分になるので，2.5Ωとなる。したがってオームの法則から流れる電流は4.2〔V〕÷2.5〔Ω〕＝1.68〔A〕となる。

(3) 図4で，電流は反時計回りに流れているので，磁界は手前方向（導線の側）への向きとなる。

(4) 線Xの側から見ると，磁界の向きは右向きである。したがってコイルの右側がN極となっている。下にある円形磁石は上がS極であるため，コイルの右側（N極）が円形磁石に引きつけられるように回転する。

(5) 円形磁石のS極とN極を入れかえる（反対向きに置く）とコイルのS極（線X側からみたときに左側）が磁石に引きつけられるのでコイルを逆向きに回転させることができる。

(6) エナメルを半分だけはがしたときは，コイルが回転することでエナメルが残っている部分がアルミパイプにふれることになり，このときは電流が流れなくなる。しかし，コイルは慣性によってそのまま回転し，再度電流が流れ磁界が発生する。発生した磁界によってコイルは磁石に引きつけられ回転を続ける。しかし，すべてはがしてしまうと，コイルはつねに磁界を発生させることになる。線Xの側から見た場合，コイルの右側がN極となり，この状態は変わらない。そのため，コイルのN極が円形磁石のS極に引きつけられそのまま止まってしまう。

解答

2 (1) ①Fe　②FeS
(2) (例) 発生した熱によってその後の反応が進んだため。
(3) 試験管A
(4) ① (例) 手であおいでかぐようにする。
②試験管B　③ウ
(5) 必要な物質…硫黄　必要な量…0.4g

解説

2

(1) 鉄と硫黄を反応させると硫化鉄ができる。鉄の化学式はFe，硫黄はS，硫化鉄はFeSである。

(2) 鉄と硫黄の反応は発熱反応である。一度反応が始まると，反応によって発生した熱で次々と反応が進むため，加熱をやめても反応が進む。

(3) 試験管Aの中の鉄粉が磁石に引きつけられる。試験管B内には鉄粉はなく，硫化鉄のみである。硫化鉄は磁石に引きつけられない。

(4) ①発生した気体が有毒な可能性もあるので，直接かいだり，吸いこんだりしないようにする。
②試験管Bの物質は硫化鉄である。硫化鉄にうすい塩酸を加えることで硫化水素が発生する。硫化水素はたまごがくさったようなにおいがする。
③試験管A内では鉄粉がうすい塩酸と反応し，水素が発生する。水素は亜鉛にうすい塩酸を加えると発生させることができる。**ア**は酸素，**イ**は二酸化炭素の性質。**エ**はアンモニアなどがあてはまる。

(5) 試験管C〜Eでは過不足なく反応しているので，鉄粉：硫黄＝7：4の質量比で反応することがわかる。試験管Fでは8.4gの鉄粉があるが，この鉄粉と過不足なく反応する硫黄の量をxとすると，7：4＝8.4：xよりx＝4.8gとなり，硫黄は4.8g必要とわかる。試験管F内の硫黄は4.4gなので，あと，4.8－4.4＝0.4〔g〕の硫黄が必要。

解答

3 (1) ①ア　②対照実験
(2) ウ　(3) イ
(4) ①ベネジクト液　②エ　③赤褐色の沈殿
(5) ㋔…柔毛　㋕…毛細血管

解説

3

(1) ①ヨウ素液はデンプンがあると青紫色に変わる。実験2ではどの温度でも青紫色に変わっており，デンプンが残っていることがわかる。実験1と実験2のちがいは加えたものがうすめたヒトのだ液か水かだけなので，結果のちがいは加えたものがだ液か水かによるものと考えられる。実験1の20℃，30℃，40℃ではだ液を加えてデンプンがなくなっており，実験2では水を加えてデンプンが残ったままであるから，20℃，30℃，40℃ではだ液があることでデンプンがなくなったことがわかる。
②このような実験を対照実験とよぶ。対照実験では，確認したい条件以外のすべての条件を同じにすることで，結果のちがいが変えた条件によるものであることが確認できる。今回の実験ではデンプンがなくなったことがだ液の影響であることがわかる。

(2) 実験1の30℃の試験管ではヨウ素液を加えても青紫色に変わらなかった。このことからデンプンがなくなっていることがわかる。麦芽糖の有無はヨウ素液では確認することができない。

(3) だ液にはアミラーゼが含まれている。アミラーゼはデンプンを分解するはたらきがある。ペプシン，トリプシンはタンパク質を分解し，リパーゼは脂肪を分解する。

(4) ①麦芽糖などがあるかを確認するにはベネジクト液を使う。
②ベネジクト液で麦芽糖などを確認するときは，ベネジクト液を加えたあと，軽くふりながら加熱する。試験管で加熱するときには突沸をさけるために沸騰石を入れる。
③ベネジクト液は麦芽糖などがあると，加熱後に赤褐色の沈殿ができる。

(5) デンプンはブドウ糖に分解されたあと，小腸の柔毛から吸収されて毛細血管に入る。タンパク質も分解されたあと，柔毛から吸収されて毛細血管に入る。脂肪は脂肪酸とモノグリセリドに分解されてから柔毛から吸収され，その後，再度脂肪になってリンパ管に入る。

解答

4 (1) 主要動　(2) 初期微動継続時間（P－S時間）
(3) 5秒　(4) 12時13分49秒　(5) ア
(6) ①イ　②76km

解説

4

(1) 初期微動に続いて始まる大きなゆれを主要動という。

(2) ①〜③，②〜④で示される時間は初期微動が到達してから主要動が到達するまでの時間であり，初期微動継続時間という。

(3) 初期微動継続時間は震源からの距離に比例して長くなる。図と表から震源からの距離が96kmである地点Aでは初期微動継続時間は12秒とわかる。震源からの距離が40kmの地点での初期微動継続時間をx秒とすると，
96km：12秒＝40km：x秒より，x＝5秒

(4) 地点Aから地点Bまでの距離は128－96＝32〔km〕　P波は地点Aに12時14分01秒に到着し，その後32kmはなれた地点Bに4秒後に到達している。したがってP波の進む速さは32〔km〕÷4〔s〕＝8〔km/s〕とわかる。P波が震源から96kmはなれた地点Aに到達するのにかかる時間は96〔km〕÷8〔km/s〕＝12〔s〕。よって震源でP波が発生したのは12時14分01秒より12秒前の12時13分49秒である。

(5) 図の地点Cの記録を見ると，初期微動継続時間は地点Aより短く，また主要動の大きさは地点Aよりも大きい。したがって，地点Cは地点Aよりも震源に近い場所であると考えられる。

(6) ①マグニチュードはその地震の規模を表しており，1つの地震で1つの値である。その地点でのゆれの大きさではなく，地震自体の規模を表し，場所によって変わることはない。
②(4)で求めたように，この地震のP波の速さは8km/sであるから，震源から16kmの距離にある地点でP波が感知されたのは地震発生から2秒後である。さらにその5秒経過後に緊急地震速報が発表されたので，発表から12秒経過後は地震発生から19秒後とわかる。よって，地

震発生から19秒後にS波が到着する地点の震源からの距離を求めればよい。地点AにS波が到着したのは12時14分13秒，さらに32kmはなれた地点BにS波が到着するのは8秒後の12時14分21秒であるから，S波の速さは32〔km〕÷8〔s〕＝4〔km/s〕とわかる。よって地震発生から19秒後にS波が伝わるのは，震源から4〔km/s〕×19〔s〕＝76〔km〕の地点である。

解答

5 (1) ①エ ②あ $2Ag_2O$ い$4Ag$
(2) ①NaCl ②イ (3) ①フックの法則 ②イ
(4) ①ア ②エ

解説

5

(1) ①酸化銀を加熱すると金属の銀と酸素に分かれる（酸化銀が分解される）。試験管内に残った白い物質は銀である。銀は金属であるから，**ア～ウ**の性質をもつ。密度は水よりはるかに大きい。
②酸化銀の化学式はAg_2Oである。

(2) ①20cm^{3}のうすい塩酸に32cm^{3}のうすい水酸化ナトリウム水溶液を加えたとき，混合液は緑色になったので，水溶液は中性となっている。このとき水をすべて蒸発させると中和によってできた塩（塩化ナトリウム）ができる。塩化ナトリウムの化学式はNaClである。
②このうすい塩酸40cm^{3}とちょうど中和するうすい水酸化ナトリウム水溶液は64cm^{3}である。したがって40cm^{3}ずつを混ぜ合わせたとき，水酸化ナトリウム水溶液はすべて反応するが，塩酸は残る。水酸化ナトリウム水溶液32cm^{3}を反応させると塩化ナトリウムが0.48gできるので，水酸化ナトリウム水溶液40cm^{3}を反応させたときにできる塩化ナトリウムの質量をxgとすると，32cm^3:0.48g＝40cm^3:xgよりx＝0.60g

(3) ①ばねののびは，ばねに加えた力の大きさに比例する。この関係をフックの法則という。
②120gのおもりをつるしたときのばねののびを$x$cmとすると，80gのおもりをつるしたときに10.0cmのびるので，80g：10.0cm＝120g：$x$cm　よって，x＝15.0cm

(4) ①運動している台車にはたらく重力は斜面に垂直な方向と，斜面に平行な方向に分解できる。斜面に平行な向きにはたらく力のために，台車は加速していく。
②表から時間の経過とともに台車の移動距離は増加していることがわかる。しかし，この増加のしかたは経過時間に比例はしていない。常に力が加わり続けるため，台車が斜面上を運動する際には，落下運動と同じような運動をするので直線ではなく曲線になる。

入試予想問題
第2回

問題➡本冊P.169～175

解答

1 (1) ①ア ②エ
(2) 340m/s (3) 85m
(4) 虚像 (5) ウ (6) イ

解説

1

(1) 音の高低は振動数で決まる。振動数が多いほど高い音になる。音の大小は振幅の大小で決まる。振幅が大きいほど音も大きい。

(2) 音がB地点から校舎までを往復する時間と，A地点から校舎までを往復する時間の差は，
0.50 − 0.46=0.04〔s〕で，この間に音は6.8mの2倍の距離を進むから，
6.8×2÷0.04=340〔m/s〕

(3) 340×0.5÷2=85〔m〕

(4) 実際に光が集まってできる像を実像，実際に光が集まってできたわけではない見かけの像を虚像という。

(5) 鏡で見える像は，物体から出た光が鏡で反射して目に入って見える。光が集まってできたわけではないので，虚像である。

(6) 目を虫めがねに近づけて見た場合は，虫めがねの焦点より内側に置いた物体の像は，物体を焦点に近づけていくほど大きくなるが，焦点に物体を置くと，像はできない。

解答

2 (1) D　(2) 水素イオン　(3) H_2O　(4) ア
(5) S　(6) 1.2g

解説

2

(1) (2)　塩酸は塩化水素の水溶液であり，塩化水素が水溶液中で，水素イオンH^+と塩化物イオンCl^-に電離している。水素イオンH^+があるので酸性を示す。水素イオンは陰極に移動して，青色リトマス紙の色を赤に変化させる。

(3) 酸性を示す水素イオンH^+と，アルカリを示す水酸化物イオンOH^-が結びついて水（H_2O）ができる。

(4) (5)　中性のときのpH値は7で，値が小さくなるほど酸性が強くなり，値が大きくなるほどアルカリ性が強くなる。水酸化バリウム水溶液のアルカリ性が，ビーカーP，Q，Rとうすい硫酸を加えるにつれて中和されて弱くなっていき，Sに達してちょうど中性になる。その後はうすい硫酸を加えても白い物質の質量はふえず，中和されていないことがわかる。ビーカーTでは加えたうすい硫酸が未反応で残っているので，酸性である。以上より，ビーカーP→Q→R→S→Tの順に連続的にpH値は小さくなっている。

(6) ビーカーSの結果から，うすい硫酸40cm^{3}と水酸化バリウム水溶液20cm^{3}がちょうど過不足なく中和して，質量2.0gの白い物質が生じている。水酸化バリウム水溶液の量は変わらないが，うすい硫酸の量は24÷40＝0.6〔倍〕になっているので，生じる白い物質の質量も0.6倍になる。よって，2.0×0.6=1.2〔g〕

解答

3 (1) 精細胞　(2) 減数分裂　(3) イ　(4) エ
(5) DNA　(6) ア

解説

3

(1) 花粉管の中を移動していく生殖細胞を精細胞といい，胚珠の中の卵細胞と結びつくことを受精という。受精後，卵細胞は分裂を始める。

(2) 生殖細胞ができるとき，染色体の数はほかの体細胞の半分になっている。受精することで，子は両親の遺伝子を半分ずつ受け継ぐ。

(3) 子の代の遺伝子はすべてAaという組み合わせになっている。子の代の花粉の精細胞には，Aかaのどちらかの遺伝子があり，同じく子の代の卵細胞にもAかaの遺伝子がある。その組み合わせは次の通りになる。

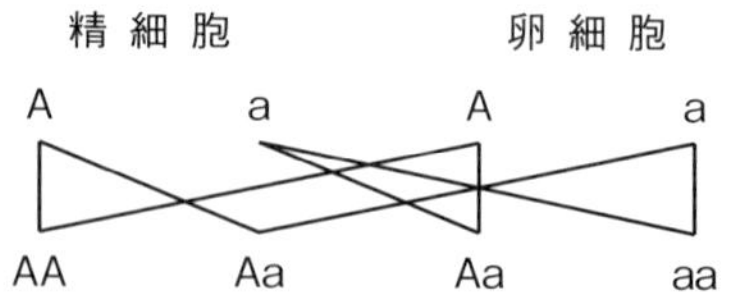

(4) 顕性の形質であるAと潜性の形質のaが結びついたAaの組み合わせでは，顕性である形質があらわれるから，赤い花：白い花＝3：1となる。

(5) デオキシリボ核酸の英語表記の略称。

(6) 子の代の赤い花（Aa）と，純系の白い花（aa）の遺伝子の組み合わせは次の通りになる。

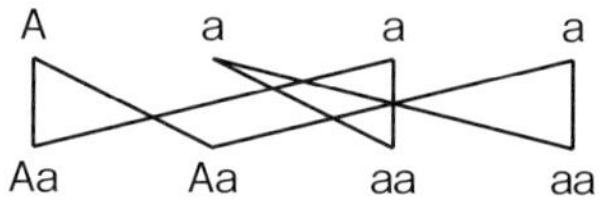

この場合，赤い花：白い花＝1：1である。

解答

4 (1)

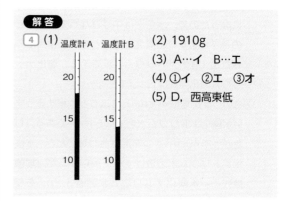

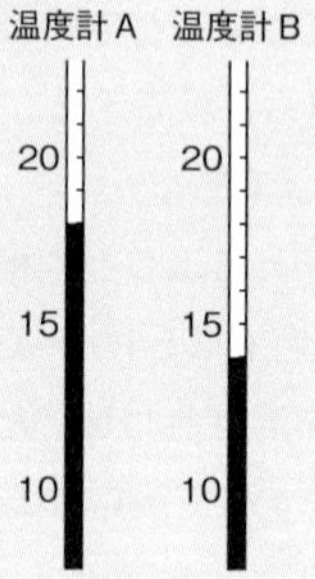

(2) 1910g
(3) A…イ　B…エ
(4) ①イ　②エ　③オ
(5) D，西高東低

解説

4

(1) 温度計Aは気温を示すので18℃。表1より，気温18℃で湿度62%のとき，乾球（温度計A）と湿球（温度計B）の示度の差は4℃なので，温度計Bの示度は14℃。

(2) **表2**より，気温18℃のとき飽和水蒸気量は空気1m^{3}あたり15.4gで，湿度が62%なので，このときの実際の空気1m^{3}あたりの水蒸気量は，15.4×0.62＝9.548〔g〕である。教室の容積は10×8×2.5＝200〔m^3〕だから，教室全体の水蒸気量は，9.548×200=1909.6〔g〕

(3) **図4**より，21時に温暖前線AはP地点を通過する直前である。**図3**から24時過ぎから気温が急に上昇しているから，このときに温暖前線Aが通過したことがわかる。また，急激に気温が下がっている5時過ぎが寒冷前線Bが通過した時刻である。

(4) 温暖前線付近にできる乱層雲は高さは低いが広い範囲に広がり，弱い雨が長く降り続く。寒冷前線は暖気が寒気によって急激に押し上げられるので垂直に発達する積乱雲ができやすく，狭い範囲に短時間，強い雨が降りやすい。

(5) 冬は日本の西の大陸上に大きな高気圧（シベリア高気圧）が発達して，日本の東の海上の低気圧に向かって北西の冷たい季節風がふく。この気圧配置を，西に高気圧，東に低気圧があることから，西高東低（型）という。

解答

5 **(1) 双子葉類　(2) (例) 光**

(3) (例) どの葉にも光がよく当たるようにするため。

(4) d…(例)（三角フラスコの）水面に油を入れる。
e…(例)（三角フラスコの）水に赤インクで色をつける。

(5)

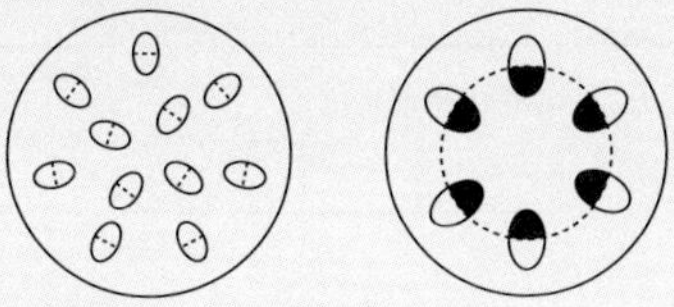

(6) ①原料…二酸化炭素，場所…葉緑体
②蒸散

解説

5

(1) 種子植物のうち，被子植物は子葉が2枚の双子葉類と，子葉が1枚の単子葉類に分けられる。

(2) 植物が成長するのに必要とされるものは，日光（光），水，空気，適温，肥料だが，発芽には日光（光）と肥料は必要がない。

(3) 光合成は葉などで行われる。できるだけ効率よく光合成が行えるように葉が重ならないようになっている。

(4) この観察を正しく行うには，ホウセンカの蒸散以外で水が失われないことと，ホウセンカの中の水の通り道を確認できるようにすることが必要である。

(5) ホウセンカは双子葉類なので，茎の断面では維管束は輪のように並んでいる。根から吸い上げられた水が通る道管は維管束の内側である。

(6) ①光合成は，植物が水と二酸化炭素を原料に，光のエネルギーを使って葉緑体で行われる。
②蒸散により，水は水蒸気となっておもに葉の裏側に多い気孔から空気中に出ていく。蒸散が行われると，根から水が吸い上げられやすくなり，葉の温度調節にも役立つ。

MEMO

MEMO

旺文社 三訂版
中学
総合的研究
問題集
理科

Obunsha